普通高等教育“十一五”国家级规划教材

高等代数

第五版

张禾瑞　郝钢新　编

高等教育出版社·北京

内容提要

本书是在第四版的基础上作了一些修订，主要在第九章增加了双线性函数一节。第一章介绍代数中最基本的概念；第二章至第九章是多项式理论初步和线性代数基础这两部分，这是高等代数的中心内容；第十章对群、环、域作了简单的介绍；作为附录，从向量空间的分解的角度讲述矩阵的若尔当标准形式。

本书可作为高等学校数学院系本科生教材，也可供理工科教师和学生参考。

图书在版编目（CIP）数据

高等代数/张禾瑞，郝铜新编．—5版．—北京：高等教育出版社，2007.6（2025.5重印）

ISBN 978-7-04-021465-9

Ⅰ．高…　Ⅱ．①张…②郝…　Ⅲ．高等代数-高等学校-教材

Ⅳ．O15

中国版本图书馆CIP数据核字（2007）第056181号

策划编辑　李　蕊　　责任编辑　张长虹　　封面设计　张申申　　责任绘图　郝　林

版式设计　王艳红　　责任校对　金　辉　　责任印制　高　峰

出版发行	高等教育出版社	网　　址	http://www.hep.edu.cn
社　　址	北京市西城区德外大街4号		http://www.hep.com.cn
邮政编码	100120	网上订购	http://www.landraco.com
印　　刷	廊坊十环印刷有限公司		http://www.landraco.com.cn
开　　本	850×1168　1/32		
印　　张	14.125	版　　次	1957年12月第1版
字　　数	360 000		2007年6月第5版
购书热线	010-58581118	印　　次	2025年5月第24次印刷
咨询电话	400-810-0598	定　　价	34.80元

物 料 号　21465-00

第五版序

第五版是在第四版的基础上,作了不太大的修订。主要是在第九章增加了双线性函数一节(9.5);对个别章节和个别符号作了一些修改。

本书第一版于1957年问世，距今已近半个世纪了。新中国成立之前，我国没有自己编写的高等代数教材。1954年，教育部颁布了师范学院高等代数教学大纲，并且委托本书第一编者负责编写高等代数教材。根据教学大纲，在教学实践的基础上，由本书编者编写出本书的第一版。这是我国第一本由国人编写的高等代数教材。

高等代数作为教学科目，按照现时的理解，主要包括以下两部分内容：多项式理论初步和线性代数基础。多项式和方程一直是代数学发展中的主旋律；线性代数则是应用极为广泛的一门基础学科。

20世纪70年代后期，对本书进行了重大的改写。充实了线性代数的内容，使之更适应现代化的要求，于1979年出版了本书的第二版。

1982年，在云南昆明召开了全国师范专科学校几何及代数教学大纲讨论会。制定了师范专科学校高等代数教学大纲，并且委托编者参照这份大纲，对第二版作出修订，使之能适合师专的教学要求。1983年出版了第三版。

关于矩阵的标准形式问题，教学大纲中并没有要求。一些同类书籍多是通过 λ-矩阵来建立矩阵的若尔当标准形式。在本书中，作为附录，试图从向量空间分解的角度来建立矩阵的若尔当标准形式。可供读者参考。

第四版和这一次的修订都是在第三版的基础上进行的。基本框架和内容并没有多大改变。

在本书的编写过程中，先师张禾瑞教授付出了极大心血。他的高深的见解，丰富的学识和严谨的学风，是本书质量的根本保证。

谨对曾经使用过本书的同行和对本书提出过宝贵意见的读者表示衷心的感谢。

郝钢新

2007年3月

于北京师范大学

第 四 版 序

本书的第一编者，我的业师张禾瑞先生已于1995年作古，因此修订工作不得不由我来承担。在此谨对先师表示深切的怀念。

第四版改写了第三版中一些章节，主要是7.6，8.4，9.1，9.2和9.3，使之更易被接受。在第八章后面增加了两节，介绍酉空间。另外，对某些章节作了一些文字上的修改；对个别名词根据全国自然科学名词审定委员会公布的数学名词做了订正。

第三版问世已十多年了。在此期间，很多读者曾对本书提出过不少意见和建议，这些意见和建议对本书的修订工作是有帮助的，谨向他们表示感谢。特别要感谢四川师范学院的薛育海教授。他在多次讲授本书的过程中，结合教学实践提出不少中肯的意见，这些意见在此次修订中很多已被采纳。例如，7.6就是根据他的建议改写的。

希望读者指正。

郝钢新

1997年9月

于北京师范大学

第四版序

第三版序

本书第二版是作为师范学院试用教材编写的。1983年教育部颁发了师范专科学校《高等代数教学大纲》。为了使师范专科学校也能采用本书，我们又作了这次修订。

与第二版比较，主要作了以下修改：

1. 第一章去掉了复数的内容，增加了整数的一些整除性质一节。

2. 第二章增加了多元多项式和对称多项式两节。

3. 第四章增加了结式和判别式一节。

4. 增加了群、环和域简介一章。

此外，对于第二版的某些章节也作了改写。对某些难度较大的习题补充了一些提示，并且增加了一些较简单的习题。

由于师范学院和师范专科学校的教学大纲不尽相同，在采用本书作为教材时，根据大纲的要求，对于其中某些内容可以不讲。另外，如果认为先讲某些章节是适宜的话（例如，先讲行列式和线性方程组，后讲多项式），也可以重新安排讲授次序。习题可针对学生情况，酌量选留。

参加本书审稿会的同志们认真地审阅了本书的原稿，并且提出了宝贵的意见，谨向他们表示谢意。我们也深深地感谢对本书第二版提出意见的读者，有些意见已在这次修订中被采纳。

这次的修订版一定还有错误和不足之处，希望读者继续提出批评指正。

编　者

1983年7月于北京师范大学

第三版序

目　　录

第一章

基本概念

作为大学数学基础课程的代数，是中学代数的继续和提高.

在学习这门课程时将会发现，它与中学代数有很大的不同. 这种不同不仅表现在内容的深度上，更重要的是表现在观点和方法上.

在这个课程里将体现由具体事物抽象出一般概念，再从一般概念回到具体事物去的这种辩证观点和严格的逻辑推理方法. 这一点在学习过程中将逐渐体会.

作为开始，我们先介绍一些最基本的概念和方法. 这些概念和方法对于今后的学习是必要的.

1.1 集　　合

我们先从一个最简单的概念开始.

在日常生活中，常常谈论一组事物. 例如，一班同学，一队士兵，一组正整数，一筐苹果等等. 这里，“一班”，“一队”，“一组”，“一筐”等都表示一定事物的集体. 我们称它们为*集合*或*集*. 组成集合的东西叫作这个集合的*元素*.

我们常用大写拉丁字母 $A,B,C,\cdots$ 表示集合，用小写拉丁字母 $a,b,c,\cdots$ 表示元素.

如果 a 是集合 A 的元素，就说 a *属于* A，记作 $a\in A$；或者

说 A 包含 a，记作 $A \ni a$.

如果 a 不是集合 A 的元素，就说 a 不属于 A，记作 $a \notin A$，或者说 A 不包含 a，记作 $A \not\ni a$.

例如，设 A 是一切偶数所成的集合. 那么 $4 \in A$，而 $3 \notin A$.

一个集合可能只含有有限多个元素，这样的集合叫作*有限集合*. 例如，前十个正整数的集合；一个学校里全体学生的集合；一本书里所有汉字的集合等等都是有限集合. 如果一个集合是由无限多个元素组成的，就叫作*无限集合*. 例如，全体正整数的集合；全体实数的集合；小于 1 的全体正有理数的集合等等都是无限集合.

我们把一个含有 n 个元素 $a_1, a_2, \cdots, a_n$ 的有限集合记作 $\{a_1, a_2, \cdots, a_n\}$.

例如，前五个正整数的集合就记作 $\{1,2,3,4,5\}$.

一个集合当然可以只含有一个元素. 例如，一切偶素数的集合就只含有一个元素 2. 只含有一个元素 a 的集合，用上面的记法，就记作 $\{a\}$.

设 A，B 是两个集合. 如果 A 的每一元素都是 B 的元素，那么就说 A 是 B 的子集，记作 $A \subseteq B$（读作 A 含于 B），或记作 $B \supseteq A$（读作 B 包含 A）. 根据这个定义，A 是 B 的子集当且仅当对于每一元素 x，如果 $x \in A$，就有 $x \in B$.

例如，一切整数的集合是一切有理数的集合的子集，而后者又是一切实数的集合的子集.

我们现在引入几个记号.

用$(\cdots) \Longrightarrow (\cdots)$表示“如果$(\cdots)$，则$(\cdots)$”. 例如，“如果 $x \in A$，则 $x \in B$”就记作 $x \in A \Longrightarrow x \in B$.

用符号$(\cdots) \Longleftrightarrow (\cdots)$表示“$(\cdots)$当且仅当$(\cdots)$”.

因此，“A 是 B 的子集”就可以表示为

$$(A \subseteq B) \Longleftrightarrow (\text{对一切 } x: x \in A \Longrightarrow x \in B).$$

如果 A 不是 B 的子集，就记作 $A \nsubseteq B$ 或 $B \nsupseteq A$. 因此，A 不是

B 的子集当且仅当 A 中至少有一个元素不属于 B. 即

$$(A \not\subseteq B) \Longleftrightarrow (\text{存在一个元素 } x,\ x \in A \text{ 但 } x \notin B).$$

例如，一切可以被 3 整除的整数所成的集合，不是一切偶数所成的集合的子集，因为 3 属于前者但不属于后者. 集合 $\{1,2,3\}$ 不是 $\{2,3,4,5\}$ 的子集.

根据定义，一个集合 A 总是它自己的子集. 即

$$A \subseteq A.$$

如果集合 A 与 B 是由完全相同的元素组成的，就说 A 与 B 相等，记作 $A = B$. 我们有

$$(A = B) \Longleftrightarrow (\text{对一切 } x: x \in A \Longleftrightarrow x \in B).$$

例如，设 $A = \{1,\ 2\}$，B 是二次方程 $x^2 - 3x + 2 = 0$ 的根的集合，则 $A = B$.

下列事实是明显的：

$$(A \subseteq B \text{ 且 } B \subseteq C) \Longrightarrow (A \subseteq C).$$

$$(A \subseteq B \text{ 且 } B \subseteq A) \Longleftrightarrow (A = B).$$

现在设 A，B 是两个集合. 由 A 的一切元素和 B 的一切元素所成的集合叫作 A 与 B 的并集(简称并)，记作 $A \cup B$.

例如，$A = \{1,2,3\}$，$B = \{2,3,4\}$，则

$$A \cup B = \{1,2,3,4\}.$$

又例如，A 是一切有理数的集合，B 是一切无理数的集合，则 $A \cup B$ 是一切实数的集合. 显然 $A \subseteq A \cup B$，$B \subseteq A \cup B$.

根据定义，我们有

$$(x \in A \cup B) \Longleftrightarrow (x \in A \text{ 或 } x \in B).$$

$$(x \notin A \cup B) \Longleftrightarrow (x \notin A \text{ 且 } x \notin B).$$

由集合 A 与 B 的公共元素所组成的集合叫作 A 与 B 的交集(简称交)，记作 $A \cap B$. 显然，$A \cap B \subseteq A$，$A \cap B \subseteq B$.

例如 $A = \{1,2,3,4\}$，$B = \{2,3,4,5\}$，则

$$A \cap B = \{2,3,4\}.$$

我们有

$$(x \in A \cap B) \Longleftrightarrow (x \in A \text{ 且 } x \in B).$$

$$(x \notin A \cap B) \Longleftrightarrow (x \notin A \text{ 或 } x \notin B).$$

A 与 B 的并和交可以由下面的图来示意，图 1.1 的阴影部分表示 $A \cup B$，图 1.2 的阴影部分表示 $A \cap B$.

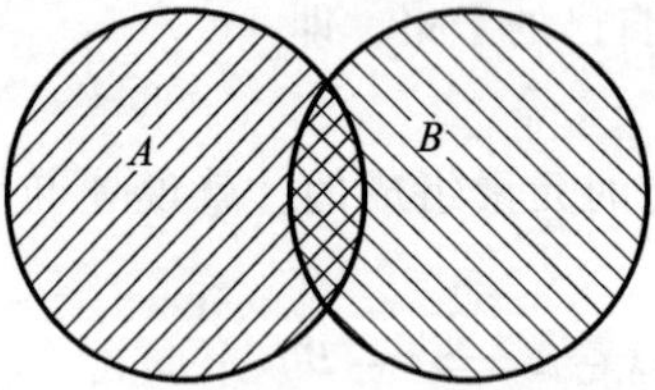

图 1.1

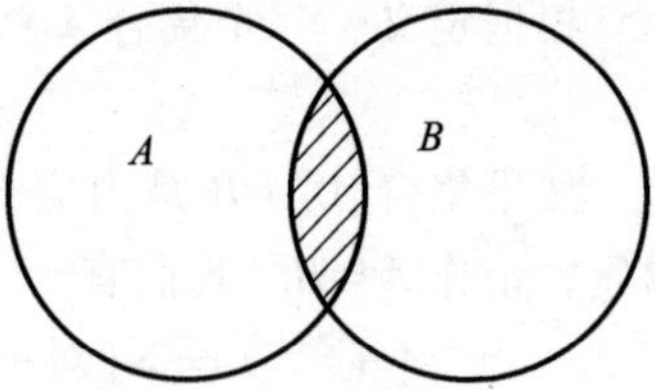

图 1.2

两个集合 A 与 B 自然不一定有公共元素. 为了叙述方便，这时就说它们的交是空集. 不含任何元素的集合叫作空集.

例如，设 A 是一切有理数的集合，B 是一切无理数的集合. 那么 $A \cap B$ 是空集. 又如，方程 $x^2+1=0$ 的实根的集合是一个空集.

我们用符号 $\varnothing$ 表示空集，并且约定空集是任意集合的子集.

例 1 我们证明

$$A \cap (B \cup C) = (A \cap B) \cup (A \cap C).$$

设 $x \in A \cap (B \cup C)$. 那么 $x \in A$ 且 $x \in B \cup C$，于是 $x \in A$ 且 x 至少属于 B 与 C 中之一. 若 $x \in B$，那么因为 $x \in A$，所以 $x \in A \cap B$；同样若 $x \in C$，则 $x \in A \cap C$. 不论哪一种情形都有 $x \in (A \cap B) \cup (A \cap C)$. 所以

$$A \cap (B \cup C) \subseteq (A \cap B) \cup (A \cap C).$$

反之，若 $x \in (A \cap B) \cup (A \cap C)$，那么 $x \in A \cap B$ 或者 $x \in A \cap C$. 但 $B \subseteq B \cup C, C \subseteq B \cup C$，所以不论哪一种情形都有 $x \in A \cap (B \cup C)$，所以

$$(A \cap B) \cup (A \cap C) \subseteq A \cap (B \cup C).$$

这就证明了上述等式.

两个集的并与交的概念可以推广到任意 n 个集合上去. 设 $A_1, A_2, \cdots, A_n$ 是给定的集合. 由 $A_1, A_2, \cdots, A_n$ 的一切元素所成的集合叫作 $A_1, A_2, \cdots, A_n$ 的并; 由 $A_1, A_2, \cdots, A_n$ 的一切公共元素所成的集合叫作 $A_1, A_2, \cdots, A_n$ 的交. $A_1, A_2, \cdots, A_n$ 的并和交分别记作$A_1 \cup A_2 \cup \cdots \cup A_n$和$A_1 \cap A_2 \cap \cdots \cap A_n$. 我们有

$$(x \in A_1 \cup A_2 \cup \cdots \cup A_n) \Longleftrightarrow (x \text{ 至少属于某一 } A_i, i = 1, 2, \cdots, n).$$

$$(x \in A_1 \cap A_2 \cap \cdots \cap A_n) \Longleftrightarrow (x \text{ 属于每一 } A_i, i = 1, 2, \cdots, n).$$

由于以下几种数集经常被用到, 所以习惯上用一些特定的字母来表示. 我们约定:

Z 表示全体整数的集合.

Q 表示全体有理数的集合.

R 表示全体实数的集合.

C 表示全体复数的集合.

如果一个集 A 是由一切具有某一性质的元素所组成的, 那么就用记号

$$A = \{x \mid x \text{ 具有某一性质}\}$$

来表示. 例如,

$$A = \{x \mid x \in \mathbf{R}, \ -1 < x < 1\}$$

就表示一切大于 -1 且小于 1 的实数所组成的集合.

给了两个集合 A 和 B, 除了上面所定义的交集和并集以外, 我们有时还要用到两个概念.

设 A, B 是两个集合. 令

$$A - B = \{x \mid x \in A \text{ 但 } x \notin B\}.$$

也就是说, $A - B$ 是由一切属于 A 但不属于 B 的元素所组成的. 称为 A 与 B 的差. 例如, $\mathbf{R} - \mathbf{Q}$ 就是一切无理数所组成的集合.

应该注意的是, 在 $A - B$ 的定义里, 并没有要求 B 是 A 的子集. 例如 $\mathbf{Q} - \mathbf{C} = \varnothing$.

例 2 德 · 摩根(De Morgan)律 对于任意集合 A, B, C 来

说，以下等式成立：

$$C-(A\cap B)=(C-A)\cup(C-B);$$

$$C-(A\cup B)=(C-A)\cap(C-B).$$

我们证明第一个等式. 第二个等式的证明留给读者.

设 $x\in C-(A\cap B)$，那么，$x\in C$ 但 $x\notin A\cap B$. $x\notin A\cap B$ 意味着 $x\notin A$ 或者 $x\notin B$. 在前一情形，$x\in C-A$；在后一情形，$x\in C-B$. 不论哪一种情形，都有 $x\in(C-A)\cup(C-B)$. 反之，设 $x\in(C-A)\cup(C-B)$，则 $x\in C-A$ 或者 $x\in C-B$. 在前一情形，$x\in C$ 但 $x\notin A$；在后一情形，$x\in C$ 但 $x\notin B$. 不论哪一种情形，都有 $x\in C$ 但 $x\notin A\cap B$. 所以 $x\in C-(A\cap B)$. 这就证明了第一个等式成立.

从例 1 和例 2 我们可以看到，要证明两个集合 A 与 B 相等，根据定义，就是要证明 $A\subseteq B$ 且 $B\subseteq A$. 一般是取 A 中任意元素 x，根据所给的条件，证明 $x\in B$；反过来再取 B 中任意元素 x，证明它属于 A.

最后介绍两个集合的积的概念.

设 A，B 是两个集合. 令

$$A\times B=\{(a,b)\mid a\in A,b\in B\}.$$

称为 A 与 B 的笛卡儿积(简称积).

$A\times B$ 是由一切元素对(a,b)所成的集合，其中第一个位置的元素 a 取自 A，第二个位置的元素 b 取自 B.

两个集的积对我们来说并不是什么新的东西. 例如，取定一个坐标系以后，平面上的点的坐标是一对实数(x,y). 平面上所有点的坐标的集合就是 $\mathbf{R}$ 与 $\mathbf{R}$ 的积：

$$\mathbf{R}\times\mathbf{R}=\{(x,y)\mid x,y\in\mathbf{R}\}.$$

习　　题

1. 设 $\mathbf{Z}$ 是一切整数的集合，X 是一切不等于零的有理数的集合. $\mathbf{Z}$ 是

不是 X 的子集？

2. 设 a 是集 A 的一个元素. 记号 $\{a\}$ 表示什么？写法 $\{a\}\in A$ 对不对？

3. 设 $A=\{x\mid x\in \mathbf{R}, -1\leqslant x\leqslant 1\}$;

$B=\{x\mid x\in \mathbf{R}, x>0\}$;

$C=\{x\mid x\in \mathbf{R}, -1<x<2\}$.

写出 $A\cap(B\cup C)$ 和 $A\cup(B\cup C)$.

4. 写出含有四个元素的集合 $\{a_1,a_2,a_3,a_4\}$ 的一切子集.

5. 设 A 是含有 n 个元素的集合. A 中含有 k 个元素的子集共有多少个？

6. 下列论断哪些是对的，哪些是错的？对于错的论断举出反例，并且把错误的论断改正过来.

(i) $x\in A\cup B$ 且 $x\notin A\Longrightarrow x\in B$;

(ii) $x\in A$ 或 $x\in B\Longrightarrow x\in A\cap B$;

(iii) $x\notin A\cap B\Longrightarrow x\notin A$ 且 $x\notin B$;

(iv) $x\notin A\cup B\Longrightarrow x\notin A$ 且 $x\notin B$.

7. 证明下列等式：

(i) $(A\cup B)\cup C=A\cup(B\cup C)$;

(ii) $A\cap(A\cup B)=A$;

(iii) $A\cup(B\cap C)=(A\cup B)\cap(A\cup C)$.

8. 证明例 2 的第二个等式.

9. 证明：

$A\cap(B-C)=(A\cap B)-C$,

$A-B=\Phi\Leftrightarrow A\subseteq B$.

1.2 映　射

在中学数学里，已经学习过映射的概念. 映射是数学中最基本的概念之一. 在这一节里，我们将讨论这个概念和它的一些简单性质.

定义 1 设 A, B 是两个非空集合. A 到 B 的一个映射指的是一个对应法则，通过这个法则，对于集合 A 中每一元素 x，有集合 B 中一个唯一确定的元素 y 与它对应.

我们常用字母 f，g，…表示映射．用记号 f：$A\to B$ 表示 f 是 A 到 B 的一个映射．

如果通过映射 f，与 A 中元素 x 对应的 B 中元素是 y，那么就写作

$$f:\ x\longmapsto y.$$

这时 y 叫作元素 x 在 f 之下的像，记作 $f(x)$．

如果对于每一 $x\in A$，$f(x)$ 都已给出，那么映射 f 就完全给出了．

例 1　令 $\mathbf{Z}$ 是一切整数的集合．对于每一整数 n，令 $f(n)=2n$ 与它对应．那么 f 是 $\mathbf{Z}$ 到 $\mathbf{Z}$ 的一个映射．

例 2　令 $\mathbf{R}$ 是一切实数的集合，B 是一切非负实数的集合．对于每一 $x\in\mathbf{R}$，令 $f(x)=x^2$ 与它对应；f：$x\longmapsto x^2$，那么 f 是 $\mathbf{R}$ 到 B 的一个映射．

例 3　设 $A=B=\{1,2,3,4\}$．

$$f:\ 1\longmapsto 2,\ 2\longmapsto 3,\ 3\longmapsto 4,\ 4\longmapsto 1.$$

这是 A 到 B 的一个映射．

例 4　设 A 是一切非负实数的集合，B 是一切实数的集合．对于每一 $x\in A$，令 $f(x)=\pm\sqrt{x}$ 与它对应．f 不是 A 到 B 的映射，因为当 $x>0$ 时，$f(x)$ 不能由 x 唯一确定．

例 5　令 $A=B$ 等于一切正整数的集合．

$$f:\ n\longmapsto n-1$$

不是 A 到 B 的映射，因为 $f(1)=1-1=0\notin B$．

例 6　设 A 是任意一个集合．对于每一 $x\in A$，令 $f(x)=x$ 与它对应：

$$f:\ x\longmapsto x.$$

这自然是 A 到 A 的一个映射．这个映射称为集合 A 的恒等映射．

从上面所举的这些例子看出，关于 A 到 B 的映射应该注意以下几点：

1° A 与 B 可以是相同的集合，也可以是不相同的集合．

2° 对于 A 的每一个元素 x，需要有 B 中一个唯一确定的元素与它对应.

3° 一般说来，B 中的元素不一定都是 A 中元素的像（参看例 1）.

4° A 中不相同的元素的像可能相同（参看例 2）.

设 $f: A\to B$，$g: A\to B$ 都是 A 到 B 的映射. 如果对于每一 $x\in A$，都有 $f(x)=g(x)$，那么就说映射 f 与 g 是相等的，记作 $f=g$.

例 7 令

$$f: \mathbf{R}\to\mathbf{R}, \quad x\longmapsto |x|,$$

$$g: \mathbf{R}\to\mathbf{R}, \quad x\longmapsto \sqrt{x^2}.$$

那么 $f=g$.

映射这个概念对我们说来并不陌生，它就是我们所熟悉的函数概念的推广，因此也常常把 A 到 B 的映射叫作定义在 A 上，取值在 B 内的函数.

设 $f: A\to B$ 是一个映射. 对于 $x\in A$，x 的像 $f(x)\in B$. 一切这样的像作成 B 的一个子集，用 $f(A)$ 表示：

$$f(A)=\{f(x)\mid x\in A\},$$

叫作 A 在 f 之下的像，或者叫作映射 f 的像.

例如，在上面的例 1 里，$f(\mathbf{Z})$ 就是一切偶数的集合，在例 2 和例 3 里，$f(A)=B$.

映射 f 的像 $f(A)$ 可能是 B 的一个真子集（即 $f(A)\subseteq B$ 但 $f(A)\neq B$），也可能等于 B. 对于后一情形，给予以下的

定义 2 设 f 是 A 到 B 的一个映射. 如果 $f(A)=B$，那么就称 f 是 A 到 B 上的一个映射，这时也称 f 是一个满映射，简称满射.

例 2，例 3 和例 6 都是满射，但例 1 不是满射.

根据这个定义，$f: A\to B$ 是满射当且仅当对于 B 中每一元素 y，都有 A 中元素 x 使得 $f(x)=y$.

关于映射，只要求对于 A 中每一个元素 x，有 B 中一个唯一确定的元素 y 与它对应，但是 A 中不同的元素可以有相同的像. 例如，在例 2 里，对于绝对值相同的两个非零实数 x 和 $-x$，它们的像都是 x^2. 然而有的映射具有这样的性质：A 中任意两个不同元素的像也不相同. 例 1，例 3 和例 6 中的映射都具有这一性质. 对于这样的映射，我们也给它起一个名字：

定义 3 设 f：$A\to B$ 是一个映射. 如果对于 A 中任意两个元素 x_1 和 x_2，只要 $x_1\neq x_2$，就有 $f(x_1)\neq f(x_2)$，那么就称 f 是 A 到 B 的一个单映射，简称单射.

上面的例 1，例 3 和例 6 都是单射.

设 f：$A\to B$ 是 A 到 B 的一个映射，而 g：$B\to C$ 是 B 到 C 的一个映射. 那么对于每一 $x\in A$，$f(x)\in B$，因而 $g(f(x))$ 是 C 中的一个元素. 因此，对于每一 $x\in \mathbf{A}$，就有 C 中唯一确定的元素 $g(f(x))$ 与它对应，这样就得到 A 到 C 的一个映射，这个映射是由映射 f：$A\to B$ 和 g：$B\to C$ 所决定的，称为 f 与 g 的合成. 记作 $g\circ f$. 于是我们有

$$g\circ f:A\to C;(g\circ f)(x)=g(f(x)),\text{对一切 } x\in A.$$

f 与 g 的合成可以由下面的图来示意：

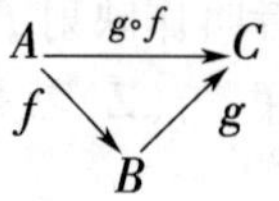

例 8 设

$$f\text{：}\mathbf{R}\to\mathbf{R}\text{；}x\longmapsto x^2.$$

$$g\text{：}\mathbf{R}\to\mathbf{R}\text{；}x\longmapsto \sin x.$$

那么 $$g\circ f\text{：}\mathbf{R}\to\mathbf{R}\text{；}x\longmapsto \sin x^2.$$

例 9 设 $A=\{1, 2, 3\}$.

$$f\text{：}A\to A\text{；}1\longmapsto 2,\ 2\longmapsto 3,\ 3\longmapsto 1.$$

$$g\text{：}A\to A\text{；}1\longmapsto 3,\ 2\longmapsto 1,\ 3\longmapsto 2.$$

那么

$$g\circ f: A\to A;\ 1\longmapsto 1,\ 2\longmapsto 2,\ 3\longmapsto 3.$$

映射的合成也不是什么新的概念，它不过是复合函数概念的推广而已.

设给定映射

$$f: A\to B,\ g: B\to C,\ h: C\to D.$$

那么合成映射 $h\circ(g\circ f)$ 和 $(h\circ g)\circ f$ 都是 A 到 D 的映射. 我们有

(1) $$h\circ(g\circ f)=(h\circ g)\circ f.$$

事实上，令 $u=g\circ f$, $v=h\circ g$. 那么对于 A 的任意元素 x,

$$(h\circ u)(x)=h(u(x))=h(g(f(x))),$$

$$(v\circ f)(x)=v(f(x))=h(g(f(x))).$$

所以 $h\circ u=v\circ f$，等式(1)成立.

如果 $f: A\to B$ 既是满射，又是单射，即如果 f 满足下列两个条件：

(i) $f(A)=B$;

(ii) $f(x_1)=f(x_2)\Longrightarrow x_1=x_2$，对一切 $x_1, x_2\in A$，

那么就称 f 是 A 到 B 的一个双射或一一映射.

例 3 的映射是一个双射；任意集合 A 的恒等映射(例 6)显然是 A 到自身的一个双射.

特别，我们把一个有限集合 A 到自身的双射叫作 A 的一个置换. 这个概念以后我们还要用到. 例如，例 3 的映射就是集合 $\{1, 2, 3, 4\}$ 的一个置换.

设 A, B 是两个非空集合. 我们分别用 j_A 和 j_B 表示 A 和 B 的恒等映射. 设 $f: A\to B$ 是 A 到 B 的一个映射. 显然有

(2) $$f\circ j_A=f,\quad j_B\circ f=f.$$

定理 1.2.1 令 $f: A\to B$ 是集合 A 到 B 的一个映射. 那么以下两个条件是等价的：

(i) f 是一个双射；

(ii) 存在 B 到 A 的一个映射 g，使得

$$g\circ f=j_A,\quad f\circ g=j_B.$$

再者，当条件(ii)成立时，映射 g 是由 f 唯一确定的.

证 如果(i)成立. 因为 f 是满射，所以对于 B 的每一个元素 y，有 $x\in A$，使得

$$f(x)=y.$$

又因为 f 是单射，所以这个 x 是由 y 唯一确定的：即如果还有 $x'\in A$ 使得 $f(x')=y$，那么 $x=x'$. 我们规定

$$g: y\longmapsto x，\text{如果 } f(x)=y.$$

则 g 是 B 到 A 的一个映射.

设 $x\in A$. 而 $f(x)=y$. 我们有

$$(g\circ f)(x)=g(f(x))=g(y)=x.$$

所以 $g\circ f=j_A$. 设 $y\in B$，而 $f(x)=y$. 那么 $g(y)=x$. 于是

$$f\circ g(y)=f(g(y))=f(x)=y.$$

所以 $f\circ g=j_B$. 这就证明了(ii)成立.

反过来，设(ii)成立. 我们先证明 f 是满射. 设 $y\in B$. 令 $g(y)=x\in A$. 由于 $f\circ g=j_B$，所以

$$f(x)=f(g(y))=j_B(y)=y.$$

即 f 是满射. 再证 f 是单射. 设 x_1，$x_2\in A$ 而

$$f(x_1)=f(x_2).$$

由于 $g\circ f=j_A$，所以

$$x_1=j_A(x_1)=g\circ f(x_1)=g\circ f(x_2)=j_A(x_2)=x_2.$$

这就证明了 f 是单射. 因此，f 是 A 到 B 的双射.

最后，设(ii)成立. 令 $g: B\to A$ 和 $h: B\to A$ 都具有性质：

$$g\circ f=h\circ f=j_A,\quad f\circ g=f\circ h=j_B.$$

那么由(1)和(2)，我们有

$$\begin{aligned} g &= g\circ j_B=g\circ(f\circ h)=(g\circ f)\circ h\\ &=j_A\circ h=h. \end{aligned}$$

所以 g 是由 f 唯一确定的. 定理被证明. □

设 f 是 A 到 B 的一个映射. 我们把满足定理 1.2.1 条件(ii)的映射 $g: B\to A$ 叫作 f 的*逆映射*. 由定理 1.2.1，一个映射不一

定有逆映射．然而如果映射 f：$A \to B$ 有逆映射的话，逆映射是由 f 唯一确定的．以后把 f 的逆映射记作 f^{-1}．我们有

$$f^{-1} \circ f = j_A, \quad f \circ f^{-1} = j_B.$$

因此，由定理 1.2.1，f^{-1}：$B \to A$ 也是一个双射，并且 f 就是 f^{-1} 的逆映射，即

$$(f^{-1})^{-1} = f.$$

如果存在集合 A 到集合 B 的一个双射，我们有时也说，在 A 与 B 的元素之间存在着一一对应(或写作 1—1 对应)．

例 10 设 A 是一切非负实数所成的集合；

$$B = \{x \in \mathbf{R} \mid 0 \leqslant x < 1\}.$$

$$f: A \to B; \quad f(x) = \frac{x}{1+x}.$$

f 是 A 到 B 的一个映射，因为当 $x \geqslant 0$ 时，

$$0 \leqslant \frac{x}{1+x} < 1,$$

并且是由 x 唯一确定的．我们证明，f 是一个双射．

设 $y \in B$．取

$$x = \frac{y}{1-y}.$$

因为 $0 \leqslant y < 1$，所以 $1 - y \neq 0$，且 $x \geqslant 0$，所以 $x \in A$．我们有

$$f(x) = \frac{x}{1+x} = \frac{\frac{y}{1-y}}{1+\frac{y}{1-y}} = y.$$

所以 f 是满射．

设 x_1，$x_2 \in A$ 而 $f(x_1) = f(x_2)$．那么

$$\frac{x_1}{1+x_1} = \frac{x_2}{1+x_2}.$$

由此得 $x_1 = x_2$，所以 f 是单射．

于是由定理 1.2.1，f 有逆映射．容易验证，

$$f^{-1}: B \to A;\ x \longmapsto \frac{x}{1-x}.$$

最后我们指出一种很重要的映射.

我们常说，整数的加法是整数的一个“代数运算”. 这句话的意思是说，对于任意一对整数$(a,\ b)$，有唯一确定的整数$a+b$与它们对应. 用映射的语言来说，整数的加法实际上是一个映射

$$\mathbf{Z} \times \mathbf{Z} \to \mathbf{Z}.$$

在这个映射之下，对于$(a,\ b) \in \mathbf{Z} \times \mathbf{Z}$,

$$(a,\ b) \longmapsto a+b.$$

同样的道理，例如实数的乘法是一个映射

$$\mathbf{R} \times \mathbf{R} \to \mathbf{R};\ (a,\ b) \longmapsto ab.$$

一般，设A是一个非空集合. 我们把$A \times A$到A的一个映射叫作集合A的一个代数运算.

习　题

1. 设A是前100个正整数所成的集合. 找一个A到自身的映射，但不是满射.

2. 找一个全体实数集到全体正实数集的双射.

3. $f: x \longmapsto \dfrac{1}{x}$是不是全体实数集到自身的映射？

4. 设f定义如下：

$$f(x)=\begin{cases} x, & 若\ x<0; \\ 1, & 若\ 0 \leqslant x<1; \\ 2x-1, & 若\ x \geqslant 1. \end{cases}$$

f是不是$\mathbf{R}$到$\mathbf{R}$的映射？是不是单射？是不是满射？

5. 令$A=\{1,\ 2,\ 3\}$. 写出A到自身的一切映射. 在这些映射中哪些是双射？

6. 设$a,\ b$是任意两个实数且$a<b$. 试找出一个$[0,\ 1]$到$[a,\ b]$的双射.

7. 举例说明，对于一个集合 A 到自身的两个映射 f 和 g 来说，$f\circ g$ 与 $g\circ f$ 一般不相等.

8. 设 A 是全体正实数所成的集合. 令

$$f: x\longmapsto x, \quad g: x\longmapsto \frac{1}{x}, x\in A.$$

(i) g 是不是 A 到 A 的双射？(ii) g 是不是 f 的逆映射？(iii) 如果 g 有逆映射，g 的逆映射是什么？

9. 设 $f: A\to B$，$g: B\to C$ 是映射，又令 $h=g\circ f$，证明：

(i) 如果 h 是单射，那么 f 也是单射；

(ii) 如果 h 是满射，那么 g 也是满射；

(iii) 如果 f, g 都是双射，那么 h 也是双射，并且

$$h^{-1}=(g\circ f)^{-1}=f^{-1}\circ g^{-1}.$$

10. 判断下列规则是不是所给的集合 A 的代数运算：

	集　合　A	规　则
1	全体整数	$(a,b)\longmapsto a^b$
2	全体整数	$(a,b)\longmapsto -ab$
3	全体有理数	$(a,b)\longmapsto 1$
4	全体实数	$(a,b)\longmapsto \frac{a}{b}$

1.3　数学归纳法

在这一节里，我们将介绍数学证明中的一个非常重要的方法，这个方法就是数学归纳法.

数学归纳法所根据的原理是正整数集的一个最基本的性质——最小数原理.

我们用 $\mathbf{N}$ 表示全体非负整数的集合：

$$\mathbf{N}=\{0,1,2,3,\cdots\}.$$

用 $\mathbf{N}^*$ 表示全体正整数的集合：

$$\mathbf{N}^*=\{1,2,3,\cdots\}.$$

最小数原理　正整数集 $\mathbf{N}^*$ 的任意一个非空子集 S 必含有一

个最小数，也就是这样一个数 $a \in S$，对于任意 $c \in S$ 都有 $a \leqslant c$.

注意 1. 最小数原理并不是对于任意数集都成立的. 例如，全体整数的集合 $\mathbf{Z}$ 就没有最小数. 又如，全体正分数所成的集合也没有最小数，因为如果 b 是一个正分数，那么 $b/2$ 就是一个小于 b 的正分数.

2. 设 c 是任意一个整数. 令

$$M_c = \{x \in \mathbf{Z} \mid x \geqslant c\}.$$

那么以 M_c 代替正整数集 $\mathbf{N}^*$，最小数原理对于 M_c 仍然成立. 也就是说，M_c 的任意一个非空子集必含有一个最小数. 特别，$\mathbf{N}$ 的任意一个非空子集必含有一个最小数.

由最小数原理可以得出以下的数学归纳法原理.

定理 1.3.1（数学归纳法原理） 设有一个与正整数 n 有关的命题. 如果

（i）当 $n=1$ 时，命题成立；

（ii）假设 $n=k$ 时命题成立，则 $n=k+1$ 时命题也成立；那么这个命题对于一切正整数 n 都成立.

证 假设命题不是对于一切正整数都成立. 令 S 表示使命题不成立的正整数所成的集合. 那么 $S \neq \varnothing$. 于是由最小数原理，S 中有最小数 h. 因为命题对于 $n=1$ 成立，所以 $h \neq 1$. 从而 $h-1$ 是一个正整数. 因为 h 是 S 中的最小数，所以 $h-1 \notin S$. 这就是说，当 $n=h-1$ 时，命题成立. 于是由（ii），当 $n=h$ 时命题也成立. 因此 $h \notin S$. 这就导致矛盾. □

注意 根据最小数原理下面的注意 2，我们可以取 M_c 来代替正整数集 $\mathbf{N}^*$. 也就是说，如果某一个命题是从某一个整数 c 开始成立，这时仍然可以利用数学归纳法来证明，只要把定理 1.3.1 中条件（i）的 $n=1$ 换成 $n=c$ 就行了.

我们看一个例子.

例 证明，当 $n \geqslant 3$ 时，n 边形的内角和等于 $(n-2)\pi$.

这个命题对于 $n=1, 2$ 来说是没有意义的. 我们从 $n=3$ 开始用数学归纳法.

当 $n=3$ 时，命题成立，因为三角形内角和等于 $\pi=(3-2)\pi$.

假设 $n=k(k\geqslant 3)$ 时命题成立. 我们看任意一个 $k+1$ 边形 $A_1A_2\cdots A_kA_{k+1}$（图 1.3）. 联结 A_1A_3，那么 $A_1A_2\cdots A_kA_{k+1}$ 的内角和等于三角形 $A_1A_2A_3$ 的内角和再加上 k 边形 $A_1A_3\cdots A_kA_{k+1}$ 的内角和. 前者等于 π，后者由归纳法假定，等于 $(k-2)\pi$. 因此 $k+1$ 边形 $A_1A_2\cdots A_kA_{k+1}$ 的内角和等于 $\pi+(k-2)\pi=(k-1)\pi=((k+1)-2)\pi$. 命题得证.

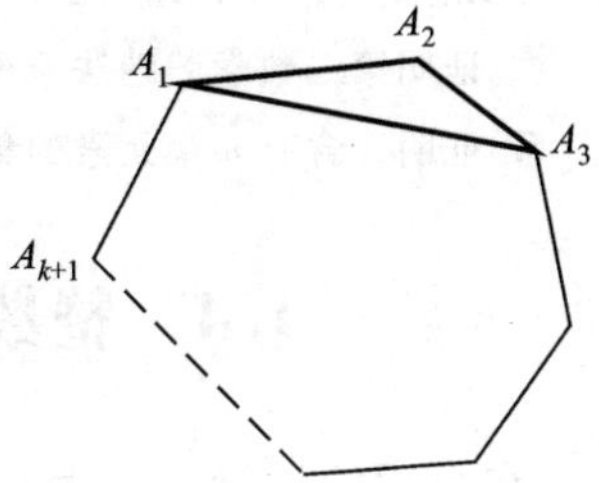

图 1.3

在有些情况下，归纳法假定"命题对于 $n=k$ 成立"还不够，而需要较强的假定. 我们有

定理 1.3.2（第二数学归纳法原理） 设有一个与正整数 n 有关的命题. 如果

(i) 当 $n=1$ 时命题成立；

(ii) 假设命题对于一切小于 k 的正整数来说成立，则命题对于 k 也成立；

那么命题对于一切正整数 n 来说都成立.

证明留作练习.

当然，在这个定理里，条件(i)也可以换成 n 等于某一个整数 c.

习　题

1. 证明：$1\cdot 1!+2\cdot 2!+\cdots+n\cdot n!=(n+1)!-1$.
2. 设 h 是一个正整数. 证明 $(1+h)^n\geqslant 1+nh$，n 是任意正整数.
3. 证明二项式定理：

$$(a+b)^n=a^n+\binom{n}{1}a^{n-1}b+\cdots+\binom{n}{r}a^{n-r}b^r+\cdots+b^n,$$

这里

$$\binom{n}{r}=\frac{n(n-1)\cdots(n-r+1)}{r!}$$

是 n 个元素中取 r 个的组合数.

4. 证明第二数学归纳法原理.

5. 证明，含有 n 个元素的集合的一切子集的个数等于 2^n.

1.4 整数的一些整除性质

在今后的讨论中，我们有时要用到一些关于整数的整除性质. 这些性质在中小学数学里已经部分地碰到过，但在那里缺少严格的证明.

设 a，b 是两个整数. 如果存在一个整数 d，使得 $b=ad$，那么就说 a 整除 b(或者说 b 被 a 整除). 用符号 $a\mid b$ 来表示 a 整除 b. 这时 a 叫作 b 的一个因数，而 b 叫作 a 的一个倍数. 如果 a 不整除 b，那么就记作 $a\nmid b$.

容易推出下列关于整除的基本性质：

1) $a\mid b$，$b\mid c\Longrightarrow a\mid c$.

2) $a\mid b$，$a\mid c\Longrightarrow a\mid(b+c)$.

3) $a\mid b$，而 $c\in\mathbf{Z}\Longrightarrow a\mid bc$.

由 2) 与 3) 得

4) $a\mid b_i$，而 $c_i\in\mathbf{Z}$，$i=1,2,\cdots,t\Longrightarrow a\mid(b_1c_1+\cdots+b_tc_t)$.

5) 每一个整数都可以被 1 和 -1 整除.

6) 每一个整数 a 都可以被它自己和它的相反数 $-a$ 整除.

7) $a\mid b$ 且 $b\mid a\Longrightarrow b=a$ 或 $b=-a$.

这些性质都是明显的. 我们只证明最后一个.

由 $a\mid b$ 和 $b\mid a$，我们有 $b=ac$，$a=bd$，这里 c，$d\in\mathbf{Z}$. 于是 $a=acd$. 如果 $a=0$，那么 $b=ac=0=a$；如果 $a\neq0$，那么 $cd=1$，从而 $c=d=1$ 或 $c=d=-1$. 于是 $b=a$ 或 $b=-a$.

现在我们证明整数的带余除法，它在整数的整除性理论中占有重要的地位.

定理 1.4.1（带余除法） 设 a，b 是整数且 $a\neq 0$，那么存在一对整数 q 和 r，使得

$$b=aq+r \text{ 且 } 0\leqslant r<|a|.$$

满足以上条件的整数 q 和 r 是唯一确定的.

证 令 $S=\{b-ax \mid x\in\mathbf{Z},\ b-ax\geqslant 0\}$. 因为 $a\neq 0$，所以 S 是 $\mathbf{N}$ 的一个非空子集. 根据最小数原理（对于 $\mathbf{N}$），S 含有一个最小数. 也就是说，存在 $q\in\mathbf{Z}$，使得 $r=b-aq$ 是 S 中最小数. 于是 $b=aq+r$，并且 $r\geqslant 0$. 如果 $r\geqslant|a|$，那么 $r=|a|+r'$，$r'\geqslant 0$，而

$$r'=\begin{cases} b-a(q+1), & \text{若 } a>0; \\ b-a(q-1), & \text{若 } a<0. \end{cases}$$

所以 $r'\in S$ 且 $r'<r$. 这与 r 是 S 中的最小数的事实矛盾. 因此 $r<|a|$.

假设还有 q'，$r'\in\mathbf{Z}$，使得

$$b=aq'+r' \quad \text{且 } 0\leqslant r'<|a|.$$

于是就有 $a(q-q')=r'-r$. 如果 $q-q'\neq 0$. 那么

$$|r'-r|=|a(q-q')|\geqslant|a|.$$

由此或者 $r'\geqslant|a|+r\geqslant|a|$，或者 $r\geqslant|a|+r'\geqslant|a|$. 不论是哪一种情形，都将导致矛盾. 这样，必须 $q-q'=0$，从而 $r'-r=0$. 也就是说 $q'=q$，$r'=r$. □

定理 1.4.1 中唯一确定的整数 q 和 r 分别叫作以 a 除 b 所得的商和余数.

例如，$a=-5$，$b=18$，那么 $q=-3$，$r=3$；$a=-5$，$b=-18$，那么 $q=4$，$r=2$.

根据带余除法，给了一对整数 a，b，我们可以判断 a 能否整除 b. 如果 $a=0$，那么 a 只能整除 0. 如果 $a\neq 0$，那么 $a\mid b$ 当且仅当以 a 除 b 所得的余数 $r=0$.

我们引进一组整数的最大公因数的概念.

设 a, b 是两个整数. 满足下列条件的整数 d 叫作 a 与 b 的一个最大公因数:

(i) $d \mid a$ 且 $d \mid b$;

(ii) 如果 $c \in \mathbf{Z}$, 且 $c \mid a$, $c \mid b$, 那么 $c \mid d$.

一般地, 设 $a_1, a_2, \cdots, a_n$ 是 n 个整数. 满足下列条件的整数 d 叫作 $a_1, a_2, \cdots, a_n$ 的一个最大公因数:

(i) $d \mid a_i, i=1,2,\cdots,n$;

(ii) 如果 $c \in \mathbf{Z}$ 且 $c \mid a_i, i=1,2,\cdots,n$, 那么 $c \mid d$.

关于任意 n 个整数的最大公因数, 我们有

定理 1.4.2 任意 $n(n \geqslant 2)$ 个整数 $a_1, a_2, \cdots, a_n$ 都有最大公因数. 如果 d 是 $a_1, a_2, \cdots, a_n$ 的一个最大公因数, 那么 $-d$ 也是一个最大公因数; $a_1, a_2, \cdots, a_n$ 的两个最大公因数至多相差一个符号.

证 由最大公因数的定义和整除的基本性质, 定理的后一个论断是明显的.

现在证明, 任意 n 个整数 $a_1, a_2, \cdots, a_n$ 有最大公因数. 如果 $a_1 = a_2 = \cdots = a_n = 0$, 那么 0 显然是 $a_1, a_2, \cdots, a_n$ 的最大公因数. 设 $a_1, a_2, \cdots, a_n$ 不全为零. 我们考虑 $\mathbf{Z}$ 的子集

$$I = \{t_1 a_1 + t_2 a_2 + \cdots + t_n a_n \mid t_i \in \mathbf{Z},\ 1 \leqslant i \leqslant n\}.$$

I 显然不是空集, 因为对于每一 i,

$$a_i = 0 \cdot a_1 + 0 \cdot a_2 \cdots + 0 \cdot a_{i-1} + 1 \cdot a_i + 0 \cdot a_{i+1} + \cdots + 0 \cdot a_n \in I.$$

又因为 $a_1, a_2, \cdots, a_n$ 不全为零, 所以 I 含有非零整数. 因此

$$I^+ = \{s \mid s \in I \text{ 且 } s > 0\}$$

是正整数集的一个非空子集. 于是由最小数原理, I^+ 有一个最小数 d. 我们说, d 就是 $a_1, a_2, \cdots, a_n$ 的一个最大公因数.

首先, 因为 $d \in I^+$, 所以 $d > 0$ 并且 d 有形式

$$d = t_1 a_1 + t_2 a_2 + \cdots + t_n a_n,\ t_i \in \mathbf{Z} \quad (1 \leqslant i \leqslant n).$$

又由带余除法, 我们有

$$a_i = dq_i + r_i,\ 0 \leqslant r_i < d \quad (1 \leqslant i \leqslant n).$$

如果某一 $r_i > 0$，比方说，$r_1 > 0$，那么

$$r_1 = a_1 - dq_1 = (1 - t_1 q_1) a_1 - t_2 q_1 a_2 - \cdots - t_n q_1 a_n \in I^+,$$

而 $r_1 < d$. 这与 d 是 I^+ 中的最小数的事实矛盾. 这样，必须所有 $r_i = 0$，即 $d \mid a_i$，$1 \leqslant i \leqslant n$. 另一方面，如果 $c \in \mathbf{Z}$，$c \mid a_i$，$1 \leqslant i \leqslant n$. 那么 $c \mid (t_1 a_1 + \cdots + t_n a_n)$，即 $c \mid d$. 这就证明了 d 是 $a_1, a_2, \cdots, a_n$ 的一个最大公因数. □

这个定理告诉我们，任意 n 个整数的最大公因数一定存在，并且除相差一个符号外，是由这 n 个整数唯一确定的. 我们把 n 个整数 $a_1, a_2, \cdots, a_n$ 的那个非负的最大公因数记作 $(a_1, a_2, \cdots, a_n)$.

由定理 1.4.2 的证明，我们还可得出关于最大公因数的一个重要性质. 这就是

定理 1.4.3 设 d 是整数 $a_1, a_2, \cdots, a_n$ 的一个最大公因数. 那么存在整数 $t_1, t_2, \cdots, t_n$，使得

$$t_1 a_1 + t_2 a_2 + \cdots + t_n a_n = d.$$

证 如果 $a_1 = a_2 = \cdots = a_n = 0$，那么 $d = 0$. 定理显然成立. 设 $a_1, a_2, \cdots, a_n$ 不全为零，由定理 1.4.2 的证明，我们知道 $d \in I$. 因而存在 $t_1, t_2, \cdots, t_n \in \mathbf{Z}$，使得 $d = t_1 a_1 + t_2 a_2 + \cdots + t_n a_n$. □

设 a，b 是两个整数. 如果 $(a, b) = 1$，那么就说 a 与 b 互素. 一般，设 $a_1, a_2, \cdots, a_n$ 是 n 个整数. 如果 $(a_1, a_2, \cdots, a_n) = 1$，那么就说这 n 个整数 $a_1, a_2, \cdots, a_n$ 互素. 例如 8 与 9 是一对互素的整数；6，10，15 是三个互素的整数.

由定理 1.4.3，我们有

定理 1.4.4 n 个整数 $a_1, a_2, \cdots, a_n$ 互素的充要的条件是存在整数 $t_1, t_2, \cdots, t_n$ 使得

(1) $$t_1 a_1 + t_2 a_2 + \cdots + t_n a_n = 1.$$

证 如果 $a_1, a_2, \cdots, a_n$ 互素 那么由定理 1.4.2 立即得出等式(1)成立. 反过来，设等式(1)成立. 令 $(a_1, a_2, \cdots, a_n) = c$. 那么 c 能整除(1)式左端. 所以 $c \mid 1$. 因此 $c = 1$，即 $(a_1, a_2, \cdots,$

$a_n) = 1$. □

最后介绍关于素数的一些简单性质.

一个正整数 $p>1$ 叫作一个*素数*，如果除 ± 1 和 $\pm p$ 外，没有其他的因数. 根据这个定义，如果 p 是一个素数而 a 是任意一个整数，那么或者 $(a,p)=p$ 或者 $(a,p)=1$. 在前一情形，$p\mid a$；在后一情形，$p\nmid a$. 另外，每一个不等于 0 和 ± 1 的整数一定可以被某一素数整除. 事实上，设 $a\in \mathbf{Z}$，$a\neq 0$，$a\neq \pm 1$. 如果 $|a|$ 就是一个素数，这时自然有 $|a|\,|\,a$；如果 $|a|$ 不是素数，那么 a 有一个因数 $d>1$ 且 $d<|a|$. 如果 d 不是素数，那么 d 又有一个因数 d_1，$1<d_1<d$. d_1 自然也是 a 的一个因数. 由正整数集的最小数原理，这个过程不能无限制地进行下去. 因此最后一定有一个素数 p，$p\mid a$.

下面的定理是素数的一个基本性质.

定理 1.4.5 一个素数如果整除两个整数 a 与 b 的乘积，那么它至少整除 a 与 b 中的一个.

证 设 p 是一个素数. 如果 $p\mid ab$ 但 $p\nmid a$，那么由上面所指出的素数的性质，必定有 $(p,a)=1$. 于是由定理 1.4.4，存在整数 s 和 t 使得

$$sp+ta=1.$$

把这个等式两端同乘以 b：

$$spb+tab=b.$$

左端第一项自然能被 p 整除；又因为 $p\mid ab$，所以左端第二项也能被 p 整除. 于是 p 整除左端两项的和，从而 $p\mid b$. □

习　题

1. 对于下列的整数 a，b，分别求出以 a 除 b 所得的商和余数：

(i) $a=17$，$b=-235$；　　(ii) $a=-8$，$b=2$；

(iii) $a=-9$，$b=-5$；　　(iv) $a=-7$，$b=-58$.

2. 设 a，b 是整数且不全为 0，而 $a = da_1$，$b = db_1$，d，a_1，$b_1 \in \mathbf{Z}$. 证明，d 是 a 与 b 的一个最大公因数当且仅当 $(a_1, b_1) = 1$.

3. 设 a，b 是不等于零的整数. 满足下列两个条件的正整数 m 叫作 a 与 b 的最小公倍数：(i) $a \mid m$，$b \mid m$；(ii) 如果 $h \in \mathbf{Z}$ 且 $a \mid h$，$b \mid h$，则 $m \mid h$. 证明：(a) 任意两个不等于零的整数 a，b 都有唯一的最小公倍数；(b) 令 m 是 a 与 b 的最小公倍数而 $d = (a, b)$. 则 $|ab| = dm$.

4. 设 p 是一个大于 1 的整数且具有以下性质：对于任意整数 a，b，如果 $p \mid ab$，则 $p \mid a$ 或 $p \mid b$. 证明，p 是一个素数（定理 1.4.5 的逆命题）.

5. 设 $p_1, p_2, \cdots, p_n$ 是两两不相同的素数，而 $a = 1 + p_1 p_2 \cdots p_n$. (i) 证明 $p_i \nmid a (i = 1, 2, \cdots, n)$；(ii) 利用 (i) 证明，素数有无限多个.

1.5 数环和数域

在这一章的最后，我们介绍一下数环和数域这两个概念.

我们知道，在整数范围内，可以进行加、减、乘三种运算. 然而两个整数的商却不一定是整数. 也就是说，在整数范围内，除法不是永远可以实施的. 但在有理数范围内，不仅可以施行加、减、乘三种运算，而且还可以施行除法（只要除数不为零）. 在实数和复数范围内，也同样可以施行这四种运算. 除了上述四个数集外，还有很多数集，在其中也可以进行加、减、乘三种运算或加、减、乘、除四种运算. 具有这样性质的数集分别叫作数环或数域. 更确切地说，我们给出以下

定义 1 设 S 是复数集 $\mathbf{C}$ 的一个非空子集. 如果对于 S 中任意两个数 a，b 来说，$a+b$，$a-b$，ab 都在 S 内，那么就称 S 是一个数环.

例如，上面所提到的整数集 $\mathbf{Z}$，有理数集 $\mathbf{Q}$，实数集 $\mathbf{R}$ 和复数集 $\mathbf{C}$ 都是数环. 我们再看一些数环的例子.

例 1 取定一个整数 a，令

$$S = \{ na \mid n \in \mathbf{Z} \}.$$

那么 S 是一个数环. 事实上，S 显然不是空集. 设 n_1，$n_2 \in \mathbf{Z}$. 那么

$$n_1 a \pm n_2 a = (n_1 \pm n_2) a \in S,\ (n_1 a)(n_2 a) = (n_1 n_2 a) a \in S.$$

例如取 $a = 2$，那么 S 就是全体偶数所组成的数环. 特别，如果取 $a = 0$，那么 $S = \{0\}$. 所以单独一个数 0 组成一个数环.

例 2 令 $S = \{a + b\mathrm{i} \mid a,\ b \in \mathbf{Z},\ \mathrm{i}^2 = -1\}$. S 显然不是空集. 如果 $a + b\mathrm{i}$，$c + d\mathrm{i} \in S$，那么

$$(a + b\mathrm{i}) \pm (c + d\mathrm{i}) = (a \pm c) + (b \pm d)\mathrm{i} \in S,$$

$$(a + b\mathrm{i})(c + d\mathrm{i}) = (ac - bd) + (bc + ad)\mathrm{i} \in S.$$

所以 S 是一个数环.

现在引入数域的概念.

定义 2 设 F 是一个数环. 如果

(i) F 含有一个不等于零的数;

(ii) 如果 a，$b \in F$，且 $b \neq 0$，则 $\dfrac{a}{b} \in F$，

那么就称 F 是一个数域.

例如，有理数集 $\mathbf{Q}$，实数集 $\mathbf{R}$ 和复数集 $\mathbf{C}$ 都是数域. 然而整数环 $\mathbf{Z}$ 不是数域. 例 1 和例 2 的数环也不是数域. 我们再看一个数域的例子.

例 3 令 $F = \{a + b\sqrt{2} \mid a,\ b \in \mathbf{Q}\}$，则 F 是一个数域. 首先，容易看出，F 是一个数环，并且 $1 = 1 + 0\sqrt{2} \in F$，所以(i)成立.

现在设 $c + d\sqrt{2} \neq 0$. 那么 $c - d\sqrt{2} \neq 0$. 否则在 $d = 0$ 的情形将得出 $c = 0$，这与 $c + d\sqrt{2} \neq 0$ 的假设矛盾；在 $d \neq 0$ 的情形将得出 $\sqrt{2} = \dfrac{c}{d} \in \mathbf{Q}$，这与 $\sqrt{2}$ 是无理数的事实矛盾. 因此，

$$\frac{a + b\sqrt{2}}{c + d\sqrt{2}} = \frac{(a + b\sqrt{2})(c - d\sqrt{2})}{(c + d\sqrt{2})(c - d\sqrt{2})}$$

$$=\frac{ac-2bd}{c^2-2d^2}+\frac{bc-ad}{c^2-2d^2}\sqrt{2}\in F.$$

这就证明了 F 是一个数域.

最后证明数域的一个重要性质.

定理 1.5.1 任何数域都包含有理数域 $\mathbf{Q}$.

证 设 F 是一个数域. 那么由条件(i)，F 含有一个不等于 0 的数 a，再由条件(ii)，$1=\frac{a}{a}\in F$. 用 1 和它自己重复相加，可得全体正整数，因而全体正整数都属于 F. 另一方面，$0=a-a\in F$. 所以 F 也含有 0 与任一正整数的差，亦即含有全体负整数. 因而 F 含有全体整数. 这样，F 也含有任意两个整数的商(分母不为 0)，因而 F 含有一切有理数. □

在这个定理的意义下，可以认为，有理数域 $\mathbf{Q}$ 是最小的数域.

习 题

1. 证明如果一个数环 $S\neq\{0\}$，那么 S 含有无限多个数.

2. 证明 $F=\{a+b\mathrm{i}\mid a, b\in\mathbf{Q}\}$ 是数域.

3. 证明 $S=\left\{\frac{m}{2^n}\,\middle|\, m, n\in\mathbf{Z}\right\}$ 是一个数环. S 是不是数域?

4. 证明两个数环的交还是一个数环；两个数域的交还是一个数域. 两个数环的并是不是数环?

5. 设 n 是一整数，令

$$n\mathbf{Z}=\{nz\mid z\in\mathbf{Z}\}.$$

由例 1，$n\mathbf{Z}$ 是一个数环. 设 $m, n\in\mathbf{Z}$. 记

$$m\mathbf{Z}+n\mathbf{Z}=\{mx+ny\mid x, y\in\mathbf{Z}\}.$$

证明：(i) $m\mathbf{Z}+n\mathbf{Z}$ 是一个数环；

(ii) $m\mathbf{Z}\subseteq n\mathbf{Z}\Longleftrightarrow n\mid m$；

(iii) $m\mathbf{Z}+n\mathbf{Z}=d\mathbf{Z}$，这里 $d=(m, n)$ 是 m 与 n 的最大公因数；

(iv) $m\mathbf{Z}+n\mathbf{Z}=\mathbf{Z}\Longleftrightarrow(m, n)=1$.

第二章

多 项 式

我们在中学里已经学习过多项式．多项式不仅是中学代数的主要内容之一，也是代数学的一个基本概念，在数学本身和实际应用中都常遇到它，因此有必要比较系统地学习它．

2.1　一元多项式的定义和运算

我们将在一个数环 R 上来讨论多项式．

令 R 是一个数环，并且 R 含有数 1，因而 R 含有全体整数．在这一章里，凡是说到数环，都作这样的约定，不再每次重复．

先讨论 R 上一元多项式．

定义 1　数环 R 上一个文字 x 的多项式或一元多项式指的是形式表达式

$$a_0+a_1x+a_2x^2+\cdots+a_nx^n, \tag{1}$$

这里 n 是非负整数而 $a_0,a_1,a_2,\cdots,a_n$ 都是 R 中的数．

在多项式(1)中，a_0 叫作零次项或常数项，a_1x 叫作一次项，一般，a_ix^i 叫作 i 次项，a_i 叫作 i 次项的系数．

我们规定，在一个多项式中，可以任意添上或者去掉一些系数为零的项；若是某一个 i 次项($i\neq0$)的系数是 1，那么这个系数可以省略不写．

一元多项式常用符号 $f(x)$，$g(x)$，…来表示.

现在对于多项式引入相等的概念.

定义 2 若是数环 R 上两个一元多项式 $f(x)$ 和 $g(x)$ 有完全相同的项，或者只差一些系数为零的项，那么 $f(x)$ 和 $g(x)$ 就说是相等

$$f(x)=g(x).$$

我们来看两个例子. 根据上面的规定和定义 2，我们有

$$1+0x+5x^2+0x^3=1+0x+5x^2=1+5x^2,$$

$$3+1x+2x^2=3+x+2x^2\neq 3+x+x^2.$$

按照上面的定义，一个数环 R 上的系数不全为零的多项式总可以写成

$$(2)\qquad a_0+a_1x+a_2x^2+\cdots+a_nx^n,\ a_n\neq 0$$

的形式，并且这种写法是唯一的. 因此我们可以对多项式引入次数的概念.

定义 3 a_nx^n 叫作多项式(2)的最高次项，非负整数 n 叫作多项式(2)的次数.

这样，数环 R 上每一个系数不全为零的多项式有一个唯一确定的次数. 特别，最高次项是零次项的多项式 $a\,(a\neq 0)$ 的次数为零.

系数全为零的多项式没有次数，这个多项式叫作零多项式. 按照定义 2，零多项式总可以记为 0. 以后谈到多项式 $f(x)$ 的次数时，总假定 $f(x)\neq 0$.

多项式的次数有时就简单地记作 $\partial^\circ(f(x))$.

现在定义多项式的运算. 设

$$f(x)=a_0+a_1x+\cdots+a_nx^n,$$

$$g(x)=b_0+b_1x+\cdots+b_mx^m$$

是数环 R 上两个多项式，并且设 $m\leqslant n$. 多项式 $f(x)$ 与 $g(x)$ 的

和 $f(x)+g(x)$ 指的是多项式

$$(a_0+b_0)+(a_1+b_1)x+\cdots+(a_m+b_m)x^m+\cdots+(a_n+b_n)x^n,$$

这里当 $m<n$ 时，取 $b_{m+1}=\cdots=b_n=0$.

多项式 $f(x)$ 与 $g(x)$ 的积 $f(x)g(x)$ 指的是多项式

$$c_0+c_1x+\cdots+c_{n+m}x^{n+m}.$$

这里

$$c_k=a_0b_k+a_1b_{k-1}+\cdots+a_{k-1}b_1+a_kb_0,\ k=0,1,\cdots,n+m.$$

求多项式的和与积的运算分别叫作加法运算与乘法运算．这里定义的多项式加法和乘法运算显然与中学里多项式加法和乘法运算是一致的.

利用多项式的加法运算可以定义多项式的减法运算．设 $h(x)$ 是 R 上任一多项式．我们用 $-h(x)$ 来表示把 $h(x)$ 中每一个系数都变号后所得多项式．我们定义 $f(x)$ 和 $g(x)$ 的差

$$f(x)-g(x)=f(x)+(-g(x)).$$

由于减法运算是利用加法运算来定义的，所以减法运算不是一个独立的运算.

根据以上定义，R 上两个多项式 $f(x)$，$g(x)$ 的和、差、积的系数都可以用 $f(x)$ 和 $g(x)$ 的系数的和、差、积表示出来．由于 $f(x)$ 和 $g(x)$ 的系数都属于数环 R，所以它们的和、差、积也都属于 R，所以 R 上两个多项式的和、差、积仍是 R 上的多项式.

多项式的加法和乘法满足以下运算规则：

1）加法交换律：

$$f(x)+g(x)=g(x)+f(x);$$

2）加法结合律：

$$(f(x)+g(x))+h(x)=f(x)+(g(x)+h(x));$$

3）乘法交换律：

$$f(x)g(x)=g(x)f(x);$$

4）乘法结合律：

$$(f(x)g(x))h(x)=f(x)(g(x)h(x));$$

5）乘法对加法的分配律：

$$f(x)(g(x)+h(x))=f(x)g(x)+f(x)h(x).$$

以上$f(x)$，$g(x)$，$h(x)$表示R上任意多项式．这些运算规则的成立都可以由多项式的加法和乘法定义加以验证．由于我们都熟悉这些运算规则，所以不再给出它们的验证．

有时候把一个多项式按“降幂”书写是方便的，这时将多项式写成

(3) $$a_0x^n+a_1x^{n-1}+\cdots+a_{n-1}x+a_n.$$

当$a_0\neq 0$时，a_0x^n叫作多项式(3)的首项．

多项式的次数在多项式的讨论中占有重要地位．关于次数有以下

定理 2.1.1 设$f(x)$和$g(x)$是数环R上两个多项式，并且$f(x)\neq 0$，$g(x)\neq 0$．那么

（i）当$f(x)+g(x)\neq 0$时，

$$\partial^\circ(f(x)+g(x))\leqslant\max(\partial^\circ(f(x)),\partial^\circ(g(x)));$$

（ii）$\partial^\circ(f(x)g(x))=\partial^\circ(f(x))+\partial^\circ(g(x))$.

证 设$\partial^\circ(f(x))=n$，$\partial^\circ(g(x))=m$．

$$f(x)=a_0+a_1x+\cdots+a_nx^n,\ a_n\neq 0,$$
$$g(x)=b_0+b_1x+\cdots+b_mx^m,\ b_m\neq 0,$$

并且$m\leqslant n$．那么

(4) $$f(x)+g(x)=(a_0+b_0)+(a_1+b_1)x+\cdots+(a_n+b_n)x^n,$$

(5) $f(x)g(x)=a_0b_0+(a_0b_1+a_1b_0)x+\cdots+a_nb_mx^{n+m}$.

由(4)，$f(x)+g(x)$的次数显然不能超过 n，另一方面，由 $a_n\neq0$，$b_m\neq0$得 $a_nb_m\neq0$. 所以由(5)得$f(x)g(x)$的次数是 $n+m$. □

推论 2.1.1 $f(x)g(x)=0$ 当且仅当 $f(x)$和 $g(x)$中至少有一个是零多项式.

证 若是$f(x)$和 $g(x)$中有一个是零多项式，那么由多项式乘法定义得$f(x)g(x)=0$. 若$f(x)\neq0$ 且 $g(x)\neq0$，那么由上面定理的证明得$f(x)g(x)\neq0$. □

推论 2.1.2 若$f(x)g(x)=f(x)h(x)$，且$f(x)\neq0$，那么$g(x)=h(x)$.

证 由$f(x)g(x)=f(x)h(x)$得$f(x)(g(x)-h(x))=0$. 但$f(x)\neq0$，所以由推论 2.1.1，必有 $g(x)-h(x)=0$，即$g(x)=h(x)$. □

由于推论 2.1.2 成立，我们说，多项式的乘法适合消去律.

最后我们引入一个术语. 我们用 $R[x]$来表示数环 R 上一个文字 x 的多项式的全体，并且把在其中如上定义了加法和乘法运算的 $R[x]$叫作数环 R 上的一元多项式环.

习　题

1. 设$f(x)$，$g(x)$和 $h(x)$是实数域上的多项式. 证明：若

(6) $$f(x)^2=xg(x)^2+xh(x)^2,$$

那么$f(x)=g(x)=h(x)=0$.

2. 求一组满足(6)式的不全为零的复系数多项式$f(x)$，$g(x)$和 $h(x)$.

3. 证明：

$$1-x+\frac{x(x-1)}{2!}-\cdots+(-1)^n\frac{x(x-1)\cdots(x-n+1)}{n!}$$
$$=(-1)^n\frac{(x-1)\cdots(x-n)}{n!}.$$

2.2 多项式的整除性

在一个数环 R 上一元多项式环内，除法不是永远可以施行的. 因此关于多项式的整除性的研究，也就是关于一个多项式能否除尽另一个多项式的研究，在多项式的理论中占有重要的地位.

我们限于讨论一个数域 F 上一元多项式的整除性. 这样的多项式的整除性理论和整数的整除性理论非常类似.

设 F 是一个数域. $F[x]$是 F 上一元多项式环.

定义 令 $f(x)$ 和 $g(x)$ 是数域 F 上多项式环 $F[x]$ 的两个多项式. 如果存在 $F[x]$ 的多项式 $h(x)$，使

$$g(x)=f(x)h(x),$$

我们就说，$f(x)$ 整除(能除尽)$g(x)$.

我们用符号 $f(x)\mid g(x)$ 表示 $f(x)$ 整除 $g(x)$，用符号 $f(x)\nmid g(x)$ 表示 $f(x)$ 不能整除 $g(x)$.

当 $f(x)\mid g(x)$ 时，$f(x)$ 说是 $g(x)$ 的一个因式.

在以下几节里，如果不特别声明，谈到的多项式都是 $F[x]$ 的多项式.

由上面定义我们可以直接推出关于多项式整除性的一些基本性质：

1）如果 $f(x)\mid g(x)$，$g(x)\mid h(x)$，那么 $f(x)\mid h(x)$.

事实上，由所给的条件得

$$g(x)=f(x)u(x),h(x)=g(x)v(x).$$

因此

$$h(x)=f(x)(u(x)v(x)),$$

即 $f(x)\mid h(x)$.

2） 如果 $h(x) \mid f(x)$，$h(x) \mid g(x)$，那么 $h(x) \mid (f(x) \pm g(x))$.

事实上，由等式

$$f(x)=h(x)u(x), \quad g(x)=h(x)v(x)$$

得

$$f(x) \pm g(x)=h(x)(u(x) \pm v(x)).$$

3） 如果 $h(x) \mid f(x)$，那么对于 $F[x]$ 中任意多项式 $g(x)$ 来说，$h(x) \mid f(x)g(x)$.

事实上，由等式

$$f(x)=h(x)u(x)$$

得

$$f(x)g(x)=h(x)(u(x)g(x)).$$

由 2)与 3)得

4） 如果 $h(x) \mid f_i(x)$，$i=1,2,\cdots,t$，那么对 $F[x]$ 中任意 $g_i(x), i=1,2,\cdots,t$,

$$h(x) \mid (f_1(x)g_1(x) \pm f_2(x)g_2(x) \pm \cdots \pm f_t(x)g_t(x)).$$

5） 零次多项式，也就是 F 中不等于零的数，整除任一多项式.

事实上，设 $f(x)=a_0+a_1x+\cdots+a_nx^n$ 是任一多项式，而 c 是 F 中任一不等于零的数. 那么

$$f(x)=c\left(\frac{a_0}{c}+\frac{a_1}{c}x+\cdots+\frac{a_n}{c}x^n\right).$$

6） 每一个多项式 $f(x)$ 都能被 $cf(x)$ 整除，这里 c 是 F 中任一不等于零的数. 事实上，$f(x)=\frac{1}{c}(cf(x))$.

7）如果 $f(x) \mid g(x)$，$g(x) \mid f(x)$，那么 $f(x)=cg(x)$，这里 c 是 F 中一个不等于零的数.

事实上，由

$$(1) \qquad g(x)=f(x)u(x),$$
$$f(x)=g(x)v(x)$$

得

$$(2) \qquad f(x)=f(x)u(x)v(x).$$

如果 $f(x)=0$，那么由(1)得 $g(x)=0$，从而 $f(x)=g(x)$.

如果 $f(x)\neq 0$，那么由(2)得 $u(x)v(x)=1$. 于是，有 $\partial^\circ(u(x)v(x))=0$，从而

$$\partial^\circ(u(x))=0, \quad \partial^\circ(v(x))=0.$$

这样，$v(x)$是 F 中一个不等于零的数 c，从而 $f(x)=cg(x)$.

在整数的整除性理论中，带余除法定理起着基本的作用. 以下我们将证明，对于一个数域 F 上一元多项式来说，也有类似的定理. 这个定理同样是多项式整除性理论的基础.

在中学代数里我们通过具体例子学习过用一个非零多项式去除另一多项式的方法，并且由此总结出以下事实：设 $f(x)$，$g(x)$是任意两个多项式，并且 $g(x)\neq 0$. 那么 $f(x)$可以写成以下形式

$$f(x)=g(x)q(x)+r(x),$$

这里或者 $r(x)=0$，或者 $r(x)$的次数小于 $g(x)$的次数.

我们现在就是要一般地证明这个事实，并且证明 $q(x)$和 $r(x)$都是唯一确定的.

定理 2.2.1 设 $f(x)$和 $g(x)$是 $F[x]$的任意两个多项式，并且 $g(x)\neq 0$. 那么在 $F[x]$中可以找到多项式 $q(x)$和 $r(x)$，使

$$(3) \qquad f(x)=g(x)q(x)+r(x),$$

这里或者 $r(x)=0$，或者 $r(x)$的次数小于 $g(x)$的次数. 满足以

上条件的多项式 $q(x)$ 和 $r(x)$ 只有一对.

证 先证定理的前一部分.

若是 $f(x)=0$ 或 $f(x)$ 的次数小于 $g(x)$ 的次数，那么可以取

$$q(x)=0, r(x)=f(x).$$

现在假定 $f(x)$ 的次数不小于 $g(x)$ 的次数. 我们把 $f(x)$ 和 $g(x)$ 按降幂书写：

$$f(x)=a_0x^n+a_1x^{n-1}+\cdots+a_{n-1}x+a_n,$$
$$g(x)=b_0x^m+b_1x^{m-1}+\cdots+b_{m-1}x+b_m,$$

这里 $a_0\neq 0$，$b_0\neq 0$，并且 $n\geqslant m$.

用中学代数中多项式除多项式的方法，自 $f(x)$ 减去 $g(x)$ 与 $b_0^{-1}a_0x^{n-m}$ 的积，那么 $f(x)$ 的首项被消去，而我们得到 $F[x]$ 的一个多项式 $f_1(x)$：

$$f_1(x)=f(x)-b_0^{-1}a_0x^{n-m}g(x).$$

$f_1(x)$ 有以下性质：或者 $f_1(x)=0$，或者 $f_1(x)$ 的次数小于 $f(x)$ 的次数 n.

若 $f_1(x)\neq 0$，并且 $f_1(x)$ 的次数 n_1 仍不小于 $g(x)$ 的次数 m，那么用同样的步骤我们可以得到 $F[x]$ 的一个多项式 $f_2(x)$：

$$f_2(x)=f_1(x)-b_0^{-1}a_{10}x^{n_1-m}g(x),$$

这里 a_{10} 是 $f_1(x)$ 的首项系数. $f_2(x)$ 有以下性质：或者 $f_2(x)=0$，或者 $f_2(x)$ 的次数小于 $f_1(x)$ 的次数 n_1.

这样作下去，由于多项式 $f_1(x)$，$f_2(x)$，…的次数是递降的，最后一定达到这样的一个多项式 $f_k(x)$：

$$f_k(x)=f_{k-1}(x)-b_0^{-1}a_{k-1,0}x^{n_{k-1}-m}g(x),$$

而 $f_k(x)=0$ 或 $f_k(x)$ 的次数小于 m. 总起来，我们得到等式：

$$f(x)-b_0^{-1}a_0x^{n-m}g(x)=f_1(x),$$

$$f_1(x)-b_0^{-1}a_{10}x^{n_1-m}g(x)=f_2(x),$$

…………

$$f_{k-1}(x)-b_0^{-1}a_{k-1,0}x^{n_{k-1}-m}g(x)=f_k(x).$$

把这些等式加起来，得

$$f(x)=g(x)(b_0^{-1}a_0x^{n-m}+b_0^{-1}a_{10}x^{n_1-m}+\cdots+b_0^{-1}a_{k-1,0}x^{n_{k-1}-m})+f_k(x).$$

这样，$F[x]$的多项式

$$q(x)=b_0^{-1}a_0x^{n-m}+b_0^{-1}a_{10}x^{n_1-m}+\cdots+b_0^{-1}a_{k-1,0}x^{n_{k-1}-m},$$
$$r(x)=f_k(x)$$

满足等式(3)，并且或者 $r(x)=0$，或者 $r(x)$的次数小于 $g(x)$的次数.

现在证明定理的后一部分.

假定还能找到 $F[x]$的多项式 $\bar{q}(x)$和 $\bar{r}(x)$，使

$$f(x)=g(x)\bar{q}(x)+\bar{r}(x),\tag{4}$$

并且或者 $\bar{r}(x)=0$，或者 $\bar{r}(x)$的次数小于 $g(x)$的次数，那么由等式(3)减去等式(4)，得

$$g(x)[q(x)-\bar{q}(x)]=\bar{r}(x)-r(x).$$

若 $\bar{r}(x)-r(x)\neq 0$，那么 $q(x)-\bar{q}(x)$也不能等于零. 这时等式右边的次数将小于 $g(x)$的次数，而等式左边的次数将不小于 $g(x)$的次数. 这不可能. 因此必然有

$$\bar{r}(x)-r(x)=0,$$

因而

$$q(x)-\bar{q}(x)=0.$$

这就是说，$q(x)=\bar{q}(x)$，$r(x)=\bar{r}(x)$. □

我们看到，在以上证明中，对于已给多项式 $f(x)$ 和 $g(x)$ 来求出 $q(x)$ 和 $r(x)$ 的方法正是中学代数中多项式除多项式的方法. 这种方法叫作带余除法. 多项式 $q(x)$ 和 $r(x)$ 分别叫作以 $g(x)$ 除 $f(x)$ 所得的商式和余式.

现在很容易判断，一个已给多项式 $g(x)$ 是否能够整除另一多项式 $f(x)$.

若 $g(x)=0$，那么根据整除的定义，$g(x)$ 只能整除零多项式 0.

若 $g(x)\neq 0$，那么由以上定理，当且仅当以 $g(x)$ 除 $f(x)$ 所得余式 $r(x)=0$ 的时候，$g(x)$ 能整除 $f(x)$.

注意 1. 如果(3)中 $q(x)$ 和 $r(x)$ 不是唯一的，那么我们不能如上地定义商式和余式的概念，也不能利用带余除法来判断一个多项式 $g(x)$ 是否能整除另一个多项式 $f(x)$.

2. 在定理 2.2.1 的证明过程中，只有 $g(x)$ 的最高次项系数 b_0 才在分母中出现. 因此，若 $f(x)$，$g(x)$ 都是某一数环 R 上的多项式，且 $g(x)$ 是一个最高次项系数是 1 的非零多项式，那么带余除法可以在 $R[x]$ 内进行. 也就是说，存在唯一的一对多项式 $q(x)$，$r(x)\in R[x]$，其中 $r(x)=0$ 或者 $\partial^\circ(r(x))<\partial^\circ(g(x))$，使得等式(3)成立.

最后我们说明以下事实：

设 F 和 $\overline{F}$ 是两个数域，并且 $\overline{F}$ 含有 F，那么多项式环 $\overline{F}[x]$ 含有多项式环 $F[x]$. 因此 F 上的一个多项式 $f(x)$ 也是 $\overline{F}$ 上的一个多项式. 例如，有理数域上多项式 x^2+3x+1 同时是实数域上的多项式，也是复数域上的多项式.

现在假定 $f(x)$ 和 $g(x)$ 是 $F[x]$ 的两个多项式，并且在 $F[x]$ 里 $g(x)$ 不能整除 $f(x)$，换一句话说，在 $F[x]$ 里找不到多项式 $h(x)$，使

$$f(x)=g(x)h(x). \tag{5}$$

我们会有以下问题：是否在较大的 $\overline{F}[x]$ 里能够找到一个满足等式(5)的多项式，因而在 $\overline{F}[x]$ 里 $g(x)$ 能够整除 $f(x)$？这是不可能的. 因为由上面定理可以推出以下事实：

设数域 $\overline{F}$ 含有数域 F 而 $f(x)$ 和 $g(x)$ 是 $F[x]$ 的两个多项式. 如果在 $F[x]$ 里 $g(x)$ 不能整除 $f(x)$，那么在 $\overline{F}[x]$ 里 $g(x)$ 也不能整除 $f(x)$.

事实上，若是 $g(x)=0$，那么由于在 $F[x]$ 里 $g(x)$ 不能整除 $f(x)$，$f(x)$ 不能等于 0. 因此在 $\overline{F}[x]$ 里 $g(x)$ 显然仍不能整除 $f(x)$.

假定 $g(x)\neq 0$，那么在 $F[x]$ 里，以下等式成立：

$$f(x)=g(x)q(x)+r(x),$$

并且 $r(x)\neq 0$. 但是 $F[x]$ 的多项式 $q(x)$ 和 $r(x)$ 都是 $\overline{F}(x)$ 的多项式，因而在 $\overline{F}[x]$ 里，这一等式仍然成立. 于是由 $r(x)$ 的唯一性得出，在 $\overline{F}[x]$ 里 $g(x)$ 仍然不能整除 $f(x)$.

习　　题

1. 求 $f(x)$ 被 $g(x)$ 除所得的商式和余式：

(i) $f(x)=x^4-4x^3-1, g(x)=x^2-3x-1$;

(ii) $f(x)=x^5-x^3+3x^2-1, g(x)=x^3-3x+2$;

2. 证明：$x \mid f(x)^k$ 当且仅当 $x \mid f(x)$.

3. 令 $f_1(x)$，$f_2(x)$，$g_1(x)$，$g_2(x)$ 都是数域 F 上的多项式，其中 $f_1(x)\neq 0$ 且 $g_1(x)g_2(x) \mid f_1(x)f_2(x)$，$f_1(x) \mid g_1(x)$. 证明：$g_2(x) \mid f_2(x)$.

4. 实数 m，p，q 满足什么条件时多项式 x^2+mx+1 能够整除多项式 x^4+px+q？

5. 设 F 是一个数域，$a\in F$. 证明：$x-a$ 整除 x^n-a^n.

6. 考虑有理数域上多项式

$$f(x)=(x+1)^{k+n}+(2x)(x+1)^{k+n-1}+\cdots+(2x)^k(x+1)^n,$$

这里 k 和 n 都是非负整数. 证明：

$$x^{k+1} \mid (x-1)f(x)+(x+1)^{k+n+1}.$$

7. 证明：x^d-1 整除 x^n-1 当且仅当 d 整除 n.

2.3 多项式的最大公因式

和整数的情形一样，我们来讨论两个多项式的最大公因式.

设 F 是一个数域，$F[x]$是 F 上一元多项式环.

定义 1 令 $f(x)$ 和 $g(x)$ 是 $F[x]$ 的两个多项式. 若是 $F[x]$ 的一个多项式 $h(x)$ 同时整除 $f(x)$ 和 $g(x)$，那么 $h(x)$ 叫作 $f(x)$ 与 $g(x)$ 的一个公因式.

两个多项式 $f(x)$ 与 $g(x)$ 的公因式总是存在的，因为根据上节性质(5)，至少每一零次多项式都是 $f(x)$ 与 $g(x)$ 的公因式. 一般 $f(x)$ 与 $g(x)$ 还有其他的公因式.

定义 2 设 $d(x)$ 是多项式 $f(x)$ 与 $g(x)$ 的一个公因式. 若是 $d(x)$ 能被 $f(x)$ 与 $g(x)$ 的每一公因式整除，那么 $d(x)$ 叫作 $f(x)$ 与 $g(x)$ 的一个最大公因式.

定理 2.3.1 $F[x]$ 的任意两个多项式 $f(x)$ 与 $g(x)$ 一定有最大公因式. 除一个零次因式外，$f(x)$ 与 $g(x)$ 的最大公因式是唯一确定的，这就是说，若 $d(x)$ 是 $f(x)$ 与 $g(x)$ 的一个最大公因式，那么数域 F 的任何一个不为零的数 c 与 $d(x)$ 的乘积 $cd(x)$ 也是 $f(x)$ 与 $g(x)$ 的一个最大公因式；而且当 $f(x)$ 与 $g(x)$ 不全为零多项式时，只有这样的乘积才是 $f(x)$ 与 $g(x)$ 的最大公因式.

证 我们可以完全类比着定理 1.4.2 的证明来证明这个定理. 然而为了给出一种实际求最大公因式的方法，我们另外给出一个证明.

先证明定理的前一部分.

若是 $f(x)=g(x)=0$，那么根据定义，$f(x)$ 与 $g(x)$ 的最大公因式就是 0.

假定 $f(x)$ 与 $g(x)$ 不都等于零，比方说，$g(x)\neq 0$. 应用带

余除法，以 $g(x)$ 除 $f(x)$，得商式 $q_1(x)$ 及余式 $r_1(x)$．如果 $r_1(x)\neq 0$，那么再以 $r_1(x)$ 除 $g(x)$，得商式 $q_2(x)$ 及余式 $r_2(x)$．如果 $r_2(x)\neq 0$，再以 $r_2(x)$ 除 $r_1(x)$，如此继续下去，因为余式的次数每次降低，所以作了有限次这种除法后，必然得出这样一个余式 $r_k(x)\neq 0$，它整除前一个余式 $r_{k-1}(x)$．这样我们得到一串等式：

$$
\begin{aligned}
f(x) &= g(x)q_1(x)+r_1(x),\\
g(x) &= r_1(x)q_2(x)+r_2(x),\\
r_1(x) &= r_2(x)q_3(x)+r_3(x),\\
&\cdots\cdots\cdots\cdots\\
r_{k-3}(x) &= r_{k-2}(x)q_{k-1}(x)+r_{k-1}(x),\\
r_{k-2}(x) &= r_{k-1}(x)q_k(x)+r_k(x),\\
r_{k-1}(x) &= r_k(x)q_{k+1}(x).
\end{aligned}
\tag{1}
$$

我们说，$r_k(x)$ 就是 $f(x)$ 与 $g(x)$ 的一个最大公因式.

(1)的最后一个等式说明 $r_k(x)$ 整除 $r_{k-1}(x)$．由此得，$r_k(x)$ 整除倒数第二个等式右端的两项，因而也就整除 $r_{k-2}(x)$．同理，由倒数第三个等式看出 $r_k(x)$ 也整除 $r_{k-3}(x)$．如此逐步往上推，最后得出 $r_k(x)$ 能整除 $g(x)$ 与 $f(x)$．这就是说，$r_k(x)$ 是 $f(x)$ 与 $g(x)$ 的一个公因式.

其次，假定 $h(x)$ 是 $f(x)$ 与 $g(x)$ 的任一公因式．那么由(1)的第一个等式，$h(x)$ 也一定能整除 $r_1(x)$．同理，由第二个等式，$h(x)$ 也能整除 $r_2(x)$．如此逐步往下推，最后得出 $h(x)$ 能整除 $r_k(x)$. 这样，$r_k(x)$ 的确是 $f(x)$ 与 $g(x)$ 的一个最大公因式.

定理的后一论断可由最大公因式的定义以及前节的性质 1)，6)及 7)直接推出．　　□

我们不但证明了任意两个多项式都有最大公因式，并且也获得了实际求出这样一个最大公因式的一种方法．这种方法叫作辗转相除法.

我们也看到，两个零多项式的最大公因式就是0，它是唯一确定的. 两个不全为零的多项式的最大公因式总是非零多项式，它们之间只有常数因子的差别. 在这一情形我们约定，最大公因式指的是最高次项系数是1的那一个. 这样，在任何情形，两个多项式$f(x)$与$g(x)$的最大公因式就都唯一确定了. 我们以后用符号

$$(f(x),g(x))$$

来表示这样确定的最大公因式.

由于可以用辗转相除法求出两个多项式的最大公因式，我们还可以得出一个结果. 我们知道，若是数域$\overline{F}$含有F，那么$F[x]$的多项式$f(x)$与$g(x)$可以看作$\overline{F}[x]$的多项式. 我们有以下事实：

令$\overline{F}$是含F的一个数域，$d(x)$是$F[x]$的多项式$f(x)$与$g(x)$在$F[x]$中最高次项系数为1的最大公因式，而$\overline{d}(x)$是这两个多项式在$\overline{F}[x]$中最高次项系数为1的最大公因式. 那么

$$\overline{d}(x)=d(x).$$

这就是说，从数域F过渡到数域$\overline{F}$时，$f(x)$与$g(x)$的最大公因式本质上没有改变.

事实上，若$f(x)=g(x)=0$，那么$d(x)=\overline{d}(x)=0$.

设$f(x)$与$g(x)$之中至少有一个不等于零. 不论我们把$f(x)$与$g(x)$看成$F[x]$或$\overline{F}[x]$的多项式，在我们对这两个多项式施行辗转相除法时，总得到同一非零的最后余式$r_k(x)$. 因此这样得来的$r_k(x)$既是$f(x)$与$g(x)$在$F[x]$里的也是它们在$\overline{F}[x]$里的一个最大公因式. 令$r_k(x)$的首项系数是c. 那么

$$\overline{d}(x)=d(x)=\frac{1}{c}r_k(x).$$

上述事实并不是显然的，因为从数域F过渡到数域$\overline{F}$，多项

式 $f(x)$ 与 $g(x)$ 可能获得与旧有的本质上不同的公因式. 例如，令 F 是有理数域而 $\overline{F}$ 是实数域. 看 $F[x]$ 的多项式

$$f(x)=x^3-3x^2-2x+6,$$
$$g(x)=x^3+x^2-2x-2.$$

容易算出，x^2-2 是这两个多项式的最大公因式. 由于 $F[x]$ 的任何一次多项式都不能整除 x^2-2，知 $f(x)$ 与 $g(x)$ 在 $F[x]$ 中没有一次公因式，但在 $\overline{F}[x]$ 中这两个多项式有一次公因式 $x-\sqrt{2}$.

例 1 令 F 是有理数域. 求 $F[x]$ 的多项式

$$f(x)=x^4-2x^3-4x^2+4x-3,$$
$$g(x)=2x^3-5x^2-4x+3$$

的最大公因式.

对 $f(x)$ 与 $g(x)$ 施行辗转相除法. 为了避免分数系数，在做除法时，可以用 F 的一个不等于零的数乘被除式或除式. 而且不仅在每一次除法开始时可以这样做，就是在进行除法的过程中也可以这样做. 这样商式自然会受到影响，但每次求得的余式与正确的余式只能差一个零次因式. 这对求最大公因式来说是没有什么关系的.

把 $f(x)$ 先乘以 2，再用 $g(x)$ 来除：

$$\begin{array}{r|l}
2x^4-4x^3-8x^2+8x-6 & 2x^3-5x^2-4x+3 \\
\underline{2x^4-5x^3-4x^2+3x} & \overline{x+1} \\
x^3-4x^2+5x-6 & \\
(\text{乘以 } 2) & \\
2x^3-8x^2+10x-12 & \\
\underline{2x^3-5x^2-4x+3} & \\
-3x^2+14x-15 &
\end{array}$$

这样，得到第一余式

$$r_1(x) = -3x^2 + 14x - 15.$$

把 $g(x)$ 乘以 3，再用 $r_1(x)$ 去除：

$$
\begin{array}{l|l}
6x^3 - 15x^2 - 12x + 9 & -3x^2 + 14x - 15 \\ \cline{2-2}
6x^3 - 28x^2 + 30x & \quad -2x - 13 \\ \cline{1-1}
\quad 13x^2 - 42x + 9 & \\
\quad (\text{乘以 } 3) & \\
\qquad 39x^2 - 126x + 27 & \\
\qquad 39x^2 - 182x + 195 & \\ \cline{1-1}
\qquad\qquad 56x - 168 &
\end{array}
$$

约去公因子 56 后，得出第二余式

$$r_2(x) = x - 3.$$

再以 $r_2(x)$ 除 $r_1(x)$. 计算结果 $r_1(x)$ 被 $r_2(x)$ 整除：

$$-3x^2 + 14x - 15 = (x - 3)(-3x + 5).$$

所以 $r_2(x)$ 就是 $f(x)$ 与 $g(x)$ 的最大公因式：

$$(f(x), g(x)) = x - 3.$$

关于两个多项式的最大公因式，我们也有下面的与整数的最大公因数平行的重要定理.

定理 2.3.2 若 $d(x)$ 是 $F[x]$ 的多项式 $f(x)$ 与 $g(x)$ 的最大公因式，那么在 $F[x]$ 里可以求得多项式 $u(x)$ 与 $v(x)$，使以下等式成立：

(2) $$f(x)u(x) + g(x)v(x) = d(x).$$

证 若 $f(x) = g(x) = 0$，那么 $d(x) = 0$. 这时 $F[x]$ 中任何两个多项式都可以取作 $u(x)$ 与 $v(x)$.

若 $f(x)$ 与 $g(x)$ 不都等于零，不妨假定 $g(x) \neq 0$. 考察等式组(1). 由(1)的倒数第二个等式，得

$$r_{k-2}(x)-r_{k-1}(x)q_k(x)=r_k(x).$$

令
$$u_1(x)=1, v_1(x)=-q_k(x),$$

那么上面的等式可以写成

(3) $$r_{k-2}(x)u_1(x)+r_{k-1}(x)v_1(x)=r_k(x).$$

由(1)的倒数第三个等式得

$$r_{k-1}(x)=r_{k-3}(x)-r_{k-2}(x)q_{k-1}(x).$$

把 $r_{k-1}(x)$ 的这个表示式代入(3)中，并令

$$u_2(x)=v_1(x),$$
$$v_2(x)=u_1(x)-v_1(x)q_{k-1}(x),$$

我们得到

$$r_{k-3}(x)u_2(x)+r_{k-2}(x)v_2(x)=r_k(x).$$

这样继续往上利用(1)中的等式，最后我们得到

$$f(x)u_k(x)+g(x)v_k(x)=r_k(x).$$

但 $f(x)$ 与 $g(x)$ 的最大公因式 $d(x)$ 等于 F 中不为零的数 c 与 $r_k(x)$ 的积：

$$d(x)=cr_k(x).$$

因此取 $u(x)=cu_k(x)$，$v(x)=cv_k(x)$，即得所要证明的等式(2). □

注意：定理 2.3.2 的逆命题不成立. 例如，令

$$f(x)=x, g(x)=x+1.$$

那么以下等式成立：

$$x(x+2)+(x+1)(x-1)=2x^2+2x-1.$$

但 $2x^2+2x-1$ 显然不是 $f(x)$ 与 $g(x)$ 的最大公因式.

但是当(2)式成立，而 $d(x)$ 是 $f(x)$ 与 $g(x)$ 的一个公因式时，$d(x)$ 一定是 $f(x)$ 与 $g(x)$ 的一个最大公因式. 这个事实的证

明很容易，我们留给读者.

例 2　令 F 是有理数域. 求出 $F[x]$ 的多项式

$$f(x)=4x^4-2x^3-16x^2+5x+9,$$

$$g(x)=2x^3-x^2-5x+4$$

的最大公因式 $d(x)$ 以及满足等式(2)的多项式 $u(x)$ 与 $v(x)$.

对 $f(x)$ 与 $g(x)$ 施行辗转相除法. 但是现在不允许用一个零次多项式乘被除式或除式，因为在求多项式 $u(x)$ 与 $v(x)$ 时，不仅要用到余式，同时也要用到商式. 施行除法的结果，我们得到以下一串等式：

$$f(x)=g(x)\cdot 2x+(-6x^2-3x+9),$$

$$g(x)=(-6x^2-3x+9)\left(-\frac{1}{3}x+\frac{1}{3}\right)-(x-1),$$

$$-6x^2-3x+9=-(x-1)(6x+9).$$

由此得出，$x-1$ 是 $f(x)$ 与 $g(x)$ 的最大公因式，而

$$u(x)=-\frac{1}{3}(x-1),\quad v(x)=\frac{1}{3}(2x^2-2x-3).$$

现在我们对多项式引入互素这一个概念.

定义 3　如果 $F[x]$ 的两个多项式除零次多项式外不再有其他的公因式，我们就说，这两个多项式互素.

显然，若多项式 $f(x)$ 与 $g(x)$ 互素，那么 1 是它们的最大公因式；反之，若 1 是 $f(x)$ 与 $g(x)$ 的最大公因式，那么这两个多项式互素.

与定理 2.3.2 联系起来我们得到以下

定理 2.3.3　$F[x]$ 的两个多项式 $f(x)$ 与 $g(x)$ 互素的充要条件是：在 $F[x]$ 中可以求得多项式 $u(x)$ 与 $v(x)$，使

(4)
$$f(x)u(x)+g(x)v(x)=1.$$

事实上，若 $f(x)$ 与 $g(x)$ 互素，那么它们有最大公因式 1，因而由定理 2.3.2，可以找到 $u(x)$ 与 $v(x)$，使等式(4)成立. 反

之，由等式(4)可得，$f(x)$与$g(x)$的每一公因式都能整除1，因而都是零次多项式.

从这个定理我们可以推出关于互素多项式的以下重要事实.

1）若多项式$f(x)$和$g(x)$都与多项式$h(x)$互素，那么乘积$f(x)g(x)$也与$h(x)$互素.

事实上，由于$f(x)$与$h(x)$互素，所以存在多项式$u(x)$与$v(x)$，使

$$f(x)u(x)+h(x)v(x)=1.$$

以$g(x)$乘这一等式的两端，得

$$[f(x)g(x)]u(x)+h(x)[g(x)v(x)]=g(x).$$

由此看出，$f(x)g(x)$与$h(x)$的每一公因式都是$g(x)$的一个因式，因而是$g(x)$与$h(x)$的一个公因式. 但$g(x)$与$h(x)$互素，所以$f(x)g(x)$与$h(x)$互素.

2）若多项式$h(x)$整除多项式$f(x)$与$g(x)$的乘积，而$h(x)$与$f(x)$互素，那么$h(x)$一定整除$g(x)$.

事实上，以$g(x)$乘等式

$$f(x)u(x)+h(x)v(x)=1$$

的两端，得

$$[f(x)g(x)]u(x)+h(x)[g(x)v(x)]=g(x).$$

这个等式左端的两项都能被$h(x)$整除，因而$g(x)$能被$h(x)$整除.

3）若多项式$g(x)$与$h(x)$都整除多项式$f(x)$，而$g(x)$与$h(x)$互素，那么乘积$g(x)h(x)$也整除$f(x)$.

事实上，由于

$$f(x)=g(x)u(x),$$

而$f(x)$能被$h(x)$整除，所以乘积$g(x)u(x)$能被$h(x)$整除. 但

$g(x)$与$h(x)$互素，所以由 2)，$h(x)$必须整除$u(x)$：

$$u(x)=h(x)v(x).$$

这样

$$f(x)=[g(x)h(x)]v(x),$$

即$f(x)$能被积$g(x)h(x)$整除.

最大公因式的定义可以推广到$n(n>2)$个多项式的情形.

若是多项式$h(x)$整除多项式$f_1(x)$，$f_2(x)$，…，$f_n(x)$中的每一个，那么$h(x)$叫作这n个多项式的一个公因式. 若是$f_1(x)$，$f_2(x)$，…，$f_n(x)$的公因式$d(x)$能被这n个多项式的每一个公因式整除，那么$d(x)$叫作$f_1(x)$，$f_2(x)$，…，$f_n(x)$的一个最大公因式.

容易推出：若$d_0(x)$是多项式$f_1(x)$，$f_2(x)$，…，$f_{n-1}(x)$的一个最大公因式，那么$d_0(x)$与多项式$f_n(x)$的最大公因式也是多项式$f_1(x)$，…，$f_{n-1}(x)$，$f_n(x)$的最大公因式. 这样，由于两个多项式的最大公因式总是存在的，所以n个多项式的最大公因式也总是存在的，并且可以累次应用辗转相除法来求出.

与两个多项式的情形一样，n个多项式的最大公因式也只有常数因子的差别. 我们约定，n个不全为零的多项式的最大公因式指的是最高次项系数是 1 的那一个. 那么n个多项式$f_1(x)$，$f_2(x)$，…，$f_n(x)$的最大公因式就是唯一确定的. 我们用符号

$$(f_1(x),f_2(x),\cdots,f_n(x))$$

表示这样确定的最大公因式.

最后，若是多项式$f_1(x)$，$f_2(x)$，…，$f_n(x)$除零次多项式外，没有其他公因式，就说这一组多项式互素. 我们要注意，$n(n>2)$个多项式$f_1(x)$，$f_2(x)$，…，$f_n(x)$互素时，它们并不一定两两互素. 例如，多项式

$$f_1(x)=x^2-3x+2, f_2(x)=x^2-5x+6, f_3(x)=x^2-4x+3$$

是互素的，但

$$(f_1(x), f_2(x))=x-2.$$

上面关于互素多项式的论断1)—3)不难推广到多个多项式的情形.

习　　题

1. 计算以下各组多项式的最大公因式：

(i) $f(x)=x^4+3x^3-x^2-4x-3, g(x)=3x^3+10x^2+2x-3$;

(ii) $f(x)=x^4+(2-2\mathrm{i})x^3+(2-4\mathrm{i})x^2+(-1-2\mathrm{i})x-1-\mathrm{i}$,

$g(x)=x^2+(1-2\mathrm{i})x+1-\mathrm{i}$.

2. 设$f(x)=d(x)f_1(x)$，$g(x)=d(x)g_1(x)$. 证明：若$(f(x), g(x))=d(x)$，且$f(x)$和$g(x)$不全为零，则$(f_1(x), g_1(x))=1$；反之，若$(f_1(x), g_1(x))=1$，则$d(x)$是$f(x)$与$g(x)$的一个最大公因式.

3. 令$f(x)$与$g(x)$是$F[x]$的多项式，而a，b，c，d是F中的数，并且

$$ad-bc\neq 0.$$

证明：

$$(af(x)+bg(x), cf(x)+dg(x))=(f(x), g(x)).$$

4. 证明：

(i) $(f,g)h$是fh和gh的最大公因式；

(ii) $(f_1,g_1)(f_2,g_2)=(f_1f_2, f_1g_2, g_1f_2, g_1g_2)$,

此处f，g，h等都是$F[x]$的多项式.

5. 设$f(x)=x^4+2x^3-x^2-4x-2$，$g(x)=x^4+x^3-x^2-2x-2$都是有理数域$\mathbf{Q}$上的多项式. 求$u(x)$，$v(x)\in\mathbf{Q}[x]$使得

$$f(x)u(x)+g(x)v(x)=(f(x), g(x)).$$

6. 设$(f,g)=1$. 令n是任意正整数，证明：$(f,g^n)=1$. 由此进一步证明，对于任意正整数m，n，都有$(f^m,g^n)=1$.

7. 设$(f,g)=1$. 证明:

$$(f,f+g)=(g,f+g)=(fg,f+g)=1.$$

8. 证明:对于任意正整数 n 都有$(f,g)^n=(f^n,g^n)$.

9. 证明:若是$f(x)$与$g(x)$互素,并且$f(x)$与$g(x)$的次数都大于0,那么定理2.3.3里的$u(x)$与$v(x)$可以如此选取,使得$u(x)$的次数低于$g(x)$的次数,$v(x)$的次数低于$f(x)$的次数,并且这样的$u(x)$与$v(x)$是唯一的.

10. 确定k,使$x^2+(k+6)x+4k+2$与$x^2+(k+2)x+2k$的最大公因式是一次的.

11. 证明:如果$(f(x),g(x))=1$,那么对于任意正整数m,

$$(f(x^m),g(x^m))=1.$$

12. 设$f(x)$,$g(x)$是数域F上的多项式. $f(x)$与$g(x)$的最小公倍式指的是$F[x]$中满足以下条件的一个多项式$m(x)$:

(i) $f(x) \mid m(x)$且$g(x) \mid m(x)$;

(ii) 如果$h(x) \in F[x]$且$f(x) \mid h(x)$,$g(x) \mid h(x)$,那么$m(x) \mid h(x)$.

(a) 证明:$F[x]$中任意两个多项式都有最小公倍式,并且除了可能的零次因式的差别外,是唯一的;

(b) 设$f(x)$,$g(x)$都是最高次项系数是1的多项式. 令$[f(x),g(x)]$表示$f(x)$和$g(x)$的最高次项系数是1的那个最小公倍式. 证明

$$f(x)g(x)=(f(x),g(x))[f(x),g(x)].$$

13. 设$g(x) \mid f_1(x)\cdots f_n(x)$,并且$(g(x),f_i(x))=1, i=1,2,\cdots,n-1$. 证明:$g(x) \mid f_n(x)$.

14. 设$f_1(x)$,$f_2(x)$,…,$f_n(x) \in F[x]$. 证明:

(i) $(f_1(x),f_2(x),\cdots,f_n(x))=((f_1(x),\cdots,f_k(x)),(f_{k+1}(x),\cdots,f_n(x)))$,$1 \leqslant k \leqslant n-1$;

(ii) $f_1(x)$,$f_2(x)$,…,$f_n(x)$互素的充要条件是存在多项式$u_1(x)$,$u_2(x)$,…,$u_n(x) \in F[x]$使得

$$f_1(x)u_1(x)+f_2(x)u_2(x)+\cdots+f_n(x)u_n(x)=1.$$

15. 设 $f_1(x)$，…，$f_n(x) \in F[x]$. 令

$$I=\{f_1(x)g_1(x)+\cdots+f_n(x)g_n(x) \mid g_i(x)\in F[x], 1\leqslant i\leqslant n\}.$$

比照定理 1.4.2，证明：$f_1(x)$，…，$f_n(x)$ 有最大公因式. [提示：如果 $f_1(x),\cdots,f_n(x)$ 不全为零，取 $d(x)$ 是 I 中次数最低的一个多项式，则 $d(x)$ 就是 $f_1(x),\cdots,f_n(x)$ 的一个最大公因式.]

2.4 多项式的分解

在中学代数里我们学过一些具体方法，把一个多项式分解为不能再分的因式的乘积. 在这一节我们要系统地讨论这个问题. 首先我们要明确一下，所谓不能再分是什么意思.

我们知道，给了 $F[x]$ 的任何一个多项式 $f(x)$，那么 F 的任何不为零的元素 c 都是 $f(x)$ 的因式. 另一方面，c 与 $f(x)$ 的乘积 $cf(x)$ 也总是 $f(x)$ 的因式. 我们把 $f(x)$ 的这样的因式叫作它的平凡因式. 任何一个零次多项式显然只有平凡因式. 一个次数大于零的多项式可能只有平凡因式，也可能还有其他的因式.

定义 令 $f(x)$ 是 $F[x]$ 的一个次数大于零的多项式. 若是 $f(x)$ 在 $F[x]$ 中只有平凡因式，$f(x)$ 就说是在数域 F 上（或在 $F[x]$ 中）不可约. 若 $f(x)$ 除平凡因式外，在 $F[x]$ 中还有其他因式，$f(x)$ 就说是在 F 上（或在 $F[x]$ 中）可约.

这个定义的条件也可以用另一种形式来叙述.

若多项式 $f(x)$ 有一个非平凡因式 $g(x)$ 而 $f(x)=g(x)h(x)$，那么 $g(x)$ 与 $h(x)$ 的次数显然都小于 $f(x)$ 的次数. 反之，若 $f(x)$ 能写成两个这样的多项式的乘积，那么 $f(x)$ 有非平凡因式. 因此我们可以说：

如果 $F[x]$ 的一个 $n(n>0)$ 次多项式能够分解成 $F[x]$ 中两个次数都小于 n 的多项式 $g(x)$ 与 $h(x)$ 的积：

(1) $$f(x)=g(x)h(x),$$

那么 $f(x)$ 在 F 上可约.

若是 $f(x)$ 在 $F[x]$ 中的任一个形如(1)的分解式总含有一个零次因式，那么 $f(x)$ 在 F 上不可约.

根据以上定义，对于零多项式与零次多项式我们既不能说它们是可约的，也不能说它们是不可约的.

在任一多项式环 $F[x]$ 中都存在不可约多项式，因为 $F[x]$ 的任何一个一次多项式总是不可约的.

事实上，一个一次多项式不能分解成两个次数较低的多项式的乘积. 因为次数低于 1 的多项式只有零次多项式，而两个零次多项式的乘积仍是一个零次多项式.

注意，我们只能对于给定的数域来谈论多项式可约或不可约. 因为一个多项式可能在一个数域上不可约，但在另一数域上可约. 例如多项式 x^2-2 在有理数域上不可约，因为它不能分解成有理数域上两个一次多项式的乘积. 但这个多项式在实数域上可约，因为

$$x^2-2=(x-\sqrt{2})(x+\sqrt{2}).$$

我们指出不可约多项式的一些重要性质. 我们提到不可约多项式时，指的是在数域 F 上不可约的多项式.

1) 如果多项式 $p(x)$ 不可约，那么 F 中任一不为零的元素 c 与 $p(x)$ 的乘积 $cp(x)$ 也不可约.

事实上，若是

$$cp(x)=g(x)h(x),$$

其中 $g(x)$ 与 $h(x)$ 的次数都小于 $cp(x)$ 的次数，那么

$$p(x)=[c^{-1}g(x)]h(x),$$

并且 $c^{-1}g(x)$ 与 $h(x)$ 的次数也都小于 $p(x)$ 的次数. 这与 $p(x)$ 不可约的假设矛盾.

2) 设 $p(x)$ 是一个不可约多项式而 $f(x)$ 是一个任意多项式，

那么或者 $p(x)$ 与 $f(x)$ 互素，或者 $p(x)$ 整除 $f(x)$.

事实上，设 $(p(x),f(x))=d(x)$. 那么 $d(x)$ 是不可约多项式 $p(x)$ 的一个因式. 所以或者 $d(x)$ 是一个零次多项式，或者 $d(x)=cp(x)$，此处 c 是一个零次多项式. 在前一情形 $p(x)$ 与 $f(x)$ 互素，在后一情形 $p(x)$ 整除 $f(x)$.

3）如果多项式 $f(x)$ 与 $g(x)$ 的乘积能被不可约多项式 $p(x)$ 整除，那么至少有一个因式被 $p(x)$ 整除.

事实上，设 $p(x)$ 不能整除 $f(x)$. 那么由上述性质2)，$p(x)$ 与 $f(x)$ 互素，因而由前一节的论断2)，$p(x)$ 整除 $g(x)$.

性质3)很容易推广到任意 $s(s\geqslant 2)$ 个多项式的乘积的情形. 我们有

3′）如果多项式 $f_1(x)$，$f_2(x)$，…，$f_s(x)(s\geqslant 2)$ 的乘积能够被不可约多项式 $p(x)$ 整除，那么至少有一个因式被 $p(x)$ 整除.

现在可以证明本节的两个主要定理(唯一因式分解定理).

定理 2.4.1 $F[x]$ 的每一个 $n(n>0)$ 次多项式 $f(x)$ 都可以分解成 $F[x]$ 的不可约多项式的乘积.

证 若是多项式 $f(x)$ 不可约，定理成立. 这时可以认为 $f(x)$ 是一个不可约因式的乘积：

$$f(x)=f(x).$$

若 $f(x)$ 可约，那么 $f(x)$ 可以分解成两个次数较低的多项式的乘积：

$$f(x)=f_1(x)f_2(x).$$

若因式 $f_1(x)$ 与 $f_2(x)$ 中仍有可约的，那么又可以把出现的每一个可约因式分解成次数较低的多项式的乘积. 如此继续下去. 在这一分解过程中，因式的个数逐渐增多，而每一因式的次数都大于零. 但 $f(x)$ 最多能分解成 n 个次数大于零的多项式的乘积，所以这种分解过程作了有限次后必然终止. 于是我们得到

$$f(x)=p_1(x)p_2(x)\cdots p_r(x),$$

其中每一 $p_i(x)$ 都是 $F[x]$ 中的不可约多项式. □

把多项式分解成不可约因式的分解式不是绝对唯一的. 设 $f(x)$ 可以分解成不可约多项式 $p_1(x), p_2(x), \cdots, p_r(x)$ 的乘积:

$$f(x)=p_1(x)p_2(x)\cdots p_r(x),$$

取数域 F 的元素 $c_1, c_2, \cdots, c_r$, 使它们的乘积等于 1. 那么由性质 1), $f(x)$ 也可以如下地分解成不可约因式的乘积:

$$f(x)=[c_1p_1(x)]\cdot[c_2p_2(x)]\cdots[c_rp_r(x)].$$

但是我们有

定理 2.4.2 令 $f(x)$ 是 $F[x]$ 的一个次数大于零的多项式, 并且

$$f(x)=p_1(x)p_2(x)\cdots p_r(x)=q_1(x)q_2(x)\cdots q_s(x),$$

此处 $p_i(x)$ 与 $q_j(x)(i=1,2,\cdots,r;j=1,2,\cdots,s)$ 都是 $F[x]$ 的不可约多项式. 那么 $r=s$, 并且适当调换 $q_j(x)$ 的次序后可使

$$q_i(x)=c_ip_i(x), i=1,2,\cdots,r,$$

此处 c_i 是 F 的不为零的元素. 换句话说, 如果不计零次因式的差异, 多项式 $f(x)$ 分解成不可约因式乘积的分解式是唯一的.

证 我们对因式的个数 r 用数学归纳法.

对于不可约多项式, 也就是对于 $r=1$ 的情形来说, 定理显然成立.

假定 $r>1$, 并且对于能分解成 $r-1$ 个不可约因式的乘积的多项式来说, 定理成立. 我们证明对于能分解成 r 个不可约因式的乘积的多项式 $f(x)$ 来说定理也成立. 等式

$$p_1(x)p_2(x)\cdots p_r(x)=q_1(x)q_2(x)\cdots q_s(x) \tag{2}$$

表明, 乘积 $q_1(x)q_2(x)\cdots q_s(x)$ 可以被不可约多项式 $p_1(x)$ 整除.

因此由性质3′)，至少某一$q_i(x)$能被$p_1(x)$整除. 适当调换$q_i(x)$的次序，可以假定$p_1(x)$整除$q_1(x)$，即$q_1(x)=h(x)p_1(x)$. 但$q_1(x)$是不可约多项式，而$p_1(x)$的次数不等于零，所以$h(x)$必须是一个零次多项式：

$$q_1(x)=c_1p_1(x). \tag{3}$$

把$q_1(x)$的表示式代入等式(2)的右端，得

$$p_1(x)p_2(x)\cdots p_r(x)=c_1p_1(x)q_2(x)\cdots q_s(x).$$

从等式两端消去不等于零的多项式$p_1(x)$，得出等式

$$p_2(x)p_3(x)\cdots p_r(x)=[c_1q_2(x)]q_3(x)\cdots q_s(x).$$

令

$$f_1(x)=p_2(x)p_3(x)\cdots p_r(x)=[c_1q_2(x)]q_3(x)\cdots q_s(x).$$

那么$f_1(x)$是一个能分解成$r-1$个不可约多项式的乘积的多项式. 于是由归纳假定得$r-1=s-1$，亦即$r=s$，并且可以假定

$$c_1q_2(x)=c'_2p_2(x),q_i(x)=c_ip_i(x),i=3,4,\cdots,r, \tag{4}$$

其中c'_2及$c_i(i=3,4,\cdots,r)$都是零次多项式. 令$c_2=c_1^{-1}c'_2$，由(3)及(4)得

$$q_i(x)=c_ip_i(x),i=1,2,\cdots,r.$$

这样定理完全得到证明. □

根据定理2.4.2，若是我们取多项式$f(x)$的任一不可约因式分解并且从每一因式中把最高次项系数提到括号前面，我们就得到$f(x)$的一个唯一确定的分解：

$$f(x)=ap_1(x)p_2(x)\cdots p_r(x), \tag{5}$$

其中每一$p_i(x)$都是最高次项系数等于1的不可约多项式，而a

是 $f(x)$ 的最高次项系数.

分解式(5)中的不可约多项式不一定都不相同. 若是在多项式 $f(x)$ 的分解(5)中有 t 个因式, 例如 $p_1(x)$, $p_2(x)$, $\cdots$, $p_t(x)$ 互不相等, 而其他每一因式都等于这 t 个因式中的一个, 那么(5)式可以写成以下形状:

$$f(x)=ap_1(x)^{k_1}p_2(x)^{k_2}\cdots p_t(x)^{k_t}. \tag{6}$$

等式(6)叫作多项式 $f(x)$ 的典型分解式. 每一个多项式的典型分解式都是唯一确定的.

如果已知两个多项式的典型分解式, 那么我们很容易求出这两个多项式的最大公因式来.

令 $f(x)$ 与 $g(x)$ 是 $F[x]$ 中两个次数大于零的多项式. 假定它们的典型分解式有 r 个共同的不可约因式:

$$f(x)=ap_1(x)^{k_1}\cdots p_r(x)^{k_r}q_{r+1}(x)^{k_{r+1}}\cdots q_s(x)^{k_s},$$
$$g(x)=bp_1(x)^{l_1}\cdots p_r(x)^{l_r}\bar{q}_{r+1}(x)^{l_{r+1}}\cdots \bar{q}_t(x)^{l_t},$$

其中每一 $q_i(x)\,(i=r+1,\cdots,s)$ 不等于任何 $\bar{q}_j(x)\,(j=r+1,\cdots,t)$, 令 m_i 是 k_i 与 l_i 两正整数中较小的一个$(i=1,2,\cdots,r)$. 那么

$$d(x)=p_1(x)^{m_1}p_2(x)^{m_2}\cdots p_r(x)^{m_r}$$

就是 $f(x)$ 与 $g(x)$ 的最大公因式.

事实上, $d(x)$ 显然是 $f(x)$ 与 $g(x)$ 的一个公因式. 若 $d_1(x)$ 是 $f(x)$ 与 $g(x)$ 的任一次数大于零的公因式, 那么由定理 2.4.2, 出现在 $d_1(x)$ 的典型分解式中的每一不可约因式只能是某一 $p_i(x)$, 并且这一不可约因式的幂指数不能超过 m_i, 因此

$$d_1(x)=cp_1(x)^{n_1}p_2(x)^{n_2}\cdots p_r(x)^{n_r},$$

其中 $0\leqslant n_i\leqslant m_i\,(i=1,2,\cdots,r)$, c 是数域 F 的一个不为零的元素, 从而 $d_1(x)$ 整除 $d(x)$.

若是$f(x)$与$g(x)$的典型分解式没有共同的不可约因式，那么$f(x)$与$g(x)$的最大公因式显然是零次多项式.

但我们要注意，上述求最大公因式的方法不能代替辗转相除法. 因为在一般的情况下我们没有实际分解多项式为不可约因式的乘积的方法. 即使要判断数域F上一个多项式是否可约，一般都是很困难的.

例 在有理数域上分解多项式$f(x)=x^3+x^2-2x-2$为不可约因式的乘积. 容易看出

$$x^3+x^2-2x-2=(x+1)(x^2-2). \tag{7}$$

一次因式$x+1$自然在有理数域上不可约. 我们证明，二次因式x^2-2也在有理数域上不可约. 不然的话，x^2-2将能写成有理数域上两个次数小于2的因式的乘积，因此将能写成

$$x^2-2=(x+a)(x+b) \tag{8}$$

的形式，这里a和b是有理数. 把等式(8)的右端乘开，并且比较两端的系数，将得$a+b=0$，$ab=-2$，由此将得$a=\pm\sqrt{2}$. 这与a是有理数的假定矛盾. 这样，(7)给出多项式$f(x)$的一个不可约因式分解.

我们还可以如下证明x^2-2在有理数域上不可约. 如果(8)式成立，那么它也给出x^2-2在实数域上的一个不可约因式分解. 但在实数域上

$$x^2-2=(x+\sqrt{2})(x-\sqrt{2}).$$

因此由唯一分解定理就得出$a=\pm\sqrt{2}$的矛盾.

习　题

1. 在有理数域上分解以下多项式为不可约因式的乘积：

(i) $3x^2+1$；　　　　　　　(ii) x^3-2x^2-2x+1.

2. 分别在复数域，实数域和有理数域上分解多项式 x^4+1 为不可约因式的乘积.

3. 证明：$g(x)^2 \mid f(x)^2$，当且仅当 $g(x) \mid f(x)$.

4. (i) 求 $f(x)=x^5-x^4-2x^3+2x^2+x-1$ 在 $\mathbf{Q}[x]$ 内的典型分解式；

(ii) 求 $f(x)=2x^5-10x^4+16x^3-16x^2+14x-6$ 在 $\mathbf{R}[x]$ 内的典型分解式.

5. 证明：数域 F 上一个次数大于零的多项式 $f(x)$ 是 $F[x]$ 中某一不可约多项式的幂的充要条件是对于任意 $g(x)\in F[x]$，或者 $(f(x),g(x))=1$ 或者存在一个正整数 m 使得 $f(x) \mid g(x)^m$.

6. 设 $p(x)$ 是 $F[x]$ 中一个次数大于零的多项式. 如果对于任意 $f(x)$，$g(x)\in F[x]$，只要 $p(x) \mid f(x)g(x)$ 就有 $p(x) \mid f(x)$ 或 $p(x) \mid g(x)$，那么 $p(x)$ 不可约.

2.5 重　因　式

数域 F 上一个不可约多项式 $p(x)$ 叫作 F 上多项式 $f(x)$ 的一个 k 重因式(k 是一个非负整数)，如果 $p(x)^k$ 整除 $f(x)$ 但 $p(x)^{k+1}$ 不整除 $f(x)$. 一重因式称为单因式. 重数大于 1 的因式称为重因式. F 中任意不等于零的数是 F 上任意多项式的零重因式.

虽然我们没有一般的方法来把一个多项式分解成不可约因式的乘积，但是我们有方法来判断一个多项式有没有重因式.

这一方法要用到多项式的导数这一概念.

定义　$F[x]$ 的多项式

$$f(x)=a_0+a_1x+a_2x^2+\cdots+a_nx^n$$

的导数或一阶导数指的是 $F[x]$ 的多项式

$$f'(x)=a_1+2a_2x+\cdots+na_nx^{n-1}.$$

一阶导数 $f'(x)$ 的导数叫作 $f(x)$ 的二阶导数，记作 $f''(x)$，

$f''(x)$ 的导数叫作 $f(x)$ 的三阶导数，记作 $f'''(x)$，等等. $f(x)$ 的 k 阶导数也记作 $f^{(k)}(x)$.

这个定义显然来源于数学分析. 但是数学分析中的导数定义涉及函数、极限概念，我们不能把它简单地移用于任意数域上的多项式. 因此我们采取以上形式的定义.

根据以上定义不难直接验证，关于和与积的导数公式仍然成立：

(1) $$[f(x)+g(x)]'=f'(x)+g'(x),$$

(2) $$[f(x)g(x)]'=f(x)g'(x)+f'(x)g(x).$$

(2) 式不难推广到任意个多项式的乘积的情形. 特别，以下等式成立：

(3) $$[f(x)^k]'=kf(x)^{k-1}f'(x).$$

定理 2.5.1 设 $p(x)$ 是多项式 $f(x)$ 的一个 $k(k\geqslant 1)$ 重因式. 那么 $p(x)$ 是 $f(x)$ 的导数的一个 $k-1$ 重因式.

证 因为 $p(x)$ 是 $f(x)$ 的 k 重因式，所以

$$f(x)=p(x)^k g(x),$$

并且 $p(x)$ 不能整除 $g(x)$. 求 $f(x)$ 的导数，得

$$\begin{aligned}f'(x)&=p(x)^k g'(x)+kp(x)^{k-1}p'(x)g(x)\\&=p(x)^{k-1}[p(x)g'(x)+kp'(x)g(x)].\end{aligned}$$

$p(x)$ 不能整除括号里的第二项. 事实上，$p'(x)$ 的次数小于 $p(x)$ 的次数，因而 $kp'(x)$ 的次数也小于 $p(x)$ 的次数，所以 $p(x)$ 不能整除 $kp'(x)$；又由已给的条件，$p(x)$ 不能整除 $g(x)$. 因此根据不可约多项式的性质 3)，$p(x)$ 不能整除乘积 $kp'(x)g(x)$. 但 $p(x)$ 能整除括号里的第一项. 因此 $p(x)$ 不能整除括号里的和. 这就是说，$p(x)$ 是 $f'(x)$ 的一个 $k-1$ 重因式. □

设 $f(x)$ 是一个 $n(n>0)$ 次多项式，而

(4) $$f(x)=ap_1(x)^{k_1}p_2(x)^{k_2}\cdots p_t(x)^{k_t}$$

是 $f(x)$ 的典型分解式．那么由定理 2.5.1，

$$f'(x)=p_1(x)^{k_1-1}p_2(x)^{k_2-1}\cdots p_t(x)^{k_t-1}g(x),$$

此处 $g(x)$ 不能被任何 $p_i(x)(i=1,2,\cdots,t)$ 整除．于是由上一节末尾求最大公因式的方法，得 $f(x)$ 与 $f'(x)$ 的最大公因式是

$$(5)\qquad (f(x),f'(x))=d(x)=p_1(x)^{k_1-1}p_2(x)^{k_2-1}\cdots p_t(x)^{k_t-1}.$$

因此，若是 $f(x)$ 没有重因式，亦即 $k_1=k_2=\cdots=k_t=1$，那么 $d(x)=1$ 而 $f(x)$ 与 $f'(x)$ 互素．反之，若 $f(x)$ 与 $f'(x)$ 互素，那么 $f(x)$ 没有重因式．这样我们得到

定理 2.5.2 多项式 $f(x)$ 没有重因式的充要条件是 $f(x)$ 与它的导数 $f'(x)$ 互素.

定理 2.5.2 给予我们实际判断一个多项式有无重因式的方法．不仅如此，由于多项式的导数以及两个多项式互素与否的事实在由数域 F 过渡到含 F 的数域 $\overline{F}$ 时都无改变，所以由定理 2.5.2 我们还得出以下结论：

若是多项式 $f(x)$ 在 $F[x]$ 中没有重因式，那么把 $f(x)$ 看成含 F 的某一数域 $\overline{F}$ 上的多项式时，$f(x)$ 也没有重因式.

现在假定利用上述方法已经断定了多项式 $f(x)$ 有重因式，这也就是说，$f(x)$ 与 $f'(x)$ 的最大公因式 $d(x)\neq 1$.

那么由(4)与(5)知，用 $d(x)$ 除 $f(x)$ 所得商式是

$$g(x)=ap_1(x)p_2(x)\cdots p_t(x).$$

这样我们得到一个没有重因式的多项式 $g(x)$，并且不计重数，$g(x)$ 与 $f(x)$ 含有完全相同的不可约因式．因此，欲求 $f(x)$ 的不可约因式，只需求 $g(x)$ 的不可约因式．但 $g(x)$ 的次数小于 $f(x)$ 的次数，所以 $g(x)$ 的不可约因式可能比较容易求得．如果已经知道 $g(x)$ 的一个不可约因式，那么不难决定这个不可约因式在 $f(x)$ 中的重数．这只需应用带余除法即可计算出来.

习　题

1. 证明下列关于多项式的导数的公式:

(i) $(f(x)+g(x))'=f'(x)+g'(x)$;

(ii) $(f(x)g(x))'=f'(x)g(x)+f(x)g'(x)$.

2. 设 $p(x)$ 是 $f(x)$ 的导数 $f'(x)$ 的 $k-1$ 重因式. 证明:

(i) $p(x)$ 未必是 $f(x)$ 的 k 重因式;

(ii) $p(x)$ 是 $f(x)$ 的 k 重因式的充要条件是 $p(x)\mid f(x)$.

3. 证明有理系数多项式

$$f(x)=1+x+\frac{x^2}{2!}+\cdots+\frac{x^n}{n!}$$

没有重因式.

4. a, b 应该满足什么条件，下列的有理系数多项式才能有重因式?

(i) $x^3+3ax+b$;

(ii) $x^4+4ax+b$.

5. 证明: 数域 F 上的一个 n 次多项式 $f(x)$ 能被它的导数整除的充要条件是

$$f(x)=a(x-b)^n,$$

这里 a, b 是 F 中的数.

2.6　多项式函数　多项式的根

到现在为止，我们始终是纯形式地讨论多项式，也就是把多项式看作形式的表达式. 在这一节里，我们将从函数的观点来考察多项式.

我们回到一个数环 R 上来讨论多项式. 注意在本章一开始就约定了 $1\in R$. 因而 R 含有无限多个数.

设给定 $R[x]$ 的一个多项式

$$f(x)=a_0+a_1x+\cdots+a_nx^n$$

和一个数 $c\in R$. 那么在 $f(x)$ 的表示式里，把 x 用 c 来代替，就得到 R 的一个数

$$a_0+a_1c+\cdots+a_nc^n.$$

这个数叫作当 $x=c$ 时 $f(x)$ 的值，并且用 $f(c)$ 来表示.

这样，对于 R 的每一个数 c，就有 R 中唯一确定的数 $f(c)$ 与它对应. 于是就得到 R 到 R 的一个映射. 这个映射是由多项式 $f(x)$ 所确定的，叫作 R 上一个多项式函数.

设 $f(x)$，$g(x)\in R[x]$. 那么对于任意 $c\in R$，由 $f(x)=g(x)$ 就有 $f(c)=g(c)$；并且若是

$$u(x)=f(x)+g(x),v(x)=f(x)g(x),$$

那么

$$u(c)=f(c)+g(c),\ v(c)=f(c)g(c).$$

因此，任意一个由加法和乘法得到的 $R[x]$ 的一些多项式间的关系式在用 R 的数 c 代替 x 后仍然成立.

现在设 $f(x)\in R[x]$ 而 $c\in R$. 由定理 2.2.1 后面的注意 2，在 $R[x]$ 里可以用 $x-c$ 除 $f(x)$，得到的商式和余式仍在 $R[x]$ 内. 因为 $x-c$ 是一次多项式，所以余式或者是零，或者是一个零次多项式. 因此存在 $q(x)\in R[x]$，$r\in R$，使得

$$f(x)=(x-c)q(x)+r.$$

在这个等式两边用 c 代替 x，我们得到 $r=f(c)$. 于是就得到以下的所谓余式定理：

定理 2.6.1 设 $f(x)\in R[x]$，$c\in R$，用 $x-c$ 除 $f(x)$ 所得的余式等于当 $x=c$ 时 $f(x)$ 的值 $f(c)$.

根据这个定理，要求 $f(x)$ 当 $x=c$ 时的值，只需用带余除法求出用 $x-c$ 除 $f(x)$ 所得的余式. 但是我们还有一个更简便的方

法，叫作综合除法.

设

$$f(x)=a_0x^n+a_1x^{n-1}+a_2x^{n-2}+\cdots+a_{n-1}x+a_n$$

并且设

$$f(x)=(x-c)q(x)+r, \tag{1}$$

其中

$$q(x)=b_0x^{n-1}+b_1x^{n-2}+b_2x^{n-3}+\cdots+b_{n-2}x+b_{n-1}.$$

比较等式(1)中两端同次项的系数，我们得到

$$\begin{aligned}
&a_0=b_0,\\
&a_1=b_1-cb_0,\\
&a_2=b_2-cb_1,\\
&\cdots\cdots\cdots\cdots\\
&a_{n-1}=b_{n-1}-cb_{n-2},\\
&a_n=r-cb_{n-1}.
\end{aligned}$$

由此得出

$$\begin{aligned}
&b_0=a_0,\\
&b_1=cb_0+a_1,\\
&b_2=cb_1+a_2,\\
&\cdots\cdots\cdots\cdots\\
&b_{n-1}=cb_{n-2}+a_{n-1},\\
&r=cb_{n-1}+a_n.
\end{aligned}$$

这样，欲求系数 b_k，只要把前一系数 b_{k-1} 乘以 c 再加上对应系数 a_k，而余式 r 也可以按照类似的规律求出. 因此按照下表所指出的算法就可以很快地陆续求出商式的系数和余式：

$$\begin{array}{r|llllll}
c & a_0 & a_1 & a_2 & \cdots & a_{n-1} & a_n \\
+ & & cb_0 & cb_1 & \cdots & cb_{n-2} & cb_{n-1} \\
\hline
 & b_0 & b_1 & b_2 & \cdots & b_{n-1} & r
\end{array}$$

表中的加号通常略去不写.

例 1 用 $x+3$ 除 $f(x)=x^4+x^2+4x-9$.

作综合除法：

$$\begin{array}{r|rrrrr} -3 & 1 & 0 & 1 & 4 & -9 \\ & & -3 & 9 & -30 & 78 \\ \hline & 1 & -3 & 10 & -26 & 69 \end{array}$$

所以商式是 $g(x)=x^3-3x^2+10x-26$，而余式 $r=f(-3)=69$.

多项式的研究与方程的研究有密切的关系. 例如，由中学代数我们知道，求二次方程 $ax^2+bx+c=0$ 的根和二次多项式 ax^2+bx+c 的因式分解本质上是同一个问题. 因此我们把方程 $f(x)=0$ 的根也叫作多项式 $f(x)$ 的根. 确切地说，我们有以下

定义 令 $f(x)$ 是 $R[x]$ 的一个多项式而 c 是 R 的一个数. 若是当 $x=c$ 时 $f(x)$ 的值 $f(c)=0$，那么 c 叫作 $f(x)$ 在数环 R 中的一个根.

由余式定理我们立刻得到重要的

定理 2.6.2 数 c 是多项式 $f(x)$ 的根的充要条件是 $f(x)$ 能被 $x-c$ 整除.

这样，求多项式在数环 R 中的根相当于求它的形如 $x-c$ 的因式. 要判断 $x-c$ 是不是多项式 $f(x)$ 的因式，自然可以用综合除法.

利用余式定理，我们可以看出，$R[x]$ 的一个多项式在 R 中最多有多少根. 我们有

定理 2.6.3 设 $f(x)$ 是 $R[x]$ 中一个 $n\geqslant 0$ 次多项式. 那么 $f(x)$ 在 R 中至多有 n 个不同的根.

证 如果 $f(x)$ 是零次多项式，那么 $f(x)$ 是 R 中一个不等于零的数，所以没有根. 因此定理对于 $n=0$ 成立. 于是我们可以对 n 作数学归纳法来证明这一定理. 设 $c\in R$ 是 $f(x)$ 的一个根. 那么

$$f(x)=(x-c)g(x),$$

这里 $g(x)\in R[x]$ 是一个 $n-1$ 次多项式. 如果 $d\in R$ 是 $f(x)$ 另一个根, $d\neq c$, 那么

$$0=f(d)=(d-c)g(d).$$

因为 $d-c\neq 0$, 所以 $g(d)=0$. 因为 $g(x)$ 的次数是 $n-1$, 由归纳法假设, $g(x)$ 在 R 内至多有 $n-1$ 个不同的根. 因此 $f(x)$ 在 R 中至多有 n 个不同的根. □

这一定理对零多项式不能应用, 因为零多项式没有次数. 事实上, 数环 R 的每一个数都是零多项式的根.

由定理 2.6.3 可以得出

定理 2.6.4 设 $f(x)$ 与 $g(x)$ 是 $R[x]$ 的两个多项式, 它们的次数都不大于 n. 若是以 R 中 $n+1$ 个或更多的不同的数来代替 x 时, 每次所得 $f(x)$ 与 $g(x)$ 的值都相等, 那么 $f(x)=g(x)$.

证 令

$$u(x)=f(x)-g(x).$$

若 $f(x)\neq g(x)$, 换一句话说, $u(x)\neq 0$, 那么 $u(x)$ 是一个次数不超过 n 的多项式, 并且在 R 中有 $n+1$ 个或更多的根. 这与定理 2.6.3 矛盾. □

由定理 2.6.3 还可以得到下面的重要定理.

我们已经看到, $R[x]$ 的每一个多项式都可以确定一个 R 上的多项式函数. 我们提出以下问题: 若是 $R[x]$ 的两个多项式 $f(x)$ 和 $g(x)$ 所确定的多项式函数相等, 这两个多项式是否相等? 我们要注意, 多项式 $f(x)$ 和 $g(x)$ 相等指的是它们有完全相同的项, 而 $f(x)$ 和 $g(x)$ 所确定的函数相等指的是, 对 R 的任何数 c 都有 $f(c)=g(c)$. 这是两种不同的相等概念. 因此以下定理并不是显而易见的.

定理 2.6.5 $R[x]$ 的两个多项式 $f(x)$ 和 $g(x)$ 相等, 当且仅

当它们所定义的 R 上多项式函数相等.

证 设 $f(x)=g(x)$. 那么它们有完全相同的项，因而对 R 的任何数 c 都有 $f(c)=g(c)$. 这就是说，$f(x)$ 和 $g(x)$ 所确定的函数相等.

反过来设 $f(x)$ 和 $g(x)$ 所确定的函数相等. 令

$$u(x)=f(x)-g(x).$$

那么对 R 的任何数 c 都有 $u(c)=f(c)-g(c)=0$. 这就是说，R 中的每一个数都是多项式 $u(x)$ 的根. 但 R 有无穷多个数，因此 $u(x)$ 有无穷多个根. 根据定理 2.6.3 只有零多项式才有这个性质. 因此有

$$u(x)=f(x)-g(x)=0, f(x)=g(x). \qquad \square$$

有了定理 2.6.5，在必要时，我们可以把多项式就看成函数.

定理 2.6.4 告诉我们，给了一个数环 R 里 $n+1$ 个互不相同的数 $a_1,a_2,\cdots,a_{n+1}$ 以及任意 $n+1$ 个不全为 0 的数 $b_1,b_2,\cdots,b_{n+1}$ 后，至多存在 $R[x]$ 的一个次数不超过 n 的多项式 $f(x)$，能使 $f(a_i)=b_i$，$i=1,2,\cdots,n+1$. 如果 R 还是一个数域，那么这样一个多项式的确是存在的，因为容易看出，由以下公式给出的多项式 $f(x)$ 就具有上述性质：

$$f(x)=\sum_{i=1}^{n+1}\frac{b_i(x-a_1)\cdots(x-a_{i-1})(x-a_{i+1})\cdots(x-a_{n+1})}{(a_i-a_1)\cdots(a_i-a_{i-1})(a_i-a_{i+1})\cdots(a_i-a_{n+1})}.$$

这个公式叫作拉格朗日(Lagrange)插值公式.

例 2 求次数小于 3 的多项式 $f(x)$，使

$$f(1)=1, f(-1)=3, f(2)=3.$$

由拉格朗日插值公式得

$$f(x)=\frac{(x+1)(x-2)}{(1+1)(1-2)}+\frac{3(x-1)(x-2)}{(-1-1)(-1-2)}$$

$$+\frac{3(x-1)(x+1)}{(2-1)(2+1)}=x^2-x+1.$$

习　　题

1. 设 $f(x)=2x^5-3x^4-5x^3+1$. 求 $f(3)$，$f(-2)$.

2. 数环 R 的一个数 c 说是 $f(x)\in R[x]$ 的一个 k 重根，如果 $f(x)$ 可以被 $(x-c)^k$ 整除，但不能被 $(x-c)^{k+1}$ 整除. 判断 5 是不是多项式

$$f(x)=3x^5-224x^3+742x^2+5x+50$$

的根. 如果是的话，是几重根？

3. 设

$$2x^3-x^2+3x-5=a(x-2)^3+b(x-2)^2+c(x-2)+d.$$

求 a，b，c，d. [提示:应用综合除法.]

4. 将下列多项式 $f(x)$ 表成 $x-a$ 的多项式.

(i) $f(x)=x^5$，$a=1$；

(ii) $f(x)=x^4-2x^2+3$，$a=-2$.

5. 求一个次数小于 4 的多项式 $f(x)$，使

$$f(2)=3,\ f(3)=-1,\ f(4)=0,\ f(5)=2.$$

6. 求一个 2 次多项式，使它在 $x=0$，$\frac{\pi}{2}$，π 处与函数 $\sin x$ 有相同的值.

7. 令 $f(x)$，$g(x)$ 是两个多项式，并且 $f(x^3)+xg(x^3)$ 可以被 x^2+x+1 整除. 证明：$f(1)=g(1)=0$.

8. 令 c 是一个复数，并且是 $\mathbf{Q}[x]$ 中一个非零多项式的根. 令

$$J=\{f(x)\in\mathbf{Q}[x]\mid f(c)=0\}.$$

证明：(i) 在 J 中存在唯一的最高次项系数是 1 的多项式 $p(x)$，使得 J 中每一多项式 $f(x)$ 都可以写成 $p(x)q(x)$ 的形式，这里 $q(x)\in\mathbf{Q}[x]$；

(ii) $p(x)$在$\mathbf{Q}[x]$中不可约.

如果 $c=\sqrt{2}+\sqrt{3}$, 求上述的$p(x)$.

[提示:取$p(x)$是J中次数最低且最高次项系数是1的多项式.]

9. 设$\mathbf{C}[x]$中多项式$f(x)\neq 0$且$f(x)\mid f(x^n)$, n是一个大于1的整数. 证明: $f(x)$的根只能是零或单位根.

[提示:如果c是$f(x)$的根,那么$c^n, c^{n^2}, c^{n^3}, \cdots$都是$f(x)$的根.]

2.7 复数和实数域上多项式

在以下两节我们针对复数, 实数和有理数域的特点, 分别研究这三个数域上的一元多项式的根和因式分解. 这三个数域上的多项式是使用最多的多项式.

我们先讨论复数域上的多项式.

给了任意数域F上的一个$n(n>0)$次多项式$f(x)$, 那么$f(x)$在F中未必有根. 但对于复数域$\mathbf{C}$上的多项式来说, 我们有重要的

定理 2.7.1 (代数基本定理) 任何$n(n>0)$次多项式在复数域中至少有一个根.

代数基本定理有很多证明, 它们或多或少地都用到了分析工具, 利用复变函数理论可以得出比较简单的证明. 我们不在这里给出这一定理的证明.

基本定理的一个直接结果是

定理 2.7.2 任何$n(n>0)$次多项式在复数域中有n个根(重根按重数计算).

证 设$f(x)$是一个$n(n>0)$次多项式, 那么由定理2.7.1, 它在复数域$\mathbf{C}$中有一个根α_1, 因此在$\mathbf{C}[x]$中

$$f(x)=(x-\alpha_1)f_1(x),$$

这里$f_1(x)$是$\mathbf{C}$上的一个$n-1$次多项式. 若$n-1>0$, 那么

$f_1(x)$在 **C** 中有一个根 α_2，因而在 $\mathbf{C}[x]$中

$$f(x)=(x-\alpha_1)(x-\alpha_2)f_2(x).$$

这样继续下去，最后$f(x)$在 $\mathbf{C}[x]$中完全分解成 n 个一次因式的乘积，而$f(x)$在 **C** 中有 n 个根. □

由这个证明显然可以得出以下结论：

复数域 **C** 上任一 $n(n>0)$次多项式可以在 $\mathbf{C}[x]$里分解为一次因式的乘积. 复数域上任一次数大于 1 的多项式都是可约的.

我们在中学已经学过二次方程的根与系数的关系，现在我们讨论 n 次多项式的根与系数的关系

令

(1) $$f(x)=x^n+a_1x^{n-1}+\cdots+a_n$$

是一个 $n(n>0)$次多项式，那么在复数域 **C** 中 $f(x)$有 n 个根 $\alpha_1,\alpha_2,\cdots,\alpha_n$，因而在 $\mathbf{C}[x]$中 $f(x)$完全分解成一次因式的乘积：

$$f(x)=(x-\alpha_1)(x-\alpha_2)\cdots(x-\alpha_n).$$

展开这一等式右端的括号，合并同次项，然后比较所得出的系数与(1)式右端的系数，我们得到根与系数的关系.

$$a_1=-(\alpha_1+\alpha_2+\cdots+\alpha_n),$$
$$a_2=(\alpha_1\alpha_2+\alpha_1\alpha_3+\cdots+\alpha_{n-1}\alpha_n),$$
$$a_3=-(\alpha_1\alpha_2\alpha_3+\alpha_1\alpha_2\alpha_4+\cdots+\alpha_{n-2}\alpha_{n-1}\alpha_n),$$
$$\cdots\cdots\cdots\cdots$$
$$a_{n-1}=(-1)^{n-1}(\alpha_1\alpha_2\cdots\alpha_{n-1}+\alpha_1\alpha_3\cdots\alpha_n+\cdots+\alpha_2\alpha_3\cdots\alpha_n),$$
$$a_n=(-1)^n\alpha_1\alpha_2\cdots\alpha_n,$$

其中第 $k(k=1,2,\cdots,n)$个等式的右端是一切可能的 k 个根的乘积之和再乘以$(-1)^k$.

若是多项式

$$f(x)=a_0x^n+a_1x^{n-1}+\cdots+a_n$$

的首项系数 $a_0\neq 1$，那么应用根与系数的关系时须先用 a_0 除所有系数，这样做多项式的根并无改变. 这时根与系数的关系取以下形式：

$$\frac{a_1}{a_0}=-(\alpha_1+\alpha_2+\cdots+\alpha_n),$$

$$\frac{a_2}{a_0}=\alpha_1\alpha_2+\alpha_1\alpha_3+\cdots+\alpha_{n-1}\alpha_n,$$

$$\cdots\cdots\cdots\cdots$$

$$\frac{a_n}{a_0}=(-1)^n\alpha_1\alpha_2\cdots\alpha_n.$$

利用根与系数的关系容易求出有已知根的多项式. 例如，求有单根 5 与 -2 以及二重根 3 的四次多项式. 根据根与系数的关系，我们得到

$$a_1=-(5-2+3+3)=-9,$$

$$a_2=5(-2)+5\cdot 3+5\cdot 3+(-2)3+(-2)3+3\cdot 3=17,$$

$$a_3=-[5(-2)3+5(-2)3+5\cdot 3\cdot 3+(-2)3\cdot 3]=33,$$

$$a_4=5(-2)3\cdot 3=-90.$$

因此所求多项式是

$$f(x)=x^4-9x^3+17x^2+33x-90,$$

或

$$f(x)=ax^4-9ax^3+17ax^2+33ax-90a$$

这里 $a\neq 0$.

现在我们导出实系数多项式的一些性质.

定理 2.7.3 若实系数多项式 $f(x)$ 有一个非实的复数根 α，那么 α 的共轭数 $\overline{\alpha}$ 也是 $f(x)$ 的根，并且 α 与 $\overline{\alpha}$ 有同一重数. 换句话说，实系数多项式的非实的复数根两两成对.

证 令 $f(x)=a_0x^n+a_1x^{n-1}+\cdots+a_n$. 由假设

$$a_0\alpha^n + a_1\alpha^{n-1} + \cdots + a_n = 0.$$

把等式两端都换成它们的共轭数，得

$$\overline{a_0\alpha^n + a_1\alpha^{n-1} + \cdots + a_n} = \overline{0}.$$

根据共轭数的性质，并且注意到 $a_0, a_1, \cdots, a_n$ 和 0 都是实数，我们有

$$a_0\,\overline{\alpha}^n + a_1\,\overline{\alpha}^{n-1} + \cdots + a_n = 0,$$

即 $\overline{\alpha}$ 也是 $f(x)$ 的一个根.

因此多项式 $f(x)$ 能被多项式

$$g(x) = (x-\alpha)(x-\overline{\alpha}) = x^2 - (\alpha+\overline{\alpha})x + \alpha\,\overline{\alpha}$$

整除. 由共轭复数的性质知道 $g(x)$ 的系数都是实数. 所以

$$f(x) = g(x)h(x),$$

此处 $h(x)$ 也是一个实系数多项式.

若是 α 是 $f(x)$ 的重根，那么它一定是 $h(x)$ 的根，因而根据方才所证明的，$\overline{\alpha}$ 也是 $h(x)$ 的一个根. 这样，$\overline{\alpha}$ 也是 $f(x)$ 的重根. 重复应用这个推理方法，容易看出，α 与 $\overline{\alpha}$ 的重数相同. □

由代数基本定理和定理 2.7.3 立即得到关于实数域上多项式的因式分解的以下定理.

定理 2.7.4 实数域上不可约多项式，除一次多项式外，只有含非实共轭复数根的二次多项式.

定理 2.7.5 每一个次数大于 0 的实系数多项式都可以分解为实系数的一次和二次不可约因式的乘积.

由代数基本定理我们虽然知道，任何一个 $n(n>0)$ 次多项式 $f(x)$ 在复数域内有 n 个根，但是这个定理的现有的任何一个证明都没有给出实际求这些根的方法. 因此找出实际求根的方法是一个需要进一步研究的问题.

关于求多项式 $f(x)$ 或方程 $f(x)=0$ 的根的研究，集中在以下两个问题：1）根的近似求法；2）根号解问题.

这两个问题的详细讨论都已超出本教程的范围. 我们只对第二个问题作一个简短的介绍.

我们知道，求二次方程 $ax^2+bx+c=0$ 的根可以应用公式

$$x=\frac{-b\pm\sqrt{b^2-4ac}}{2a},$$

在这里是利用根号把根由方程的系数表出的. 一般，若是一个方程的根能够由方程的系数经过有限次加、减、乘、除以及开方运算来表示，那么这个方程说是能够用根号来解. 根号解问题就是研究高次方程是否能够用根号来解.

关于这个问题我们有以下结果.

对于三次和四次方程在十六世纪已经找到了用根号表示根的一般公式，因此三次和四次方程是可以用根号来解的.（三次和四次方程的用根号表示根的公式都比较复杂，没有多少实用价值.）

用根号解五次以上方程的问题，直到十九世纪才得到解决，并且结果和二、三、四次方程的情形完全相反. 利用伽罗瓦(Galois)理论可以证明，对于五次以上方程不但不存在用根号表示根的一般公式，甚至具体的数字方程如

$$x^5-4x-2=0$$

也不能用根号来解.

习　题

1. 设 n 次多项式 $f(x)=a_0x^n+a_1x^{n-1}+\cdots+a_{n-1}x+a_n$ 的根是 $\alpha_1,\alpha_2,\cdots,\alpha_n$. 求

(i) 以 $c\alpha_1,c\alpha_2,\cdots,c\alpha_n$ 为根的多项式，这里 c 是一个数；

(ii) 以 $\frac{1}{\alpha_1},\frac{1}{\alpha_2},\cdots,\frac{1}{\alpha_n}$(假定 $\alpha_1,\alpha_2,\cdots,\alpha_n$ 都不等于零)为根的多项式.

2. 设 $f(x)$ 是一个多项式，用 $\bar{f}(x)$ 表示把 $f(x)$ 的系数分别换成它们的共轭数后所得多项式. 证明：

(i) 若是 $g(x)\mid f(x)$，那么 $\bar{g}(x)\mid\bar{f}(x)$；

(ii) 若是 $d(x)$ 是 $f(x)$ 和 $\bar{f}(x)$ 的一个最大公因式，并且 $d(x)$ 的最高次项系数是 1，那么 $d(x)$ 是一个实系数多项式.

3. 给出实系数四次多项式在实数域上所有不同类型的典型分解式.

4. 在复数和实数域上，分解 x^n-2 为不可约因式的乘积.

5. 证明：数域 F 上任意一个不可约多项式在复数域内没有重根.

2.8 有理数域上多项式

关于有理数域上的多项式，我们讨论以下两个问题：有理数域上多项式的可约性以及求有理数域上多项式的有理根.

设 $f(x)$ 是有理数域上的一个多项式. 若是 $f(x)$ 的系数不全是整数，那么以 $f(x)$ 的系数的分母的一个公倍数 k 乘 $f(x)$，就得到一个整系数多项式 $kf(x)$. 显然，多项式 $f(x)$ 与 $kf(x)$ 在有理数域上同时可约或同时不可约. 这样，在讨论有理数域上多项式的可约性时，只需讨论整系数多项式在有理数域上是否可约.

令 $f(x)$ 是整数环 $\mathbf{Z}$ 上一个 $n(>0)$ 次多项式. 如果存在 $g(x)$，$h(x)\in\mathbf{Z}[x]$，它们的次数都小于 n，使得

(1) $$f(x)=g(x)h(x),$$

那么 $f(x)$，$g(x)$，$h(x)$ 自然可以看成有理数域 $\mathbf{Q}$ 上的多项式. 等式(1)表明，$f(x)$ 在 $\mathbf{Q}[x]$ 中是可约的. 现在反过来问：如果 $f(x)$ 在 $\mathbf{Q}[x]$ 中可约，是否存在次数都小于 n 的整系数多项式 $g(x)$，$h(x)$，使得等式(1)成立？下面我们将解答这个问题. 为此，引入以下概念.

定义 若是一个整系数多项式 $f(x)$ 的系数互素，那么 $f(x)$ 叫作一个本原多项式.

先证关于本原多项式的一个引理，通常称为高斯(Gauss)引理.

引理 2.8.1 两个本原多项式的乘积仍是一个本原多项式.

证 设给了两个本原多项式

$$f(x)=a_0+a_1x+\cdots+a_ix^i+\cdots+a_mx^m,$$
$$g(x)=b_0+b_1x+\cdots+b_jx^j+\cdots+b_nx^n,$$
并且设
$$f(x)g(x)=c_0+c_1x+\cdots+c_{i+j}x^{i+j}+\cdots+c_{m+n}x^{m+n}.$$
如果$f(x)g(x)$不是本原多项式，那么一定存在一个素数p，它能整除所有系数$c_0,c_1,\cdots,c_{m+n}$. 由于$f(x)$和$g(x)$都是本原多项式，所以p不能整除$f(x)$的所有系数，也不能整除$g(x)$的所有系数. 令a_i和b_j各是$f(x)$和$g(x)$的第一个不能被p整除的系数. 我们考察$f(x)g(x)$的系数c_{i+j}. 我们有
$$c_{i+j}=a_0b_{i+j}+\cdots+a_{i-1}b_{j+1}+a_ib_j+a_{i+1}b_{j-1}+\cdots+a_{i+j}b_0.$$
这个等式的左端被p整除. 根据选择a_i和b_j的条件，所有系数a_0，…，a_{i-1}以及b_{j-1}，…，b_0都能被p整除，因而等式右端除a_ib_j这一项外，其他每一项也都能被p整除. 因此乘积a_ib_j也必须被p整除. 但p是一个素数，所以p必须整除a_i或b_j. 这与假设矛盾. □

现在可以回答上面提出的问题.

定理 2.8.1 若是一个整系数$n(>0)$次多项式$f(x)$在有理数域上可约，那么$f(x)$总可以分解成次数都小于n的两个整系数多项式的乘积.

证 设
$$f(x)=g_1(x)g_2(x),$$
这里$g_1(x)$与$g_2(x)$都是有理数域上的次数小于n的多项式.

令$g_1(x)$的系数的公分母是b_1. 那么$g_1(x)=\frac{1}{b_1}h(x)$，这里$h(x)$是一个整系数多项式. 又令$h(x)$的系数的最大公因数是a_1. 那么
$$g_1(x)=\frac{a_1}{b_1}f_1(x),$$
这里$\frac{a_1}{b_1}$是一个有理数而$f_1(x)$是一个本原多项式. 同理，

$$g_2(x)=\frac{a_2}{b_2}f_2(x),$$

这里$\frac{a_2}{b_2}$是一个有理数而$f_2(x)$是一个本原多项式. 于是

$$f(x)=\frac{a_1a_2}{b_1b_2}f_1(x)f_2(x)=\frac{r}{s}f_1(x)f_2(x),$$

其中 r 与 s 是互素的整数，并且 $s>0$. 由于$f(x)$是一个整系数多项式，所以多项式$f_1(x)f_2(x)$的每一系数与 r 的乘积都必须被 s 整除. 但 r 与 s 互素，所以 $f_1(x)f_2(x)$的每一个系数必须被 s 整除，这就是说，s 是多项式 $f_1(x)f_2(x)$的系数的一个公因数. 但 $f_1(x)f_2(x)$是一个本原多项式，因此 $s=1$，而

$$g(x)=[rf_1(x)]f_2(x).$$

$rf_1(x)$和$f_2(x)$显然各与 $g_1(x)$和 $g_2(x)$有相同的次数，这样，$f(x)$可以分解成次数都小于 n 的两个整系数多项式的乘积. □

以上定理把有理系数多项式在有理数域上是否可约的问题归结到整系数多项式能否分解成次数较低的整系数多项式的乘积的问题. 克罗内克(Kronecker)曾给出一个通过有限次计算实际判断任一整系数多项式能否分解成次数较低的整系数多项式的乘积的方法. 因此我们也能够判断任一有理系数多项式在有理数域上是否可约. 我们知道，对于任意数域上的多项式来说，这一点是做不到的. 但是克罗内克方法比较麻烦，实用价值不大，所以我们不在这里介绍①. 我们介绍另一个判断整系数多项式在有理数域上是否可约的方法. 这个方法有时还是比较有用的.

定理 2.8.2 （艾森斯坦(Eisenstein)判断法）设

$$f(x)=a_0+a_1x+\cdots+a_nx^n$$

是一个整系数多项式. 若是能够找到一个素数 p，使

---

① 可参看：B. L. 范德瓦尔登. 代数学(中译本). I，§28. 北京：科学出版社，1963.

(i) 最高次项系数 a_n 不能被 p 整除；

(ii) 其余各项的系数都能被 p 整除；

(iii) 常数项 a_0 不能被 p^2 整除，

那么多项式 $f(x)$ 在有理数域上不可约.

证 若是多项式 $f(x)$ 在有理数域上可约，那么由定理 2.8.1，$f(x)$ 可以分解成两个次数较低的整系数多项式的乘积：

$$f(x)=g(x)h(x)$$

这里

$$g(x)=b_0+b_1x+\cdots+b_kx^k,$$

$$h(x)=c_0+c_1x+\cdots+c_lx^l,$$

并且 $k<n$，$l<n$，$k+l=n$. 由此得到

$$a_0=b_0c_0.$$

因为 a_0 被 p 整除，而 p 是一个素数，所以 b_0 或 c_0 被 p 整除. 但 a_0 不能被 p^2 整除，所以 b_0 与 c_0 不能同时被 p 整除. 不妨假定 b_0 被 p 整除而 c_0 不被 p 整除. $g(x)$ 的系数不能全被 p 整除，否则 $f(x)=g(x)h(x)$ 的系数 a_n 将被 p 整除，这与假定矛盾. 令 $g(x)$ 中第一个不能被 p 整除的系数是 b_s. 考察等式

$$a_s=b_sc_0+b_{s-1}c_1+\cdots+b_0c_s.$$

由于在这个等式中 a_s，b_{s-1}，…，b_0 都被 p 整除，所以 b_sc_0 也必须被 p 整除. 但 p 是一个素数，所以 b_s 与 c_0 中至少有一个被 p 整除. 这是一个矛盾. □

我们知道，在复数域上只有一次的多项式是不可约的，而在实数域上只有一次和一部分二次的多项式是不可约的. 然而应用艾森斯坦判断法我们很容易证明以下事实：

有理数域上任意次的不可约多项式都存在.

事实上，任意给定一个正整数 n，我们很容易写出满足定理 2.8.2 的条件的不可约多项式，例如 $f(x)=x^n+2$ 就是这样的一个多项式.

艾森斯坦判断法不是对于所有整系数多项式都能应用的，因

为满足判断法中条件的素数 p 不一定存在．若是对于某一多项式 $f(x)$ 找不到这样的素数 p，那么 $f(x)$ 可能在有理数域上可约也可能不可约．例如，对于多项式 x^2+3x+2 与 x^2+1 来说，都找不到一个满足判断法的条件的素数 p．但显然前一个多项式在有理数域上可约，而后一多项式不可约．

有时对于某一多项式 $f(x)$ 来说，艾森斯坦判断法不能直接应用，但是把 $f(x)$ 适当变形后，就可以应用这个判断法．我们看一个例子．

设 p 是一个素数．多项式

$$f(x)=x^{p-1}+x^{p-2}+\cdots+x+1$$

叫作分圆多项式．我们证明，$f(x)$ 在 $\mathbf{Q}[x]$ 中不可约．在这里不能直接应用艾森斯坦判断法．但是如果令 $x=y+1$，那么由于

$$(x-1)f(x)=x^p-1,$$

我们得到

$$\begin{aligned}yf(y+1)&=(y+1)^p-1\\&=y^p+\begin{pmatrix}p\\1\end{pmatrix}y^{p-1}+\begin{pmatrix}p\\2\end{pmatrix}y^{p-2}+\cdots+\begin{pmatrix}p\\p-1\end{pmatrix}y.\end{aligned}$$

令 $g(y)=f(y+1)$．于是

$$g(y)=y^{p-1}+\begin{pmatrix}p\\1\end{pmatrix}y^{p-2}+\cdots+\begin{pmatrix}p\\p-1\end{pmatrix}.$$

$g(y)$ 的最高次项系数不能被 p 整除．其余的系数都是二项式系数，它们都能被 p 整除．事实上，当 $k<p$ 时，

$$\begin{pmatrix}p\\k\end{pmatrix}=\frac{p(p-1)\cdots(p-k+1)}{k!}.$$

因为 $\begin{pmatrix}p\\k\end{pmatrix}$ 是一个整数，所以右端的分子能被 $k!$ 整除．但 $k!$ 与 p

互素，所以 $k! \mid (p-1)\cdots(p-k+1)$. 因此$\begin{pmatrix}p\\k\end{pmatrix}$是 p 的一个倍数. 但 $g(y)$ 的常数项$\begin{pmatrix}p\\p-1\end{pmatrix}=p$ 不能被 p^2 整除. 这样，由艾森斯坦判断法，$g(y)$ 在有理数域上不可约. $f(x)$ 也在有理数域上不可约，因为如果存在 $f_1(x)$，$f_2(x)\in\mathbf{Q}[x]$，使得

$$f(x)=f_1(x)f_2(x),$$

那么

$$\begin{aligned}g(y)&=f_1(y+1)f_2(y+1)\\&=g_1(y)g_2(y),\end{aligned}$$

这里 $g_i(y)=f_i(y+1)\in\mathbf{Q}[x]$，$i=1$，2.

我们现在来讨论求有理系数多项式的有理根问题. 我们知道，并没有一般的方法来求多项式的实根或复根(指精确根)，但是我们能够较简单地求出有理系数多项式的有理根.

在讨论求有理数域上多项式的有理根时，我们可以限于讨论如何求整系数多项式的有理根. 因为若是给定了一个有理系数多项式 $f(x)$，那么可以把 $f(x)$ 乘以一个整数 k 而得到一个整系数多项式 $kf(x)$，而 $f(x)$ 与 $kf(x)$ 显然有相同的根.

定理 2.8.3 设

$$f(x)=a_0x^n+a_1x^{n-1}+\cdots+a_n$$

是一个整系数多项式. 若是有理数$\frac{u}{v}$是 $f(x)$ 的一个根，这里 u 和 v 是互素的整数，那么

(i) v 整除 $f(x)$ 的最高次项系数 a_0，而 u 整除 $f(x)$ 的常数项 a_n；

(ii) $f(x)=\left(x-\frac{u}{v}\right)q(x)$，

这里 $q(x)$ 是一个整系数多项式.

证 由于$\frac{u}{v}$是 $f(x)$ 的一个根，所以

(2) $$f(x)=\left(x-\frac{u}{v}\right)q(x),$$

这里 $q(x)$是一个有理系数多项式. 我们有

$$\left(x-\frac{u}{v}\right)=\frac{1}{v}(vx-u),$$

这里 $vx-u$ 是一个本原多项式，因为 u 和 v 互素. 另一方面，$q(x)$可以写成

$$q(x)=\frac{a}{b}f_1(x),$$

这里$\frac{a}{b}$是一个有理数而$f_1(x)$是一个本原多项式. 这样

$$f(x)=\frac{r}{s}(vx-u)f_1(x),$$

这里 r 和 s 是互素的整数并且 $s>0$，而 $vx-u$ 和$f_1(x)$都是本原多项式. 由此，和定理 2.8.1 的证明一样，可以推得 $s=1$，而

(3) $$f(x)=(vx-u)q_1(x),$$

这里 $q_1(x)=rf_1(x)$是一个整系数多项式. 令

$$q_1(x)=b_0x^{n-1}+b_1x^{n-2}+\cdots+b_{n-1}.$$

那么由(3)得

$$a_0x^n+\cdots+a_n=(vx-u)(b_0x^{n-1}+\cdots+b_{n-1}).$$

比较系数，得 $a_0=vb_0$，$a_n=-ub_{n-1}$，这就是说 v 整除 a_0 而 u 整除 a_n. 另一方面，比较(2)和(3)，得 $q(x)=vq_1(x)$，所以 $q(x)$也是一个整系数多项式. □

给定了一个整系数多项式 $f(x)$. 设它的最高次项系数 a_0 的因数是 $v_1,v_2,\cdots,v_k$，它的常数项 a_n 的因数是 $u_1,u_2,\cdots,u_l$. 那么根据定理 2.8.3，欲求 $f(x)$的有理根，我们只需对有限个有理数$\frac{u_i}{v_j}$用综合除法来进行试验.

当有理数$\frac{u_i}{v_j}$的个数很多的时候，对它们逐个进行试验还是比

较麻烦的. 下面的讨论使我们能够简化计算. 首先，1 与 -1 永远在有理数$\frac{u_i}{v_j}$中出现，而计算 $f(1)$ 与 $f(-1)$ 并不困难. 另一方面，若是有理数 $\alpha(\neq \pm 1)$ 是 $f(x)$ 的根，那么由定理 2.8.3，

$$f(x)=(x-\alpha)q(x),$$

而 $q(x)$ 也是一个整系数多项式. 因此商

$$\frac{f(1)}{1-\alpha}=q(1), \quad \frac{f(-1)}{1+\alpha}=-q(-1)$$

都应该是整数. 这样，我们只需对那些使商$\frac{f(1)}{1-\alpha}$与$\frac{f(-1)}{1+\alpha}$都是整数的$\frac{u_i}{v_j}$来进行试验.（我们可以假定 $f(1)$ 与 $f(-1)$ 都不等于零. 否则可以用 $(x-1)$ 或 $(x+1)$ 除 $f(x)$ 而考虑所得的商式.）

例 求多项式

$$f(x)=3x^4+5x^3+x^2+5x-2$$

的有理根.

这个多项式的最高次项系数 3 的因数是 ± 1，± 3，常数项 -2的因数是 ± 1，± 2. 所以可能的有理根是 ± 1，± 2，$\pm\frac{1}{3}$，$\pm\frac{2}{3}$. 我们算出，$f(1)=12$，$f(-1)=-8$. 所以 1 与 -1 都不是 $f(x)$ 的根. 另一方面，由于

$$\frac{-8}{1+2},\frac{-8}{1+\frac{2}{3}},\frac{12}{1+\frac{2}{3}}$$

都不是整数，所以 2 和 $\pm\frac{2}{3}$都不是 $f(x)$ 的根. 但

$$\frac{12}{1+2},\frac{-8}{1-2},\frac{12}{1-\frac{1}{3}},\frac{-8}{1+\frac{1}{3}},\frac{12}{1+\frac{1}{3}},\frac{-8}{1-\frac{1}{3}}$$

都是整数，所以有理数 -2，$\pm\frac{1}{3}$在试验之列．应用综合除法：

$$\begin{array}{r|rrrrr} -2 & 3 & 5 & 1 & 5 & -2 \\ & & -6 & 2 & -6 & 2 \\ \hline & 3 & -1 & 3 & -1 & 0 \end{array}$$

所以 -2 是 $f(x)$ 的一个根．同时我们得到

$$f(x)=(x+2)(3x^3-x^2+3x-1).$$

容易看出，-2 不是 $g(x)=3x^3-x^2+3x-1$ 的根，所以它不是 $f(x)$ 的重根．对 $g(x)$ 应用综合除法

$$\begin{array}{r|rrrr} -\frac{1}{3} & 3 & -1 & 3 & -1 \\ & & -1 & \frac{2}{3} & \\ \hline & 3 & -2 & 3\frac{2}{3} & \end{array}$$

至此已经看到，商式不是整系数多项式，因此不必再除下去就知道，$-\frac{1}{3}$不是 $g(x)$ 的根，所以它也不是 $f(x)$ 的根．再作综合除法

$$\begin{array}{r|rrrr} \frac{1}{3} & 3 & -1 & 3 & -1 \\ & & 1 & 0 & 1 \\ \hline & 3 & 0 & 3 & 0 \end{array}$$

所以$\frac{1}{3}$是 $g(x)$ 的一个根，因而它也是 $f(x)$ 的一个根，容易看出，$\frac{1}{3}$不是 $f(x)$ 的重根．这样，$f(x)$ 的有理根是 -2 和$\frac{1}{3}$.

习　　题

1. 证明以下多项式在有理数域上不可约：

（i）$x^4-2x^3+8x-10$；

（ii）$2x^5+18x^4+6x^2+6$；

（iii）x^4-2x^3+2x-3；

（iv）x^6+x^3+1.

2. 利用艾森斯坦判断法，证明：若是 $p_1,p_2,\cdots,p_t$ 是 t 个不相同的素数而 n 是一个大于 1 的整数，那么 $\sqrt[n]{p_1p_2\cdots p_t}$是一个无理数.

3. 设 $f(x)$ 是一个整系数多项式. 证明：若是 $f(0)$ 和 $f(1)$ 都是奇数，那么 $f(x)$ 不能有整数根.

4. 求以下多项式的有理根：

（i）$x^3-6x^2+15x-14$；

（ii）$4x^4-7x^2-5x-1$；

（iii）$x^5-x^4-\dfrac{5}{2}x^3+2x^2-\dfrac{1}{2}x-3$.

2.9 多元多项式

在这一章的最后，我们介绍一下多元多项式的概念. 我们不打算对多元多项式作过多的论述，只介绍一下多元多项式的一些最基本的性质. 然后讨论一下在理论和应用上都比较重要的一种多元多项式——对称多项式.

在这一节和下一节里. R 总表示一个数环，且 $1\in R$.

令 $x_1,x_2,\cdots,x_n$ 是 n 个文字. 形式如

$$ax_1^{k_1}x_2^{k_2}\cdots x_n^{k_n}$$

的表示式，其中 $a\in R$，$k_1,k_2,\cdots,k_n$ 是非负整数，叫做 R 上 $x_1,x_2,\cdots,x_n$ 的一个单项式. 数 a 叫作这个单项式的系数. 如果某一 $k_i=0$，那么 $x_i^{k_i}$ 可以不写，约定

$$ax_1^{k_1}\cdots x_{i-1}^{k_{i-1}}x_i^0x_{i+1}^{k_{i+1}}\cdots x_n^{k_n}=ax_1^{k_1}\cdots x_{i-1}^{k_{i-1}}x_{i+1}^{k_{i+1}}\cdots x_n^{k_n}.$$

因此，$m(m<n)$ 个文字的单项式总可以看成 n 个文字的单项式. 特别，当 $k_1=k_2=\cdots=k_n=0$ 时，我们有

$$ax_1^0x_2^0\cdots x_n^0=a\in R.$$

我们还约定，

$$0x_1^{k_1}x_2^{k_2}\cdots x_n^{k_n}=0\in R.$$

一些（有限个）单项式用加号联结起来而得到的一个形式表达式

(1) $a_1x_1^{k_{11}}x_2^{k_{12}}\cdots x_n^{k_{1n}}+a_2x_1^{k_{21}}x_2^{k_{22}}\cdots x_n^{k_{2n}}+\cdots+a_sx_1^{k_{s1}}x_2^{k_{s2}}\cdots x_n^{k_{sn}},a_i\in R,$

k_{ij}是非负整数($i=1,2,\cdots,s;j=1,2,\cdots,n$)，叫作 R 上 n 个文字 x_1，x_2，$\cdots$，x_n 的一个多项式，或简称 R 上一个 n 元多项式. 在不致发生混淆的情况下，也可以简称为多项式.

我们常用符号 $f(x_1,x_2,\cdots,x_n)$，$g(x_1,x_2,\cdots,x_n)$ 等来表示 R 上 n 个文字 $x_1,x_2,\cdots,x_n$ 的多项式.

按照这个定义，R 上一个 n 元单项式都是一个 n 元多项式，并且每一个 $m(m<n)$ 元多项式都可以看成一个 n 元多项式.

在一个 n 元多项式(1)里，组成这个多项式的单项式叫作这个多项式的项. 各项的系数也叫作这个多项式的系数.

R 上两个单项式 $ax_1^{k_1}x_2^{k_2}\cdots x_n^{k_n}$ 和 $bx_1^{l_1}x_2^{l_2}\cdots x_n^{l_n}$ 叫作同类项，如果 $k_i=l_i$，$i=1,2,\cdots,n$. 两个单项式说是相等的，如果它们是同类项并且系数相等.

我们说到 n 元多项式时，总认为在这个表达式里不含同类项.

R 上两个 n 元多项式说是相等的，如果它们有完全相同的项，或者只差一些系数为零的项.

我们引入 n 元多项式的次数的概念. 首先定义单项式的次数.

设 $ax_1^{k_1}x_2^{k_2}\cdots x_n^{k_n}$ 是 R 上 n 个文字的一个单项式且 $a\neq 0$. 非负整数 $k_1+k_2+\cdots+k_n$ 叫作这个单项式的次数. R 上一个 n 元多项式的次数指的是出现在这个多项式里一切系数不为零的项的次数中最大者. 例如，多项式

$$f(x_1,x_2,x_3)=x_1^2x_2x_3-2x_1x_2^3+5x_2^2x_3^2+3x_3^3$$

的次数是 4.

根据这个定义，零多项式，也就是系数都是零的多项式，是唯一没有定义次数的多项式. 如果 $a\in R$ 且 $a\neq 0$，那么 a 是一个零次多项式. 和一元多项式的情形一样，如果在一个 n 元多项式里，某一个次数大于零的项的系数是 1，那么这个系数也可以省略不写.

现在定义 R 上 n 元多项式的运算.

R 上两个 n 元多项式 $f(x_1,x_2,\cdots,x_n)$ 与 $g(x_1,x_2,\cdots,x_n)$ 的和指的是把分别出现在这两个多项式中对应的同类项的系数相加所得到的 n 元多项式，记作 $f(x_1,x_2,\cdots,x_n)+g(x_1,x_2,\cdots,x_n)$ 或者简单地记作 $f+g$. 例如

$$f(x_1,x_2,x_3)=x_1^3+3x_1^2x_2^3-2x_1^2x_2x_3-x_2x_3^2+x_3^3,$$

$$g(x_1,x_2,x_3)=2x_1^3x_3-x_1^2x_2^3+5x_2x_3^2-x_3^3$$

的和是

$$f(x_1,x_2,x_3)+g(x_1,x_2,x_3)=2x_1^3x_3+x_1^3+2x_1^2x_2^3-2x_1^2x_2x_3+4x_2x_3^2.$$

为了定义两个多项式的乘积，先定义两个单项式的乘积. R 上两个 n 元单项式 $ax_1^{k_1}x_2^{k_2}\cdots x_n^{k_n}$ 与 $bx_1^{l_1}x_2^{l_2}\cdots x_n^{l_n}$ 的积指的是单项式

$$abx_1^{k_1+l_1}x_2^{k_2+l_2}\cdots x_n^{k_n+l_n}.$$

现在设 f 与 g 都是 R 上 n 个文字 $x_1,x_2,\cdots,x_n$ 的多项式. 把 f 的每一项与 g 的每一项相乘，然后把这些乘积相加(合并同类项)而得到的一个 n 元多项式叫作 f 与 g 的积，记作 fg. 例如，多项式

$$f(x_1,x_2,x_3)=2x_1^2x_2x_3+x_1x_2^2-x_2x_3,$$

$$g(x_1,x_2,x_3)=x_1^3x_2+3x_1^2x_3-x_2^2x_3$$

的乘积是

$$fg=2x_1^5x_2^2x_3+6x_1^4x_2x_3^2-2x_1^2x_2^3x_3^2+x_1^4x_2^3+2x_1^3x_2^2x_3$$
$$-x_1x_2^4x_3-3x_1^2x_2x_3^2+x_2^3x_3^2.$$

这样定义的多项式的加法和乘法就是中学代数里熟知的多项式的运算，并且容易看出，n 元多项式的运算满足下列条件：设 f，g，h 都是某一数环 R 上 n 个文字 $x_1,x_2,\cdots,x_n$ 的多项

式，那么

(i) $(f+g)+h=f+(g+h)$(加法的结合律)；

(ii) $f+g=g+f$(加法的交换律)；

(iii) $(fg)h=f(gh)$(乘法的结合律)；

(iv) $fg=gf$(乘法的交换律)；

(v) $(f+g)h=fh+gh$(分配律)；

我们把一个数环 R 上一切 n 个文字 $x_1,x_2,\cdots,x_n$ 的多项式所成的集合，连同如上定义的加法和乘法叫作 R 上 n 个文字 $x_1,x_2,\cdots,x_n$ 的多项式环，简称 R 上 n 元多项式环，记作 $R[x_1,x_2,\cdots,x_n]$.

由以上的讨论可知，如果 $\{i_1,i_2,\cdots,i_m\}$ 是 $\{1,2,\cdots,n\}$ 的一个子集，那么

$$R[x_{i_1},x_{i_2},\cdots,x_{i_m}]\subseteq R[x_1,x_2,\cdots,x_n].$$

特别，对于任意 $n>0$，

$$R\subseteq R[x_1,x_2,\cdots,x_n].$$

设 $f\in R[x_1,x_2,\cdots,x_n]$. 把 f 的系数都换成各自的相反数，仍旧得到 $R[x_1,x_2,\cdots,x_n]$ 的一个多项式，叫作 f 的负多项式，记作 $-f$. 显然有

$$f+(-f)=0.$$

设 f，$g\in R[x_1,x_2,\cdots,x_n]$. f 与 g 的差 $f-g$ 指的是 $f+(-g)$. 这些定义都是很自然的. n 元多项式的运算与中学代数里关于多项式的运算毫无二致.

当 $n=2$ 时，习惯上把两个文字 x_1，x_2 记作 x，y. 数环 R 上一个二元多项式是如下的一个表达式：

$$f=\sum a_{ij}x^iy^j,$$

这里 $a_{ij}\in R$，其中只有有限个 a_{ij} 不为零，i，j 都是非负整数($\sum$ 表示有限项的和). 我们把 $i+j$ 等于一个固定整数的项放在一起，那么 f 可以写成以下形式：

$$f=a_{00}+(a_{10}x+a_{01}y)+(a_{20}x^2+a_{11}xy+a_{02}y^2)$$
$$+(a_{30}x^3+a_{21}x^2y+a_{12}xy^2+a_{03}y^3)+\cdots,$$

在这里自然只有有限项不为零.

类似地，当 $n=3$ 时，常把三个文字记作 x，y，z. 那么数环 R 上一个三元多项式是如下的一个表达式：

$$f=\sum a_{ijk}x^iy^jz^k,$$

这里 $a_{ijk}\in R$，只有有限个不为零，i，j，k 是非负整数. 这样的一个多项式也可以写成以下形式：

$$\begin{aligned}f=a_{000}&+(a_{100}x+a_{010}y+a_{001}z)\\&+(a_{200}x^2+a_{020}y^2+a_{002}z^2+a_{011}yz\\&+a_{101}xz+a_{110}xy)+\cdots.\end{aligned}$$

上面我们采取多重指标的记号来表示一般的多元多项式的系数. 自然，也可以像中学代数里那样，用不同的拉丁字母来表示多项式的系数. 例如，我们可以把一个二元多项式写作

$$f=a+bx+cy+dx^2+exy+fy^2+\cdots.$$

然而这种记号的缺点在于，字母只有有限多个，而多项式的项数并没有一个上界，并且用来表示每一项系数的字母与这一项之间没有什么规律可循. 如果采取现在所用的记号，就可以避免这些缺点. 我们看到多项式每一项系数中的 n 重指标恰好就是该项各个文字的幂指数组.

采用这种记号，数环 R 上 n 元多项式的一般形式可以写成

$$\sum a_{i_1i_2\cdots i_n}x_1^{i_1}x_2^{i_2}\cdots x_n^{i_n},$$

这里 $\sum$ 仍表示有限项的和，$a_{i_1i_2\cdots i_n}\in R$，并且只有有限多个不为零，$i_1,i_2,\cdots,i_n$ 都是非负整数.

现在来讨论两个 n 元多项式的和与积的次数问题.

设 f，g 是 R 上两个不等于零的 n 元多项式，如同一元多项式的情形一样，我们有

$$\partial^\circ(f+g)\leqslant\max(\partial^\circ f,\partial^\circ g).$$

这一点是明显的.

当 $n>1$ 时，确定两个 n 元多项式的乘积的次数就不像一元多项式那样显而易见，因为在计算两个多项式的乘积的过程中，

有一些项可能彼此抵消．然而我们将证明，两个不等于零的 n 元多项式的乘积的次数也等于这两个多项式的次数的和．在证明这个事实以前，我们先作一些准备工作．

对于一个一元多项式 $f(x)$ 来说，有两种自然的方法把各项按一个固定的次序来排列，即按 x 的升幂或降幂来书写．对于多元多项式来说，这个方法不能再用，因为一个多元多项式可能含有很多具有同一次数的项．然而利用下面所指出的方法，可以把一个多元多项式的项按完全确定的次序排列起来．

设 $f(x_1,x_2,\cdots,x_n)$ 是数环 R 上一个不等于零的 n 元多项式．设

$$ax_1^{k_1}x_2^{k_2}\cdots x_n^{k_n}\qquad(a\neq0),\tag{2}$$

$$bx_1^{l_1}x_2^{l_2}\cdots x_n^{l_n}\qquad(b\neq0)\tag{3}$$

是 $f(x_1,x_2,\cdots,x_n)$ 的两个不同的项，那么在这两项对应的幂指数的差 $k_i-l_i(1\leqslant i\leqslant n)$ 中，至少有一个不等于零．如果在这些差中，第一个不等于零的数是一个正数，换句话说，如果存在这样一个 i，$1\leqslant i\leqslant n$，使得

$$k_1=l_1,\cdots,k_{i-1}=l_{i-1},\text{ 但 } k_i>l_i,$$

那么就说，项(2)大于项(3)，或者说，项(3)小于项(2)．对于 $f(x_1,x_2,\cdots,x_n)$ 的任意两个不同的项，总有一个大于另一个，并且若项(2)大于项(3)，而项(3)又大于另外一项

$$cx_1^{m_1}x_2^{m_2}\cdots x_n^{m_n}(c\neq0),\tag{4}$$

那么项(2)也大于项(4)．这样，只要把两项中较大的一项排在前面，多项式 $f(x_1,x_2,\cdots,x_n)$ 的各项就有了完全确定的次序．这种排列多项式的项的方法很像字典里字的排列法，所以通常把这种排列法叫作**多项式的字典排列法**．例如

$$f(x_1,x_2,x_3,x_4)=x_1^4+3x_1^2x_2^3x_3-x_1^2x_2^3x_4^2+x_3^2x_4-2$$

就是按字典排列法书写的一个四元多项式．

我们要注意，把一个多项式按字典排列法书写后，次数较高的项并不一定排在次数较低的项的前面．像在上面的例里，

$3x_1^2x_2^3x_3$ 的次数高于 x_1^4 的次数，但后者却排在前面.

在一个按字典排列法书写的多项式里，排在第一个位置的那一项叫作这个多项式的首项. 关于多项式的首项，我们有以下的定理，这个定理在下一节讨论对称多项式时将要用到.

定理 2.9.1 数环 R 上两个 n 元多项式 $f(x_1,x_2,\cdots,x_n)$ 与 $g(x_1,x_2,\cdots,x_n)$ 的乘积的首项等于这两个多项式首项的乘积. 特别，两个非零多项式的乘积也不等于零.

证 设

$$ax_1^{k_1}x_2^{k_2}\cdots x_n^{k_n}$$

是多项式 $f(x_1,x_2,\cdots,x_n)$ 的首项，而

$$a'x_1^{k'_1}x_2^{k'_2}\cdots x_n^{k'_n}$$

是 $f(x_1,x_2,\cdots,x_n)$ 的其他任意一项. 那么一定有这样的一个 i，$1\leqslant i\leqslant n$，使得

$$k_1=k'_1,\cdots,k_{i-1}=k'_{i-1},k_i>k'_i.$$

又设

$$bx_1^{l_1}x_2^{l_2}\cdots x_n^{l_n}$$

是多项式 $g(x_1,x_2,\cdots,x_n)$ 的首项. 而

$$b'x_1^{l'_1}x_2^{l'_2}\cdots x_n^{l'_n}$$

是 $g(x_1,x_2,\cdots,x_n)$ 其他任意一项. 那么一定有这样一个 j，$1\leqslant j\leqslant n$，使得

$$l_1=l'_1,\cdots,l_{j-1}=l'_{j-1},l_j>l'_j.$$

我们比较对应的首项的乘积与对应的另外两项的乘积：

$$abx_1^{k_1+l_1}x_2^{k_2+l_2}\cdots x_n^{k_n+l_n}, \tag{5}$$

$$a'b'x_1^{k'_1+l'_1}x_2^{k'_2+l'_2}\cdots x_n^{k'_n+l'_n}. \tag{6}$$

容易看出，项(5)大于项(6). 例如，设 $i\leqslant j$. 那么

$$k_1+l_1=k'_1+l'_1,\cdots,k_{i-1}+l_{i-1}=k'_{i-1}+l'_{i-1},$$

但 $$k_i+l_i>k'_i+l'_i.$$

同理可以证明，项(5)也大于项

$$ab'x_1^{k_1+l'_1}x_2^{k_2+l'_2}\cdots x_n^{k_n+l'_n}$$

和 $$a'bx_1^{k_1'+l_1}x_2^{k_2'+l_2}\cdots x_n^{k_n'+l_n}.$$

这样，项(5)大于把多项式 f 与 g 逐项相乘所得的结果中一切其他的项，因此这一项在合并同类项时不会与其他项抵消，并且是乘积 fg 的首项. □

现在回到两个 n 元多项式的乘积的次数问题上来. 设 $f(x_1, x_2, \cdots, x_n)$ 是一个 n 元多项式. 如果 $f(x_1, x_2, \cdots, x_n)$ 各项都有同一次数 k，那么就称它是一个 k 次齐次多项式，简称 k 次齐式.

给了一个 n 元多项式 $f(x_1, x_2, \cdots, x_n)$，我们总可以像前面关于二元和三元多项式那样，把次数相同的项写在一起，这时 $f(x_1, x_2, \cdots, x_n)$ 有形式：

$$f = f_0 + f_1 + \cdots + f_s,$$

这里，如果 $f_i \neq 0$，f_i 就是一个 i 次齐式.

现在我们可以证明

定理 2.9.2 数环 R 上两个不等于零的 n 元多项式的乘积的次数等于这两个多项式次数的和.

证 设 $f, g \in R[x_1, x_2, \cdots, x_n]$，且 $f \neq 0$，$g \neq 0$，它们的次数分别是 s 和 t，把 f 与 g 写成齐次多项式的和：

$$f = f_0 + f_1 + \cdots + f_s,$$

$$g = g_0 + g_1 + \cdots + g_t,$$

这里 f_i，g_i 或者等于零，或者分别是 i 次或 j 次齐式 $(i = 0, 1, \cdots, s;\ j = 0, 1, \cdots, t)$，并且 $f_s \neq 0$，$g_t \neq 0$. 于是

$$fg = f_0 g_0 + f_0 g_1 + f_1 g_0 + \cdots + f_s g_t.$$

由定理 2.9.1，$f_s g_t \neq 0$，并且是一个 $s+t$ 次齐式，而其余各项 $f_i g_i$ 或者等于零，或者是一个次数低于 $s+t$ 的齐式. 因此

$$\partial^\circ(fg) = s + t = \partial^\circ(f) + \partial^\circ(g). \qquad \square$$

给了数环 R 上一个 n 元多项式 $f(x_1, x_2, \cdots, x_n)$ 和 R 里任意 n 个数 $c_1, c_2, \cdots, c_n$，在 $f(x_1, x_2, \cdots, x_n)$ 中，把 x_i 用 c_i 来代替，就得到数环 R 的一个确定的数，叫作 $x_i = c_i (i = 1, 2, \cdots, n)$ 时多项式 $f(x_1, x_2, \cdots, x_n)$ 的值，并且用符号 $f(c_1, c_2, \cdots, c_n)$ 来表示. 如果

$f(c_1,c_2,\cdots,c_n)=0$，那么数组$(c_1,c_2,\cdots,c_n)$叫作$f(x_1,x_2,\cdots,x_n)$的一个零点.

数环 R 上两个 n 元多项式$f(x_1,x_2,\cdots,x_n)$与$g(x_1,x_2,\cdots,x_n)$如果相等，那么对于 R 中任意一个 n 元数组$(c_1,c_2,\cdots,c_n)$来说，它们对应的值$f(c_1,c_2,\cdots,c_n)$与$g(c_1,c_2,\cdots,c_n)$也相等. 并且和一元多项式的情形一样，如果

$$f(x_1,\cdots,x_n)+g(x_1,\cdots,x_n)=u(x_1,\cdots,x_n),$$
$$f(x_1,\cdots,x_n)g(x_1,\cdots,x_n)=v(x_1,\cdots,x_n),$$

那么对于 R 的任意一组 n 个数$(c_1,\cdots,c_n)$来说，

$$f(c_1,\cdots,c_n)+g(c_1,\cdots,c_n)=u(c_1,\cdots,c_n),$$
$$f(c_1,\cdots,c_n)g(c_1,\cdots,c_n)=v(c_1,\cdots,c_n).$$

最后让我们来讨论一下 R 上 n 元多项式与多项式函数之间的关系.

设 R 是一个数环. 因为假定了 $1\in R$，所以 R 含有无限多个数. 令

$$R^n=\{(c_1,c_2,\cdots,c_n)\mid c_i\in R,1\leqslant i\leqslant n\}.$$

给定了 R 上一个 n 元多项式$f(x_1,x_2,\cdots,x_n)$. 我们可以如下地定义一个函数(映射)$R^n\to R$，使得

$$(c_1,c_2,\cdots,c_n)\longmapsto f(c_1,c_2,\cdots,c_n).$$

这个函数称为由多项式$f(x_1,x_2,\cdots,x_n)$所确定的多项式函数. 仍旧用记号 f：$R^n\to R$ 来表示这个函数. 对于 R^n 中任意元素$(c_1,c_2,\cdots,c_n)$，$f(c_1,c_2,\cdots,c_n)$就是多项式$f(x_1,x_2,\cdots,x_n)$在 $x_i=c_i(1\leqslant i\leqslant n)$的值.

设$f(x_1,x_2,\cdots,x_n)$，$g(x_1,x_2,\cdots,x_n)\in R[x_1,x_2,\cdots,x_n]$. 如果

$$f(x_1,x_2,\cdots,x_n)=g(x_1,x_2,\cdots,x_n),$$

那么对于任意$(c_1,c_2,\cdots,c_n)\in R^n$ 都有

$$f(c_1,c_2,\cdots,c_n)=g(c_1,c_2,\cdots,c_n).$$

也就是说，由$f(x_1,x_2,\cdots,x_n)$和$g(x_1,x_2,\cdots,x_n)$所确定的多项式

函数 f 与 g 相等. 我们要证明这一事实的反面也成立. 为此, 只需证明

定理 2.9.3 设 $f(x_1,x_2,\cdots,x_n)$ 是数环 R 上一个 n 元多项式. 如果对于任意 $(c_1,c_2,\cdots,c_n)\in R^n$ 都有 $f(c_1,c_2,\cdots,c_n)=0$, 那么 $f(x_1,x_2,\cdots,x_n)=0$.

证 $n=1$ 时就是定理 2.6.3 的一个直接推论. 假设 $n>1$, 并且对于 R 上 $n-1$ 个文字的多项式来说定理成立. 我们看 R 上 n 个文字的多项式的情形. 设 $f(x_1,x_2,\cdots,x_n)$ 是 R 上一个 n 元多项式. 把含有 x_n 同一次幂的项放在一起, 把 x_n 的幂提到括号外边, 那么 $f(x_1,x_2,\cdots,x_n)$ 可以写成以下形式:

$$f(x_1,\cdots,x_{n-1},x_n)=u_0+u_1x_n+\cdots+u_tx_n^t,$$

这里 $u_i=u_i(x_1,\cdots,x_{n-1})\in R[x_1,\cdots,x_{n-1}]$, $i=0,1,\cdots,t$. 任意取定 $c=(c_1,\cdots,c_{n-1})\in R^{n-1}$. 在每一 $u_i(i=0,1,\cdots,t)$ 里, 以 c_j 代替 $x_j(j=1,\cdots,n-1)$, 我们得到 R 上一个文字 x_n 的多项式

$$g_c(x_n)=u_0(c)+u_1(c)x_n+\cdots+u_t(c)x_n^t,$$

这里 $u_i(c)=u_i(c_1,\cdots,c_{n-1})\in R$, $i=0,1,\cdots,t$. 如果对于任意 $(c_1,\cdots,c_{n-1},c_n)\in R^n$, 都有 $f(c_1,\cdots,c_{n-1},c_n)=0$, 那么取定任意 $c=(c_1,\cdots,c_{n-1})\in R^{n-1}$ 和 $c_n\in R$, 我们有

$$\begin{aligned}g_c(c_n)=f(c_1,\cdots,c_{n-1},c_n)&=u_0(c)+u_1(c)c_n+\cdots+u_t(c)c_n^t\\&=0.\end{aligned}$$

因为定理对于一元多项式来说成立, 所以 $g_c(x_n)=0$, 即

$$u_i(c)=u_i(c_1,\cdots,c_{n-1})=0,i=0,1,\cdots,t.$$

然而 $c=(c_1,\cdots,c_{n-1})$ 可以取遍 R^{n-1} 中一切元素. 由归纳法假定, 必须

$$u_i(x_1,\cdots,x_{n-1})=0,i=0,1,\cdots,t.$$

从而 $f(x_1,\cdots,x_{n-1},x_n)=0$. □

推论 2.9.1 设 $f(x_1,\cdots,x_n)$ 与 $g(x_1,\cdots,x_n)$ 是数环 R 上 n 元多项式. 如果对于任意 $(c_1,\cdots,c_n)\in R^n$ 都有

$$f(c_1,\cdots,c_n)=g(c_1,\cdots,c_n),$$

那么 $f(x_1,\cdots,x_n)=g(x_1,\cdots,x_n)$. 换句话说，如果由 $f(x_1,\cdots,x_n)$ 与 $g(x_1,\cdots,x_n)$ 确定的多项式函数 f 与 g 相等，那么这两个多项式相等.

证 令 $h(x_1,\cdots,x_n)=f(x_1,\cdots,x_n)-g(x_1,\cdots,x_n)$. 由题设条件，对于任意 $(c_1,\cdots,c_n)\in R^n$，我们有

$$h(c_1,\cdots,c_n)=f(c_1,\cdots,c_n)-g(c_1,\cdots,c_n)=0.$$

所以由定理 2.9.3，$h(x_1,\cdots,x_n)=0$，即

$$f(x_1,\cdots,x_n)=g(x_1,\cdots,x_n).$$ □

习　题

1. 写出一个数域 F 上三元三次多项式的一般形式.

2. 设 $f(x_1,\cdots,x_n)$ 是一个 r 次齐次多项式. t 是任意数. 证明

$$f(tx_1,\cdots,tx_n)=t^r f(x_1,\cdots,x_n).$$

3. 设 $f(x_1,\cdots,x_n)$ 是数域 F 上一个 n 元齐次多项式，证明：如果 $f(x_1,\cdots,x_n)=g(x_1,\cdots,x_n)h(x_1,\cdots,x_n)$，则 g，h 也是 n 元齐次多项式.

4. 把多项式 $x^3+y^3+z^3-3xyz$ 写成两个多项式的乘积.

5. 设 F 是一个数域. $f,g\in F[x_1,\cdots,x_n]$ 是 F 上 n 元多项式. 如果存在 $h\in F[x_1,\cdots,x_n]$ 使得 $f=gh$，那么就说 g 是 f 的一个因式. 或者说 g 整除 f.

(i) 证明，每一多项式 f 都可以被零次多项式 c 和 cf 整除，$c\in F$，$c\neq 0$；

(ii) $f\in F[x_1,\cdots,x_n]$ 说是不可约的，如果除了(i)中那两种类型的因式外，f 没有其他的因式. 证明，在 $F[x,y]$ 里，多项式 x，y，$x+y$，x^2-y 都不可约；

(iii) 举一反例证明，当 $n\geqslant 2$ 时，类似于一元多项式的带余除法不成立；

(iv) $f,g\in F[x_1,\cdots,x_n]$ 说是互素的，如果除了零次多项式外，它们没有次数大于零的公共因式. 证明 x，$y\in F[x,y]$ 是互素的多项式. 能否找到 $u(x,y),v(x,y)\in F[x,y]$，使得 $xu(x,y)+yv(x,y)=1$?

2.10 对称多项式

在这一节里，我们将讨论一下对称多项式. 对称多项式是一类重要的多元多项式，它的应用也比较广泛.

回忆一下，在 1.2 里，我们曾把一个有限集合到自身的双射叫作这个集合的一个置换. 设 $I=\{1,2,\cdots,n\}$ 是前 n 个正整数码所成的集合. σ 是 I 的一个置换. 记

$$\sigma(1)=i_1,\sigma(2)=i_2,\cdots,\sigma(n)=i_n.$$

那么 $i_1,i_2,\cdots,i_n$ 仍是 $1,2,\cdots,n$ 这 n 个数码，只不过是排列的次序有所不同. 我们把 $i_1,i_2,\cdots,i_n$ 叫作 $1,2,\cdots,n$ 这 n 个数码的一个排列.

现在设 $f(x_1,x_2,\cdots,x_n)$ 是数环 R 上 n 个文字 $x_1,x_2,\cdots,x_n$ 的一个多项式. 指标集 $\{1,2,\cdots,n\}$ 的置换 σ 引起这 n 个文字所成的集合 $\{x_1,x_2,\cdots,x_n\}$ 的一个置换：

$$x_1\longmapsto x_{i_1},x_2\longmapsto x_{i_2},\cdots,x_n\longmapsto x_{i_n}.$$

$f(x_{i_1},x_{i_2},\cdots,x_{i_n})$ 仍是 R 上 n 个文字 $x_1,x_2,\cdots,x_n$ 的一个多项式，一般来说，

$$f(x_{i_1},x_{i_2},\cdots,x_{i_n})\neq f(x_1,x_2,\cdots,x_n).$$

例如，设

$$f(x_1,x_2,x_3)=x_1^3+x_2x_3.$$

而 $i_1=2$，$i_2=3$，$i_3=1$. 那么

$$f(x_2,x_3,x_1)=x_2^3+x_3x_1,$$

定义 1 设 $f(x_1,x_2,\cdots,x_n)$ 是数环 R 上一个 n 元多项式. 如果对于这 n 个文字 x_1，x_2，$\cdots$，x_n 的指标集 $\{1,2,\cdots,n\}$ 施行任意一个置换后，$f(x_1,x_2,\cdots,x_n)$ 都不改变，那么就称 $f(x_1,x_2,\cdots,x_n)$ 是 R 上一个 n 元对称多项式.

例如，

$$f(x_1,x_2,\cdots,x_n)=x_1^2+x_2^2+\cdots+x_n^2$$

是整数环上一个 n 元对称多项式.

$$f(x_1,x_2,x_3)=x_1^2x_2+x_1^2x_3+x_1x_2^2+x_1x_3^2+x_2^2x_3+x_2x_3^2$$

是整数环上一个三元对称多项式.

不难看出，两个 n 元对称多项式的和、差、积仍是 n 元对称多项式.

根据对称多项式的定义，如果一个对称多项式 $f(x_1,x_2,\cdots,x_n)$ 含有一项

$$ax_1^{k_1}x_2^{k_2}\cdots x_n^{k_n},$$

那么 $f(x_1,x_2,\cdots,x_n)$ 也一定含有一切形如

$$ax_1^{k_{i_1}}x_2^{k_{i_2}}\cdots x_n^{k_{i_n}}$$

的项，这里 $i_1,i_2,\cdots,i_n$ 是 $1,2,\cdots,n$ 的任意一个排列.

在对称多项式的理论中，所谓初等对称多项式占一个很重要的地位.

看以下的 n 个 n 元多项式：

$$\begin{aligned}\sigma_1&=x_1+x_2+\cdots+x_n,\\ \sigma_2&=x_1x_2+x_1x_3+\cdots+x_{n-1}x_n,\\ &\cdots\cdots\cdots\cdots\\ \sigma_{n-1}&=x_1x_2\cdots x_{n-1}+x_1x_2\cdots x_{n-2}x_n+\cdots+x_2x_3\cdots x_n,\\ \sigma_n&=x_1x_2\cdots x_n,\end{aligned}\tag{1}$$

这里 σ_k 表示 $x_1,x_2,\cdots,x_n$ 中每次取 k 个所作的一切可能乘积的和，这样的 n 个多项式显然都是 n 元对称多项式. 我们称这 n 个多项式 $\sigma_1,\sigma_2,\cdots,\sigma_n$ 为 n 元初等对称多项式.

我们以下将要证明，每一个 n 元对称多项式都可以唯一地表成初等对称多项式 $\sigma_1,\sigma_2,\cdots,\sigma_n$ 的多项式. 这就是所谓的对称多项式的基本定理. 为此，首先证明以下

引理 2.10.1 设

$f(x_1,x_2,\cdots,x_n)=\sum a_{i_1i_2\cdots i_n}x_1^{i_1}x_2^{i_2}\cdots x_n^{i_n}$ 是数环 R 上一个 n 元多项式. 以 σ_i 代替 x_i，$1\leqslant i\leqslant n$，得到关于 $\sigma_1,\sigma_2,\cdots,\sigma_n$ 的一个多项式

$$f(\sigma_1,\sigma_2,\cdots,\sigma_n)=\sum a_{i_1i_2\cdots i_n}\sigma_1^{i_1}\sigma_2^{i_2}\cdots\sigma_n^{i_n}.$$

如果 $f(\sigma_1,\sigma_2,\cdots,\sigma_n)=0$，那么一切系数

$$a_{i_1i_2\cdots i_n}=0,$$

即 $f(x_1,x_2,\cdots,x_n)=0$.

证 假设 $f(\sigma_1,\sigma_2,\cdots,\sigma_n)$ 不是所有的系数都等于零. 那么至少有一项的系数不为零. 设

$$a\sigma_1^{k_1}\sigma_2^{k_2}\cdots\sigma_n^{k_n} \qquad (a\neq 0)$$

是 $f(\sigma_1,\sigma_2,\cdots,\sigma_n)$ 的一项. 把这一项中 $\sigma_1,\sigma_2,\cdots,\sigma_n$ 用表示式 (1) 代入，我们得到 $x_1,x_2,\cdots,x_n$ 的一个多项式. 根据定理 2.9.1，这个多项式的首项是

$$ax_1^{k_1}(x_1x_2)^{k_2}\cdots(x_1x_2\cdots x_{n-1})^{k_{n-1}}(x_1x_2\cdots x_n)^{k_n}$$
$$=ax_1^{k_1+k_2+\cdots+k_n}x_2^{k_2+\cdots+k_n}\cdots x_{n-1}^{k_{n-1}+k_n}x_n^{k_n}.$$

$f(\sigma_1,\sigma_2,\cdots,\sigma_n)$ 中两个非同类项化成的 $x_1,x_2,\cdots,x_n$ 的多项式的首项不会是同类项. 事实上，设

$$b\sigma_1^{l_1}\sigma_2^{l_2}\cdots\sigma_n^{l_n}$$

是 $f(\sigma_1,\sigma_2,\cdots,\sigma_n)$ 的另外一项，且至少有某一 $i(1\leqslant i\leqslant n)$，使得 $k_i\neq l_i$. 把这一项写成 $x_1,x_2,\cdots,x_n$ 的多项式以后，它的首项是

$$bx_1^{l_1+l_2+\cdots+l_n}x_2^{l_2+\cdots+l_n}\cdots x_{n-1}^{l_{n-1}+l_n}x_n^{l_n}.$$

如果这一项与

$$ax_1^{k_1+k_2+\cdots+k_n}x_2^{k_2+\cdots+k_n}\cdots x_{n-1}^{k_{n-1}+k_n}x_n^{k_n}$$

是同类项，那么必须有

$$k_1+k_2+\cdots+k_n=l_1+l_2+\cdots+l_n,$$
$$k_2+\cdots+k_n=l_2+\cdots+l_n,$$
$$k_{n-1}+k_n=l_{n-1}+l_n,$$
$$k_n=l_n.$$

由此得出 $k_i=l_i$，$i=1,2,\cdots,n$. 从而导致矛盾. 这样，把多项式 $f(\sigma_1,\sigma_2,\cdots,\sigma_n)$ 中每一个系数不为零的项展成 $x_1,x_2,\cdots,x_n$ 的多项式后，这些多项式的首项不能相互抵消. 因此，在所有这些首项中，按字典排法有一个最大项. 这个最大项显然大于所化成的

多项式中一切其他项. 这就是说, 在 $f(\sigma_1,\sigma_2,\cdots,\sigma_n)$ 中, 将 $\sigma_1,\sigma_2,\cdots,\sigma_n$ 代以它们的表示式(1), 得到 $x_1,x_2,\cdots,x_n$ 的一个非零多项式 $g(x_1,x_2,\cdots,x_n)$. 然而我们有

$$g(x_1,x_2,\cdots,x_n)=f(\sigma_1,\sigma_2,\cdots,\sigma_n)=0.$$

这就导致矛盾. □

定理 2.10.1 *数环 R 上每一 n 元对称多项式 $f(x_1,x_2,\cdots,x_n)$ 都可以表成初等对称多项式 $\sigma_1,\sigma_2,\cdots,\sigma_n$ 的系数在 R 中的多项式, 并且这种表示法是唯一的.*

证 设对称多项式 $f(x_1,x_2,\cdots,x_n)$ 按字典排法的首项是

$$ax_1^{k_1}x_2^{k_2}\cdots x_n^{k_n}. \tag{2}$$

这一项的幂指数 $k_1,k_2,\cdots,k_n$ 满足不等式:

$$k_1\geqslant k_2\geqslant\cdots\geqslant k_n.$$

事实上, 设有某一 i, 使得 $k_i<k_{i+1}$. 由于 $f(x_1,x_2,\cdots,x_n)$ 是对称多项式, 所以 $f(x_1,x_2,\cdots,x_n)$ 也含有项

$$ax_1^{k_1}\cdots x_i^{k_{i+1}}x_{i+1}^{k_i}\cdots x_n^{k_n},$$

而这一项大于项(2). 这与(2)是 $f(x_1,x_2,\cdots,x_n)$ 的首项的假设矛盾.

现在取

$$g_1=a\sigma_1^{k_1-k_2}\sigma_2^{k_2-k_3}\cdots\sigma_{n-1}^{k_{n-1}-k_n}\sigma_n^{k_n}.$$

由上面的不等式, 每一个 σ_i 的幂指数都是非负整数. 因此, 作为一些初等对称多项式的幂的乘积, g_1 是 $x_1,x_2,\cdots,x_n$ 的一个对称多项式. g_1 的首项是

$$\begin{aligned}&ax_1^{k_1-k_2}(x_1x_2)^{k_2-k_3}\cdots(x_1x_2\cdots x_{n-1})^{k_{n-1}-k_n}(x_1x_2\cdots x_n)^{k_n}\\&=ax_1^{k_1}x_2^{k_2}\cdots x_n^{k_n},\end{aligned}$$

它等于 f 的首项. 因此由 f 减去 g_1, 两个首项互相抵消. 令

$$f_1=f-g_1.$$

f_1 也是一个 n 元对称多项式, 并且 f_1 的首项小于 f 的首项. 对 f_1 重复上述消去首项的方法, 我们得到一个对称多项式

$$f_2=f_1-g_2,$$

这里 g_2 是系数在 R 内的初等对称多项式的幂的乘积，而 f_2 的首项小于 f_1 的首项.

如此继续做下去. 这个过程一定在有限步后终止，换句话说，存在一个正整数 m，使得 $f_m=0$. 事实上，设

$$bx_1^{l_1}x_2^{l_2}\cdots x_n^{l_n} \tag{3}$$

是某一 f_i 的首项. 由于 f_i 是对称多项式，所以这一项的幂指数 $l_1,l_2,\cdots,l_n$ 也必须满足不等式

$$l_1\geqslant l_2\geqslant\cdots\geqslant l_n.$$

另一方面，项(3)小于项(2)，所以

$$k_1\geqslant l_1.$$

$l_1,l_2,\cdots,l_n$ 都是不超过 k_1 的非负整数. 这样的数组只能有有限多组. 因此只可能得到有限个对称多项式 f_i，从而某一 f_m 必须等于零. 于是我们得到一串等式：

$$f_1=f-g_1,$$
$$f_2=f_1-g_2,$$
$$\cdots\cdots\cdots\cdots$$
$$f_{m-1}=f_{m-2}-g_{m-1},$$
$$0=f_m=f_{m-1}-g_m.$$

把这一串等式相加，得

$$f=g_1+g_2+\cdots+g_m,$$

这里每一 g_i 都是系数取自 R 的初等对称多项式的幂的乘积. 这就证明了 f 可以表成 $\sigma_1,\sigma_2,\cdots,\sigma_n$ 的系数在 R 中的多项式.

现在证明这种表示法的唯一性. 如果对称多项式 $f(x_1,x_2,\cdots,x_n)$ 有两种表示式：

$$f(x_1,x_2,\cdots,x_n)=g(\sigma_1,\sigma_2,\cdots,\sigma_n)$$
$$=h(\sigma_1,\sigma_2,\cdots,\sigma_n),$$

这里 $g(\sigma_1,\sigma_2,\cdots,\sigma_n)$ 和 $h(\sigma_1,\sigma_2,\cdots,\sigma_n)$ 都是 $\sigma_1,\sigma_2,\cdots,\sigma_n$ 的系数取自 R 的多项式. 令

$$u(\sigma_1,\sigma_2,\cdots,\sigma_n)=g(\sigma_1,\sigma_2,\cdots,\sigma_n)-h(\sigma_1,\sigma_2,\cdots,\sigma_n).$$

那么 $u(\sigma_1,\sigma_2,\cdots,\sigma_n)=0$. 由引理 2.10.1，$u(x_1,x_2,\cdots,x_n)=0$. 即

$$g(x_1,x_2,\cdots,x_n)=h(x_1,x_2,\cdots,x_n).$$

换句话说，g 与 h 有完全相同的系数不为零的项. 所以表示法是唯一的. □

基本定理的证明同时给了我们一个实际用初等对称多项式来表示对称多项式的方法. 我们看两个例子.

例 1 用初等对称多项式表示 n 元对称多项式

$$f=x_1^2+x_2^2+\cdots+x_n^2.$$

f 的首项是 x_1^2. 所以取

$$g_1=\sigma_1^{2-0}\sigma_2^0\cdots\sigma_n^0=\sigma_1^2.$$

于是

$$\begin{aligned}f_1&=f-g_1=x_1^2+x_2^2+\cdots+x_n^2-(x_1+x_2+\cdots+x_n)^2\\&=-2(x_1x_2+x_1x_3+\cdots+x_{n-1}x_n)=-2\sigma_2.\end{aligned}$$

所以

$$f=g_1+f_1=\sigma_1^2-2\sigma_2.$$

对于复杂的例子，用未定系数法比较方便. 首先引入以下记号. 设 $ax_1^{k_1}x_2^{k_2}\cdots x_n^{k_n}$ 是 R 上一个单项式. 用符号

$$\sum ax_1^{k_1}x_2^{k_2}\cdots x_n^{k_n}\tag{4}$$

表示这个单项式经过 $x_1,x_2,\cdots,x_n$ 的一切置换所得的一切不同项的和. (4)显然是一个对称多项式，并且是齐次的. 例如

$$\sum x_1^2=x_1^2+x_2^2+\cdots+x_n^2,$$

$$\begin{aligned}\sum x_1^2x_2=&x_1^2x_2+x_1^2x_3+\cdots+x_1^2x_n\\&+x_2^2x_1+x_2^2x_3+\cdots+x_2^2x_n\\&\cdots\cdots\cdots\cdots\\&+x_n^2x_1+x_n^2x_2+\cdots+x_n^2x_{n-1}.\end{aligned}$$

现在通过下面的例子来说明未定系数法.

例 2 用初等对称多项式表示 n 元对称多项式

$$f=\sum x_1^2x_2^2.$$

由定理 2.10.1 的证明知道，所求的表示式的各项 g_i 完全决定于相应的对称多项式 f，f_1，… 的首项．这些首项必须满足以下条件：

（i）每一 f_i 的首项都小于 f 的首项，并且如果 $i>j$，那么 f_i 的首项小于 f_j 的首项；

（ii）每一首项的指数组 k_1，k_2，…，k_n 满足不等式

$$k_1\geqslant k_2\geqslant\cdots\geqslant k_n;$$

（iii）每一首项的次数都等于 4（因为 f 是一个四次齐式，所以每一个 f_i 也是四次齐式）.

自 f 的首项的指数组开始，写出满足上述条件的一切可能的指数组，以及对应的 $\sigma_1,\sigma_2,\cdots,\sigma_n$ 的幂的乘积．列表如下：

指数组	对应的 σ_i 的幂的乘积
22000…	$\sigma_1^{2-2}\sigma_2^{2-0}=\sigma_2^2$
21100…	$\sigma_1^{2-1}\sigma_2^{1-1}\sigma_3^{1-0}=\sigma_1\sigma_3$
11110…	$\sigma_1^{1-1}\sigma_2^{1-1}\sigma_3^{1-1}\sigma_4^{1-0}=\sigma_4$

这样，多项式 f 可以写成以下形式

$$f=\sigma_2^2+a\sigma_1\sigma_3+b\sigma_4.$$

为了决定系数 a，b，我们取 $x_1,x_2,\cdots,x_n$ 的值代入上面的等式．例如，可以先取 $x_1=x_2=x_3=1$，$x_4=\cdots=x_n=0$．对于这一组数，f 的值等于 3，而 σ_1，σ_2，σ_3，σ_4 的值依次是 3，3，1，0．所以

$$3=9+a\cdot3\cdot1+b\cdot0$$

由此得 $a=-2$．再取 $x_1=x_2=x_3=x_4=1$，$x_5=\cdots=x_n=0$．对于这一组数，f 的值等于 6，σ_1，σ_2，σ_3，σ_4 的值依次是 4，6，4，1．所以

$$6=36-2\cdot4\cdot4+b\cdot1.$$

由此得 $b=2$. 于是

$$f=\sigma_2^2-2\sigma_1\sigma_3+2\sigma_4.$$

如果所给的对称多项式不是齐次多项式，那么可以先把它写成一些齐次多项式的和（这些齐次多项式自然也是对称多项式），然后再对每一齐次多项式应用未定系数法.

最后，由定理 2.10.1，我们可以得到一个有用的推论.

设

$$f(x)=x^n+a_1x^{n-1}+\cdots+a_{n-1}x+a_n$$

是某一数域 F 上一个多项式. 由代数基本定理知道，$f(x)$ 在复数域 **C** 内有 n 个根（重根按重数计算）. 令 $\alpha_1,\alpha_2,\cdots,\alpha_n$ 是 $f(x)$ 在 **C** 内的全部根. 由根与系数的关系，我们有

$$-a_1=\alpha_1+\alpha_2+\cdots+\alpha_n,$$

$$a_2=\alpha_1\alpha_2+\alpha_1\alpha_3+\cdots+\alpha_{n-1}\alpha_n,$$

$$\cdots\cdots\cdots\cdots$$

$$(-1)^n a_n=\alpha_1\alpha_2\cdots\alpha_n.$$

因此，$-a_1,a_2,\cdots,(-1)^n a_n$ 就是 $\alpha_1,\alpha_2,\cdots,\alpha_n$ 的初等对称多项式. 于是由定理 2.10.1，我们得出以下

推论 2.10.1 设 $f(x)$ 是数域 F 上一个一元 n 次多项式，它的最高次项系数是 1. 令 $\alpha_1,\alpha_2,\cdots,\alpha_n$ 是 $f(x)$ 在复数域内的全部根（重根按重数计算）. 那么 $\alpha_1,\alpha_2,\cdots,\alpha_n$ 的每一个系数取自 F 的对称多项式都是 $f(x)$ 的系数的多项式（它的系数在 F 内），因而是 F 的一个数.

习　　题

1. 写出某一数环 R 上三元三次对称多项式的一般形式.

2. 令 $R[x_1,x_2,\cdots,x_n]$ 是数环 R 上 n 元多项式环，S 是由一切 n 元对称多项式所组成的 $R[x_1,x_2,\cdots,x_n]$ 的子集. 证明：存在 $R[x_1,x_2,\cdots,x_n]$ 到 S 的一个双射. ［提示：利用对称多项式的基本定理，建立 $R[x_1,x_2,\cdots,x_n]$ 到 S

的一个双射.]

3. 把下列 n 元对称多项式表示成初等对称多项式的多项式：

（i）$\sum x_1^3x_2$；（ii）$\sum x_1^4$；（iii）$\sum x_1^2x_2^2x_3$.

4. 证明：如果一个三次多项式 x^3+ax^2+bx+c 的一个根的平方等于其余两个根的平方和，那么这个多项式的系数满足以下关系：

$$a^4(a^2-2b)=2(a^3-2ab+2c)^2.$$

5. 设 $\alpha_1,\alpha_2,\cdots,\alpha_n$ 是某一数域 F 上多项式

$$x^n+a_1x^{n-1}+\cdots+a_{n-1}x+a_n$$

在复数域内的全部根. 证明：$\alpha_2,\alpha_3,\cdots,\alpha_n$ 的每一个对称多项式都可以表示成 F 上关于 α_1 的多项式. [提示：只需证明，$\alpha_2,\alpha_3,\cdots,\alpha_n$ 的初等对称多项式可以表示成 F 上关于 α_1 的多项式即可.]

第三章

行　列　式

在这一章和下一章，我们将讨论一次方程组. 我们以后把一次方程组叫作线性方程组.

在这一章里，我们先着重研究在讨论线性方程组时要用到的一个有力工具——行列式. 在下一章再陈述线性方程组的一般理论.

3.1　线性方程组和行列式

在中学代数和解析几何里，我们已经遇到两个未知量和三个未知量的线性方程组. 但是许多从理论和实际问题里导出的线性方程组常常含有相当多的未知量，并且未知量的个数与方程的个数也不一定相等. 因此我们将讨论含有任意个未知量任意个方程的线性方程组.

线性方程组的一般形式是：

$$
\begin{aligned}
&a_{11}x_1+a_{12}x_2+\cdots+a_{1n}x_n=b_1,\\
&a_{21}x_1+a_{22}x_2+\cdots+a_{2n}x_n=b_2,\\
&\cdots\cdots\cdots\cdots\\
&a_{m1}x_1+a_{m2}x_2+\cdots+a_{mn}x_n=b_m,
\end{aligned}
\tag{1}
$$

其中 $x_1,x_2,\cdots,x_n$ 代表未知量，$a_{ij}(i=1,2,\cdots,m;j=1,2,\cdots,n)$ 代表未知量的系数，$b_1,b_2,\cdots,b_m$ 代表常数项.

我们将在复数域 **C** 上讨论线性方程组. 这就是说，方程组中未知量的系数和常数项都认为是复数，并且以后谈到数时，也总指的是复数(若是把复数域换为其他的任一数域,讨论还是可以同样进行).

线性方程组(1)的一个解指的是这样的一组数($k_1,k_2,\cdots,k_n$)，用它们依次代替(1)中的未知量 $x_1,x_2,\cdots,x_n$ 后，(1)的每一个方程都变成恒等式.

关于线性方程组，我们主要讨论以下问题：判定一个方程组是否有解；在有解的情况下确定解的个数并且求出全部解来.

我们先讨论形式比较特殊的线性方程组，即未知量的个数与方程的个数相等的情形. 在讨论这一类线性方程组时，我们将引入行列式这一工具.

我们都知道，可以用二阶行列式和三阶行列式分别来解含有两个未知量两个方程和含有三个未知量三个方程的线性方程组. 按照定义，二阶行列式

$$\begin{vmatrix} a_{11} & a_{12} \\ a_{21} & a_{22} \end{vmatrix} = a_{11}a_{22} - a_{12}a_{21};$$

三阶行列式

$$\begin{vmatrix} a_{11} & a_{12} & a_{13} \\ a_{21} & a_{22} & a_{23} \\ a_{31} & a_{32} & a_{33} \end{vmatrix} = a_{11}a_{22}a_{33} + a_{12}a_{23}a_{31} + a_{13}a_{21}a_{32} - a_{13}a_{22}a_{31} - a_{12}a_{21}a_{33} - a_{11}a_{23}a_{32}.$$

如果含有两个未知量两个方程的线性方程组

$$(2)\qquad \begin{aligned} a_{11}x_1 + a_{12}x_2 &= b_1, \\ a_{21}x_1 + a_{22}x_2 &= b_2 \end{aligned}$$

的系数作成的二阶行列式

$$\begin{vmatrix} a_{11} & a_{12} \\ a_{21} & a_{22} \end{vmatrix} \neq 0,$$

那么方程组(2)有解

$$x_1=\frac{\begin{vmatrix} b_1 & a_{12} \\ b_2 & a_{22} \end{vmatrix}}{\begin{vmatrix} a_{11} & a_{12} \\ a_{21} & a_{22} \end{vmatrix}}, \quad x_2=\frac{\begin{vmatrix} a_{11} & b_1 \\ a_{21} & b_2 \end{vmatrix}}{\begin{vmatrix} a_{11} & a_{12} \\ a_{21} & a_{22} \end{vmatrix}}.$$

同样，如果含有三个未知量三个方程的线性方程组

$$(3) \qquad \begin{aligned} a_{11}x_1+a_{12}x_2+a_{13}x_3&=b_1, \\ a_{21}x_1+a_{22}x_2+a_{23}x_3&=b_2, \\ a_{31}x_1+a_{32}x_2+a_{33}x_3&=b_3 \end{aligned}$$

的系数作成的三阶行列式

$$D=\begin{vmatrix} a_{11} & a_{12} & a_{13} \\ a_{21} & a_{22} & a_{23} \\ a_{31} & a_{32} & a_{33} \end{vmatrix}\neq 0,$$

那么方程组(3)有解

$$x_1=\frac{D_1}{D},\ x_2=\frac{D_2}{D},\ x_3=\frac{D_3}{D},$$

这里

$$D_1=\begin{vmatrix} b_1 & a_{12} & a_{13} \\ b_2 & a_{22} & a_{23} \\ b_3 & a_{32} & a_{33} \end{vmatrix},\ D_2=\begin{vmatrix} a_{11} & b_1 & a_{13} \\ a_{21} & b_2 & a_{23} \\ a_{31} & b_3 & a_{33} \end{vmatrix},$$

$$D_3=\begin{vmatrix} a_{11} & a_{12} & b_1 \\ a_{21} & a_{22} & b_2 \\ a_{31} & a_{32} & b_3 \end{vmatrix}.$$

我们的目的是要把二阶和三阶行列式推广到 n 阶行列式，然后利用这一工具来解含有 n 个未知量 n 个方程的线性方程组. 为了达到这一目的，我们首先需要弄清楚二阶和三阶行列式的结构规律，然后根据所得到的规律来推广行列式的概念. 无论在二阶

还是三阶行列式中，除了其他现象外，我们都看到以下现象：即有的项取正号，有的项取负号. 这一现象的规律，即哪一项取什么符号的规律是不太容易看出的. 有各种不同的方法可给出这一规律. 我们将利用排列来给出这一规律，为此先要对排列这个概念作一些进一步的讨论.

3.2 排　　列

在 2.10 里，我们已经引入了排列这个概念. n 个数码 $1,2,\cdots,n$ 的一个排列指的是由这 n 个数码组成的一个有序组. 例如 1234，2314 都是四个数码的排列.

n 个数码的不同排列共有 $n!$ 个. 事实上，在作 n 个数码的一个排列时，第一位置的数码可以取这 n 个数码中的任何一个，所以有 n 种可能；当这一个位置取定以后，第二位置的数码只能在剩下的 $n-1$ 个数码中选取，所以只有 $n-1$ 种可能. 因此第一和第二位置的数码一共有 $n(n-1)$ 种不同的选法. 同样，如果第一、第二位置的数码都已取定，那么第三位置的数码只能在剩下的 $n-2$ 个数码中选取. 因此，前三个位置的数码一共有 $n(n-1)(n-2)$ 种不同的选法. 这样下去，一共可以得到 $n(n-1)\cdots 2\cdot 1=n!$ 个不同的排列.

例如，1，2，3 这三个数码的全体不同的排列一共有 $3!=6$ 个. 它们是：

$$123,132,231,213,312,321.$$

以下主要要用到排列的奇偶性.

注意在上面三个数码的排列里，除了 123 的数码是按自然顺序排列的以外，其余的排列中，都有较大的数码排在较小的数码的前面. 例如，在排列 132 里，3 比 2 大，但是 3 排在 2 的前面；在 321 里，2 排在 1 的前面，3 排在 1 和 2 的前面. 一般，在一个排列里，如果某一个较大的数码排在某一个较小的数码前面，就说这两个数码构成一个反序．例如，排列 132 有一个反序；321 有三个反序．在一个排列里出现的反序总数叫作这个排列的反序数．

给了任意一个排列，我们可以按照以下方法来计算它的反序数：看有多少数码排在 1 的前面，设为 m_1 个，那么就有 m_1 个数码与 1 构成反序；然后把 1 划去，再看有多少数码排在 2 前面，设为 m_2 个，那么就有 m_2 个数码与 2 构成反序；再把 2 划去，计算有多少数码排在 3 前面，如此继续下去．最后设在 n 前面有 m_n 个数码(显然 $m_n=0$)．那么这个排列的反序数等于 $m_1+m_2+\cdots+m_n$.

例如，在排列 451362 里，$m_1=2$，$m_2=4$，$m_3=2$；$m_4=m_5=m_6=0$. 所以这个排列有 8 个反序．

一个排列的反序数可能是偶数也可能是奇数．有偶数个反序的排列叫作一个偶排列；有奇数个反序的排列叫作一个奇排列．

例如，231 有两个反序，所以是一个偶排列；321 有 3 个反序，所以是一个奇排列．

在三个数码所有的六个排列中，有三个偶排列，就是 123，231 和 312；另外三个是奇排列．这一事实并不是偶然现象．一般说来，在 n 个数码的所有 $n!$ 个排列中，偶排列与奇排列各占一半．为了证明这一事实，我们还需要进一步研究排列的奇偶性．

看 n 个数码的一个排列．如果把这个排列里任意两个数码 i 与 j 交换一下，而其余数码保持不动，那么就得到一个新的排列．对于排列所施行的这样一个变换叫作一个对换，并且用符号 (i,j) 来表示．

考察排列 31542．容易看出，对这个排列陆续施行一系列对换，可以得出排列 12345．先把 5 换到第五位置，即施行对换 $(5,2)$ 得 31245；4 已在第四位置，不必动它；施行对换 $(3,2)$，得 21345；最后再施行对换(2,1)，就得 12345.

上面由排列 31542 得出排列 12345 的方法显然具有一般性. 由此看出，通过一系列对换可由任一 n 个数码的排列 $j_1j_2\cdots j_n$ 得出排列 $12\cdots n$. 进一步有

定理 3.2.1 *设 $i_1i_2\cdots i_n$ 和 $j_1j_2\cdots j_n$ 是 n 个数码的任意两个排列. 那么总可以通过一系列对换由 $i_1i_2\cdots i_n$ 得出 $j_1j_2\cdots j_n$.*

证 已经知道，通过一系列对换可以由 $i_1i_2\cdots i_n$ 得出$12\cdots n$. 我们只需证明，通过一系列对换可由 $12\cdots n$ 得出 $j_1j_2\cdots j_n$. 这一点容易看出，因为已经知道，通过一系列对换可由 $j_1j_2\cdots j_n$ 得出 $12\cdots n$；按照相反的次序施行这些对换，就可由 $12\cdots n$ 得出 $j_1j_2\cdots j_n$. □

现在看一看，对一个排列施行一个对换，排列的奇偶性有什么变化.

看三个数码的排列 132，它有一个反序，所以是一个奇排列. 假如对它施行一个对换，比方说(1,2)，就得到一个含有两个反序的偶排列 231. 这样，经过施行对换(1,2)，这个排列改变了它的奇偶性. 一般有以下定理：

定理 3.2.2 *每一个对换都改变排列的奇偶性.*

证 1° 我们首先看一个特殊的情形，就是被对换的两个数码是相邻的. 设给定的排列为

$$\overbrace{\cdots}^{A},i,j,\overbrace{\cdots}^{B},$$

其中 A 与 B 都代表若干个数码. 施行对换(i,j)，得

$$\overbrace{\cdots}^{A},j,i,\overbrace{\cdots}^{B}.$$

我们比较这两个排列的反序数. 显然经过这个对换后，属于 A 或 B 的数码的位置没有改变，因此这些数码所构成的反序数没有改变. 同时 i，j 与 A 或 B 中的数码所构成的反序数也没有改

变. 若在给定的排列中，$i<j$，那么经过对换(i,j)后，i与j就构成一个反序. 因而后一排列的反序数比前一排列的反序数增多一个. 若在给定的排列中，$i>j$，那么经过对换后，排列的反序数减少一个. 不论是哪一种情形，排列的奇偶性都有改变.

2° 现在来看一般的情形. 假定i与j之间有s个数码，我们用$k_1,k_2,\cdots,k_s$来代表. 这时给定的排列为

(1) $$\cdots,i,k_1,k_2,\cdots,k_s,j,\cdots.$$

先让i向右移动，依次与$k_1,k_2,\cdots,k_s$交换. 这样，经过s次相邻的两个数码的对换后，(1)变为

$$\cdots,k_1,k_2,\cdots k_s,i,j,\cdots.$$

再让j向左移动，依次与$i,k_s,\cdots,k_2,k_1$交换. 经过$s+1$次相邻的两个数码的对换后，排列变为

(2) $$\cdots,j,k_1,k_2,\cdots,k_s,i,\cdots.$$

但(2)正是对(1)施行对换(i,j)而得到的排列. 因此，对(1)施行对换(i,j)相当于连续施行$2s+1$次相邻数码的对换. 由1°，每经过一次相邻两数码的对换，排列都改变奇偶性. 由于$2s+1$是一个奇数，所以(1)与(2)的奇偶性相反. □

由定理3.2.2，我们得出以下事实：

定理 3.2.3 $n\geqslant 2$时，n个数码的奇排列与偶排列的个数相等，各为$\frac{n!}{2}$个.

证 设n个数码的奇排列共有p个，而偶排列共有q个，对这p个奇排列施行同一个对换(i,j)，那么由定理3.2.2，我们得到p个偶排列. 由于对这p个偶排列施行对换(i,j)，又可以得到原来的p个奇排列，所以这p个偶排列各不相等. 但我们一共只有q个偶排列，所以$p\leqslant q$. 同样可得$q\leqslant p$. 因此$p=q$. □

习　题

1. 计算下列排列的反序数：

(i) 523146879；

(ii) $n,n-1,\cdots,2,1$；

(iii) $2k,1,2k-1,2,\cdots,k+1,k$.

2. 假设 n 个数码的排列 $i_1,i_2,\cdots,i_n$ 的反序数是 k，那么排列 $i_n,i_{n-1},\cdots,i_2,i_1$ 的反序数是多少？

3. 写出 4 个数码的一切排列.

3.3　n 阶行列式

有了前一节的准备工作，我们可以对于二阶和三阶行列式作进一步的研究，而得出它们的结构规律. 利用这些规律，来定义 n 阶行列式.

我们只对三阶行列式加以研究，因为二阶行列式非常简单，只要把三阶行列式的结构规律看清楚了，二阶行列式的情形就很容易看出.

看三阶行列式

$$\begin{vmatrix} a_{11} & a_{12} & a_{13} \\ a_{21} & a_{22} & a_{23} \\ a_{31} & a_{32} & a_{33} \end{vmatrix} = a_{11}a_{22}a_{33}+a_{12}a_{23}a_{31}+a_{13}a_{21}a_{32} \\ -a_{13}a_{22}a_{31}-a_{12}a_{21}a_{33}-a_{11}a_{23}a_{32}.$$

我们把 a_{ij}叫作行列式的元素，并且约定，在一个行列式里，把横排叫作行，纵排叫作列.

三阶行列式的每一项都是三个元素的乘积，这三个元素既位于不同的行，也位于不同的列. 而且所有既位于不同的行也位于不同的列的元素的乘积(共有 $3!=6$ 个)都在行列式中出现. 三阶行列式恰是这六个乘积的代数和.

每一项的元素都带有两个下标. 第一个下标表示这个元素所在的行的序数，第二个下标表示这个元素所在的列的序数. 每一项的元素的第一个下标都是按自然顺序排列的，而第二个下标构成三个数码的一切排列：123,231,312,321,213,132. 前三个排列是偶排列，与它们对应的三项取正号；后三个排列是奇排列，与它们对应的三项取负号.

分析一下二阶行列式也会发现完全类似的规律. 这样，我们得出了二阶和三阶行列式含有怎样的项以及每一项取怎样的符号的规律. 我们根据这个规律，来定义 n 阶行列式.

任意取 n^2 个数 $a_{ij}(i=1,2,\cdots,n;\ j=1,2,\cdots,n)$，排成以下形式：

$$\begin{matrix} a_{11} & a_{12} & \cdots & a_{1n} \\ a_{21} & a_{22} & \cdots & a_{2n} \\ \vdots & \vdots & & \vdots \\ a_{n1} & a_{n2} & \cdots & a_{nn}. \end{matrix} \tag{1}$$

考察位于(1)的不同的行与不同的列上的 n 个元素的乘积. 这种乘积可以写成下面的形式：

$$a_{1j_1}a_{2j_2}\cdots a_{nj_n}, \tag{2}$$

这里下标 $j_1,j_2,\cdots,j_n$ 是 $1,2,\cdots,n$ 这 n 个数码的一个排列. 反过来，给了 n 个数码的任意一个排列，我们也能得出这样的一个乘积. 因此，一切位于(1)的不同的行与不同的列上的 n 个元素的乘积一共有 $n!$ 个.

我们用符号 $\pi(j_1j_2\cdots j_n)$ 表示排列 $j_1j_2\cdots j_n$ 的反序数.

定义 1 用符号

$$\begin{vmatrix} a_{11} & a_{12} & \cdots & a_{1n} \\ a_{21} & a_{22} & \cdots & a_{2n} \\ \vdots & \vdots & & \vdots \\ a_{n1} & a_{n2} & \cdots & a_{nn} \end{vmatrix}$$

表示的 n 阶行列式指的是 $n!$ 项的代数和，这些项是一切可能的取自(1)的不同的行与不同的列上的 n 个元素的乘积 $a_{1j_1}a_{2j_2}\cdots a_{nj_n}$. 项 $a_{1j_1}a_{2j_2}\cdots a_{nj_n}$ 的符号为 $(-1)^{\pi(j_1j_2\cdots j_n)}$，也就是说，当 $j_1j_2\cdots j_n$ 是偶排列时，这一项的符号为正，当 $j_1j_2\cdots j_n$ 是奇排列时，这一项的符号为负.

一个 n 阶行列式正是前面所说的二阶和三阶行列式的推广. 特别，当 $n=1$ 时，一阶行列式就是数 a.

例 1 我们看一个四阶行列式

$$D=\begin{vmatrix} a & 0 & 0 & b \\ 0 & c & d & 0 \\ 0 & e & f & 0 \\ g & 0 & 0 & h \end{vmatrix}.$$

根据定义，D 是一个 $4!=24$ 项的代数和. 然而在这个行列式里，除了 $acfh$，$adeh$，$bdeg$，$bcfg$ 这四项外，其余的项都至少含有一个因子 0，因而等于 0. 与上面四项对应的排列依次是 1234，1324，4321，4231. 其中第一个和第三个是偶排列，第二个和第四个是奇排列. 因此

$$D=acfh-adeh+bdeg-bcfg.$$

我们虽然已经引入了 n 阶行列式这一概念，但是到现在为止，还不知道当 $n>3$ 时，能否利用 n 阶行列式来解线性方程组，这一点以后将要证明. 当前我们必须研究 n 阶行列式的性质，特别是求出它们的计算方法. 因为直接根据定义来计算 n 阶行列式是非常麻烦的. 我们将要导出行列式的某些简单性质，利用这些性质，可以使行列式的计算大为简化.

首先说明转置行列式的概念. 看一个 n 阶行列式

$$D=\begin{vmatrix} a_{11} & a_{12} & \cdots & a_{1n} \\ a_{21} & a_{22} & \cdots & a_{2n} \\ \vdots & \vdots & & \vdots \\ a_{n1} & a_{n2} & \cdots & a_{nn} \end{vmatrix}.$$

如果把 D 的行变为列，就得到一个新的行列式

$$D' = \begin{vmatrix} a_{11} & a_{21} & \cdots & a_{n1} \\ a_{12} & a_{22} & \cdots & a_{n2} \\ \vdots & \vdots & & \vdots \\ a_{1n} & a_{2n} & \cdots & a_{nn} \end{vmatrix}.$$

D'叫作 D 的转置行列式.

例如，令

$$D = \begin{vmatrix} 3 & 2 & -1 \\ 1 & 0 & 5 \\ 2 & -3 & 4 \end{vmatrix},$$

那么 D 的转置行列式就是

$$D' = \begin{vmatrix} 3 & 1 & 2 \\ 2 & 0 & -3 \\ -1 & 5 & 4 \end{vmatrix}.$$

容易算出 $D = 60$，$D' = 60$. 所以 $D = D'$. 这一事实并非偶然. 一般说来，任意一个行列式都与它的转置行列式相等. 为了证明这一点，首先证明

引理 3.3.1 从 n 阶行列式的第 $i_1, i_2, \cdots, i_n$ 行和第 $j_1, j_2, \cdots, j_n$ 列取出元素作乘积

(3) $$a_{i_1j_1}a_{i_2j_2}\cdots a_{i_nj_n},$$

这里 $i_1i_2\cdots i_n$ 和 $j_1j_2\cdots j_n$ 都是 $1,2,\cdots,n$ 这 n 个数码的排列. 那么这一项在行列式中的符号是 $(-1)^{s+t}$，$s = \pi(i_1i_2\cdots i_n)$，$t = \pi(j_1j_2\cdots j_n)$.

证 如果交换乘积(3)中某两个因子的位置，那么(3)的元素的第一个下标和第二个下标所成的排列同时经过一次对换. 假定经过这样一次对换后所得的两个排列的反序数分别为 s'和 t'，那么由定理 3.2.2，$s' - s$ 和 $t' - t$ 都是奇数. 因为两个奇数的和是一个偶数，所以$(s' + t') - (s + t) = (s' - s) + (t' - t)$是一个偶

数. 因此 $s'+t'$ 与 $s+t$ 同时是偶数或同时是奇数，从而

$$(-1)^{s'+t'}=(-1)^{s+t}.$$

另一方面，由定理 3.2.1，排列 $i_1i_2\cdots i_n$ 总可以经过若干次对换变为 $12\cdots n$. 因此，经过若干次交换因子的次序，乘积(3)可以变为

$$a_{1k_1}a_{2k_2}\cdots a_{nk_n}, \tag{4}$$

这里 $k_1k_2\cdots k_n$ 是 n 个数码的一个排列. 根据行列式的定义，乘积(4)，因而乘积(3)的符号是 $(-1)^{\pi(k_1k_2\cdots k_n)}$. 然而 $\pi(12\cdots n)=0$. 由上面的讨论可知

$$(-1)^{s+t}=(-1)^{\pi(12\cdots n)+\pi(k_1k_2\cdots k_n)}=(-1)^{\pi(k_1k_2\cdots k_n)}.$$

引理被证明. □

现在设 $a_{1k_1}a_{2k_2}\cdots a_{nk_n}$ 是 n 阶行列式 D 的任意一项. 这一项的元素位于 D 的不同的行和不同的列，所以位于 D 的转置行列式 D' 的不同的列和不同的行，因而也是 D' 的一项. 由引理 3.3.1，这一项在 D 里和在 D' 里的符号都是 $(-1)^{\pi(k_1k_2\cdots k_n)}$，并且 D 中不同的两项显然也是 D' 中不同的两项. 因为 D 与 D' 的项数都是 $n!$，所以 D 与 D' 是带有相同符号的相同项的代数和，即 $D=D'$. 于是有

命题 3.3.1 行列式与它的转置行列式相等.

命题 3.3.2 交换一个行列式的两行(或两列)，行列式改变符号.

证 设给定行列式

$$D=\begin{vmatrix} a_{11} & a_{12} & \cdots & a_{1n} \\ \vdots & \vdots & & \vdots \\ a_{i1} & a_{i2} & \cdots & a_{in} \\ \vdots & \vdots & & \vdots \\ a_{j1} & a_{j2} & \cdots & a_{jn} \\ \vdots & \vdots & & \vdots \\ a_{n1} & a_{n2} & \cdots & a_{nn} \end{vmatrix}.$$

交换 D 的第 i 行与第 j 行得

$$D_1=\begin{vmatrix} a_{11} & a_{12} & \cdots & a_{1n} \\ \vdots & \vdots & & \vdots \\ a_{j1} & a_{j2} & \cdots & a_{jn} \\ \vdots & \vdots & & \vdots \\ a_{i1} & a_{i2} & \cdots & a_{in} \\ \vdots & \vdots & & \vdots \\ a_{n1} & a_{n2} & \cdots & a_{nn} \end{vmatrix} \begin{matrix} \\ \\ (i) \\ \\ (j) \\ \\ \\ \end{matrix}$$

(旁边的 i 和 j 表示行的序数).

D 的每一项可以写成

(5) $$a_{1k_1}\cdots a_{ik_i}\cdots a_{jk_j}\cdots a_{nk_n}.$$

因为这一项的元素位于 D_1 的不同的行与不同的列，所以它也是 D_1 的一项. 反过来，D_1 的每一项也是 D 的一项，并且 D 的不同项对应着 D_1 的不同项. 因此 D 与 D_1 含有相同的项.

(5)在 D 中的符号是 $(-1)^{\pi(k_1\cdots k_i\cdots k_j\cdots k_n)}$. 然而在 D_1 中，原行列式的第 i 行变成第 j 行，第 j 行变成第 i 行，而列的次序并没有改变. 所以由引理 3.3.1，并注意到 $\pi(1\cdots j\cdots i\cdots n)$ 是一奇数，(5)在 D_1 中的符号是

$$(-1)^{\pi(1\cdots j\cdots i\cdots n)+\pi(k_1\cdots k_i\cdots k_j\cdots k_n)}=(-1)^{\pi(k_1k_2\cdots k_n)+1}.$$

因此(5)在 D 和在 D_1 中的符号相反. 所以 D 与 D_1 的符号相反.

交换行列式两列的情形，可以利用命题 3.3.1 归结到交换两行的情形. □

从以上的证明可以看到命题 3.3.1 的功用. 由命题 3.3.1 推知，凡是行列式的对于行成立的性质对于列也成立，反过来也是如此. 因此，对于以下的性质，我们只对行来加以证明就够了.

推论 3.3.1 如果一个行列式有两行(列)完全相同，那么这

个行列式等于零.

证 设行列式 D 的第 i 行与第 j 行 $(i\neq j)$ 相同. 由命题 3.3.2，交换这两行后，行列式改变符号，所以新的行列式等于 $-D$. 但另一方面，交换相同的两行，行列式并没有改变. 由此得 $D=-D$ 或 $2D=0$. 所以 $D=0$. □

命题 3.3.3 把一个行列式的某一行(列)的所有元素同乘以某一个数 k，等于以数 k 乘这个行列式.

证 设把行列式 D 的第 i 行的元素 $a_{i1},a_{i2},\cdots,a_{in}$ 乘以 k 而得到行列式 D_1. 那么 D_1 的第 i 行的元素是

$$ka_{i1},ka_{i2},\cdots,ka_{in}.$$

D 的每一项可以写作

$$a_{1j_1}\cdots a_{ij_i}\cdots a_{nj_n}. \tag{6}$$

D_1 中对应的项可以写作

$$a_{1j_1}\cdots(ka_{ij_i})\cdots a_{nj_n}=ka_{1j_1}\cdots a_{ij_i}\cdots a_{nj_n}. \tag{7}$$

(6) 在 D 中的符号与(7)在 D_1 中的符号都是 $(-1)^{\pi(j_1j_2\cdots j_n)}$. 因此，$D_1=kD$. □

由命题 3.3.3，可以得出以下事实：

推论 3.3.2 一个行列式中某一行(列)所有元素的公因子可以提到行列式符号的外边.

推论 3.3.3 如果一个行列式中有一行(列)的元素全部是零，那么这个行列式等于零.

推论 3.3.4 如果一个行列式有两行(列)的对应元素成比例，那么这个行列式等于零.

证 设行列式 D 的第 i 行与第 j 行 $(i\neq j)$ 的对应元素成比例. 那么这两行的对应元素只差同一个因子 k，即

$$a_{i1}=ka_{j1},a_{i2}=ka_{j2},\cdots,a_{in}=ka_{jn}.$$

因此

$$D=\begin{vmatrix} a_{11} & a_{12} & \cdots & a_{1n} \\ \vdots & \vdots & & \vdots \\ a_{i1} & a_{i2} & \cdots & a_{in} \\ \vdots & \vdots & & \vdots \\ a_{j1} & a_{j2} & \cdots & a_{jn} \\ \vdots & \vdots & & \vdots \\ a_{n1} & a_{n2} & \cdots & a_{nn} \end{vmatrix}=\begin{vmatrix} a_{11} & a_{12} & \cdots & a_{1n} \\ \vdots & \vdots & & \vdots \\ ka_{j1} & ka_{j2} & \cdots & ka_{jn} \\ \vdots & \vdots & & \vdots \\ a_{j1} & a_{j2} & \cdots & a_{jn} \\ \vdots & \vdots & & \vdots \\ a_{n1} & a_{n2} & \cdots & a_{nn} \end{vmatrix}$$

由推论 3.3.2，可以把公因子 k 提到行列式符号的外边，于是得到一个有两行完全相同的行列式；由推论 3.3.1，这个行列式等于零. □

命题 3.3.4 设行列式 D 的第 i 行的所有元素都可以表成两项的和：

$$D=\begin{vmatrix} a_{11} & a_{12} & \cdots & a_{1n} \\ \vdots & \vdots & & \vdots \\ b_{i1}+c_{i1} & b_{i2}+c_{i2} & \cdots & b_{in}+c_{in} \\ \vdots & \vdots & & \vdots \\ a_{n1} & a_{n2} & \cdots & a_{nn} \end{vmatrix}.$$

那么 D 等于两个行列式 D_1 与 D_2 的和，其中 D_1 的第 i 行的元素是 $b_{i1},b_{i2},\cdots,b_{in}$，$D_2$ 的第 i 行的元素是 $c_{i1},c_{i2},\cdots,c_{in}$，而 D_1 与 D_2 的其他各行都和 D 的一样.

同样的性质对于列来说也成立.

证 D 的每一项可以写成

$$a_{1j_1}\cdots(b_{ij_i}+c_{ij_i})\cdots a_{nj_n}$$

的形式，它的符号是$(-1)^{\pi(j_1j_2\cdots j_n)}$. 去掉括弧，得

$$a_{1j_1}\cdots(b_{ij_i}+c_{ij_i})\cdots a_{nj_n}$$

$$=a_{1j_1}\cdots b_{ij_i}\cdots a_{nj_n}+a_{1j_1}\cdots c_{ij_i}\cdots a_{nj_n}.$$

但一切项 $a_{1j_1}\cdots b_{ij_i}\cdots a_{nj_n}$附以原有符号后的和等于行列式

$$D_1=\begin{vmatrix} a_{11} & a_{12} & \cdots & a_{1n} \\ \vdots & \vdots & & \vdots \\ b_{i1} & b_{i2} & \cdots & b_{in} \\ \vdots & \vdots & & \vdots \\ a_{n1} & a_{n2} & \cdots & a_{nn} \end{vmatrix},$$

一切项 $a_{1j_1}\cdots c_{ij_i}\cdots a_{nj_n}$附以原有符号后的和等于行列式

$$D_2=\begin{vmatrix} a_{11} & a_{12} & \cdots & a_{1n} \\ \vdots & \vdots & & \vdots \\ c_{i1} & c_{i2} & \cdots & c_{in} \\ \vdots & \vdots & & \vdots \\ a_{n1} & a_{n2} & \cdots & a_{nn} \end{vmatrix}.$$

因此 $$D=D_1+D_2.$$ □

命题3.3.4显然可以推广到第 i 行(列)的元素是 m 项的和的情形($m\geqslant 2$).

命题 3.3.5 把行列式的某一行(列)的元素乘以同一数后加到另一行(列)的对应元素上，行列式不变.

证 设给定行列式

$$D=\begin{vmatrix} a_{11} & a_{12} & \cdots & a_{1n} \\ a_{21} & a_{22} & \cdots & a_{2n} \\ \vdots & \vdots & & \vdots \\ a_{n1} & a_{n2} & \cdots & a_{nn} \end{vmatrix},$$

把 D 的第 j 行的元素乘以同一数 k 后，加到第 i 行($i\neq j$)的对应元素上，我们得到行列式

$$\overline{D} = \begin{vmatrix} a_{11} & a_{12} & \cdots & a_{1n} \\ \vdots & \vdots & & \vdots \\ a_{i1}+ka_{j1} & a_{i2}+ka_{j2} & \cdots & a_{in}+ka_{jn} \\ \vdots & \vdots & & \vdots \\ a_{j1} & a_{j2} & \cdots & a_{jn} \\ \vdots & \vdots & & \vdots \\ a_{n1} & a_{n2} & \cdots & a_{nn} \end{vmatrix}.$$

由命题 3.3.4,

$$\overline{D} = D + D_1,$$

此处

$$D_1 = \begin{vmatrix} a_{11} & a_{12} & \cdots & a_{1n} \\ \vdots & \vdots & & \vdots \\ ka_{j1} & ka_{j2} & \cdots & ka_{jn} \\ \vdots & \vdots & & \vdots \\ a_{j1} & a_{j2} & \cdots & a_{jn} \\ \vdots & \vdots & & \vdots \\ a_{n1} & a_{n2} & \cdots & a_{nn} \end{vmatrix}.$$

D_1 的第 i 行与第 j 行成比例；由推论 3.3.4，$D_1 = 0$. 所以 $\overline{D} = D$. □

我们给出两个利用行列式的性质来简化行列式计算的例子.

例 2 计算行列式

$$D = \begin{vmatrix} 1+a_1 & 2+a_1 & 3+a_1 \\ 1+a_2 & 2+a_2 & 3+a_2 \\ 1+a_3 & 2+a_3 & 3+a_3 \end{vmatrix}.$$

根据命题 3.3.5，从 D 的第二列和第三列的元素减去第一列的对应元素(即把 D 的第一列的元素同乘以 -1 后,加到第二列和

第三列的对应元素上)，得

$$D=\begin{vmatrix}1+a_1 & 1 & 2\\1+a_2 & 1 & 2\\1+a_3 & 1 & 2\end{vmatrix}.$$

这个行列式有两列成比例，所以根据推论 3.3.4，$D=0$.

例 3 计算 n 阶行列式

$$D=\begin{vmatrix}0 & 1 & 1 & \cdots & 1\\1 & 0 & 1 & \cdots & 1\\1 & 1 & 0 & \cdots & 1\\\vdots & \vdots & \vdots & & \vdots\\1 & 1 & 1 & \cdots & 0\end{vmatrix}.$$

我们看到，D 的每一列的元素的和都是 $n-1$. 把第二，第三，…,第 n 行都加到第一行上，得

$$D=\begin{vmatrix}n-1 & n-1 & n-1 & \cdots & n-1\\1 & 0 & 1 & \cdots & 1\\1 & 1 & 0 & \cdots & 1\\\vdots & \vdots & \vdots & & \vdots\\1 & 1 & 1 & \cdots & 0\end{vmatrix}.$$

根据推论 3.3.2，提出第一行的公因子 $n-1$，得

$$D=(n-1)\begin{vmatrix}1 & 1 & 1 & \cdots & 1\\1 & 0 & 1 & \cdots & 1\\1 & 1 & 0 & \cdots & 1\\\vdots & \vdots & \vdots & & \vdots\\1 & 1 & 1 & \cdots & 0\end{vmatrix}.$$

由第二，第三，…，第 n 行减去第一行，得

$$D=(n-1)\begin{vmatrix}1 & 1 & 1 & \cdots & 1\\ 0 & -1 & 0 & \cdots & 0\\ 0 & 0 & -1 & \cdots & 0\\ \vdots & \vdots & \vdots & & \vdots\\ 0 & 0 & 0 & \cdots & -1\end{vmatrix}.$$

由行列式定义，易见后一行列式等于对角线上元素的乘积 $(-1)^{n-1}$. 所以

$$D=(-1)^{n-1}(n-1).$$

习　　题

1. 确定六阶行列式

$$D=\begin{vmatrix}a_{11} & a_{12} & \cdots & a_{16}\\ a_{21} & a_{22} & \cdots & a_{26}\\ \vdots & \vdots & & \vdots\\ a_{61} & a_{62} & \cdots & a_{66}\end{vmatrix}$$

中以下各乘积的符号：

(i) $a_{23}a_{31}a_{42}a_{56}a_{14}a_{65}$；　　(ii) $a_{21}a_{13}a_{32}a_{55}a_{64}a_{46}$.

2. 写出四阶行列式 $\begin{vmatrix}a_{11}\cdots a_{14}\\ \vdots \quad\quad \vdots\\ a_{41}\cdots a_{44}\end{vmatrix}$ 中一切带有负号且含元素 a_{23} 的项.

3. 证明：n 阶行列式

$$\begin{vmatrix}a_{11} & 0 & 0 & 0 & \cdots & 0\\ a_{21} & a_{22} & 0 & 0 & \cdots & 0\\ a_{31} & a_{32} & a_{33} & 0 & \cdots & 0\\ \vdots & \vdots & \vdots & \vdots & & \vdots\\ a_{n1} & a_{n2} & a_{n3} & a_{n4} & \cdots & a_{nn}\end{vmatrix}=a_{11}a_{22}\cdots a_{nn}$$

4. 考察下列行列式：

$$D=\begin{vmatrix} a_{11} & a_{12} & \cdots & a_{1n} \\ a_{21} & a_{22} & \cdots & a_{2n} \\ \vdots & \vdots & & \vdots \\ a_{n1} & a_{n2} & \cdots & a_{nn} \end{vmatrix},\quad D_1=\begin{vmatrix} a_{1i_1} & a_{1i_2} & \cdots & a_{1i_n} \\ a_{2i_1} & a_{2i_2} & \cdots & a_{2i_n} \\ \vdots & & & \vdots \\ a_{ni_1} & a_{ni_2} & \cdots & a_{ni_n} \end{vmatrix},$$

其中 $i_1, i_2, \cdots, i_n$ 是 $1, 2, \cdots, n$ 这 n 个数码的一个排列. 这两个行列式间有什么关系?

5. 计算 n 阶行列式

$$\begin{vmatrix} x-a & a & a & \cdots & a \\ a & x-a & a & \cdots & a \\ a & a & x-a & \cdots & a \\ \vdots & \vdots & \vdots & & \vdots \\ a & a & a & \cdots & x-a \end{vmatrix}.$$

6. 计算行列式

$$\begin{vmatrix} a^2 & (a+1)^2 & (a+2)^2 & (a+3)^2 \\ b^2 & (b+1)^2 & (b+2)^2 & (b+3)^2 \\ c^2 & (c+1)^2 & (c+2)^2 & (c+3)^2 \\ d^2 & (d+1)^2 & (d+2)^2 & (d+3)^2 \end{vmatrix}.$$

7. 证明: 行列式

$$\begin{vmatrix} b+c & c+a & a+b \\ b_1+c_1 & c_1+a_1 & a_1+b_1 \\ b_2+c_2 & c_2+a_2 & a_2+b_2 \end{vmatrix}=2\begin{vmatrix} a & b & c \\ a_1 & b_1 & c_1 \\ a_2 & b_2 & c_2 \end{vmatrix}.$$

8. 设在 n 阶行列式

$$D=\begin{vmatrix} a_{11} & a_{12} & \cdots & a_{1n} \\ a_{21} & a_{22} & \cdots & a_{2n} \\ \vdots & \vdots & & \vdots \\ a_{n1} & a_{n2} & \cdots & a_{nn} \end{vmatrix}$$

中, $a_{ij}=-a_{ji}$, $i, j=1, 2, \cdots, n$. 证明: 当 n 是奇数时, $D=0$.

3.4 子式和代数余子式 行列式的依行依列展开

对于三阶行列式来说，容易验证：

$$\begin{vmatrix} a_{11} & a_{12} & a_{13} \\ a_{21} & a_{22} & a_{23} \\ a_{31} & a_{32} & a_{33} \end{vmatrix} = a_{11}\begin{vmatrix} a_{22} & a_{23} \\ a_{32} & a_{33} \end{vmatrix} - a_{21}\begin{vmatrix} a_{12} & a_{13} \\ a_{32} & a_{33} \end{vmatrix} + a_{31}\begin{vmatrix} a_{12} & a_{13} \\ a_{22} & a_{23} \end{vmatrix}.$$

这样，三阶行列式的计算可以归结为二阶行列式的计算.

我们现在要利用行列式的性质来证明，$n(>1)$阶行列式的计算总可以归结为阶数较低的行列式的计算. 我们将要得到的结果，不但能进一步简化行列式的计算，并且也占有重要的理论地位.

首先引入子式和代数余子式的概念.

定义 1 *在一个 n 阶行列式 D 中任意取定 k 行和 k 列. 位于这些行列相交处的元素所构成的 k 阶行列式叫作行列式 D 的一个 k 阶子式.*

例 1 在四阶行列式

$$D = \begin{vmatrix} a_{11} & a_{12} & a_{13} & a_{14} \\ a_{21} & a_{22} & a_{23} & a_{24} \\ a_{31} & a_{32} & a_{33} & a_{34} \\ a_{41} & a_{42} & a_{43} & a_{44} \end{vmatrix}$$

中，取定第二行和第三行，第一列和第四列. 那么位于这些行列的相交处的元素就构成 D 的一个二阶子式

$$M = \begin{vmatrix} a_{21} & a_{24} \\ a_{31} & a_{34} \end{vmatrix}.$$

定义 2 *$n(n>1)$阶行列式*

$$D=\begin{vmatrix} a_{11} & \cdots & a_{1j} & \cdots & a_{1n} \\ \vdots & & \vdots & & \vdots \\ a_{i1} & \cdots & a_{ij} & \cdots & a_{in} \\ \vdots & & \vdots & & \vdots \\ a_{n1} & \cdots & a_{nj} & \cdots & a_{nn} \end{vmatrix}$$

的某一元素 a_{ij} 的余子式 M_{ij} 指的是在 D 中划去 a_{ij} 所在的行和列后所余下的 $n-1$ 阶子式.

例 2 例 1 的四阶行列式的元素 a_{23} 的余子式是

$$M_{23}=\begin{vmatrix} a_{11} & a_{12} & a_{14} \\ a_{31} & a_{32} & a_{34} \\ a_{41} & a_{42} & a_{44} \end{vmatrix}.$$

定义 3 n 阶行列式 D 的元素 a_{ij} 的余子式 M_{ij} 附以符号 $(-1)^{i+j}$ 后，叫作元素 a_{ij} 的代数余子式.

元素 a_{ij} 的代数余子式用符号 A_{ij} 来表示：

$$A_{ij}=(-1)^{i+j}M_{ij}.$$

例 3 例 1 中的四阶行列式 D 的元素 a_{23} 的代数余子式

$$A_{23}=(-1)^{2+3}M_{23}=-M_{23}=-\begin{vmatrix} a_{11} & a_{12} & a_{14} \\ a_{31} & a_{32} & a_{34} \\ a_{41} & a_{42} & a_{44} \end{vmatrix}.$$

现在先看一个特殊的情形，就是一个 n 阶行列式的某一行(列)的元素最多有一个不是零的情形.

定理 3.4.1 若在一个 n 阶行列式

$$D=\begin{vmatrix} a_{11} & \cdots & a_{1j} & \cdots & a_{1n} \\ \vdots & & \vdots & & \vdots \\ a_{i1} & \cdots & a_{ij} & \cdots & a_{in} \\ \vdots & & \vdots & & \vdots \\ a_{n1} & \cdots & a_{nj} & \cdots & a_{nn} \end{vmatrix}$$

中，第 i 行(或第 j 列)的元素除 a_{ij} 外都是零，那么这个行列式等于 a_{ij} 与它的代数余子式 A_{ij} 的乘积：

$$D = a_{ij}A_{ij}.$$

证 我们只对行来证明这个定理.

1° 先假定 D 的第一行的元素除 a_{11} 外都是零. 这时

$$D = \begin{vmatrix} a_{11} & 0 & \cdots & 0 \\ a_{21} & a_{22} & \cdots & a_{2n} \\ \vdots & \vdots & & \vdots \\ a_{n1} & a_{n2} & \cdots & a_{nn} \end{vmatrix}.$$

我们要证明，

$$D = a_{11}A_{11} = a_{11}(-1)^{1+1}M_{11} = a_{11}M_{11},$$

也就是说，

$$D = a_{11}\begin{vmatrix} a_{22} & a_{23} & \cdots & a_{2n} \\ a_{32} & a_{33} & \cdots & a_{3n} \\ \vdots & \vdots & & \vdots \\ a_{n2} & a_{n3} & \cdots & a_{nn} \end{vmatrix}.$$

子式 M_{11} 的每一项都可以写作

(1) $$a_{2j_2}a_{3j_3}\cdots a_{nj_n},$$

此处 $j_2, j_3, \cdots, j_n$ 是 $2, 3, \cdots, n$ 这 $n-1$ 个数码的一个排列. 我们看项(1)与元素 a_{11} 的乘积

(2) $$a_{11}a_{2j_2}a_{3j_3}\cdots a_{nj_n}.$$

这一乘积的元素位在 D 的不同的行与不同的列上，因此它是 D 的一项. 反过来，由于行列式 D 的每一项都含有第一行的一个元素，而第一行的元素除 a_{11} 外都是零，因此 D 的每一项都可以

写成(2)的形式. 这就是说，D 的每一项都是 a_{11} 与它的子式 M_{11} 的某一项的乘积，又 $a_{11}M_{11}$ 的不同的项是 D 的不同的项，因此 D 与 $a_{11}M_{11}$ 有相同的项.

乘积(2)在 D 中的符号是

$$(-1)^{\pi(1j_2\cdots j_n)}=(-1)^{\pi(j_2\cdots j_n)}.$$

另一方面，乘积(2)在 $a_{11}M_{11}$ 中的符号就是(1)在 M_{11} 中的符号. 乘积(1)的元素既然位在 D 的第 $2,3,\cdots,n$ 行与第 $j_2,j_3,\cdots,j_n$ 列，因此它位在 M_{11} 的第 $1,2,\cdots,n-1$ 行与 $j_2-1,j_3-1,\cdots,j_n-1$ 列，所以(1)在 M_{11} 中的符号应该是 $(-1)^{\pi((j_2-1)\cdots(j_n-1))}$. 显然，$\pi(j_2\cdots j_n)=\pi((j_2-1)\cdots(j_n-1))$. 这样，乘积(2)在 $a_{11}M_{11}$ 中的符号与在 D 中的符号一致. 所以

$$D=a_{11}M_{11}.$$

2° 现在我们来看一般的情形. 设

$$D=\begin{vmatrix} a_{11} & \cdots & a_{1,j-1} & a_{1j} & a_{1,j+1} & \cdots & a_{1n} \\ \vdots & & \vdots & \vdots & \vdots & & \vdots \\ 0 & \cdots & 0 & a_{ij} & 0 & \cdots & 0 \\ \vdots & & \vdots & \vdots & \vdots & & \vdots \\ a_{n1} & \cdots & a_{n,j-1} & a_{nj} & a_{n,j+1} & \cdots & a_{nn} \end{vmatrix}.$$

我们变动行列式 D 的行列，使 a_{ij} 位于第一行与第一列，并且保持 a_{ij} 的余子式不变.

为了达到这一目的，我们把 D 的第 i 行依次与第 $i-1,i-2,\cdots,2,1$ 行交换，这样，一共经过了 $i-1$ 次交换两行的步骤，我们就把 D 的第 i 行换到第一行的位置. 然后再把第 j 列依次与第 $j-1,j-2,\cdots,2,1$ 列交换，一共经过 $j-1$ 次交换两列的步骤，a_{ij} 就被换到第一行与第一列的位置上. 这时，D 变为下面形式的行列式：

$$D_1=\begin{vmatrix} a_{ij} & 0 & \cdots & 0 & 0 & \cdots & 0 \\ a_{1j} & a_{11} & \cdots & a_{1,j-1} & a_{1,j+1} & \cdots & a_{1n} \\ \vdots & \vdots & & \vdots & \vdots & & \vdots \\ a_{i-1,j} & a_{i-1,1} & \cdots & a_{i-1,j-1} & a_{i-1,j+1} & \cdots & a_{i-1,n} \\ a_{i+1,j} & a_{i+1,1} & \cdots & a_{i+1,j-1} & a_{i+1,j+1} & \cdots & a_{i+1,n} \\ \vdots & \vdots & & \vdots & \vdots & & \vdots \\ a_{nj} & a_{n1} & \cdots & a_{n,j-1} & a_{n,j+1} & \cdots & a_{nn} \end{vmatrix}$$

D_1 是由 D 经过 $(i-1)+(j-1)$ 次换行换列的步骤而得到的. 由命题 3.3.2，交换行列式的两行或两列，行列式改变符号. 因此

$$D=(-1)^{(i-1)+(j-1)}D_1=(-1)^{i+j}D_1.$$

在 D_1 中，a_{ij}位在第一行与第一列，并且第一行的其余元素都是零；由 1°，

$$D_1=a_{ij}\begin{vmatrix} a_{11} & \cdots & a_{1,j-1} & a_{1,j+1} & \cdots & a_{1n} \\ \vdots & & \vdots & \vdots & & \vdots \\ a_{i-1,1} & \cdots & a_{i-1,j-1} & a_{i-1,j+1} & \cdots & a_{i-1,n} \\ a_{i+1,1} & \cdots & a_{i+1,j-1} & a_{i+1,j+1} & \cdots & a_{i+1,n} \\ \vdots & & \vdots & \vdots & & \vdots \\ a_{n1} & \cdots & a_{n,j-1} & a_{n,j+1} & \cdots & a_{nn} \end{vmatrix}=a_{ij}M_{ij}.$$

因此

$$D=(-1)^{i+j}D_1=(-1)^{i+j}a_{ij}M_{ij}=a_{ij}(-1)^{i+j}M_{ij}=a_{ij}A_{ij}.$$

这样，定理得到证明. □

对于一般的行列式来说，我们有以下定理.

定理 3.4.2 行列式 D 等于它任意一行(列)的所有元素与它们的对应代数余子式的乘积的和.

换句话说，行列式有依行或依列的展开式：

(3) $$D=a_{i1}A_{i1}+a_{i2}A_{i2}+\cdots+a_{in}A_{in}\quad(i=1,2,\cdots,n),$$

(4) $$D=a_{1j}A_{1j}+a_{2j}A_{2j}+\cdots+a_{nj}A_{nj}\quad(j=1,2,\cdots,n).$$

在证明这一定理之前，我们先注意以下事实：

设

$$D_1=\begin{vmatrix}a_{11}&a_{12}&\cdots&a_{1n}\\\vdots&\vdots&&\vdots\\a_{i1}&a_{i2}&\cdots&a_{in}\\\vdots&\vdots&&\vdots\\a_{n1}&a_{n2}&\cdots&a_{nn}\end{vmatrix},\quad D_2=\begin{vmatrix}a_{11}&a_{12}&\cdots&a_{1n}\\\vdots&\vdots&&\vdots\\b_{i1}&b_{i2}&\cdots&b_{in}\\\vdots&\vdots&&\vdots\\a_{n1}&a_{n2}&\cdots&a_{nn}\end{vmatrix}$$

是两个 n 阶行列式，在这两个行列式中除去第 i 行外，其余的相应行都相同. 那么，D_1 的第 i 行的元素与 D_2 的第 i 行的对应元素有相同的代数余子式. 事实上，a_{ij}的余子式是划去 D_1 的第 i 行第 j 列后所得的 $n-1$ 阶行列式，b_{ij}的余子式是划去 D_2 的第 i 行第 j 列后所得的 $n-1$ 阶行列式. 由于 D_1 与 D_2 只有第 i 行不同，所以划去这两个行列式的第 i 行和第 j 列，我们得到同一的行列式. 因此 a_{ij} 与 b_{ij} 的余子式相同，而它们的代数余子式也相同.

显然对列来说，也有同样的事实. 现在来证明定理 3.4.2.

证 我们只对行来证明，换句话说，只证明公式(3). 公式(4)的证明是完全类似的.

先把行列式 D 写成以下形式：

$$D=\begin{vmatrix}a_{11}&a_{12}&\cdots&a_{1n}\\\vdots&\vdots&&\vdots\\a_{i1}+0+\cdots+0&0+a_{i2}+0+\cdots+0&&0+\cdots+0+a_{in}\\\vdots&\vdots&&\vdots\\a_{n1}&a_{n2}&\cdots&a_{nn}\end{vmatrix},$$

也就是说，把 D 的第 i 行的每一元素写成 n 项的和. 根据命题 3.3.4，D 等于 n 个行列式的和：

$$D=\begin{vmatrix} a_{11} & a_{12} & \cdots & a_{1n} \\ \vdots & \vdots & & \vdots \\ a_{i1} & 0 & \cdots & 0 \\ \vdots & \vdots & & \vdots \\ a_{n1} & a_{n2} & \cdots & a_{nn} \end{vmatrix}+\begin{vmatrix} a_{11} & a_{12} & \cdots & a_{1n} \\ \vdots & \vdots & & \vdots \\ 0 & a_{i2} & \cdots & 0 \\ \vdots & \vdots & & \vdots \\ a_{n1} & a_{n2} & \cdots & a_{nn} \end{vmatrix}$$

$$+\cdots+\begin{vmatrix} a_{11} & a_{12} & \cdots & a_{1n} \\ \vdots & \vdots & & \vdots \\ 0 & 0 & \cdots & a_{in} \\ \vdots & \vdots & & \vdots \\ a_{n1} & a_{n2} & \cdots & a_{nn} \end{vmatrix}.$$

在这 n 个行列式的每一个中，除了第 i 行外，其余的行都与 D 的相应行相同. 因此，每一行列式的第 i 行的元素的代数余子式与 D 的第 i 行的对应元素的代数余子式相同. 这样，由定理 3.4.1，

$$D=a_{i1}A_{i1}+a_{i2}A_{i2}+\cdots+a_{in}A_{in}. \qquad \square$$

以下定理在某种意义下和定理 3.4.2 平行.

定理 3.4.3 行列式

$$D=\begin{vmatrix} a_{11} & a_{12} & \cdots & a_{1n} \\ \vdots & \vdots & & \vdots \\ a_{i1} & a_{i2} & \cdots & a_{in} \\ \vdots & \vdots & & \vdots \\ a_{j1} & a_{j2} & \cdots & a_{jn} \\ \vdots & \vdots & & \vdots \\ a_{n1} & a_{n2} & \cdots & a_{nn} \end{vmatrix}$$

的某一行(列)的元素与另外一行(列)的对应元素的代数余子式的乘积的和等于零.

换句话说：

(5) $$a_{i1}A_{j1}+a_{i2}A_{j2}+\cdots+a_{in}A_{jn}=0 \quad (i\neq j),$$

(6) $$a_{1s}A_{1t}+a_{2s}A_{2t}+\cdots+a_{ns}A_{nt}=0 \quad (s\neq t).$$

证 我们只证明等式(5). 看行列式

$$D_1=\begin{vmatrix} a_{11} & a_{12} & \cdots & a_{1n} \\ \vdots & \vdots & & \vdots \\ a_{i1} & a_{i2} & \cdots & a_{in} \\ \vdots & \vdots & & \vdots \\ a_{i1} & a_{i2} & \cdots & a_{in} \\ \vdots & \vdots & & \vdots \\ a_{n1} & a_{n2} & \cdots & a_{nn} \end{vmatrix}. \begin{matrix} \\ \\ (i) \\ \\ (j) \\ \\ \\ \end{matrix}$$

D_1 的第 i 行与第 j 行完全相同，所以 $D_1=0$. 另一方面，D_1 与 D 仅有第 j 行不同，因此 D_1 的第 j 行的元素的代数余子式与 D 的第 j 行的对应元素的代数余子式相同. 把 D_1 依第 j 行展开，得

$$D_1=a_{i1}A_{j1}+a_{i2}A_{j2}+\cdots+a_{in}A_{jn},$$

因而

$$a_{i1}A_{j1}+a_{i2}A_{j2}+\cdots+a_{in}A_{jn}=0. \qquad \square$$

定理 3.4.2 虽然把 n 阶行列式的计算归结为 $n-1$ 阶行列式的计算，但是当行列式的某一行(列)的元素都不为零时，按这一行(列)展开并不能减少计算量. 因此我们总是在给定行列式有一行(列)含有较多的零时，才应用定理 3.4.2 来简化计算. 更常用的方法是，先利用行列式的性质把行列式的某一行(列)化为只含一个非零元素的行(列)，然后再应用定理 3.4.1 加以计算. 我们看几个例子.

例 4 计算四阶行列式

$$D=\begin{vmatrix} 3 & 1 & -1 & 2 \\ -5 & 1 & 3 & -4 \\ 2 & 0 & 1 & -1 \\ 1 & -5 & 3 & -3 \end{vmatrix}.$$

在这个行列式里，第三行已有一个元素是零. 由第一列减去

第三列的二倍，再把第三列加到第四列上，得

$$D=\begin{vmatrix}5&1&-1&1\\-11&1&3&-1\\0&0&1&0\\-5&-5&3&0\end{vmatrix}.$$

根据定理 3. 4. 1，

$$D=1\times(-1)^{3+3}\begin{vmatrix}5&1&1\\-11&1&-1\\-5&-5&0\end{vmatrix}.$$

把所得三阶行列式的第一行加到第二行，得

$$\begin{vmatrix}5&1&1\\-6&2&0\\-5&-5&0\end{vmatrix}=1\times(-1)^{1+3}\begin{vmatrix}-6&2\\-5&-5\end{vmatrix}=40.$$

所以 $D=40$.

例 5 计算 n 阶行列式

$$\Delta_n=\begin{vmatrix}x&-1&0&\cdots&0&0\\0&x&-1&\cdots&0&0\\0&0&x&\cdots&0&0\\\vdots&\vdots&\vdots&&\vdots&\vdots\\0&0&0&\cdots&x&-1\\a_n&a_{n-1}&a_{n-2}&\cdots&a_2&x+a_1\end{vmatrix}.$$

按第一列展开，得

$$\Delta_n=x\begin{vmatrix}x&-1&0&\cdots&0&0\\0&x&-1&\cdots&0&0\\\vdots&\vdots&\vdots&&\vdots&\vdots\\0&0&0&\cdots&x&-1\\a_{n-1}&a_{n-2}&a_{n-3}&\cdots&a_2&x+a_1\end{vmatrix}$$

$$+(-1)^{n+1}a_n\begin{vmatrix} -1 & 0 & \cdots & 0 & 0 \\ x & -1 & \cdots & 0 & 0 \\ 0 & x & \cdots & 0 & 0 \\ \vdots & \vdots & & \vdots & \vdots \\ 0 & 0 & \cdots & x & -1 \end{vmatrix}.$$

这里的第一个 $n-1$ 阶行列式与 Δ_n 有相同的形式，把它记作 Δ_{n-1}；第二个 $n-1$ 阶行列式等于$(-1)^{n-1}$. 所以

$$\Delta_n = x\Delta_{n-1} + a_n.$$

这个式子对于任何 $n(\geqslant 2)$都成立. 因此有

$$\begin{aligned}\Delta_n &= x\Delta_{n-1} + a_n \\ &= x(x\Delta_{n-2} + a_{n-1}) + a_n \\ &= x^2\Delta_{n-2} + a_{n-1}x + a_n \\ &\cdots\cdots\cdots\cdots \\ &= x^{n-1}\Delta_1 + a_2x^{n-2} + \cdots + a_{n-1}x + a_n.\end{aligned}$$

但 $\Delta_1 = |x + a_1| = x + a_1$. 所以

$$\Delta_n = x^n + a_1x^{n-1} + \cdots + a_n.$$

像在这个例子里那样，把行列式的计算归结为形式相同而阶数较低的行列式的计算，是一个常用的方法. 我们再用这个方法来计算一个常要用到的行列式.

例 6 计算行列式

$$D_n = \begin{vmatrix} 1 & 1 & \cdots & 1 \\ a_1 & a_2 & \cdots & a_n \\ a_1^2 & a_2^2 & \cdots & a_n^2 \\ \vdots & \vdots & & \vdots \\ a_1^{n-1} & a_2^{n-1} & \cdots & a_n^{n-1} \end{vmatrix}.$$

这个行列式叫作一个 n 阶范德蒙德(Vandermonde)行列式

由最后一行开始，每一行减去它的相邻的前一行乘以 a_1，得

$$D_n = \begin{vmatrix} 1 & 1 & 1 & \cdots & 1 \\ 0 & a_2 - a_1 & a_3 - a_1 & \cdots & a_n - a_1 \\ 0 & a_2(a_2 - a_1) & a_3(a_3 - a_1) & \cdots & a_n(a_n - a_1) \\ \vdots & \vdots & \vdots & & \vdots \\ 0 & a_2^{n-2}(a_2 - a_1) & a_3^{n-2}(a_3 - a_1) & \cdots & a_n^{n-2}(a_n - a_1) \end{vmatrix}.$$

根据定理 3.4.1,

$$D_n = \begin{vmatrix} a_2 - a_1 & a_3 - a_1 & \cdots & a_n - a_1 \\ a_2(a_2 - a_1) & a_3(a_3 - a_1) & \cdots & a_n(a_n - a_1) \\ \vdots & \vdots & & \vdots \\ a_2^{n-2}(a_2 - a_1) & a_3^{n-2}(a_3 - a_1) & \cdots & a_n^{n-2}(a_n - a_1) \end{vmatrix}.$$

提出每一列的公因子后，得

$$D_n = (a_2 - a_1)(a_3 - a_1)\cdots(a_n - a_1) \begin{vmatrix} 1 & 1 & \cdots & 1 \\ a_2 & a_3 & \cdots & a_n \\ a_2^2 & a_3^2 & \cdots & a_n^2 \\ \vdots & \vdots & & \vdots \\ a_2^{n-2} & a_3^{n-2} & \cdots & a_n^{n-2} \end{vmatrix}.$$

最后的因子是一个 $n-1$ 阶的范德蒙德行列式，我们用 D_{n-1} 代表它：

$$D_n = (a_2 - a_1)(a_3 - a_1)\cdots(a_n - a_1)D_{n-1}.$$

同样得

$$D_{n-1} = (a_3 - a_2)(a_4 - a_2)\cdots(a_n - a_2)D_{n-2}.$$

此处 D_{n-2} 是一个 $n-2$ 阶的范德蒙德行列式. 如此继续下去，最后得

$$\begin{aligned} D_n = &(a_2 - a_1)(a_3 - a_1)\cdots(a_n - a_1) \\ &\cdot (a_3 - a_2)\cdots(a_n - a_2) \\ &\cdot \cdots\cdots\cdots \\ &\cdot (a_n - a_{n-1}). \end{aligned}$$

习　　题

1. 把行列式

$$\begin{vmatrix} 1 & 0 & -1 & -1 \\ 0 & -1 & -1 & 1 \\ a & b & c & d \\ -1 & -1 & 1 & 0 \end{vmatrix}$$

依第三行展开，然后加以计算.

2. 计算以下行列式：

(i) $\begin{vmatrix} 1 & 2 & 3 & 4 \\ 2 & 3 & 4 & 1 \\ 3 & 4 & 1 & 2 \\ 4 & 1 & 2 & 3 \end{vmatrix}$;

(ii) $\begin{vmatrix} 1 & 1 & 1 & 1 \\ 1 & 2 & 3 & 4 \\ 1 & 3 & 6 & 10 \\ 1 & 4 & 10 & 20 \end{vmatrix}$;

(iii) $\begin{vmatrix} 1 & 4 & 9 & 16 \\ 4 & 9 & 16 & 25 \\ 9 & 16 & 25 & 36 \\ 16 & 25 & 36 & 49 \end{vmatrix}$;

(iv) $\begin{vmatrix} 1 & a_1 & 0 & 0 & \cdots & 0 & 0 \\ -1 & 1-a_1 & a_2 & 0 & \cdots & 0 & 0 \\ 0 & -1 & 1-a_2 & a_3 & \cdots & 0 & 0 \\ \vdots & \vdots & \vdots & \vdots & & \vdots & \vdots \\ 0 & 0 & 0 & 0 & \cdots & 1-a_{n-1} & a_n \\ 0 & 0 & 0 & 0 & \cdots & -1 & 1-a_n \end{vmatrix}$;

(v) $\begin{vmatrix} a & 0 & 0 & \cdots & 0 & 0 & b \\ 0 & a & 0 & \cdots & 0 & b & 0 \\ 0 & 0 & a & \cdots & b & 0 & 0 \\ \vdots & \vdots & \vdots & & \vdots & \vdots & \vdots \\ 0 & 0 & b & \cdots & a & 0 & 0 \\ 0 & b & 0 & \cdots & 0 & a & 0 \\ b & 0 & 0 & \cdots & 0 & 0 & a \end{vmatrix}$（$2n$ 阶）；

(vi) $\begin{vmatrix} 1+a_1 & a_2 & a_3 & \cdots & a_n \\ a_1 & 1+a_2 & a_3 & \cdots & a_n \\ a_1 & a_2 & 1+a_3 & \cdots & a_n \\ \vdots & \vdots & \vdots & & \vdots \\ a_1 & a_2 & a_3 & \cdots & 1+a_n \end{vmatrix}$；

(vii) $\begin{vmatrix} 0 & 1 & 2 & 3 & \cdots & n-1 \\ 1 & 0 & 1 & 2 & \cdots & n-2 \\ 2 & 1 & 0 & 1 & \cdots & n-3 \\ \vdots & \vdots & \vdots & \vdots & & \vdots \\ n-1 & n-2 & n-3 & n-4 & \cdots & 0 \end{vmatrix}$；

(viii) $\begin{vmatrix} 1-a_1 & a_2 & 0 & \cdots & 0 & 0 \\ -1 & 1-a_2 & a_3 & \cdots & 0 & 0 \\ 0 & -1 & 1-a_3 & \cdots & 0 & 0 \\ \vdots & \vdots & \vdots & & \vdots & \vdots \\ 0 & 0 & 0 & \cdots & 1-a_{n-1} & a_n \\ 0 & 0 & 0 & \cdots & -1 & 1-a_n \end{vmatrix}$.

[提示：把第一列的元素看成两项的和，然后把行列式拆成两个行列式的和.]

3. 令

$$f_i(x) = a_{i0}x^i + a_{i1}x^{i-1} + \cdots + a_{i,i-1}x + a_{ii}.$$

计算行列式

$$\begin{vmatrix} f_0(x_1) & f_0(x_2) & \cdots & f_0(x_n) \\ f_1(x_1) & f_1(x_2) & \cdots & f_1(x_n) \\ \vdots & \vdots & & \vdots \\ f_{n-1}(x_1) & f_{n-1}(x_2) & \cdots & f_{n-1}(x_n) \end{vmatrix}.$$

3.5 克拉默规则

有了前一节的结果，不难证明，利用 n 阶行列式可以解含有 n 个未知量 n 个方程的线性方程组.

设给定了一个含有 n 个未知量 n 个方程的线性方程组

$$(1)\qquad \begin{gathered} a_{11}x_1 + a_{12}x_2 + \cdots + a_{1n}x_n = b_1, \\ a_{21}x_1 + a_{22}x_2 + \cdots + a_{2n}x_n = b_2, \\ \cdots\cdots\cdots\cdots \\ a_{n1}x_1 + a_{n2}x_2 + \cdots + a_{nn}x_n = b_n. \end{gathered}$$

利用(1)的系数可以构成一个 n 阶行列式

$$D = \begin{vmatrix} a_{11} & a_{12} & \cdots & a_{1n} \\ a_{21} & a_{22} & \cdots & a_{2n} \\ \vdots & \vdots & & \vdots \\ a_{n1} & a_{n2} & \cdots & a_{nn} \end{vmatrix},$$

这个行列式叫作方程组(1)的行列式.

定理 3.5.1 （克拉默(Cramer)规则）一个含有 n 个未知量 n 个方程的线性方程组(1)当它的行列式 $D \neq 0$ 时，有且仅有一个解

$$(2)\qquad x_1 = \frac{D_1}{D}, x_2 = \frac{D_2}{D}, \cdots, x_n = \frac{D_n}{D},$$

此处 D_j 是把行列式 D 的第 j 列的元素换以方程组的常数项 b_1, $b_2, \cdots, b_n$ 而得到的 n 阶行列式.

证 $n=1$ 时是显然的. 设 $n>1$. 令 j 是整数 $1,2,\cdots,n$ 中的任意一个. 分别以 $A_{1j},A_{2j},\cdots,A_{nj}$ 乘方程组(1)的第一,第二,…,第 n 个方程,然后相加,得

$$\begin{aligned}&(a_{11}A_{1j}+a_{21}A_{2j}+\cdots+a_{n1}A_{nj})x_1\\&+\cdots\\&+(a_{1j}A_{1j}+a_{2j}A_{2j}+\cdots+a_{nj}A_{nj})x_j\\&+\cdots\\&+(a_{1n}A_{1j}+a_{2n}A_{2j}+\cdots+a_{nn}A_{nj})x_n\\=\ &b_1A_{1j}+b_2A_{2j}+\cdots+b_nA_{nj}.\end{aligned}$$

由定理 3.4.2 和 3.4.3, x_j 的系数等于 D 而 $x_i(i\neq j)$ 的系数都是零;因此等式左端等于 Dx_j,而等式右端刚好是 n 阶行列式

$$D_j=\begin{vmatrix}a_{11}&\cdots&b_1&\cdots&a_{1n}\\a_{21}&\cdots&b_2&\cdots&a_{2n}\\\vdots&&\vdots&&\vdots\\a_{n1}&\cdots&b_n&\cdots&a_{nn}\end{vmatrix}.$$

这样,我们得到

$$Dx_j=D_j.$$

令 $j=1,2,\cdots,n$,我们得到方程组

$$(3)\qquad Dx_1=D_1,\ Dx_2=D_2,\ \cdots,\ Dx_n=D_n.$$

方程组(1)的每一解都是方程组(3)的解. 事实上,设 $\alpha_1,\alpha_2,\cdots,\alpha_n$ 是方程组(1)的一个解. 那么在(1)中把 x_i 代以 $\alpha_i(i=1,2,\cdots,n)$,就得到一组等式. 对于这一组等式施以由方程组(1)到方程组(3)的变换,显然得到下面的一组等式:

$$D\alpha_1=D_1,D\alpha_2=D_2,\cdots,D\alpha_n=D_n.$$

这就是说, $\alpha_1,\alpha_2,\cdots,\alpha_n$ 也是方程组(3)的一个解.

当 $D\neq 0$ 时，方程组(3)有唯一解，就是(2). 因此方程组(1)也最多有这一个解.

我们证明(2)是(1)的解. 为此，把(2)代入方程组(1)，那么(1)的第 $i(i=1,2,\cdots,n)$ 个方程的左端变为

$$a_{i1}\frac{D_1}{D}+a_{i2}\frac{D_2}{D}+\cdots+a_{in}\frac{D_n}{D},$$

而

$$D_j=b_1A_{1j}+b_2A_{2j}+\cdots+b_nA_{nj},\ j=1,2,\cdots,n.$$

计算出来，我们得到

$$\begin{aligned}
&a_{i1}(b_1A_{11}+\cdots+b_iA_{i1}+\cdots+b_nA_{n1})\frac{1}{D}\\
&\quad+a_{i2}(b_1A_{12}+\cdots+b_iA_{i2}+\cdots+b_nA_{n2})\frac{1}{D}+\cdots\\
&\quad+a_{in}(b_1A_{1n}+\cdots+b_iA_{in}+\cdots+b_nA_{nn})\frac{1}{D}\\
&=b_1(a_{i1}A_{11}+a_{i2}A_{12}+\cdots+a_{in}A_{1n})\frac{1}{D}+\cdots\\
&\quad+b_i(a_{i1}A_{i1}+a_{i2}A_{i2}+\cdots+a_{in}A_{in})\frac{1}{D}+\cdots\\
&\quad+b_n(a_{i1}A_{n1}+a_{i2}A_{n2}+\cdots+a_{in}A_{nn})\frac{1}{D}=b_i,
\end{aligned}$$

这里我们应用了定理 3.4.2 和 3.4.3. 这就是说，(2)是方程组(1)的解.

因此，当 $D\neq 0$ 时，方程组(1)有且仅有一个解，这个解由公式(2)给出. □

例 解线性方程组

$$\begin{aligned}
2x_1+x_2-5x_3+x_4&=8,\\
x_1-3x_2\qquad\quad-6x_4&=9,
\end{aligned}$$

$$2x_2 - x_3 + 2x_4 = -5,$$
$$x_1 + 4x_2 - 7x_3 + 6x_4 = 0.$$

这个方程组的行列式

$$D = \begin{vmatrix} 2 & 1 & -5 & 1 \\ 1 & -3 & 0 & -6 \\ 0 & 2 & -1 & 2 \\ 1 & 4 & -7 & 6 \end{vmatrix} = 27.$$

因为 $D \neq 0$，我们可以应用克拉默规则. 再计算以下的行列式

$$D_1 = \begin{vmatrix} 8 & 1 & -5 & 1 \\ 9 & -3 & 0 & -6 \\ -5 & 2 & -1 & 2 \\ 0 & 4 & -7 & 6 \end{vmatrix} = 81,$$

$$D_2 = \begin{vmatrix} 2 & 8 & -5 & 1 \\ 1 & 9 & 0 & -6 \\ 0 & -5 & -1 & 2 \\ 1 & 0 & -7 & 6 \end{vmatrix} = -108,$$

$$D_3 = \begin{vmatrix} 2 & 1 & 8 & 1 \\ 1 & -3 & 9 & -6 \\ 0 & 2 & -5 & 2 \\ 1 & 4 & 0 & 6 \end{vmatrix} = -27,$$

$$D_4 = \begin{vmatrix} 2 & 1 & -5 & 8 \\ 1 & -3 & 0 & 9 \\ 0 & 2 & -1 & -5 \\ 1 & 4 & -7 & 0 \end{vmatrix} = 27.$$

由克拉默规则，得方程组的解是:

$$x_1 = 3, \ x_2 = -4, \ x_3 = -1, \ x_4 = 1.$$

克拉默规则只在 $D \neq 0$ 时才能应用. 关于 $D = 0$ 的情形我们

将在第四章中再加以讨论.

习　　题

1. 解以下线性方程组：

(i) $x_1+x_2+2x_3+3x_4=1,$

$3x_1-x_2-x_3-2x_4=-4,$

$2x_1+3x_2-x_3-x_4=-6,$

$x_1+2x_2+3x_3-x_4=-4;$

(ii) $x_1+x_2+x_3+x_4=0,$

$x_2+x_3+x_4+x_5=0,$

$x_1+2x_2+3x_3=2,$

$x_2+2x_3+3x_4=-2,$

$x_3+2x_4+3x_5=2.$

2. 设 $a_1,a_2,\cdots,a_{n+1}$ 是 $n+1$ 个不同的数，$b_1,b_2,\cdots,b_{n+1}$ 是任意 $n+1$ 个数，而多项式

$$f(x)=c_0+c_1x+\cdots+c_nx^n$$

有以下性质：$f(a_i)=b_i,i=1,2,\cdots,n+1$. 用线性方程组的理论证明，$f(x)$ 的系数 $c_0,c_1,\cdots,c_n$ 是唯一确定的，并且对 $n=2$ 的情形导出拉格朗日插值公式.

3. 设 $f(x)=c_0+c_1x+\cdots+c_nx^n$. 用线性方程组的理论证明，若是 $f(x)$ 有 $n+1$ 个不同的根，那么 $f(x)$ 是零多项式.

第四章

线性方程组

4.1 消元法

前一章中我们只讨论了这样的线性方程组，这种方程组有相等个数的方程和未知量，并且方程组的系数行列式不等于零．在这一章我们要讨论一般的线性方程组：

$$
\begin{aligned}
a_{11}x_1+a_{12}x_2+\cdots+a_{1n}x_n&=b_1,\\
a_{21}x_1+a_{22}x_2+\cdots+a_{2n}x_n&=b_2,\\
&\cdots\cdots\cdots\cdots\\
a_{m1}x_1+a_{m2}x_2+\cdots+a_{mn}x_n&=b_m.
\end{aligned}\tag{1}
$$

在实际解线性方程组时，比较方便的方法是消元法．我们在中学代数里已经学会用消元法来解简单的线性方程组．

例 1 解线性方程组：

$$
\begin{aligned}
\frac{1}{2}x_1+\frac{1}{3}x_2+x_3&=1,\\
x_1+\frac{5}{3}x_2+3x_3&=3,\\
2x_1+\frac{4}{3}x_2+5x_3&=2.
\end{aligned}\tag{2}
$$

从第一和第三个方程分别减去第二个方程的$\frac{1}{2}$倍和 2 倍，来消去这两个方程中的未知量 x_1（即把 x_1 的系数化为零）. 我们得到：

$$-\frac{1}{2}x_2-\frac{1}{2}x_3=-\frac{1}{2},$$

$$x_1+\frac{5}{3}x_2+3x_3=3,$$

$$-2x_2-x_3=-4.$$

为了计算方便，我们把第一个方程乘以 -2 后，与第二个方程交换，得：

$$x_1+\frac{5}{3}x_2+3x_3=3,$$

$$x_2+x_3=1,$$

$$-2x_2-x_3=-4.$$

把第二个方程的 2 倍加到第三个方程，来消去后一方程中的未知量 x_2，我们得到：

$$x_1+\frac{5}{3}x_2+3x_3=3,$$

$$x_2+x_3=1,$$

$$x_3=-2.$$

现在很容易求出方程组的解. 从第一个方程减去第三个方程的 3 倍，再从第二个方程减去第三个方程（相当于把 x_3 的值 -2 代入第一和第二个方程），得

$$x_1+\frac{5}{3}x_2=9,$$

$$x_2=3,$$

$$x_3=-2.$$

再从第一个方程减去第二个方程的$\frac{5}{3}$倍（相当于把 x_2 的值 3 代入第一个方程），得

$$x_1=4,$$

$$x_2=3,$$
$$x_3=-2.$$

这样我们就求出了方程组(2)的解.

分析一下以上的例子，我们看到，我们对方程组施行了三种变换：

1）交换两个方程的位置；

2）用一个不等于零的数乘某一个方程；

3）用一个数乘某一个方程后加到另一个方程.

我们把这三种变换叫作*线性方程组的初等变换*.

由初等代数知道，以下定理成立.

定理 4.1.1 *初等变换把一个线性方程组变为一个与它同解的线性方程组.*

这样，消元法就是对给定线性方程组反复施行初等变换，来得到一串与原方程组同解的方程组，使得某些未知量在方程组中出现的次数逐渐减少，换句话说，消元法就是利用初等变换来化简方程组.

现在我们就要看一看，利用初等变换能把一般线性方程组(1)化简成怎样的一个线性方程组，从而解决求(1)的解的问题. 但是我们将不就线性方程组(1)来直接进行讨论，而要采取另一途径.

线性方程组(1)有没有解以及有些什么样的解，完全决定于(1)的系数和常数项. 因此在讨论线性方程组时，主要是研究它的系数和常数项.

利用线性方程组(1)的系数可以排成如下的一个表：

$$\begin{pmatrix} a_{11} & a_{12} & \cdots & a_{1n} \\ a_{21} & a_{22} & \cdots & a_{2n} \\ \vdots & \vdots & & \vdots \\ a_{m1} & a_{m2} & \cdots & a_{mn} \end{pmatrix}, \tag{3}$$

而利用(1)的系数和常数项又可以排成下表：

(4) $$\begin{pmatrix} a_{11} & a_{12} & \cdots & a_{1n} & b_1 \\ a_{21} & a_{22} & \cdots & a_{2n} & b_2 \\ \vdots & \vdots & & \vdots & \vdots \\ a_{m1} & a_{m2} & \cdots & a_{mn} & b_m \end{pmatrix}.$$

定义 1 由 st 个数 c_{ij} 排成的一个 s 行 t 列的表

$$\begin{pmatrix} c_{11} & c_{12} & \cdots & c_{1t} \\ c_{21} & c_{22} & \cdots & c_{2t} \\ \vdots & \vdots & & \vdots \\ c_{s1} & c_{s2} & \cdots & c_{st} \end{pmatrix}$$

叫作一个 s 行 t 列(或 $s\times t$)矩阵. c_{ij} 叫作这个矩阵的元素.

注意：矩阵和行列式虽然形式上有些类似，但有完全不同的意义. 一个行列式是一些数的代数和，而一个矩阵仅仅是一个表.

我们把矩阵(3)和(4)分别叫作线性方程组(1)的系数矩阵和增广矩阵. 一个线性方程组的增广矩阵显然完全能够代表这个方程组.

我们比照线性方程组的初等变换引入矩阵的初等变换的概念.

定义 2 矩阵的行(列)初等变换指的是对一个矩阵施行的下列变换：

(i) 交换矩阵的两行（列）；

(ii) 用一个不等于零的数乘矩阵的某一行（列），即用一个不等于零的数乘矩阵的某一行（列）的每一个元素；

(iii) 用某一数乘矩阵的某一行（列）后加到另一行（列），即用某一数乘矩阵的某一行（列）的每一元素后加到另一行（列）的对应元素上.

显然，对一个线性方程组施行一个初等变换，相当于对它的增广矩阵施行一个对应的行初等变换，而化简线性方程组相当于用行初等变换化简它的增广矩阵. 因此我们将要通过化简矩阵来讨论化简线性方程组的问题. 这样作，不但讨论起来比较方便，而且能够给予我们一种方法，就一个线性方程组的增广矩阵来解这个线性方程组，而不必每次把未知量写出. 我国古数学书《九章算术》（至迟写成于 3 世纪）中，就是用这种方法解线性方程组的.

在对一个线性方程组施行初等变换时，我们的目的是消去未知量，也就是说，把方程组的左端化简. 因此我们先来研究，利用三种行初等变换来化简一个线性方程组的系数矩阵的问题. 在此，为了叙述方便，除了行初等变换外，我们还允许交换矩阵的两列，即允许施行第一种列初等变换. 后一种初等变换相当于交换方程组中未知量的位置，这对于方程组的研究显然没有什么影响.

在例 1 里，我们曾把方程组（2）的系数矩阵

$$\begin{pmatrix} \frac{1}{2} & \frac{1}{3} & 1 \\ 1 & \frac{5}{3} & 3 \\ 2 & \frac{4}{3} & 5 \end{pmatrix}.$$

先化为

$$\begin{pmatrix} 1 & \frac{5}{3} & 3 \\ 0 & 1 & 1 \\ 0 & 0 & 1 \end{pmatrix},$$

然后进一步化为

$$\begin{pmatrix} 1 & 0 & 0 \\ 0 & 1 & 0 \\ 0 & 0 & 1 \end{pmatrix}.$$

对于任一线性方程组的系数矩阵来说，我们一般不能把它化为这样简单的形式. 但是我们有

定理 4.1.2 设 $\boldsymbol{A}$ 是一个 m 行 n 列矩阵：

$$\boldsymbol{A}=\begin{pmatrix} a_{11} & a_{12} & \cdots & a_{1n} \\ a_{21} & a_{22} & \cdots & a_{2n} \\ \vdots & \vdots & & \vdots \\ a_{m1} & a_{m2} & \cdots & a_{mn} \end{pmatrix}.$$

通过行初等变换和第一种列初等变换能把 $\boldsymbol{A}$ 化为以下形式：

$$(5)\qquad \begin{matrix} \\ r\text{ 行}\updownarrow \\ \\ \\ \\ \\ \\ \end{matrix}\begin{pmatrix} 1 & * & * & \cdots & * & * & \cdots & * \\ 0 & 1 & * & \cdots & * & * & \cdots & * \\ \vdots & \vdots & \vdots & & \vdots & \vdots & & \vdots \\ 0 & 0 & 0 & \cdots & 1 & * & \cdots & * \\ 0 & 0 & 0 & \cdots & 0 & 0 & \cdots & 0 \\ \vdots & \vdots & \vdots & & \vdots & \vdots & & \vdots \\ 0 & 0 & 0 & \cdots & 0 & 0 & \cdots & 0 \end{pmatrix},$$

进而化为以下形式：

$$(6)\qquad \begin{pmatrix} 1 & 0 & 0 & \cdots & 0 & c_{1,r+1} & \cdots & c_{1n} \\ 0 & 1 & 0 & \cdots & 0 & c_{2,r+1} & \cdots & c_{2n} \\ \vdots & \vdots & \vdots & & \vdots & \vdots & & \vdots \\ 0 & 0 & 0 & \cdots & 1 & c_{r,r+1} & \cdots & c_{rn} \\ 0 & 0 & 0 & \cdots & 0 & 0 & \cdots & 0 \\ \vdots & \vdots & \vdots & & \vdots & \vdots & & \vdots \\ 0 & 0 & 0 & \cdots & 0 & 0 & \cdots & 0 \end{pmatrix},$$

这里 $r\geqslant 0$，$r\leqslant m$，$r\leqslant n$，$*$ 表示矩阵的元素，但不同位置上的 $*$ 表示的元素未必相同.

证 若是矩阵 $\boldsymbol{A}$ 的元素 a_{ij} 都等于零，那么 $\boldsymbol{A}$ 已有（5）的

形式. 设某一 a_{ij} 不等于零. 必要时交换矩阵的行和列，可以使这个元素位在矩阵的左上角. 用 $\frac{1}{a_{ij}}$ 乘第一行，然后由其余各行分别减去第一行的适当倍数，矩阵 $\boldsymbol{A}$ 化为

$$\boldsymbol{B}=\begin{pmatrix}1 & * & \cdots & * \\ 0 & * & \cdots & * \\ \vdots & \vdots & & \vdots \\ 0 & * & \cdots & *\end{pmatrix}.$$

若在 $\boldsymbol{B}$ 中，除第一行外，其余各行的元素都是零，那么 $\boldsymbol{B}$ 已有（5）的形式. 设在 $\boldsymbol{B}$ 的后 $m-1$ 行中有一个元素 b 不为零. 把 b 换到第二行第二列的交点的位置，然后用与上面同样的方法，可把 $\boldsymbol{B}$ 化为

$$\begin{pmatrix}1 & * & * & \cdots & * \\ 0 & 1 & * & \cdots & * \\ 0 & 0 & * & \cdots & * \\ \vdots & \vdots & \vdots & & \vdots \\ 0 & 0 & * & \cdots & *\end{pmatrix}.$$

如此继续下去，最后可以得出一个形如（5）的矩阵.

形如（5）的矩阵可以进一步化为形如（6）的矩阵是显然的. 我们只要由第一，第二，…，第 $r-1$ 行分别减去第 r 行的适当倍数，再由第一，第二，…，第 $r-2$ 行分别减去第 $r-1$ 行的适当倍数，等等. □

我们没有把矩阵 $\boldsymbol{A}$ 直接化为（6），而是把它先化为（5），再化为（6）. 因为这样计算程序比较整齐而计算量也比较小.

现在考察方程组（1）的增广矩阵（4）. 由定理 4.1.2，我们可以对（1）的系数矩阵（3）施行一些初等变换而把它化为矩阵（6）. 对增广矩阵（4）施行同样的初等变换，那么（4）

化为以下形式的矩阵：

$$
(7)\qquad \begin{pmatrix}
1 & 0 & \cdots & 0 & c_{1,r+1} & \cdots & c_{1n} & d_1 \\
0 & 1 & \cdots & 0 & c_{2,r+1} & \cdots & c_{2n} & d_2 \\
\vdots & \vdots & & \vdots & \vdots & & \vdots & \vdots \\
0 & 0 & \cdots & 1 & c_{r,r+1} & \cdots & c_{rn} & d_r \\
0 & 0 & \cdots & 0 & 0 & \cdots & 0 & d_{r+1} \\
\vdots & \vdots & & \vdots & \vdots & & \vdots & \vdots \\
0 & 0 & \cdots & 0 & 0 & \cdots & 0 & d_m
\end{pmatrix}
$$

与（7）相当的线性方程组是

$$
(8)\qquad \begin{aligned}
x_{i_1} \qquad\qquad &+ c_{1,r+1}x_{i_{r+1}} + \cdots + c_{1n}x_{i_n} = d_1, \\
x_{i_2} \qquad &+ c_{2,r+1}x_{i_{r+1}} + \cdots + c_{2n}x_{i_n} = d_2, \\
&\cdots\cdots\cdots\cdots \\
x_{i_r} &+ c_{r,r+1}x_{i_{r+1}} + \cdots + c_{rn}x_{i_n} = d_r, \\
&\qquad\qquad\qquad 0 = d_{r+1}, \\
&\cdots\cdots\cdots\cdots \\
&\qquad\qquad\qquad 0 = d_m,
\end{aligned}
$$

这里 $i_1, i_2, \cdots, i_n$ 是 $1, 2, \cdots, n$ 的一个排列. 由于方程组(8)可以由方程组(1)通过方程组的初等变换以及交换未知量的位置而得到，所以由定理4.1.1，方程组(8)与方程组(1)同解. 因此，要解方程组(1)，只需解方程组(8). 但方程组(8)是否有解以及有怎样的解都容易看出.

情形 1. $r < m$，而 $d_{r+1}, \cdots, d_m$ 不全为零. 这时方程组(8)无解，因为它的后 $m-r$ 个方程中至少有一个无解. 因此方程组(1)也无解.

情形 2. $r = m$ 或 $r < m$ 而 $d_{r+1}, \cdots, d_m$ 全为零，这时方程组(8)与方程组

$$
(9)\qquad\begin{aligned}
x_{i_1} + c_{1,r+1}x_{i_{r+1}} + \cdots + c_{1n}x_{i_n} &= d_1,\\
x_{i_2} + c_{2,r+1}x_{i_{r+1}} + \cdots + c_{2n}x_{i_n} &= d_2,\\
&\cdots\cdots\\
x_{i_r} + c_{r,r+1}x_{i_{r+1}} + \cdots + c_{rn}x_{i_n} &= d_r
\end{aligned}
$$

同解.

当 $r=n$ 时，方程组(9)有唯一解，就是 $x_{i_t}=d_t, t=1,2,\cdots,n$. 这也是方程组(1)的唯一解.

当 $r<n$ 时，方程组(9)可以改写成

$$
(10)\qquad\begin{aligned}
x_{i_1} &= d_1 - c_{1,r+1}x_{i_{r+1}} - \cdots - c_{1n}x_{i_n},\\
x_{i_2} &= d_2 - c_{2,r+1}x_{i_{r+1}} - \cdots - c_{2n}x_{i_n},\\
&\cdots\cdots\\
x_{i_r} &= d_r - c_{r,r+1}x_{i_{r+1}} - \cdots - c_{rn}x_{i_n}.
\end{aligned}
$$

于是，给予未知量 $x_{i_{r+1}}$，$\cdots$，x_{i_n} 以任意一组数值 $k_{i_{r+1}}$，$\cdots$，k_{i_n}，就得到(9)的一个解：

$$
\begin{aligned}
x_{i_1} &= d_1 - c_{1,r+1}k_{i_{r+1}} - \cdots - c_{1n}k_{i_n},\\
&\cdots\cdots\\
x_{i_r} &= d_r - c_{r,r+1}k_{i_{r+1}} - \cdots - c_{rn}k_{i_n},\\
x_{i_{r+1}} &= k_{i_{r+1}},\\
&\cdots\cdots\\
x_{i_n} &= k_{i_n}.
\end{aligned}
$$

这也是(1)的一个解. 由于 $k_{i_{r+1}},\cdots,k_{i_n}$ 可以任意选取，用这一方法可以得到(1)的无穷多解. 另一方面，由于(9)的任一解都必须满足(10)，所以(9)的全部解，亦即(1)的全部解都可以用以上方法得出. 我们常把未知量 $x_{i_{r+1}},\cdots,x_{i_n}$ 叫作**自由未知量**，而把(10)叫作方程组(1)的**一般解**.

这样，线性方程组(1)有没有解，以及有怎样的解，都可以从矩阵(7)看出. 因此我们完全可以就方程组(1)的增广矩阵来解这个方程组. 还要指出，在实际解方程组时，我们不必交换增广矩阵的列(参考下面例 3). 如果愿意这样做，那么最好在增广

矩阵的列(最后一列除外)上面，注上对应的未知量，然后在交换两列时，同时交换对应的未知量.

例 2 解线性方程组

$$\begin{aligned} 5x_1 - x_2 + 2x_3 + x_4 &= 7, \\ 2x_1 + x_2 + 4x_3 - 2x_4 &= 1, \\ x_1 - 3x_2 - 6x_3 + 5x_4 &= 0. \end{aligned}$$

对增广矩阵

$$\begin{pmatrix} 5 & -1 & 2 & 1 & 7 \\ 2 & 1 & 4 & -2 & 1 \\ 1 & -3 & -6 & 5 & 0 \end{pmatrix}$$

施行行初等变换，并且注意，我们是要把其中所含的系数矩阵先化为(5)，再化为(6)的形式. 由第一和第二行分别减去第三行的 5 倍和 2 倍，然后把第三行换到第一行的位置，得

$$\begin{pmatrix} 1 & -3 & -6 & 5 & 0 \\ 0 & 14 & 32 & -24 & 7 \\ 0 & 7 & 16 & -12 & 1 \end{pmatrix}.$$

由第二行减去第三行的 2 倍，得

$$\begin{pmatrix} 1 & -3 & -6 & 5 & 0 \\ 0 & 0 & 0 & 0 & 5 \\ 0 & 7 & 16 & -12 & 1 \end{pmatrix}.$$

虽然我们还没有把增广矩阵化成(5)的形式，但已可看到，相当于最后矩阵的线性方程组中有一个方程是

$$0 = 5.$$

所以原方程组无解.

例 3 解线性方程组

$$\begin{aligned} x_1 + 2x_2 + 3x_3 + x_4 &= 5, \\ 2x_1 + 4x_2 \qquad\quad - x_4 &= -3, \\ -x_1 - 2x_2 + 3x_3 + 2x_4 &= 8, \\ x_1 + 2x_2 - 9x_3 - 5x_4 &= -21. \end{aligned}$$

这里的增广矩阵是

$$\begin{pmatrix} 1 & 2 & 3 & 1 & 5 \\ 2 & 4 & 0 & -1 & -3 \\ -1 & -2 & 3 & 2 & 8 \\ 1 & 2 & -9 & -5 & -21 \end{pmatrix}.$$

把第一行的适当倍数加到其他各行，得

$$\begin{pmatrix} 1 & 2 & 3 & 1 & 5 \\ 0 & 0 & -6 & -3 & -13 \\ 0 & 0 & 6 & 3 & 13 \\ 0 & 0 & -12 & -6 & -26 \end{pmatrix}.$$

继续施行行初等变换，这一矩阵可以化为

$$\begin{pmatrix} 1 & 2 & 3 & 1 & 5 \\ 0 & 0 & 1 & \frac{1}{2} & \frac{13}{6} \\ 0 & 0 & 0 & 0 & 0 \\ 0 & 0 & 0 & 0 & 0 \end{pmatrix}.$$

这个矩阵本质上已有(5)的形式，这一点只要交换矩阵的第二和第三两列就可以看出. 进一步由第一行减去第二行的三倍，得出相当于(6)型的矩阵

$$\begin{pmatrix} 1 & 2 & 0 & -\frac{1}{2} & -\frac{3}{2} \\ 0 & 0 & 1 & \frac{1}{2} & \frac{13}{6} \\ 0 & 0 & 0 & 0 & 0 \\ 0 & 0 & 0 & 0 & 0 \end{pmatrix}.$$

对应的线性方程组是

$$\begin{aligned} x_1 + 2x_2 \qquad - \frac{1}{2}x_4 &= -\frac{3}{2}, \\ x_3 + \frac{1}{2}x_4 &= \frac{13}{6}. \end{aligned}$$

把 x_2，x_4 移到右边，作为自由未知量，得原方程组的一般解：

$$x_1 = -\frac{3}{2} - 2x_2 + \frac{1}{2}x_4,$$

$$x_3 = \frac{13}{6} \qquad\qquad - \frac{1}{2}x_4.$$

习　　题

1. 解以下线性方程组：

（i）$x_1 - 2x_2 + x_3 + x_4 = 1,$

$x_1 - 2x_2 + x_3 - x_4 = -1,$

$x_1 - 2x_2 + x_3 + x_4 = 5;$

（ii）$2x_1 - x_2 + 3x_3 = 3,$

$3x_1 + x_2 - 5x_3 = 0,$

$4x_1 - x_2 + x_3 = 3,$

$x_1 + 3x_2 - 13x_3 = -6.$

2. 证明：对矩阵施行第一种行初等变换相当于对它连续施行若干次第二和第三种行初等变换.

3. 设 n 阶行列式

$$D = \begin{vmatrix} a_{11} & a_{12} & \cdots & a_{1n} \\ a_{21} & a_{22} & \cdots & a_{2n} \\ \vdots & \vdots & & \vdots \\ a_{n1} & a_{n2} & \cdots & a_{nn} \end{vmatrix} \neq 0.$$

证明：用行初等变换能把 n 行 n 列矩阵

$$\begin{pmatrix} a_{11} & a_{12} & \cdots & a_{1n} \\ a_{21} & a_{22} & \cdots & a_{2n} \\ \vdots & \vdots & & \vdots \\ a_{n1} & a_{n2} & \cdots & a_{nn} \end{pmatrix}$$

化为 n 行 n 列矩阵

$$\begin{pmatrix} 1 & 0 & \cdots & 0 \\ 0 & 1 & \cdots & 0 \\ \vdots & \vdots & & \vdots \\ 0 & 0 & \cdots & 1 \end{pmatrix}.$$

4. 证明：在前一题的假设下，可以通过若干次第三种初等变换把 n 行 n 列矩阵

$$\begin{pmatrix} a_{11} & a_{12} & \cdots & a_{1n} \\ a_{21} & a_{22} & \cdots & a_{2n} \\ \vdots & \vdots & & \vdots \\ a_{n1} & a_{n2} & \cdots & a_{nn} \end{pmatrix}$$

化为 n 行 n 列矩阵

$$\begin{pmatrix} 1 & 0 & \cdots & 0 & 0 \\ 0 & 1 & \cdots & 0 & 0 \\ \vdots & \vdots & & \vdots & \vdots \\ 0 & 0 & \cdots & 1 & 0 \\ 0 & 0 & \cdots & 0 & D \end{pmatrix}.$$

4.2 矩阵的秩 线性方程组可解的判别法

我们在上一节讲述了用消元法来解线性方程组：

$$(1)\qquad \begin{aligned} a_{11}x_1 + a_{12}x_2 + \cdots + a_{1n}x_n &= b_1, \\ a_{21}x_1 + a_{22}x_2 + \cdots + a_{2n}x_n &= b_2, \\ &\cdots\cdots\cdots\cdots \\ a_{m1}x_1 + a_{m2}x_2 + \cdots + a_{mn}x_n &= b_m. \end{aligned}$$

这个方法在实际解方程组时是比较方便的. 但是我们还有几个问题没有解决.

1）我们在上一节利用初等变换把方程组(1)的系数矩阵

$$
(2)\qquad \begin{pmatrix} a_{11} & a_{12} & \cdots & a_{1n} \\ a_{21} & a_{22} & \cdots & a_{2n} \\ \vdots & \vdots & & \vdots \\ a_{m1} & a_{m2} & \cdots & a_{mn} \end{pmatrix}
$$

简化为以下形式的一个矩阵

$$
(3)\qquad \begin{pmatrix} 1 & 0 & \cdots & 0 & c_{1,r+1} & \cdots & c_{1n} \\ 0 & 1 & \cdots & 0 & c_{2,r+1} & \cdots & c_{2n} \\ \vdots & \vdots & & \vdots & \vdots & & \vdots \\ 0 & 0 & \cdots & 1 & c_{r,r+1} & \cdots & c_{rn} \\ 0 & 0 & \cdots & 0 & 0 & \cdots & 0 \\ \vdots & \vdots & & \vdots & \vdots & & \vdots \\ 0 & 0 & \cdots & 0 & 0 & \cdots & 0 \end{pmatrix},
$$

并且看到，在矩阵(3)中出现的整数 r 在讨论中占有重要的地位．但是我们对这个整数还没有什么了解．r 和系数矩阵(2)究竟有什么关系？它是由系数矩阵(2)所唯一决定的，还是依赖于所用的初等变换？因为我们可以用不同的初等变换，把系数矩阵(2)化为不同的形如(3)的矩阵．

2）方程组(1)有解时，它的系数应该满足什么条件？

3）我们没有得出，用方程组的系数和常数项来表示解的公式，而解的公式在理论上有重要的意义．

以下我们要讨论这些问题．在讨论中，行列式的理论和“矩阵的秩”的概念将起着基本的作用．

利用一个矩阵的元素可以构成一系列的行列式．

定义 1　在一个 s 行 t 列矩阵中，任取 k 行 k 列（$k\leqslant s$，$k\leqslant t$）．位于这些行列交点处的元素（不改变元素的相对位置）所构成的 k 阶行列式叫作这个矩阵的一个 k 阶子式．

我们看一看，在矩阵(3)中出现的整数 r 和这个矩阵的子式间有些什么关系．我们先假定 $r>0$．这时，矩阵(3)含有一个 r

阶子式：

$$\begin{vmatrix}1 & 0 & \cdots & 0\\0 & 1 & \cdots & 0\\\vdots & \vdots & & \vdots\\0 & 0 & \cdots & 1\end{vmatrix}.$$

这个子式不等于零. 但矩阵(3)不含阶数高于 r 的不等于零的子式. 这是因为：在 $r=m$ 或 $r=n$ 时，矩阵(3)根本不含阶数高于 r 的子式；而当 $r<m$，$r<n$ 时，矩阵(3)的任何一个阶数高于 r 的子式都至少含有一个元素全为零的行，因而必然等于零. 这样，r 等于矩阵(3)中不等于零的子式的最大阶数.

定义 2 一个矩阵中不等于零的子式的最大阶数叫作这个矩阵的秩. 若一个矩阵没有不等于零的子式，就认为这个矩阵的秩是零.

按照定义，一个矩阵的秩既不能超过这个矩阵的行的个数，也不能超过它的列的个数. 一个矩阵 $\boldsymbol{A}$ 的秩用秩 $\boldsymbol{A}$ 来表示.

显然，只有当一个矩阵的元素都是零时，这个矩阵的秩才能是零.

这样，在矩阵(3)中出现的整数 r，在任何情形(包括 $r=0$ 的情形)，都等于矩阵(3)的秩.

现在我们要证明，r 也是线性方程组(1)的系数矩阵(2)的秩，因此 r 是由系数矩阵唯一决定的.

为此只需证明以下

定理 4.2.1 初等变换不改变矩阵的秩.

证 我们先说明以下事实：若是对一个矩阵 $\boldsymbol{A}$ 施行某一种行或列初等变换而得到矩阵 $\boldsymbol{B}$，那么对 $\boldsymbol{B}$ 施行同一种初等变换又可以得到 $\boldsymbol{A}$. 事实上，若是交换 $\boldsymbol{A}$ 的第 i 行与第 j 行而得到 $\boldsymbol{B}$，那么交换 $\boldsymbol{B}$ 的第 i 行与第 j 行就又得到 $\boldsymbol{A}$；若是把 $\boldsymbol{A}$ 的第 i 行乘以一个不等于零的数 a 而得到 $\boldsymbol{B}$，那么把 $\boldsymbol{B}$ 的第 i 行乘以 $\dfrac{1}{a}$ 就又得到 $\boldsymbol{A}$；若是把 $\boldsymbol{A}$ 的第 j 行乘以数 k 加到第 i 行而得到 $\boldsymbol{B}$，那么

把 $\boldsymbol{B}$ 的第 j 行乘以 $-k$ 加到第 i 行就又得到 $\boldsymbol{A}$. 列初等变换的情形显然完全一样.

现在我们就第三种行初等变换来证明定理.

设把一个矩阵 $\boldsymbol{A}$ 的第 j 行乘以数 k 加到第 i 行而得到矩阵 $\boldsymbol{B}$:

$$\boldsymbol{A}=\begin{pmatrix} a_{11} & \cdots & a_{1n} \\ \vdots & & \vdots \\ a_{i1} & \cdots & a_{in} \\ \vdots & & \vdots \\ a_{j1} & \cdots & a_{jn} \\ \vdots & & \vdots \\ a_{m1} & \cdots & a_{mn} \end{pmatrix},\quad \boldsymbol{B}=\begin{pmatrix} a_{11} & \cdots & a_{1n} \\ \vdots & & \vdots \\ a_{i1}+ka_{j1} & \cdots & a_{in}+ka_{jn} \\ \vdots & & \vdots \\ a_{j1} & \cdots & a_{jn} \\ \vdots & & \vdots \\ a_{m1} & \cdots & a_{mn} \end{pmatrix},$$

并且 $\boldsymbol{A}$ 的秩是 r. 我们要证明, $\boldsymbol{B}$ 的秩也是 r. 我们先证明, $\boldsymbol{B}$ 的秩不能超过 r.

若是矩阵 $\boldsymbol{B}$ 没有阶数大于 r 的子式, 那么它当然也没有阶数大于 r 的不等于零的子式, 因而它的秩显然不能超过 r.

设矩阵 $\boldsymbol{B}$ 有 s 阶子式 D, 而 $s>r$. 那么有三种可能情形.

(i) D 不含第 i 行的元素. 这时 D 也是矩阵 $\boldsymbol{A}$ 的一个 s 阶子式, 而 s 大于 $\boldsymbol{A}$ 的秩, 因此 $D=0$.

(ii) D 含第 i 行的元素, 也含第 j 行的元素. 这时, 由命题 3.3.5, 得

$$D=\begin{vmatrix} a_{ht_1} & \cdots & a_{ht_s} \\ \vdots & & \vdots \\ a_{it_1}+ka_{jt_1} & \cdots & a_{it_s}+ka_{jt_s} \\ \vdots & & \vdots \\ a_{jt_1} & \cdots & a_{jt_s} \\ \vdots & & \vdots \\ a_{kt_1} & \cdots & a_{kt_s} \end{vmatrix}=\begin{vmatrix} a_{ht_1} & \cdots & a_{ht_s} \\ \vdots & & \vdots \\ a_{it_1} & \cdots & a_{it_s} \\ \vdots & & \vdots \\ a_{jt_1} & \cdots & a_{jt_s} \\ \vdots & & \vdots \\ a_{kt_1} & \cdots & a_{kt_s} \end{vmatrix}=0.$$

因为后一行列式是矩阵 $\boldsymbol{A}$ 的一个 s 阶子式.

(iii) D 含第 i 行的元素，但不含第 j 行的元素. 这时

$$D=\begin{vmatrix} a_{ht_1} & \cdots & a_{ht_s} \\ \vdots & & \vdots \\ a_{it_1}+ka_{jt_1} & \cdots & a_{it_s}+ka_{jt_s} \\ \vdots & & \vdots \\ a_{kt_1} & \cdots & a_{kt_s} \end{vmatrix}=D_1+kD_2,$$

这里

$$D_1=\begin{vmatrix} a_{ht_1} & \cdots & a_{ht_s} \\ \vdots & & \vdots \\ a_{it_1} & \cdots & a_{it_s} \\ \vdots & & \vdots \\ a_{kt_1} & \cdots & a_{kt_s} \end{vmatrix},\ D_2=\begin{vmatrix} a_{ht_1} & \cdots & a_{ht_s} \\ \vdots & & \vdots \\ a_{jt_1} & \cdots & a_{jt_s} \\ \vdots & & \vdots \\ a_{kt_1} & \cdots & a_{kt_s} \end{vmatrix}.$$

由于 D_1 是矩阵 $\boldsymbol{A}$ 的一个 s 阶子式，而 D_2 与 $\boldsymbol{A}$ 的一个 s 阶子式最多差一个符号，所以这两个行列式都等于零，从而 $D=0$.

因此，在矩阵 $\boldsymbol{B}$ 有阶数大于 r 的子式的情形，$\boldsymbol{B}$ 的任何这样的子式都等于零，而 $\boldsymbol{B}$ 的秩也不能超过 r.

这样，在任何情形，我们都有，秩 $\boldsymbol{B}\leqslant$ 秩 $\boldsymbol{A}$.

但我们也可以对矩阵 $\boldsymbol{B}$ 施行第三种行初等变换而得到矩阵 $\boldsymbol{A}$. 因此，我们也有，秩 $\boldsymbol{A}\leqslant$ 秩 $\boldsymbol{B}$.

这样我们就证明了，秩 $\boldsymbol{A}=$ 秩 $\boldsymbol{B}$，即第三种行初等变换不改变矩阵的秩.

对其他初等变换来说，我们可以完全类似地证明定理成立. □

这样，我们就解决了前面提出的问题 1).

我们要注意，定理 4.2.1 也给予我们一种方法，不必计算一个矩阵 $\boldsymbol{A}$ 的子式就能求出 $\boldsymbol{A}$ 的秩来. 我们只需利用初等变换把 $\boldsymbol{A}$ 化成 4.1 中(5)型的矩阵，然后数一数，在化得的矩阵中有几个含有非零元素的行即可.

现在也很容易解决问题2).

定理 4.2.2 (线性方程组可解的判别法)线性方程组(1)有解的充要条件是:它的系数矩阵与增广矩阵有相同的秩.

证 用 $\overline{\boldsymbol{A}}$ 表示方程组(1)的增广矩阵:

$$\overline{\boldsymbol{A}}=\begin{pmatrix} a_{11} & a_{12} & \cdots & a_{1n} & b_1 \\ a_{21} & a_{22} & \cdots & a_{2n} & b_2 \\ \vdots & \vdots & & \vdots & \vdots \\ a_{m1} & a_{m2} & \cdots & a_{mn} & b_m \end{pmatrix},$$

那么 $\overline{\boldsymbol{A}}$ 的前 n 列作成的矩阵 $\boldsymbol{A}$ 就是(1)的系数矩阵.

利用定理4.1.2所指出的那种初等变换把 $\overline{\boldsymbol{A}}$ 化为

$$\overline{\boldsymbol{B}}=\begin{pmatrix} 1 & 0 & \cdots & 0 & c_{1,r+1} & \cdots & c_{1n} & d_1 \\ 0 & 1 & \cdots & 0 & c_{2,r+1} & \cdots & c_{2n} & d_2 \\ \vdots & \vdots & & \vdots & \vdots & & \vdots & \vdots \\ 0 & 0 & \cdots & 1 & c_{r,r+1} & \cdots & c_{rn} & d_r \\ 0 & 0 & \cdots & 0 & 0 & \cdots & 0 & d_{r+1} \\ \vdots & \vdots & & \vdots & \vdots & & \vdots & \vdots \\ 0 & 0 & \cdots & 0 & 0 & \cdots & 0 & d_m \end{pmatrix},$$

并且用 $\boldsymbol{B}$ 表示 $\overline{\boldsymbol{B}}$ 的前 n 列作成的矩阵. 那么由定理4.2.1得:

(4) $$秩\,\boldsymbol{A}=秩\,\boldsymbol{B}=r,\ 秩\,\overline{\boldsymbol{A}}=秩\,\overline{\boldsymbol{B}}.$$

现在设线性方程组(1)有解. 那么或者 $r=m$,或者 $r<m$,而 $d_{r+1}=\cdots=d_m=0$,这两种情形都有秩 $\overline{\boldsymbol{B}}=r$. 于是由(4)得,秩$\boldsymbol{A}$ = 秩 $\overline{\boldsymbol{A}}$.

反过来,设秩 $\boldsymbol{A}$ = 秩 $\overline{\boldsymbol{A}}$. 那么由(4)得,$\overline{\boldsymbol{B}}$ 的秩也是 r. 由此得,或者 $r=m$,或者 $r<m$ 而 $d_{r+1}=\cdots=d_m=0$,因而方程组(1)有解.

这样,定理得到证明. □

现在还可以把上节关于解的个数的结果陈述为以下定理.

定理 4.2.3 设线性方程组(1)的系数矩阵和增广矩阵有相同的秩 r. 那么当 r 等于方程组所含未知量的个数 n 时,方程组有唯一解；当 $r<n$ 时，方程组有无穷多解.

习　题

1. 对第一和第二种行初等变换证明定理 4.2.1.

2. 利用初等变换求下列矩阵的秩：

$$\begin{pmatrix} 2 & 1 & 11 & 2 \\ 1 & 0 & 4 & -1 \\ 11 & 4 & 56 & 5 \\ 2 & -1 & 5 & -6 \end{pmatrix};\quad \begin{pmatrix} 1 & 1 & 2 & 5 & 7 \\ 1 & 2 & 3 & 7 & 10 \\ 1 & 3 & 4 & 9 & 13 \\ 1 & 4 & 5 & 11 & 16 \end{pmatrix}.$$

3. 证明：一个线性方程组的增广矩阵的秩比系数矩阵的秩最多大 1.

4. 证明：含有 n 个未知量 $n+1$ 个方程的线性方程组

$$\begin{aligned} a_{11}x_1 \quad + \cdots + a_{1n}x_n \quad &= b_1, \\ \cdots\cdots\cdots\cdots \\ a_{n1}x_1 \quad + \cdots + a_{nn}x_n \quad &= b_n, \\ a_{n+1,1}x_1 + \cdots + a_{n+1,n}x_n &= b_{n+1} \end{aligned}$$

有解的必要条件是行列式

$$\begin{vmatrix} a_{11} & \cdots & a_{1n} & b_1 \\ \vdots & & \vdots & \vdots \\ a_{n1} & \cdots & a_{nn} & b_n \\ a_{n+1,1} & \cdots & a_{n+1,n} & b_{n+1} \end{vmatrix} = 0.$$

这个条件不是充分的，试举一反例.

5. λ 取怎样的数值时，线性方程组

$$\begin{aligned} \lambda\ x_1 + \ x_2 + 2x_3 - 3x_4 &= 2, \\ \lambda^2 x_1 - 3x_2 + 2x_3 + \ x_4 &= -1, \\ \lambda^3 x_1 - \ x_2 + 2x_3 - \ x_4 &= -1 \end{aligned}$$

有解?

6. λ 取怎样的数值时，线性方程组

$$\begin{aligned} \lambda x_1 + \ x_2 + \ x_3 &= 1, \\ x_1 + \lambda x_2 + \ x_3 &= \lambda, \\ x_1 + \ x_2 + \lambda x_3 &= \lambda^2 \end{aligned}$$

有唯一解，没有解，有无穷多解？

4.3 线性方程组的公式解

现在我们讨论线性方程组的公式解问题.

考虑线性方程组

$$(1)\qquad \begin{aligned} a_{11}x_1 + a_{12}x_2 + \cdots + a_{1n}x_n &= b_1, \\ a_{21}x_1 + a_{22}x_2 + \cdots + a_{2n}x_n &= b_2, \\ &\cdots\cdots\cdots\cdots \\ a_{m1}x_1 + a_{m2}x_2 + \cdots + a_{mn}x_n &= b_m. \end{aligned}$$

在用初等变换简化方程组(1)时，(1)的系数和常数项都起了变化，因而不能由简化后的方程组得出(1)的公式解. 现在我们要用另一种方法把(1)简化，使得简化后的方程组是(1)的一部分，因而不产生新的系数和常数项.

先看一个例子.

例 1 考察线性方程组

$$(2)\qquad \begin{aligned} x_1 + 2x_2 - x_3 &= 2, \\ 2x_1 - 3x_2 + x_3 &= 3, \\ 4x_1 + x_2 - x_3 &= 7. \end{aligned}$$

我们把这三个方程依次用 G_1，G_2，G_3 来表示. 那么在这三个方程间有以下关系：

$$G_3 = 2G_1 + G_2.$$

这就是说，第三个方程是前两个方程的结果. 因此由中学代数知道，第三个方程可以舍去，亦即方程组和由它的前两个方程所组成的方程组

$$\begin{aligned} x_1 + 2x_2 - x_3 &= 2, \\ 2x_1 - 3x_2 + x_3 &= 3 \end{aligned}$$

同解.

同样，把方程组(1)的 m 个方程依次用 $G_1, G_2, \cdots, G_m$ 来表示. 若是在这 m 个方程中，某一个方程 G_i 是其他 t 个方程 $G_{i_1}, G_{i_2}, \cdots, G_{i_t}$ 的结果，也就是说，若是存在 t 个数 $k_1, k_2, \cdots, k_t$，使关系式

$$G_i = k_1 G_{i_1} + k_2 G_{i_2} + \cdots + k_t G_{i_t}$$

成立，那么我们可以在方程组(1)中舍去方程 G_i 而把方程组(1)化简.

现在设方程组(1)有解，并且它的系数矩阵的秩是 $r \neq 0$($r = 0$ 的情形是明显的，我们不必加以讨论). 在前两节中我们看到，在这一情形，经过初等变换，可以把解方程组(1)归结为解一个含有 r 个方程的线性方程组. 现在我们要证明，不用初等变换，也可以得到同样结果.

定理 4.3.1 设方程组(1)有解，它的系数矩阵 $\boldsymbol{A}$ 和增广矩阵 $\overline{\boldsymbol{A}}$ 的共同秩是 $r \neq 0$. 那么可以在(1)的 m 个方程中选出 r 个方程，使得剩下的 $m - r$ 个方程中的每一个都是这 r 个方程的结果，因而解方程组(1)可以归结为解由这 r 个方程所组成的线性方程组.

证 由于方程组(1)的系数矩阵 $\boldsymbol{A}$ 的秩是 r，所以 $\boldsymbol{A}$ 至少含有一个 r 阶子式 $D \neq 0$. 为了叙述方便，不妨假定 D 位在 $\boldsymbol{A}$ 的左上角，因而也位在增广矩阵 $\overline{\boldsymbol{A}}$ 的左上角：

$$\overline{\boldsymbol{A}} = \left(\begin{array}{ccc|cccc} a_{11} & \cdots & a_{1r} & a_{1,r+1} & \cdots & a_{1n} & b_1 \\ \vdots & D & \vdots & \vdots & & \vdots & \vdots \\ a_{r1} & \cdots & a_{rr} & a_{r,r+1} & \cdots & a_{rn} & b_r \\ \hline a_{r+1,1} & \cdots & a_{r+1,r} & a_{r+1,r+1} & \cdots & a_{r+1,n} & b_{r+1} \\ \vdots & & \vdots & \vdots & & \vdots & \vdots \\ a_{m1} & \cdots & a_{mr} & a_{m,r+1} & \cdots & a_{mn} & b_m \end{array}\right)$$

现在我们证明，方程组(1)的后 $m - r$ 个方程中的每一个都是(1)的前 r 个方程

$$
(3)\quad \begin{aligned}
a_{11}x_1 + \cdots + a_{1r}x_r + a_{1,r+1}x_{r+1} + \cdots + a_{1n}x_n &= b_1 \\
a_{21}x_1 + \cdots + a_{2r}x_r + a_{2,r+1}x_{r+1} + \cdots + a_{2n}x_n &= b_2 \\
\cdots\cdots\cdots\cdots & \\
a_{r1}x_1 + \cdots + a_{rr}x_r + a_{r,r+1}x_{r+1} + \cdots + a_{rn}x_n &= b_r
\end{aligned}
$$

的结果.

看(1)的后 $m-r$ 个方程中的任一个，例如第 $i(r<i\leqslant m)$ 个方程

$$a_{i1}x_1 + \cdots + a_{ir}x_r + a_{i,r+1}x_{r+1} + \cdots + a_{in}x_n = b_i.$$

我们需要证明，存在 r 个数 k_1，k_2，…，k_r，使得

$$G_i = k_1G_1 + k_2G_2 + \cdots + k_rG_r,$$

亦即使

$$
(4)\quad \begin{aligned}
a_{11}k_1 + a_{21}k_2 + \cdots + a_{r1}k_r &= a_{i1}, \\
\cdots\cdots\cdots\cdots & \\
a_{1r}k_1 + a_{2r}k_2 + \cdots + a_{rr}k_r &= a_{ir}, \\
a_{1,r+1}k_1 + a_{2,r+1}k_2 + \cdots + a_{r,r+1}k_r &= a_{i,r+1}, \\
\cdots\cdots\cdots\cdots & \\
a_{1n}k_1 + a_{2n}k_2 + \cdots + a_{rn}k_r &= a_{in}, \\
b_1k_1 + b_2k_2 + \cdots + b_rk_r &= b_i.
\end{aligned}
$$

为此我们把 $k_1,k_2,\cdots,k_r$ 看作未知量，而来证明线性方程组(4)有解.

方程组(4)的增广矩阵是

$$
\overline{\boldsymbol{B}} = \begin{pmatrix}
a_{11} & a_{21} & \cdots & a_{r1} & a_{i1} \\
\vdots & \vdots & & \vdots & \vdots \\
a_{1r} & a_{2r} & \cdots & a_{rr} & a_{ir} \\
a_{1,r+1} & a_{2,r+1} & \cdots & a_{r,r+1} & a_{i,r+1} \\
\vdots & \vdots & & \vdots & \vdots \\
a_{1n} & a_{2n} & \cdots & a_{rn} & a_{in} \\
b_1 & b_2 & \cdots & b_r & b_i
\end{pmatrix},
$$

而 $\overline{\boldsymbol{B}}$ 的前 r 列作成(4)的系数矩阵 $\boldsymbol{B}$. 我们要计算矩阵 $\boldsymbol{B}$ 和 $\overline{\boldsymbol{B}}$ 的

秩. 注意，$\bar{\boldsymbol{B}}$ 的列刚好是方程组(1)的增广矩阵 $\bar{\boldsymbol{A}}$ 的某些行. 这样，矩阵 $\bar{\boldsymbol{B}}$ 的左上角的 r 阶子式刚好是 $\bar{\boldsymbol{A}}$ 的子式 D 的转置行列式，因而不等于零：

$$\begin{vmatrix} a_{11} & \cdots & a_{r1} \\ \vdots & & \vdots \\ a_{1r} & \cdots & a_{rr} \end{vmatrix} = D' \neq 0.$$

由于 D' 也是矩阵 $\boldsymbol{B}$ 的子式，所以矩阵 $\boldsymbol{B}$ 和 $\bar{\boldsymbol{B}}$ 的秩都至少是 r. 另一方面，矩阵 $\bar{\boldsymbol{B}}$ 的任一个 $r+1$ 阶子式 D_{r+1} 都是 $\bar{\boldsymbol{A}}$ 的某一个 $r+1$ 阶子式的转置行列式. 由于 $\bar{\boldsymbol{A}}$ 的秩是 r，所以 $\bar{\boldsymbol{A}}$ 的所有 $r+1$ 阶子式都等于零，由此得 D_{r+1} 必然等于零. 但 $\bar{\boldsymbol{B}}$ 没有阶数高于 $r+1$ 的子式，所以 $\bar{\boldsymbol{B}}$ 和 $\boldsymbol{B}$ 的秩都是 r，而方程组(4)有解.

这样我们就证明了，方程组(1)的后 $m-r$ 个方程都是前 r 个方程的结果，而解方程组(1)归结为解方程组(3). □

现在可以给出方程组(1)的公式解.

我们还是假定方程组(1)满足定理 4.3.1 的条件. 于是由定理 4.3.1，解方程组(1)，只需解方程组(3). 我们分别看 $r=n$ 和 $r<n$ 的情形.

若是 $r=n$，那么(3)就是方程个数等于未知量个数的一个线性方程组，并且它的系数行列式 $D\neq 0$. 所以(3)有唯一解，这个解可由克拉默规则给出. 这个解也是方程组(1)的唯一解.

现在设 $r<n$. 这时方程组(3)的前 r 个未知量的系数所构成的行列式 $D\neq 0$. 在方程组(3)中把含未知量 $x_{r+1}, x_{r+2}, \cdots, x_n$ 的项移到右边，方程组(3)可以写成：

$$(3')\quad \begin{aligned} a_{11}x_1 + \cdots + a_{1r}x_r &= b_1 - a_{1,r+1}x_{r+1} - \cdots - a_{1n}x_n, \\ a_{21}x_1 + \cdots + a_{2r}x_r &= b_2 - a_{2,r+1}x_{r+1} - \cdots - a_{2n}x_n, \\ &\cdots\cdots\cdots\cdots \\ a_{r1}x_1 + \cdots + a_{rr}x_r &= b_r - a_{r,r+1}x_{r+1} - \cdots - a_{rn}x_n. \end{aligned}$$

暂时假定 $x_{r+1}, x_{r+2}, \cdots, x_n$ 是数，那么(3′)变成 r 个未知量 x_1, $x_2, \cdots, x_r$ 的 r 个方程. 用克拉默规则解出 $x_1, x_2, \cdots, x_r$ 得

$$(5)\qquad x_1=\frac{D_1}{D},x_2=\frac{D_2}{D},\cdots,x_r=\frac{D_r}{D},$$

这里

$$D_j=\begin{vmatrix} a_{11}\cdots & \overbrace{b_1-a_{1,r+1}x_{r+1}-\cdots-a_{1n}x_n}^{(\text{第}\,j\,\text{列})} & \cdots a_{1r} \\ a_{21}\cdots & b_2-a_{2,r+1}x_{r+1}-\cdots-a_{2n}x_n & \cdots a_{2r} \\ \vdots & \vdots & \vdots \\ a_{r1}\cdots & b_r-a_{r,r+1}x_{r+1}-\cdots-a_{rn}x_n & \cdots a_{rr}\end{vmatrix}.$$

把(5)中的行列式展开，(5)可以写成

$$(6)\qquad \begin{aligned} x_1&=d_1+c_{1,r+1}x_{r+1}+\cdots+c_{1n}x_n,\\ x_2&=d_2+c_{2,r+1}x_{r+1}+\cdots+c_{2n}x_n,\\ &\cdots\cdots\cdots\cdots\\ x_r&=d_r+c_{r,r+1}x_{r+1}+\cdots+c_{rn}x_n.\end{aligned}$$

这里 d_k 和 c_{kl}都是可以由方程组(1)的系数和常数项表示的数. 现在仍旧把(6)中 $x_{r+1},x_{r+2},\cdots,x_n$ 看成未知量，那么(6)是一个线性方程组. 从以上的讨论，容易看出，方程组(6)与方程组(3′)同解，因而和方程组(1)同解. 正如用消元法解线性方程组的情形一样，方程组(6)给出方程组(1)的一般解，而 $x_{r+1},x_{r+2},\cdots,x_n$ 是自由未知量. 要求方程组(1)的一个解，只需给予自由未知量 x_{r+1}, $x_{r+2},\cdots,x_n$任意一组数值，然后由(6)算出未知量 $x_1,x_2,\cdots,x_r$ 的对应值，并且(1)的所有解都可以这样得到.

由于(6)的系数和常数项都可由方程组(1)的系数和常数项表出，所以(6)或它的前身(5)都给出求方程组(1)的解的公式.

例 2 已知线性方程组

$$(7)\qquad \begin{aligned} a_{11}x_1+a_{12}x_2+a_{13}x_3+a_{14}x_4&=b_1,\\ a_{21}x_1+a_{22}x_2+a_{23}x_3+a_{24}x_4&=b_2,\\ a_{31}x_1+a_{32}x_2+a_{33}x_3+a_{34}x_4&=b_3\end{aligned}$$

的系数矩阵和增广矩阵的秩都是 2，并且行列式

$$D=\begin{vmatrix} a_{11} & a_{13} \\ a_{21} & a_{23} \end{vmatrix}\neq 0.$$

求解这个方程组的公式.

由定理 4.3.1，解方程组(7)只需解前两个方程. 把 x_2, x_4 作为自由未知量，移到右边，得

$$\begin{aligned} a_{11}x_1+a_{13}x_3&=b_1-a_{12}x_2-a_{14}x_4, \\ a_{21}x_1+a_{23}x_3&=b_2-a_{22}x_2-a_{24}x_4. \end{aligned}$$

用克拉默规则解出 x_1, x_3，得

$$x_1=\frac{\begin{vmatrix} b_1-a_{12}x_2-a_{14}x_4 & a_{13} \\ b_2-a_{22}x_2-a_{24}x_4 & a_{23} \end{vmatrix}}{D},$$

$$x_3=\frac{\begin{vmatrix} a_{11} & b_1-a_{12}x_2-a_{14}x_4 \\ a_{21} & b_2-a_{22}x_2-a_{24}x_4 \end{vmatrix}}{D}.$$

即

$$\begin{aligned} x_1&=\frac{1}{D}(a_{23}b_1-a_{13}b_2)+\frac{1}{D}(a_{22}a_{13}-a_{12}a_{23})x_2 \\ &\quad+\frac{1}{D}(a_{13}a_{24}-a_{23}a_{14})x_4, \\ x_3&=\frac{1}{D}(a_{11}b_2-a_{21}b_1)+\frac{1}{D}(a_{21}a_{12}-a_{11}a_{22})x_2 \\ &\quad+\frac{1}{D}(a_{21}a_{14}-a_{11}a_{24})x_4. \end{aligned}$$

任意给定 x_2, x_4 一组值，例如令 $x_2=0$，$x_4=1$，我们就得到方程组的一个解：

$$x_1=\frac{1}{D}(a_{23}b_1-a_{13}b_2)+\frac{1}{D}(a_{13}a_{24}-a_{23}a_{14}),\quad x_2=0,$$

$$x_3=\frac{1}{D}(a_{11}b_2-a_{21}b_1)+\frac{1}{D}(a_{21}a_{14}-a_{11}a_{24}),\quad x_4=1.$$

用公式来求数字系数线性方程组的解是比较麻烦的，因为需

要计算许多行列式. 因此在实际求线性方程组的解的时候，一般总是用消元法. 但是在数学问题中遇到线性方程组时，常常不需要真正求出它们的解，而是需要对它们进行讨论. 在这种情况下，我们有时要用到(5)式或(6)式.

最后我们简单讨论一下线性方程组的一个特殊情形，就是所谓齐次线性方程组.

定义 若是一个线性方程组的常数项都等于零，那么这个方程组叫作一个齐次线性方程组.

我们看一个齐次线性方程组.

$$
(8)\qquad
\begin{aligned}
&a_{11}x_1+a_{12}x_2+\cdots+a_{1n}x_n=0,\\
&a_{21}x_1+a_{22}x_2+\cdots+a_{2n}x_n=0,\\
&\cdots\cdots\cdots\cdots\\
&a_{m1}x_1+a_{m2}x_2+\cdots+a_{mn}x_n=0.
\end{aligned}
$$

这个方程组永远有解：显然

$$x_1=0,x_2=0,\cdots,x_n=0$$

就是方程组(8)的一个解. 这个解叫作零解. 如果方程组(8)还有其他解，那么这些解就叫作非零解. 齐次方程组永远有解这一事实，从定理 4.2.2 也容易看出. 因为齐次线性方程组的系数矩阵和增广矩阵显然有相同的秩.

我们常希望知道，一个齐次线性方程组有没有非零解. 由定理 4.2.3 得

定理 4.3.2 一个齐次线性方程组有非零解的充要条件是：它的系数矩阵的秩 r 小于它的未知量的个数 n.

证 当 $r=n$ 时，方程组只有唯一解，它只能是零解.

当 $r<n$ 时，方程组有无穷多解，因而它除零解外，必然还有非零解. □

我们常要用到以下两个推论.

推论 4.3.1 含有 n 个未知量 n 个方程的齐次线性方程组有非零解的充要条件是：方程组的系数行列式等于零.

因为在这一情况，方程组的系数行列式等于零就是说，方程组的系数矩阵的秩小于 n.

推论 4.3.2 若在一个齐次线性方程组中，方程的个数 m 小于未知量的个数 n，那么这个方程组一定有非零解.

因为在这一情况，方程组的系数矩阵的秩 r 不能超过 m，因而一定小于 n.

以上讨论了求线性方程组的精确解的理论和方法. 在实际问题中常常不需要求线性方程组的精确解，而只需求有一定精确度的近似解. 这种求近似解的方法在关于计算数学的书中可以找到.

习　题

1. 考虑线性方程组：

$$\begin{aligned} x_1 + x_2 \qquad\qquad &= a_1, \\ x_3 + x_4 &= a_2, \\ x_1 \qquad + x_3 \qquad &= b_1, \\ x_2 \qquad + x_4 &= b_2, \end{aligned}$$

这里 $a_1 + a_2 = b_1 + b_2$. 证明：这个方程组有解，并且它的系数矩阵的秩是 3.

2. 用公式解法解线性方程组：

$$\begin{aligned} x_1 - 2x_2 + x_3 + \ x_4 &= 1, \\ x_1 - 2x_2 + x_3 - \ x_4 &= -1, \\ x_1 - 2x_2 + x_3 + 5x_4 &= 5. \end{aligned}$$

3. 设线性方程组

$$(9)\qquad \begin{aligned} a_{11}x_1 + a_{12}x_2 + \cdots + a_{1n}x_n &= b_1, \\ a_{21}x_1 + a_{22}x_2 + \cdots + a_{2n}x_n &= b_2, \\ \cdots\cdots\cdots\cdots \\ a_{m1}x_1 + a_{m2}x_2 + \cdots + a_{mn}x_n &= b_m \end{aligned}$$

有解，并且添加一个方程

$$a_1x_1 + a_2x_2 + \cdots + a_nx_n = b$$

于方程组(9)所得的方程组与(9)同解. 证明：添加的方程是(9)中 m 个方程的结果.

4. 设齐次线性方程组

$$
\begin{aligned}
a_{11}x_1+a_{12}x_2+\cdots+a_{1n}x_n&=0,\\
a_{21}x_1+a_{22}x_2+\cdots+a_{2n}x_n&=0,\\
&\cdots\cdots\cdots\cdots\\
a_{n1}x_1+a_{n2}x_2+\cdots+a_{nn}x_n&=0
\end{aligned}
$$

的系数行列式 $D=0$，而 D 中某一元素 a_{ij} 的代数余子式 $A_{ij}\neq 0$. 证明：这个方程组的解都可以写成

$$kA_{i1},kA_{i2},\cdots,kA_{in}$$

的形式，此处 k 是任意数.

5. 设行列式

$$\begin{vmatrix} a_{11} & a_{12} & \cdots & a_{1n}\\ a_{21} & a_{22} & \cdots & a_{2n}\\ \vdots & \vdots & & \vdots\\ a_{n1} & a_{n2} & \cdots & a_{nn}\end{vmatrix}=0.$$

令 A_{ij} 是元素 a_{ij} 的代数余子式. 证明：矩阵

$$\begin{pmatrix} A_{11} & A_{21} & \cdots & A_{n1}\\ A_{12} & A_{22} & \cdots & A_{n2}\\ \vdots & \vdots & & \vdots\\ A_{1n} & A_{2n} & \cdots & A_{nn}\end{pmatrix}$$

的秩 $\leqslant 1$.

4.4 结式和判别式

从历史上看，求一组多项式的公共零点是代数学的中心问题之一. 这个问题还远远未能解决. 一个最简单的情形就是线性方程组的情形，我们已经看到，这个问题已完全得到解决. 另一个最简单的情形就是仅含有一个未知量和一个高次方程的情形，这已在第二章里作过讨论. 对一般情形加以讨论，问题要复杂得多，已超出本书的范围. 在这一节里，我们只限于讨论两个二元多项式的公共零点问题.

我们先来研究两个一元多项式的公共零点问题. 按照一般的习惯, 我们把两个一元多项式的公共零点叫作这两个多项式的公共根. 根据代数基本定理, 每一个一元多项式在复数域上可以完全分解成为一次因式的乘积, 而任意一个数环上的多项式都可以看成复数域上的多项式, 因此我们就在复数域上来讨论问题. 令

$$f(x)=a_0x^m+a_1x^{m-1}+\cdots+a_m(m>0),$$
$$g(x)=b_0x^n+b_1x^{n-1}+\cdots+b_n(n>0)$$

是复数域 **C** 上两个一元多项式. 在这里我们并不假定 $a_0\neq 0$, $b_0\neq 0$. 这一点以后将会看到它的用处. 由一元多项式的因式分解理论可知, $f(x)$ 与 $g(x)$ 在 **C** 内有公共根的充要条件是 $f(x)$ 与 $g(x)$ 有一个次数大于零的公因式. 因此可以应用辗转相除法来解决这两个多项式有没有公共根的问题. 现在我们将给出从所给多项式的系数来判断它们有没有公共根的一个方法.

假设 $f(x)$ 与 $g(x)$ 在 **C** 内有公共根 α:

$$f(\alpha)=a_0\alpha^m+a_1\alpha^{m-1}+\cdots+a_m=0,$$
$$g(\alpha)=b_0\alpha^n+b_1\alpha^{n-1}+\cdots+b_n=0.$$

依次用 $\alpha^{n-1},\alpha^{n-2},\cdots,\alpha$, 1 乘第一个等式, 用 α^{m-1}, $\alpha^{m-2},\cdots,\alpha$, 1 乘第二个等式, 我们得到以下 $m+n$ 个等式:

$$a_0\alpha^{m+n-1}+a_1\alpha^{m+n-2}+\cdots+a_m\alpha^{n-1}=0,$$
$$a_0\alpha^{m+n-2}+\cdots+a_{m-1}\alpha^{n-1}+a_m\alpha^{n-2}=0,$$
$$\cdots\cdots\cdots\cdots$$
$$a_0\alpha^m+a_1\alpha^{m-1}+\cdots+a_{m-1}\alpha+a_m=0,$$
$$b_0\alpha^{m+n-1}+b_1\alpha^{m+n-2}+\cdots+b_n\alpha^{m-1}=0,$$
$$b_0\alpha^{m+n-2}+\cdots+b_{n-1}\alpha^{m-1}+b_n\alpha^{m-2}=0,$$
$$\cdots\cdots\cdots\cdots$$
$$b_0\alpha^n+b_1\alpha^{n-1}+\cdots+b_{n-1}\alpha+b_n=0,$$

这就表明，$\alpha^{m+n-1},\alpha^{m+n-2},\cdots,\alpha$，1 是一个含有 $m+n$ 个未知量，$m+n$ 个方程的齐次线性方程组的非零解，因此系数行列式

$$D=\begin{vmatrix} a_0 & a_1 & \cdots & a_m & & & \mathbf{0} \\ & a_0 & a_1 & \cdots & a_m & & \\ & & \ddots & \ddots & & \ddots & \\ \mathbf{0} & & & a_0 & a_1 & \cdots & a_m \\ b_0 & b_1 & \cdots & b_n & & & \mathbf{0} \\ & b_0 & b_1 & \cdots & b_n & & \\ & & \ddots & \ddots & & \ddots & \\ \mathbf{0} & & & b_0 & b_1 & \cdots & b_n \end{vmatrix}\begin{matrix} \left.\begin{matrix} \\ \\ \\ \\ \end{matrix}\right\} n \text{ 行} \\ \left.\begin{matrix} \\ \\ \\ \\ \end{matrix}\right\} m \text{ 行} \end{matrix}$$

必须等于零.

行列式 D 叫作多项式 $f(x)$ 与 $g(x)$ 的结式，并且用符号 $R(f,g)$ 来表示.

结式 $R(f,g)$ 不但在 $f(x)$ 与 $g(x)$ 有公共根时等于零，而且当 $a_0=b_0=0$ 时显然也等于零. 于是就得到

定理 4.4.1 如果多项式

$$f(x)=a_0x^m+a_1x^{m-1}+\cdots+a_m\,(m>0),$$
$$g(x)=b_0x^n+b_1x^{n-1}+\cdots+b_n\,(n>0)$$

有公共根，或者 $a_0=b_0=0$，那么它们的结式等于零.

以下我们将证明，定理 4.4.1 的逆命题成立. 先证明关于结式的两个公式.

定理 4.4.2 设

$$f(x)=a_0x^m+a_1x^{m-1}+\cdots+a_m\,(m>0),$$
$$g(x)=b_0x^n+b_1x^{n-1}+\cdots+b_n\,(n>0)$$

是复数域 $\mathbf{C}$ 上多项式. $R(f,g)$ 是它们的结式.

(i) 如果 $a_0\neq 0$，而 $\alpha_1,\alpha_2,\cdots,\alpha_m\in\mathbf{C}$ 是 $f(x)$ 的全部根，那么

(1) $$R(f,g)=a_0^n g(\alpha_1)g(\alpha_2)\cdots g(\alpha_m);$$

(ii) 如果 $b_0\neq 0$，而 $\beta_1,\beta_2,\cdots,\beta_n\in\mathbf{C}$ 是 $g(x)$ 的全部根，那么

(2) $$R(f,g)=(-1)^{mn}b_0^m f(\beta_1)f(\beta_2)\cdots f(\beta_n).$$

证 我们对 m 作数学归纳法来证明公式(1). 先看 $m=1$ 的情形. 这时

$$f(x)=a_0x+a_1,\qquad a_0\neq 0.$$

$f(x)$ 的根是 $\alpha=-a_1/a_0$. 而

$$R(f,\ g)=\begin{vmatrix} a_0 & a_1 & & & \\ & a_0 & a_1 & & \\ & & \ddots & \ddots & \\ & & & a_0 & a_1 \\ b_0 & b_1 & \cdots & b_{n-1} & b_n \end{vmatrix}$$

把行列式的第一列乘以 α 加到第二列上，再把新的第二列乘以 α 加到第三列上，…，最后，把新的第 n 列乘以 α 加到第 $n+1$ 列上. 这时行列式中元素 a_1 都被消去，而最后一行的元素依次等于

$$b_0,\ b_0\alpha+b_1,\ b_0\alpha^2+b_1\alpha+b_2,\ \cdots,\ b_0\alpha^{n-1}+b_1\alpha^{n-2}+\cdots+b_{n-1},$$
$$b_0\alpha^n+b_1\alpha^{n-1}+\cdots+b_n=g(\alpha).$$

因此

$$R(f,g)=\begin{vmatrix} a_0 & & & \\ & a_0 & & \\ & & \ddots & \\ & & & a_0 \\ b_0 & b_0\alpha+b_1 & \cdots & g(\alpha) \end{vmatrix}=a_0^n g(\alpha).$$

假设当 $m=k\geqslant 1$ 时公式(1)成立. 我们看 $m=k+1$ 的情形. 这时

$$f(x)=a_0x^{k+1}+a_1x^k+\cdots+a_kx+a_{k+1}.$$

令 $\alpha=\alpha_0,\alpha_1,\cdots,\alpha_k\in\mathbf{C}$ 是 $f(x)$ 的全部根. 那么

$$\begin{aligned}f(x)&=(x-\alpha)(a_0x^k+c_1x^{k-1}+\cdots+c_k)\\&=(x-\alpha)\bar{f}(x),\end{aligned}$$

这里 $\bar{f}(x)=a_0x^k+c_1x^{k-1}+\cdots+c_k\in\mathbf{C}[x]$ 是一个 k 次多项式，它的根是 $\alpha_1,\alpha_2,\cdots,\alpha_k$. 比较 $f(x)$ 的系数，我们有

$$a_1=c_1-a_0\alpha,\ a_2=c_2-c_1\alpha,\cdots,a_k=c_k-c_{k-1}\alpha,\ a_{k+1}=-c_k\alpha,$$

因此

$$R(f,g)=$$

$$\left|\begin{matrix}a_0 & c_1-a_0\alpha & \cdots & c_k-c_{k-1}\alpha & -c_k\alpha & & & \\ & a_0 & c_1-a_0\alpha & \cdots & c_k-c_{k-1}\alpha & -c_k\alpha & & \\ & & \ddots & & & & \ddots & \\ & & & a_0 & c_1-a_0\alpha & \cdots & c_k-c_{k-1}\alpha & -c_k\alpha \\ b_0 & b_1 & \cdots & b_n & & & & \\ & b_0 & b_1 & \cdots & b_n & & & \\ & & \ddots & & & \ddots & & \\ & & & b_0 & b_1 & & \cdots & b_n\end{matrix}\right|\begin{matrix}\left.\vphantom{\begin{matrix}a\\a\\a\\a\end{matrix}}\right\}n\text{ 行}\\ \left.\vphantom{\begin{matrix}a\\a\\a\\a\end{matrix}}\right\}k+1\text{ 行}\end{matrix}$$

把行列式的第一列乘以 α 加到第二列上，再把新的第二列乘以 α 加到第三列上，…，最后把第 $n+k$ 列乘以 α 加到第 $n+k+1$ 列上，并且注意到 $g(\alpha)=b_0\alpha^n+b_1\alpha^{n-1}+\cdots+b_n$，我们得到

$$R(f,g)=$$

$$\left|\begin{array}{cccccccccc}
a_0 & c_1 & c_2 & \cdots & c_k & & & & & \\
 & a_0 & c_1 & c_2 & \cdots & c_k & & & & \\
 & & \ddots & & & & \ddots & & & \\
 & & & a_0 & c_1 & c_2 & \cdots & c_k & & \\
b_0 & b_0\alpha+b_1 & \cdots & & g(\alpha) & \alpha g(\alpha) & \cdots & \alpha^{k-1}g(\alpha) & \alpha^k g(\alpha) & \\
 & b_0 & b_0\alpha+b_1 & \cdots & & g(\alpha) & \cdots & \alpha^{k-2}g(\alpha) & \alpha^{k-1}g(\alpha) & \\
 & & \ddots & \ddots & & & & \ddots & \vdots & \\
 & & & b_0 & b_0\alpha+b_1 & \cdots & & & g(\alpha) &
\end{array}\right|\begin{array}{l}\left.\vphantom{\begin{array}{c}1\\1\\1\\1\end{array}}\right\} n\text{ 行}\\ \left.\vphantom{\begin{array}{c}1\\1\\1\\1\end{array}}\right\} k+1\text{ 行}\end{array}$$

再依次把第 $n+2$ 行乘以 $-\alpha$ 加到第 $n+1$ 行，把第 $n+3$ 行乘以 $-\alpha$ 加到第 $n+2$ 行，…，最后，把第 $n+k+1$ 行乘以 $-\alpha$加到第 $n+k$ 行，于是

$$R(f,g)=\left|\begin{array}{cccccccc}
a_0 & c_1 & \cdots & c_k & & & & \\
 & a_0 & c_1 & \cdots & c_k & & & \\
 & & \ddots & & & \ddots & & \\
 & & & a_0 & c_1 & \cdots & c_k & \mathbf{0} \\
b_0 & b_1 & \cdots & & b_n & & & \\
 & \ddots & & & & \ddots & & \\
 & & b_0 & b_1 & \cdots & & b_n & \\
 & & & b_0 & b_0\alpha+b_1 & \cdots & & g(\alpha)
\end{array}\right|$$

把这个行列式依最后一列展开，我们有

$$R(f,g)=g(\alpha)D_1,$$

这里 D_1 是位于最后的行列式左上角的 $n+k$ 阶行列式，它恰是多项式 $\bar{f}(x)$ 与 $g(x)$ 的结式，因此由归纳法的假设，

$$D_1=a_0^n g(\alpha_1)\cdots g(\alpha_k).$$

于是

$$R(f,g)=a_0^n g(\alpha)g(\alpha_1)\cdots g(\alpha_k).$$

公式(1)被证明.

容易看出，通过适当对调行列式 D 的行，可以得到

(3) $$R(f,g)=(-1)^{mn}R(g,f).$$

因此，如果 $b_0\neq 0$ 而 $\beta_1,\cdots,\beta_n$ 是 $g(x)$ 的全部根，那么由(1)可得(2). □

现在很容易得出

定理 4.4.3 如果多项式 $f(x)$ 与 $g(x)$ 的结式等于零，那么或者它们的最高次项系数都等于零，或者这两个多项式有公共根.

证 设 $R(f,g)=0$. 如果 $a_0\neq 0$，那么由(1)，一定有某一 $g(\alpha_i)=0$，从而 α_i 是 $f(x)$ 与 $g(x)$ 的一个公共根. 如果 $b_0\neq 0$，那么由(2)也可以推出 $f(x)$ 与 $g(x)$ 有公共根.
□

例 1 多项式

$$f(x)=a_0x^2+a_1x+a_2,\quad g(x)=b_0x^2+b_1x+b_2$$

的结式是

$$R(f,g)=\begin{vmatrix} a_0 & a_1 & a_2 & 0 \\ 0 & a_0 & a_1 & a_2 \\ b_0 & b_1 & b_2 & 0 \\ 0 & b_0 & b_1 & b_2 \end{vmatrix}.$$

如果 $a_0\neq 0$. 以 $-\dfrac{b_0}{a_0}$乘第一行加到第三行，然后按第一

列展开，得

$$R(f,g)=(a_0b_2-a_2b_0)^2-(a_0b_1-a_1b_0)(a_1b_2-a_2b_1).$$

如果 $b_0\neq 0$，同样的计算也可以得到上面的等式. 当 $a_0=b_0=0$ 时，上面的展开式的右端等于零. 不论在任何情形，上面的展开式都成立.

例如，$f(x)=x^2+2x+2$ 与 $g(x)=x^2+x+1$ 没有公共根，因为这时 $R(f,g)=1$. 如果 $f(x)=x^2-4x-5$，$g(x)=x^2-7x+10$，那么 $R(f,g)=0$，从而 $f(x)$ 与 $g(x)$ 有公共根. 实际上，5 是这两个多项式的公共根.

现在利用结式来讨论两个二元多项式的公共零点问题. 设 $f(x,y)$ 和 $g(x,y)$ 是两个复系数二元多项式. 我们按 x 的降幂写出这两个多项式：

$$f(x,y)=a_0(y)x^s+a_1(y)x^{s-1}+\cdots+a_s(y),$$
$$g(x,y)=b_0(y)x^t+b_1(y)x^{t-1}+\cdots+b_t(y),$$

把 $a_i(y)$ 和 $b_j(y)$，$i=0,1,\cdots,s$；$j=0,1,\cdots,t$，分别看成 f 中 x^{s-i} 和 g 中 x^{t-j} 的系数，然后求出 f 和 g 的结式，记作 $R_x(f,g)$. $R_x(f,g)$ 是 y 的一个多项式：

$$R_x(f,g)=\varphi(y).$$

如果多项式 $f(x,y)$ 与 $g(x,y)$ 有公共零点 $x=\alpha$，$y=\beta$，那么以 β 代替 $f(x,y)$ 和 $g(x,y)$ 中的文字 y，所得到的一元多项式 $f(x,\beta)g(x,\beta)$ 有公共根 α. 由定理 4.4.1，它们的结式 $\varphi(\beta)=0$，这就是说，β 是多项式 $\varphi(y)=R_x(f,g)$ 的一个根. 反过来，如果结式 $R_x(f,g)$ 有根 β，那么以 β 代替多项式 $f(x,y)$ 和 $g(x,y)$ 中的文字 y，我们得到 x 的多项式

$$f(x,\beta)=a_0(\beta)x^s+a_1(\beta)x^{s-1}+\cdots+a_s(\beta),$$
$$g(x,\beta)=b_0(\beta)x^t+b_1(\beta)x^{t-1}+\cdots+b_t(\beta)$$

的结式 $\varphi(\beta)$ 等于零. 因而由定理 4.4.3，或者 $a_0(\beta)=b_0(\beta)=0$，或者 $f(x,\beta)$ 与 $g(x,\beta)$ 有公共根.

这样，求两个未知量两个方程

$$f(x,y)=0 \quad 和 \quad g(x,y)=0$$

的公共解可以归结为求一个未知量的一个方程

$$\varphi(y)=0$$

的根. 也就是说，可以从两个方程中消去一个未知量，所以这个过程通常叫作未知量的消去法.

例 2 求方程组

$$(4)\qquad \begin{cases} f(x,y)=x^2y+3xy+2y+3=0, \\ g(x,y)=2xy-2x+2y+3=0 \end{cases}$$

的解.

我们要消去未知量 x. 先把多项式 f 与 g 写成以下形式:

$$f(x,y)=yx^2+(3y)x+(2y+3),$$
$$g(x,y)=(2y-2)x+(2y+3).$$

求出 f 与 g 的结式

$$R_x(f,g)=\begin{vmatrix} y & 3y & 2y+3 \\ 2y-2 & 2y+3 & 0 \\ 0 & 2y-2 & 2y+3 \end{vmatrix}=2y^2+11y+12.$$

这个结式有根 $\beta_1=-4$，$\beta_2=-\frac{3}{2}$. 以 β_1 和 β_2 代替 $f(x,y)$ 和 $g(x,y)$ 中的文字 y，所得的关于 x 的多项式的最高次项系数都不等于零，所以对于每一 $\beta_i(i=1,2)$，都可以得出方程组(4)的解. 实际上，以 $\beta_1=-4$ 代替 y，我们得到

$$f(x,-4)=-4x^2-12x-5,$$
$$g(x,-4)=\qquad -10x-5.$$

这两个多项式有公共根 $\alpha_1=-\frac{1}{2}$. 所以 $\alpha_1=-\frac{1}{2}$，$\beta_1=-4$ 是方程组(4)的一个解. 另一方面，以 $\beta_2=-\frac{3}{2}$ 代替 y，所得的多项式有公共根 $\alpha_2=0$. 所以 $\alpha_2=0$，$\beta_2=-\frac{3}{2}$ 也是方程组(4)的一个解. 因此，方程组(4)有两个解:

$$\alpha_1 = -\frac{1}{2},\ \beta_1 = -4;\ \alpha_2 = 0,\ \beta_2 = -\frac{3}{2}.$$

最后，我们介绍一下多项式的判别式的概念，并且指出判别式与结式之间的关系. 设

$$f(x) = a_0x^n + a_1x^{n-1} + \cdots + a_n$$

是复数域 **C** 上一个 $n(n>1)$ 次多项式. 令 $\alpha_1,\alpha_2,\cdots,\alpha_n \in \mathbf{C}$ 是 $f(x)$ 的全部根（重根按重数计算）. 乘积

$$\begin{aligned} D &= a_0^{2n-2}(\alpha_2-\alpha_1)^2(\alpha_3-\alpha_1)^2\cdots(\alpha_n-\alpha_1)^2 \\ &\qquad\cdot(\alpha_3-\alpha_2)^2\cdots(\alpha_n-\alpha_2)^2 \\ &\qquad\cdot\cdots\cdots\cdots \\ &\qquad\cdot(\alpha_n-\alpha_{n-1})^2 \\ &= a_0^{2n-2}\prod_{i>j}(\alpha_i-\alpha_j)^2 \end{aligned}$$

叫作多项式 $f(x)$ 的判别式（这里 $\prod$ 表示求积的符号）.

由判别式的定义很容易看出，多项式 $f(x)$ 有重根的充要条件是它的判别式等于零.

由定理 2.5.2 容易推出，多项式 $f(x)$ 有重根当且仅当 $f(x)$ 与它的导数 $f'(x)$ 有公共根. 因为 $a_0 \neq 0$. 所以由定理 4.4.1 和 4.4.3，$f(x)$ 有重根当且仅当 $f(x)$ 与 $f'(x)$ 的结式 $R(f,f')$ 等于零. 由此可见，$f(x)$ 的判别式与结式 $R(f,f')$ 之间有着密切的关系. 下面我们将导出这个关系. 根据定理 4.4.2，公式(1)，我们有

$$R(f,f') = a_0^{n-1}f'(\alpha_1)f'(\alpha_2)\cdots f'(\alpha_n).$$

在 $\mathbf{C}[x]$ 里，

$$f(x) = a_0(x-\alpha_1)(x-\alpha_2)\cdots(x-\alpha_n).$$

求导数，我们有

$$f'(x) = \sum_{i=1}^{n} a_0(x-\alpha_1)\cdots(x-\alpha_{i-1})(x-\alpha_{i+1})\cdots(x-\alpha_n).$$

所以

$$f'(\alpha_i) = a_0(\alpha_i-\alpha_1)\cdots(\alpha_i-\alpha_{i-1})(\alpha_i-\alpha_{i+1})\cdots(\alpha_i-\alpha_n).$$

这样，

$$\begin{aligned}R(f,f') &= a_0^{n-1}f'(\alpha_1)f'(\alpha_2)\cdots f'(\alpha_n)\\ &= a_0^{2n-1}(\alpha_1-\alpha_2)(\alpha_1-\alpha_3)\cdots(\alpha_1-\alpha_n)\\ &\quad\cdot(\alpha_2-\alpha_1)(\alpha_2-\alpha_3)\cdots(\alpha_2-\alpha_n)\\ &\quad\cdot\cdots\cdots\cdots\cdots\\ &\quad\cdot(\alpha_n-\alpha_1)(\alpha_n-\alpha_2)\cdots(\alpha_n-\alpha_{n-1}).\end{aligned}$$

在这个乘积里，对于任意 i 和 $j(i>j)$ 都出现两个因式：$\alpha_i-\alpha_j$ 和 $\alpha_j-\alpha_i$．它们的乘积等于 $-(\alpha_i-\alpha_j)^2$．由于满足条件 $n\geqslant i>j\geqslant 1$ 的指标 i 和 j 一共有 $\dfrac{n(n-1)}{2}$ 对，所以

$$\begin{aligned}R(f,f') &= (-1)^{\frac{n(n-1)}{2}}a_0^{2n-1}\prod_{n\geqslant i>j\geqslant 1}(\alpha_i-\alpha_j)^2\\ &= (-1)^{\frac{n(n-1)}{2}}a_0D,\end{aligned}$$

D 是多项式 $f(x)$ 的判别式．

从表示 $R(f,f')$ 的行列式的第一列显然可以提出因子 a_0，因此多项式 $f(x)$ 的判别式 D 可以表成由系数 $a_0,a_1,\cdots,a_n$ 所组成的一个行列式，因而是 $a_0,a_1,\cdots,a_n$ 的多项式．

例 3 求二次多项式

$$f(x)=ax^2+bx+c$$

的判别式．

先求出

$$f'(x)=2ax+b.$$

于是

$$R(f,f')=\begin{vmatrix}a & b & c\\ 2a & b & 0\\ 0 & 2a & b\end{vmatrix}=-a(b^2-4ac).$$

所以判别式是

$$D=(-1)^{\frac{2\cdot 1}{2}}\frac{1}{a}R(f,f')=-\frac{1}{a}R(f,f')=b^2-4ac.$$

习　题

1. 设 $f(x)$，$g_1(x)$，$g_2(x) \in \mathbf{C}[x]$. 证明：

$$R(f, g_1 g_2) = R(f, g_1) R(f, g_2).$$

2. 问 λ 取怎样的数值时，多项式

$$f(x) = x^3 - \lambda x + 2,\ g(x) = x^2 + \lambda x + 2$$

有公共根？

3. 求多项式

$$f(x) = a_0 x^n + a_1 x^{n-1} + \cdots + a_n \text{ 与 } g(x) = a_0 x^{n-1} + a_1 x^{n-2} + \cdots + a_{n-1}$$

的结式.

4. 解下列方程组：

(i) $\begin{cases} x^2 + y^2 - 3x - y = 0, \\ x^2 + 6xy - y^2 - 7x - 11y + 12 = 0; \end{cases}$

(ii) $\begin{cases} x^2 + y^2 + 4x - 2y + 3 = 0, \\ x^2 + 4xy - y^2 + 10y - 9 = 0; \end{cases}$

(iii) $\begin{cases} 5x^2 - 6xy + 5y^2 - 16 = 0, \\ x^2 - xy + 2y^2 - x - y = 0. \end{cases}$

5. 求多项式 $x^n + a$ 的判别式.

6. 求多项式 $x^3 + px + q$ 的判别式.

7. 证明：多项式

$$f(x) = a_0 x^n + a_1 x^{n-1} + \cdots + a_{n-1} x + a_n$$

与

$$g(x) = a_n x^n + a_{n-1} x^{n-1} + \cdots + a_1 x + a_0$$

$(a_0 \neq 0, a_n \neq 0)$ 有相同的判别式.

8. 令 D 是 $f(x)$ 的判别式，D_1 是 $(x-a)f(x)$ 的判别式. 证明：

$$D_1 = f(a)^2 D.$$

9. 令 D 是实数域上三次多项式 $f(x)$ 的判别式. 证明：

当 $D = 0$ 时，$f(x)$ 有重根；

当 $D > 0$ 时，$f(x)$ 有三个互不相同的实根；

当 $D < 0$ 时，$f(x)$ 有一个实根，两个非实的复根.

第五章

矩　　阵

我们在讨论线性方程组时已经看到矩阵所起的作用．但是矩阵的应用不仅限于线性方程组，而是多方面的．因此矩阵已成为线性代数的主要研究对象之一．

在矩阵的理论中，矩阵的运算起着重要的作用．我们在这一章里，将要讨论有关矩阵运算的一些基本事实．

5.1　矩阵的运算

我们将在一个数域上来讨论矩阵．令 F 是一个数域．用 F 的元素 a_{ij}作成的一个 m 行 n 列矩阵

$$A=\begin{pmatrix} a_{11} & a_{12} & \cdots & a_{1n} \\ a_{21} & a_{22} & \cdots & a_{2n} \\ \vdots & \vdots & & \vdots \\ a_{m1} & a_{m2} & \cdots & a_{mn} \end{pmatrix}$$

叫作一个 F 上的矩阵．A 也简记作(a_{ij})．为了指明 A 的行数和列数，有时也把它记作 A_{mn}或$(a_{ij})_{mn}$.

一个 m 行 n 列矩阵简称为一个 $m\times n$ 矩阵．特别，把一个$n\times n$矩阵叫作一个 n 阶方阵，或 n 阶矩阵．

F 上两个矩阵，只有在它们有相同的行数和列数，并且对应位置上的元素都相等时，才认为是相等的．

以下提到矩阵时，都指的是数域 F 上的矩阵.

我们将引入三种运算：数与矩阵的乘法，矩阵的加法以及矩阵的乘法.

先引入前两种运算.

定义 1 数域 F 的数 a 与 F 上一个 $m\times n$ 矩阵 $\boldsymbol{A}=(a_{ij})$ 的乘积 $a\boldsymbol{A}$ 指的是 $m\times n$ 矩阵 (aa_{ij}). 求数与矩阵乘积的运算叫作数与矩阵的乘法.

定义 2 两个 $m\times n$ 矩阵 $\boldsymbol{A}=(a_{ij})$，$\boldsymbol{B}=(b_{ij})$ 的和 $\boldsymbol{A}+\boldsymbol{B}$ 指的是 $m\times n$ 矩阵 $(a_{ij}+b_{ij})$. 求两个矩阵和的运算叫作矩阵的加法.

注意，我们只能把行数相同，列数相同的两个矩阵相加.

以上两种运算的一个重要特例是数列的运算.

我们把由 F 的 n 个数所组成的数列 $a_1,a_2,\cdots,a_n$ 叫作 F 上一个 n 元数列. 这样的一个 n 元数列可以理解为一个一行 n 列矩阵

$$(a_1,a_2,\cdots,a_n),$$

也可以理解为一个 n 行一列矩阵

$$\begin{pmatrix} a_1 \\ a_2 \\ \vdots \\ a_n \end{pmatrix}.$$

这样，作为以上定义的矩阵运算的特例，就得到 F 的数与 n 元数列的乘法以及两个 n 元数列的加法：

$$a(a_1,a_2,\cdots,a_n)=(aa_1,aa_2,\cdots,aa_n),$$

$$(a_1,a_2,\cdots,a_n)+(b_1,b_2,\cdots,b_n)=(a_1+b_1,a_2+b_2,\cdots,a_n+b_n).$$

实际上，矩阵运算的这种特例我们已经遇到过，以前曾用一个数去乘行列式或矩阵的一行(列)，也曾把行列式或矩阵的两行(列)相加. 行列式或矩阵的一个行(列)可以理解为若干个数组成的一个数列，而以前用到过的有关行列式或矩阵的行(列)的运算显然与这里谈到的数列的运算一致.

现在回到一般的矩阵，我们把元素全是零的矩阵叫作零矩阵，记作 $\boldsymbol{O}$. 如果矩阵 $\boldsymbol{A}=(a_{ij})$，我们就把矩阵 $(-a_{ij})$ 叫作 $\boldsymbol{A}$ 的负矩阵，记作 $-\boldsymbol{A}$.

由定义 1 和 2，容易推出以下运算规律：

$$\boldsymbol{A}+\boldsymbol{B}=\boldsymbol{B}+\boldsymbol{A};$$

$$(\boldsymbol{A}+\boldsymbol{B})+\boldsymbol{C}=\boldsymbol{A}+(\boldsymbol{B}+\boldsymbol{C});$$

$$\boldsymbol{O}+\boldsymbol{A}=\boldsymbol{A};$$

$$\boldsymbol{A}+(-\boldsymbol{A})=\boldsymbol{O};$$

$$a(\boldsymbol{A}+\boldsymbol{B})=a\boldsymbol{A}+a\boldsymbol{B};$$

$$(a+b)\boldsymbol{A}=a\boldsymbol{A}+b\boldsymbol{A};$$

$$a(b\boldsymbol{A})=(ab)\boldsymbol{A};$$

这里 $\boldsymbol{A}$，$\boldsymbol{B}$ 和 $\boldsymbol{C}$ 表示任意 $m\times n$ 矩阵，而 a 和 b 表示 F 中的任意数.

利用负矩阵，我们如下定义矩阵的减法：

$$\boldsymbol{A}-\boldsymbol{B}=\boldsymbol{A}+(-\boldsymbol{B}).$$

于是有

$$\boldsymbol{A}+\boldsymbol{B}=\boldsymbol{C}\Longleftrightarrow\boldsymbol{A}=\boldsymbol{C}-\boldsymbol{B}.$$

由于数列是矩阵的特例，以上运算规律对于数列也成立.

数与矩阵的乘法和矩阵的加法的定义是比较自然的. 以下我们将引入矩阵的乘法，这是矩阵运算中最重要的一种. 这种乘法乍一看会显得有些不自然，但以后就会看到，为什么这样来定义矩阵的乘法.

在作矩阵的乘法时，用求和符号 $\sum$ 比较简便，我们在这里先作几点说明.

一重求和符号是我们所熟悉的，我们只指出以下等式成立：

$$a\left(\sum_{i=1}^{n} b_i\right)=\sum_{i=1}^{n} ab_i,\qquad \left(\sum_{i=1}^{n} b_i\right)a=\sum_{i=1}^{n} b_i a,$$

这里的 a 与 i 无关.

我们常要用到形如 $\sum_{i=1}^{m}\sum_{j=1}^{n}a_ib_j$ 的双重求和符号. 双重求和符号的意思是，先对第二个求和符号求和，再对第一个求和符号求和. 这样，

$$\begin{aligned}\sum_{i=1}^{m}\sum_{j=1}^{n}a_ib_j &= \sum_{i=1}^{m}a_i\left(\sum_{j=1}^{n}b_j\right)\\ &= \sum_{i=1}^{m}a_i(b_1+b_2+\cdots+b_n)\\ &= a_1b_1+a_1b_2+\cdots+a_1b_n\\ &\quad +a_2b_1+a_2b_2+\cdots+a_2b_n\\ &\quad +\cdots\cdots\cdots\cdots\\ &\quad +a_mb_1+a_mb_2+\cdots+a_mb_n.\end{aligned}$$

如果交换求和符号的次序，那么就有

$$\begin{aligned}\sum_{j=1}^{n}\sum_{i=1}^{m}a_ib_j &= \sum_{j=1}^{n}\left(\sum_{i=1}^{m}a_i\right)b_j\\ &= a_1b_1+a_2b_1+\cdots+a_mb_1\\ &\quad +a_1b_2+a_2b_2+\cdots+a_mb_2\\ &\quad +\cdots\cdots\cdots\cdots\\ &\quad +a_1b_n+a_2b_n+\cdots+a_mb_n.\end{aligned}$$

这两个等式的右端显然相等，因此有

$$\sum_{i=1}^{m}\sum_{j=1}^{n}a_ib_j=\sum_{j=1}^{n}\sum_{i=1}^{m}a_ib_j,$$

这就是说，双重求和符号可以交换次序.

现在我们来定义矩阵的乘法.

定义 3 数域 F 上 $m\times n$ 矩阵 $\boldsymbol{A}=(a_{ij})$ 与 $n\times p$ 矩阵 $\boldsymbol{B}=(b_{ij})$ 的乘积 $\boldsymbol{AB}$ 指的是这样的一个 $m\times p$ 矩阵，这个矩阵的第 i 行第 j 列 $(i=1,2,\cdots,m;j=1,2,\cdots,p)$ 的元素 c_{ij} 等于 $\boldsymbol{A}$ 的第 i 行的元素与 $\boldsymbol{B}$ 的第 j 列的对应元素的乘积的和：

$$c_{ij}=a_{i1}b_{1j}+a_{i2}b_{2j}+\cdots+a_{in}b_{nj}.$$

这个乘法可以图示如下：

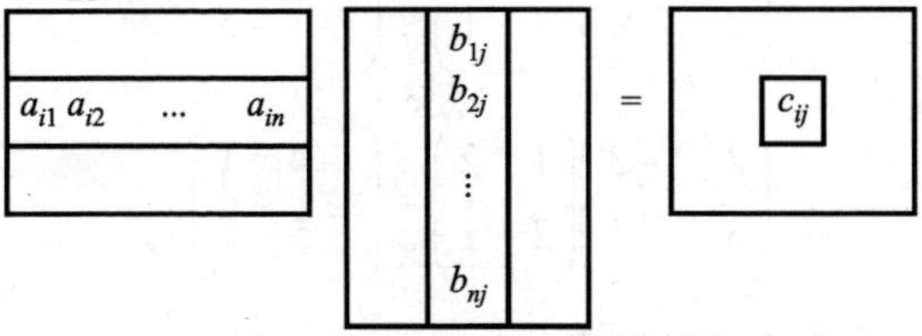

注意，两个矩阵只有当第一个矩阵的列数等于第二个矩阵的行数时才能相乘.

我们看一个例子

$$\begin{pmatrix}2 & -1 & 0\\3 & 1 & -2\end{pmatrix}\begin{pmatrix}1 & -3\\2 & 1\\-5 & 0\end{pmatrix}$$

$$=\begin{pmatrix}2\cdot1+(-1)\cdot2+0\cdot(-5) & 2\cdot(-3)+(-1)\cdot1+0\cdot0\\3\cdot1+1\cdot2+(-2)\cdot(-5) & 3\cdot(-3)+1\cdot1+(-2)\cdot0\end{pmatrix}$$

$$=\begin{pmatrix}0 & -7\\15 & -8\end{pmatrix}.$$

对于数的乘法成立的运算规律，对于矩阵的乘法来说并不都成立. 值得提出的是以下两点.

两个非零矩阵的乘积可能是零矩阵. 例如，

$$\begin{pmatrix}1 & -1\\-1 & 1\\1 & -1\end{pmatrix}\begin{pmatrix}1 & 2\\1 & 2\end{pmatrix}=\begin{pmatrix}0 & 0\\0 & 0\\0 & 0\end{pmatrix}=\boldsymbol{O}.$$

矩阵的乘法不满足交换律. 首先，当 $m\neq p$ 时，$\boldsymbol{A}_{mn}\boldsymbol{B}_{np}$ 有意义，但 $\boldsymbol{B}_{np}\boldsymbol{A}_{mn}$ 没有意义. 其次，$\boldsymbol{A}_{mn}\boldsymbol{B}_{nm}$ 和 $\boldsymbol{B}_{nm}\boldsymbol{A}_{mn}$ 虽然都有意义，但是当 $m\neq n$ 时，第一个乘积是 m 阶矩阵而第二个是 n 阶矩阵，它们不相等. 最后，$\boldsymbol{A}_{nn}\boldsymbol{B}_{nn}$ 和 $\boldsymbol{B}_{nn}\boldsymbol{A}_{nn}$ 虽然都是 n 阶矩阵，但它们也未必相等. 例如，

$$\begin{pmatrix}1&2\\2&1\end{pmatrix}\begin{pmatrix}2&-3\\3&1\end{pmatrix}=\begin{pmatrix}8&-1\\7&-5\end{pmatrix}.$$

$$\begin{pmatrix}2&-3\\3&1\end{pmatrix}\begin{pmatrix}1&2\\2&1\end{pmatrix}=\begin{pmatrix}-4&1\\5&7\end{pmatrix}.$$

但是矩阵乘法满足结合律：

$$(\boldsymbol{AB})\boldsymbol{C}=\boldsymbol{A}(\boldsymbol{BC}).$$

事实上，可以假定

$$\boldsymbol{A}=(a_{ij})_{mn},\ \boldsymbol{B}=(b_{ij})_{np},\ \boldsymbol{C}=(c_{ij})_{pq},$$

那么$(\boldsymbol{AB})\boldsymbol{C}$和$\boldsymbol{A}(\boldsymbol{BC})$都是$m\times q$矩阵，我们来证明它们的对应元素相等，令

$$\boldsymbol{AB}=\boldsymbol{U}=(u_{ij}),\qquad \boldsymbol{BC}=\boldsymbol{V}=(v_{ij}).$$

由矩阵乘法知，

$$u_{il}=\sum_{k=1}^{n}a_{ik}b_{kl},\qquad v_{kj}=\sum_{l=1}^{p}b_{kl}c_{lj},$$

因此$(\boldsymbol{AB})\boldsymbol{C}=\boldsymbol{UC}$的第$i$行第$j$列的元素是

(1)
$$\sum_{l=1}^{p}u_{il}c_{lj}=\sum_{l=1}^{p}\left(\sum_{k=1}^{n}a_{ik}b_{kl}\right)c_{lj}=\sum_{l=1}^{p}\sum_{k=1}^{n}a_{ik}b_{kl}c_{lj}.$$

另一方面，$\boldsymbol{A}(\boldsymbol{BC})=\boldsymbol{AV}$的第$i$行第$j$列的元素是

(2)
$$\sum_{k=1}^{n}a_{ik}v_{kj}=\sum_{k=1}^{n}a_{ik}\left(\sum_{l=1}^{p}b_{kl}c_{lj}\right)=\sum_{k=1}^{n}\sum_{l=1}^{p}a_{ik}b_{kl}c_{lj}.$$

由于双重求和符号可以交换次序，所以(1)和(2)的右端相等. 这就证明了结合律.

我们知道，数1乘任何数a仍得a. 对矩阵的乘法来说，存

在这样的矩阵，它们有类似于数 1 的性质.

我们把主对角线(从左上角到右下角的对角线)上元素都是 1，而其他元素都是 0 的 n 阶方阵

$$\begin{pmatrix} 1 & 0 & \cdots & 0 \\ 0 & 1 & \cdots & 0 \\ \vdots & \vdots & & \vdots \\ 0 & 0 & \cdots & 1 \end{pmatrix}$$

叫作 n 阶单位矩阵，记作 $\boldsymbol{I}_n$，有时简记作 $\boldsymbol{I}$.

$\boldsymbol{I}_n$ 显然有以下性质：

$$\boldsymbol{I}_n\boldsymbol{A}_{np}=\boldsymbol{A}_{np},\ \boldsymbol{A}_{mn}\boldsymbol{I}_n=\boldsymbol{A}_{mn}.$$

矩阵的乘法和加法满足分配律：

$$\boldsymbol{A}(\boldsymbol{B}+\boldsymbol{C})=\boldsymbol{AB}+\boldsymbol{AC},$$
$$(\boldsymbol{B}+\boldsymbol{C})\boldsymbol{A}=\boldsymbol{BA}+\boldsymbol{CA}.$$

这两个式子的验证比较简单，我们留给读者. 注意，由于矩阵的乘法不满足交换律，所以这两个式子并不能互推.

矩阵的乘法和数与矩阵的乘法显然满足以下运算规律：

$$a(\boldsymbol{AB})=(a\boldsymbol{A})\boldsymbol{B}=\boldsymbol{A}(a\boldsymbol{B}).$$

给了任意 r 个矩阵 $\boldsymbol{A}_1$，$\boldsymbol{A}_2$，$\cdots$，$\boldsymbol{A}_r$，只要前一个矩阵的列数等于后一个矩阵的行数，就可以把它们依次相乘. 由于矩阵的乘法满足结合律，作这样的乘积时，我们可以把因子任意结合，而乘积 $\boldsymbol{A}_1\boldsymbol{A}_2\cdots\boldsymbol{A}_r$ 有完全确定的意义. 特别，一个 n 阶方阵 $\boldsymbol{A}$ 的 r 次方(r 是正整数)有意义：

$$\boldsymbol{A}^r=\overbrace{\boldsymbol{AA}\cdots\boldsymbol{A}}^{r\text{个}}.$$

我们再约定

$$\boldsymbol{A}^0=\boldsymbol{I}.$$

这样一来，一个 n 阶方阵的任意非负整数次方有意义.

设

$$f(x)=a_0+a_1x+\cdots+a_mx^m$$

是 $F[x]$ 中一个多项式，而 $\boldsymbol{A}$ 是一个 n 阶方阵，那么 $a_0\boldsymbol{I}+a_1\boldsymbol{A}+\cdots+a_m\boldsymbol{A}^m$ 有确定的意义，它仍是 F 上一个 n 阶方阵，我们将它记作 $f(\boldsymbol{A})$：

$$f(\boldsymbol{A})=a_0\boldsymbol{I}+a_1\boldsymbol{A}+\cdots+a_m\boldsymbol{A}^m.$$

如果 $f(x)$，$g(x)\in F[x]$，而 $\boldsymbol{A}$ 是一个 n 阶方阵. 令

$$u(x)=f(x)+g(x),\ v(x)=f(x)g(x),$$

那么由矩阵的运算规律容易得出

$$u(\boldsymbol{A})=f(\boldsymbol{A})+g(\boldsymbol{A}),\ v(\boldsymbol{A})=f(\boldsymbol{A})g(\boldsymbol{A}).$$

最后我们引入矩阵的转置.

定义 4 设 $m\times n$ 矩阵

$$\boldsymbol{A}=\begin{pmatrix} a_{11} & a_{12} & \cdots & a_{1n} \\ a_{21} & a_{22} & \cdots & a_{2n} \\ \vdots & \vdots & & \vdots \\ a_{m1} & a_{m2} & \cdots & a_{mn} \end{pmatrix}.$$

把 $\boldsymbol{A}$ 的行变为列所得到的 $n\times m$ 矩阵

$$\boldsymbol{A}^{\mathrm{T}}=\begin{pmatrix} a_{11} & a_{21} & \cdots & a_{m1} \\ a_{12} & a_{22} & \cdots & a_{m2} \\ \vdots & \vdots & & \vdots \\ a_{1n} & a_{2n} & \cdots & a_{mn} \end{pmatrix}$$

叫作矩阵 $\boldsymbol{A}$ 的转置.

矩阵的转置满足以下规律：

(3) $$(\boldsymbol{A}^{\mathrm{T}})^{\mathrm{T}}=\boldsymbol{A},$$

(4) $$(\boldsymbol{A}+\boldsymbol{B})^{\mathrm{T}}=\boldsymbol{A}^{\mathrm{T}}+\boldsymbol{B}^{\mathrm{T}},$$

(5) $$(\boldsymbol{AB})^{\mathrm{T}}=\boldsymbol{B}^{\mathrm{T}}\boldsymbol{A}^{\mathrm{T}},$$

(6) $$(a\boldsymbol{A})^{\mathrm{T}}=a\boldsymbol{A}^{\mathrm{T}}.$$

我们只验证(5)，其他三个规律容易验证. 设

$$\boldsymbol{A}=\begin{pmatrix} a_{11} & a_{12} & \cdots & a_{1n} \\ a_{21} & a_{22} & \cdots & a_{2n} \\ \vdots & \vdots & & \vdots \\ a_{m1} & a_{m2} & \cdots & a_{mn} \end{pmatrix},\quad \boldsymbol{B}=\begin{pmatrix} b_{11} & b_{12} & \cdots & b_{1p} \\ b_{21} & b_{22} & \cdots & b_{2p} \\ \vdots & \vdots & & \vdots \\ b_{n1} & b_{n2} & \cdots & b_{np} \end{pmatrix}$$

首先容易看出，$(\boldsymbol{AB})^{\mathrm{T}}$ 和 $\boldsymbol{B}^{\mathrm{T}}\boldsymbol{A}^{\mathrm{T}}$ 都是 $p \times m$ 矩阵. 其次，位于 $(\boldsymbol{AB})^{\mathrm{T}}$ 的第 i 行第 j 列的元素就是位于 $\boldsymbol{AB}$ 的第 j 行第 i 列的元素，因而等于

$$a_{j1}b_{1i}+a_{j2}b_{2i}+\cdots+a_{jn}b_{ni}.$$

位于 $\boldsymbol{B}^{\mathrm{T}}\boldsymbol{A}^{\mathrm{T}}$ 的第 i 行第 j 列的元素等于 $\boldsymbol{B}^{\mathrm{T}}$ 的第 i 行的元素与 $\boldsymbol{A}^{\mathrm{T}}$ 的第 j 列的对应元素的乘积之和，因而等于 $\boldsymbol{B}$ 的第 i 列的元素与 $\boldsymbol{A}$ 的第 j 行的对应元素的乘积之和：

$$b_{1i}a_{j1}+b_{2i}a_{j2}+\cdots+b_{ni}a_{jn}.$$

上面两个式子显然相等，所以(5)式成立.

等式(4)和(5)显然可以推广到 n 个矩阵的情形，也就是说，以下等式成立：

$$(\boldsymbol{A}_1+\cdots+\boldsymbol{A}_n)^{\mathrm{T}}=\boldsymbol{A}_1^{\mathrm{T}}+\cdots+\boldsymbol{A}_n^{\mathrm{T}},$$
$$(\boldsymbol{A}_1\cdots\boldsymbol{A}_n)^{\mathrm{T}}=\boldsymbol{A}_n^{\mathrm{T}}\cdots\boldsymbol{A}_1^{\mathrm{T}}.$$

习　题

1. 计算：

(i) $\begin{pmatrix} 1 & 2 & 3 \\ 2 & 4 & 6 \\ 3 & 6 & 9 \end{pmatrix}\begin{pmatrix} -1 & -2 & -4 \\ -1 & -2 & -4 \\ 1 & 2 & 4 \end{pmatrix}$;

(ii) $\begin{pmatrix} 3 & -1 & 0 & 2 \\ -2 & 0 & 1 & -4 \end{pmatrix}\begin{pmatrix} 1 & 3 & -2 \\ 0 & 1 & -3 \\ 3 & 0 & 5 \\ 2 & -1 & 4 \end{pmatrix}$;

(iii) $(a_1, a_2, \cdots, a_n)\begin{pmatrix} b_1 \\ b_2 \\ \vdots \\ b_n \end{pmatrix}$, $\begin{pmatrix} a_1 \\ a_2 \\ \vdots \\ a_n \end{pmatrix}(b_1, b_2, \cdots, b_n)$;

(iv) $\begin{pmatrix} 1 & 2 & 1 \\ 0 & 1 & 2 \\ 3 & 1 & 1 \end{pmatrix}\begin{pmatrix} 2 & 3 & 1 \\ -1 & 1 & 0 \\ 1 & 2 & -1 \end{pmatrix}\begin{pmatrix} 1 & 2 & 1 \\ 0 & 1 & 2 \\ 3 & 1 & 1 \end{pmatrix}$.

2. 证明两个矩阵 $\boldsymbol{A}$ 与 $\boldsymbol{B}$ 的乘积 $\boldsymbol{AB}$ 的第 i 行等于 $\boldsymbol{A}$ 的第 i 行左乘 $\boldsymbol{B}$，第 j 列等于 $\boldsymbol{B}$ 的第 j 列右乘 $\boldsymbol{A}$.

3. 可以按下列步骤证明矩阵的乘法满足结合律：

(i) 设 $\boldsymbol{B}=(b_{ij})$ 是一个 $n\times p$ 矩阵．令 $\boldsymbol{\beta}_j=(b_{1j}, b_{2j}, \cdots, b_{nj})^{\mathrm{T}}$ 是 $\boldsymbol{B}$ 的第 j 列，$j=1,2,\cdots,p$. 又设 $\boldsymbol{\xi}=(x_1, x_2, \cdots, x_p)^{\mathrm{T}}$ 是任意一个 $p\times 1$ 矩阵．证明：

$$\boldsymbol{B\xi}=x_1\boldsymbol{\beta}_1+x_2\boldsymbol{\beta}_2+\cdots+x_p\boldsymbol{\beta}_p;$$

(ii) 设 $\boldsymbol{A}$ 是一个 $m\times n$ 矩阵．利用(i)及习题 2 的结果，证明：

$$\boldsymbol{A}(\boldsymbol{B\xi})=(\boldsymbol{AB})\boldsymbol{\xi};$$

(iii) 设 $\boldsymbol{C}$ 是一个 $p\times q$ 矩阵．利用(ii)，证明：

$$\boldsymbol{A}(\boldsymbol{BC})=(\boldsymbol{AB})\boldsymbol{C}.$$

4. 设

$$\boldsymbol{A}=\begin{pmatrix} 0 & 1 & 0 & 0 \\ 0 & 0 & 1 & 0 \\ 0 & 0 & 0 & 1 \\ 0 & 0 & 0 & 0 \end{pmatrix}.$$

证明：当且仅当

$$\boldsymbol{B}=\begin{pmatrix} a & b & c & d \\ 0 & a & b & c \\ 0 & 0 & a & b \\ 0 & 0 & 0 & a \end{pmatrix}$$

时，$\boldsymbol{AB}=\boldsymbol{BA}$.

5. 令 $\boldsymbol{E}_{ij}$ 是第 i 行第 j 列的元素是 1 而其余元素都是零的 n 阶矩阵．求 $\boldsymbol{E}_{ij}\boldsymbol{E}_{kl}$.

6. 求满足以下条件的所有 n 阶矩阵 $\boldsymbol{A}$.

(i) $\boldsymbol{A}\boldsymbol{E}_{ij}=\boldsymbol{E}_{ij}\boldsymbol{A}$, i, $j=1$, 2, …, n;

(ii) $\boldsymbol{A}\boldsymbol{B}=\boldsymbol{B}\boldsymbol{A}$,

这里 $\boldsymbol{B}$ 是任意 n 阶矩阵.

7. 举例证明，当 $\boldsymbol{A}\boldsymbol{B}=\boldsymbol{A}\boldsymbol{C}$ 时，未必 $\boldsymbol{B}=\boldsymbol{C}$.

8. 证明对任意 n 阶矩阵 $\boldsymbol{A}$ 和 $\boldsymbol{B}$，都有 $\boldsymbol{A}\boldsymbol{B}-\boldsymbol{B}\boldsymbol{A}\neq\boldsymbol{I}$. [提示，考虑 $\boldsymbol{A}\boldsymbol{B}-\boldsymbol{B}\boldsymbol{A}$ 的主对角线上元素的和.]

9. 令 $\boldsymbol{A}$ 是任意 n 阶矩阵，而 $\boldsymbol{I}$ 是 n 阶单位矩阵. 证明

$$(\boldsymbol{I}-\boldsymbol{A})(\boldsymbol{I}+\boldsymbol{A}+\boldsymbol{A}^2+\cdots+\boldsymbol{A}^{m-1})=\boldsymbol{I}-\boldsymbol{A}^m.$$

10. 对任意 n 阶矩阵 $\boldsymbol{A}$，必有 n 阶矩阵 $\boldsymbol{B}$ 和 $\boldsymbol{C}$，使 $\boldsymbol{A}=\boldsymbol{B}+\boldsymbol{C}$，并且

$$\boldsymbol{B}=\boldsymbol{B}^{\mathrm{T}},\ \boldsymbol{C}=-\boldsymbol{C}^{\mathrm{T}}.$$

5.2 可逆矩阵 矩阵乘积的行列式

在应用上，所谓可逆矩阵占一个很重要的地位.

定义 1 令 $\boldsymbol{A}$ 是数域 F 上一个 n 阶矩阵. 若是存在 F 上 n 阶矩阵 $\boldsymbol{B}$，使得

$$\boldsymbol{A}\boldsymbol{B}=\boldsymbol{B}\boldsymbol{A}=\boldsymbol{I},$$

那么 $\boldsymbol{A}$ 叫作一个可逆矩阵(或非奇异矩阵)，而 $\boldsymbol{B}$ 叫作 $\boldsymbol{A}$ 的逆矩阵.

若矩阵 $\boldsymbol{A}$ 可逆，那么 $\boldsymbol{A}$ 的逆矩阵由 $\boldsymbol{A}$ 唯一决定.

事实上，设 $\boldsymbol{B}$ 和 $\boldsymbol{C}$ 都是 $\boldsymbol{A}$ 的逆矩阵：

$$\boldsymbol{A}\boldsymbol{B}=\boldsymbol{B}\boldsymbol{A}=\boldsymbol{I},\ \boldsymbol{A}\boldsymbol{C}=\boldsymbol{C}\boldsymbol{A}=\boldsymbol{I}.$$

那么

$$\boldsymbol{B}=\boldsymbol{B}\boldsymbol{I}=\boldsymbol{B}(\boldsymbol{A}\boldsymbol{C})=(\boldsymbol{B}\boldsymbol{A})\boldsymbol{C}=\boldsymbol{I}\boldsymbol{C}=\boldsymbol{C}.$$

我们以后把一个可逆矩阵 $\boldsymbol{A}$ 的唯一的逆矩阵用 $\boldsymbol{A}^{-1}$ 来表示. 我们有以下简单事实.

可逆矩阵 $\boldsymbol{A}$ 的逆矩阵 $\boldsymbol{A}^{-1}$ 也可逆，并且

$$(\boldsymbol{A}^{-1})^{-1}=\boldsymbol{A}.$$

这由算式

$$AA^{-1}=A^{-1}A=I$$

可以直接推出.

两个可逆矩阵 A 和 B 的乘积 AB 也可逆，并且

$$(AB)^{-1}=B^{-1}A^{-1}.$$

这是因为

$$(AB)(B^{-1}A^{-1})=(B^{-1}A^{-1})(AB)=I.$$

一般，m 个可逆矩阵 A_1，A_2，$\cdots$，A_m 的乘积 $A_1A_2\cdots A_m$ 也可逆，并且

$$(A_1A_2\cdots A_m)^{-1}=A_m^{-1}\cdots A_2^{-1}A_1^{-1}.$$

可逆矩阵 A 的转置 A^{T} 也可逆，并且

$$(A^{\mathrm{T}})^{-1}=(A^{-1})^{\mathrm{T}}.$$

这是因为求等式

$$AA^{-1}=A^{-1}A=I$$

中三个相等的矩阵的转置，得

$$(A^{-1})^{\mathrm{T}}A^{\mathrm{T}}=A^{\mathrm{T}}(A^{-1})^{\mathrm{T}}=I^{\mathrm{T}}=I.$$

一个 n 阶矩阵未必可逆. 例如，令

$$A=\begin{pmatrix}a_{11} & a_{12}\\ 0 & 0\end{pmatrix},$$

而 B 是任意一个 2 阶矩阵. 那么乘积 AB 的第二行的元素都是零，因此不存在二阶矩阵 B，使 $AB=I$，从而 A 不是可逆矩阵.

下面来看一看，一个矩阵在什么条件下可逆. 我们还是利用初等变换来解决这个问题.

首先注意以下事实：对于一个矩阵施行一个行或列初等变换相当于把这个矩阵左乘或右乘一个可逆矩阵.

我们把以下三种方阵叫作初等矩阵：

$$
\begin{array}{c}
\qquad\qquad\text{第 } i \text{ 列}\qquad\qquad\quad \text{第 } j \text{ 列}\\
\boldsymbol{P}_{ij}=\left(\begin{array}{ccccccccccc}
1 &&&&&&&&&&\\
&\ddots&&&&&&&&&\\
&&1&&&&&&&&\\
&&&0&&\cdots&&1&&&\\
&&&&1&&&&&&\\
&&&\vdots&&\ddots&&\vdots&&&\\
&&&&&&1&&&&\\
&&&1&&\cdots&&0&&&\\
&&&&&&&&1&&\\
&&&&&&&&&\ddots&\\
&&&&&&&&&&1
\end{array}\right)
\begin{array}{l}
\\ \\ \\ \text{第 } i \text{ 行}\\ \\ \\ \\ \text{第 } j \text{ 行}\\ \\ \\ \\
\end{array};
\end{array}
$$

$$
\begin{array}{c}
\qquad\qquad\text{第 } i \text{ 列}\\
\boldsymbol{D}_i(k)=\left(\begin{array}{ccccccc}
1&&&&&&\\
&\ddots&&&&&\\
&&1&&&&\\
&&&k&&&\\
&&&&1&&\\
&&&&&\ddots&\\
&&&&&&1
\end{array}\right)
\begin{array}{l}
\\ \\ \\ \text{第 } i \text{ 行}(k\neq 0);\\ \\ \\ \\
\end{array}
\end{array}
$$

$$
\begin{array}{c}
\qquad\qquad\text{第 } i \text{ 列}\quad\ \text{第 } j \text{ 列}\\
\boldsymbol{T}_{ij}(k)=\left(\begin{array}{cccccc}
1&&&&&\\
&\ddots&&&&\\
&&1&\cdots&k&\\
&&&\ddots&\vdots&\\
&&&&1&\\
&&&&&\ddots\\
&&&&&&1
\end{array}\right)
\begin{array}{l}
\\ \\ \text{第 } i \text{ 行},\\ \\ \text{第 } j \text{ 行}\\ \\ \\
\end{array}
\end{array}
$$

这里没有注明的元素在主对角线上的都是 1，在其他位置的都是零．通过验算容易看出：交换一个 $m\times n$ 矩阵 $\boldsymbol{A}$ 的第 i 和第 j 行或第 i 和第 j 列，相当于把 $\boldsymbol{A}$ 左乘 m 阶矩阵 $\boldsymbol{P}_{ij}$ 或右乘 n 阶矩阵

P_{ij}；把 A 的第 i 行或列乘数 k，相当于把 A 左乘 m 阶的 $D_i(k)$，或右乘 n 阶的 $D_i(k)$；把 A 的第 j 行乘数 k 后加到第 i 行相当于把 A 左乘 m 阶的 $T_{ij}(k)$，把 A 的第 j 列乘数 k 后加到第 i 列相当于把 A 右乘 n 阶的 $T_{ji}(k)$.

初等矩阵都是可逆的，并且它们的逆矩阵仍是初等矩阵. 因为容易验证：

$$P_{ij}^{-1}=P_{ij},\ D_i(k)^{-1}=D_i\left(\frac{1}{k}\right),\ T_{ij}(k)^{-1}=T_{ij}(-k).$$

现在容易证明以下

引理 5.2.1 *设对矩阵 A 施行一个初等变换后，得到矩阵 $\overline{A}$，那么 A 可逆的充要条件是 $\overline{A}$ 可逆.*

证 我们只就行初等变换来证明这个引理，列初等变换的情形可以完全类似地证明.

设 $\overline{A}$ 是通过对 A 施行一个行初等变换而得到的. 那么存在一个对应的初等矩阵 E，使得

$$\overline{A}=EA. \tag{1}$$

由于初等矩阵 E 是可逆的，(1)式说明，当 A 可逆时，$\overline{A}$ 是两个可逆矩阵的乘积. 因而 $\overline{A}$ 也可逆. 另一方面，用 E 的逆矩阵 E^{-1} 左乘(1)式的两端，得

$$E^{-1}\overline{A}=E^{-1}EA=IA=A. \tag{2}$$

因为 E^{-1} 也可逆，由(2)式得，当 $\overline{A}$ 可逆时，A 也可逆. □

引理 5.2.1 说明，矩阵是否可逆这一性质不因施行初等变换而有所改变.

由定理 4.1.2，给了任意一个 $m\times n$ 矩阵 A，总可以通过行初等变换和交换两列的初等变换，把 A 化为以下形式的一个矩阵：

$$
(3)\quad\begin{pmatrix}
1 & 0 & \cdots & 0 & c_{1,r+1} & \cdots & c_{1n}\\
0 & 1 & \cdots & 0 & c_{2,r+1} & \cdots & c_{2n}\\
\vdots & \vdots & & \vdots & \vdots & & \vdots\\
0 & 0 & \cdots & 1 & c_{r,r+1} & \cdots & c_{rn}\\
0 & 0 & \cdots & 0 & 0 & \cdots & 0\\
\vdots & \vdots & & \vdots & \vdots & & \vdots\\
0 & 0 & \cdots & 0 & 0 & \cdots & 0
\end{pmatrix}.
$$

继续对(3)施行第三种列初等变换，显然可以把 c_{ij} 都化为零，因此，我们有

定理 5.2.1 一个 $m\times n$ 矩阵 $\boldsymbol{A}$ 总可以通过初等变换化为以下形式的一个矩阵：

$$
\overline{\boldsymbol{A}}=\begin{pmatrix}
\boldsymbol{I}_r & \boldsymbol{O}_{r,n-r}\\
\boldsymbol{O}_{m-r,r} & \boldsymbol{O}_{m-r,n-r}
\end{pmatrix}
$$

这里 $\boldsymbol{I}_r$ 是 r 阶单位矩阵，$\boldsymbol{O}_{st}$ 表示 $s\times t$ 的零矩阵，r 等于 $\boldsymbol{A}$ 的秩. (在不致引起混淆的情况下，出现在 $\overline{\boldsymbol{A}}$ 中的零矩阵的下标可以不写.)

特别，当 $\boldsymbol{A}$ 是一个 n 阶矩阵时，上面的矩阵 $\overline{\boldsymbol{A}}$ 是一个对角矩阵(即主对角线以外的元素都是 0 的矩阵).

根据引理 5.2.1，n 阶矩阵 $\boldsymbol{A}$ 是否可逆，决定于 $\overline{\boldsymbol{A}}$ 是否可逆. 然而对角矩阵 $\overline{\boldsymbol{A}}$ 是否可逆很容易看出.

当 $\overline{\boldsymbol{A}}$ 等于单位矩阵 $\boldsymbol{I}$ 时，$\overline{\boldsymbol{A}}$ 可逆. 因为 $\boldsymbol{I}$ 本身就是 $\boldsymbol{I}$ 的逆矩阵. 当 $\overline{\boldsymbol{A}}$ 不等于 $\boldsymbol{I}$ 时，$\overline{\boldsymbol{A}}$ 至少有一个元素全是零的行，因而用任意一个 n 阶矩阵 $\boldsymbol{B}$ 右乘 $\overline{\boldsymbol{A}}$，所得的乘积 $\overline{\boldsymbol{A}}\boldsymbol{B}$ 中也至少有一个元素全是零的行，所以 $\overline{\boldsymbol{A}}$ 不可逆.

这样，n 阶矩阵 $\boldsymbol{A}$ 可逆，当且仅当它可以通过初等变换化为单位矩阵 $\boldsymbol{I}$. 由此我们得到以下的定理.

定理 5.2.2 n 阶矩阵 $\boldsymbol{A}$ 可逆，当且仅当它可以写成初等矩

阵的乘积.

证 $\boldsymbol{A}$ 可以通过初等变换化为单位矩阵 $\boldsymbol{I}$，就是说，$\boldsymbol{I}$ 可以通过初等变换化为 $\boldsymbol{A}$，也就是说，存在初等矩阵 $\boldsymbol{E}_1,\cdots,\boldsymbol{E}_s$，$\boldsymbol{E}_{s+1},\cdots,\boldsymbol{E}_t$，使

$$\begin{aligned}\boldsymbol{A}&=\boldsymbol{E}_1\cdots\boldsymbol{E}_s\boldsymbol{I}\boldsymbol{E}_{s+1}\cdots\boldsymbol{E}_t\\&=\boldsymbol{E}_1\cdots\boldsymbol{E}_s\boldsymbol{E}_{s+1}\cdots\boldsymbol{E}_t.\qquad\square\end{aligned}$$

定理 5.2.3 n 阶矩阵 $\boldsymbol{A}$ 可逆当且仅当 $\boldsymbol{A}$ 的秩等于 n.

证 $\boldsymbol{A}$ 可以通过初等变换化为单位矩阵 $\boldsymbol{I}$. 就是说，$\boldsymbol{A}$ 的秩等于 n. $\square$

我们把 n 阶矩阵

$$\boldsymbol{A}=\begin{pmatrix}a_{11}&a_{12}&\cdots&a_{1n}\\a_{21}&a_{22}&\cdots&a_{2n}\\\vdots&\vdots&&\vdots\\a_{n1}&a_{n2}&\cdots&a_{nn}\end{pmatrix}$$

的唯一的 n 阶子式

$$\begin{vmatrix}a_{11}&a_{12}&\cdots&a_{1n}\\a_{21}&a_{22}&\cdots&a_{2n}\\\vdots&\vdots&&\vdots\\a_{n1}&a_{n2}&\cdots&a_{nn}\end{vmatrix}$$

叫作矩阵 $\boldsymbol{A}$ 的行列式，记作 $\det\boldsymbol{A}$. 我们知道，$\boldsymbol{A}$ 的秩等于 n 的充要条件是 $\det\boldsymbol{A}\neq0$. 于是由定理 5.2.3 得

定理 5.2.4 n 阶矩阵 $\boldsymbol{A}$ 可逆，当且仅当它的行列式

$$\det\boldsymbol{A}\neq0.$$

我们常需要求出一个可逆矩阵的逆矩阵来. 现在给出两种求逆矩阵的方法.

第一种还是要用到初等变换.

事实上，因为 $\boldsymbol{A}$ 可逆，由定理 5.2.2，$\boldsymbol{A}$ 可以表成初等矩阵 $\boldsymbol{E}_1,\cdots,\boldsymbol{E}_t$ 的积：

$$\boldsymbol{A}=\boldsymbol{E}_1\cdots\boldsymbol{E}_t=\boldsymbol{E}_1\cdots\boldsymbol{E}_t\boldsymbol{I}.$$

于是

$$\boldsymbol{E}_t^{-1}\cdots\boldsymbol{E}_1^{-1}\boldsymbol{A}=\boldsymbol{I}. \tag{4}$$

因为初等矩阵的逆矩阵还是初等矩阵，所以(4)式表明，可以通过对 $\boldsymbol{A}$ 的行施行初等变换将 $\boldsymbol{A}$ 化为单位矩阵 $\boldsymbol{I}$. 用 $\boldsymbol{A}^{-1}$ 右乘(4)式两端得

$$\boldsymbol{A}^{-1}=\boldsymbol{E}_t^{-1}\cdots\boldsymbol{E}_1^{-1}\boldsymbol{I}. \tag{5}$$

比较等式(4)和(5)，我们看出以下的求逆矩阵的方法：*在通过行初等变换把可逆矩阵 $\boldsymbol{A}$ 化为单位矩阵 $\boldsymbol{I}$ 时，对单位矩阵 $\boldsymbol{I}$ 施行同样的初等变换，就得到 $\boldsymbol{A}$ 的逆矩阵 $\boldsymbol{A}^{-1}$.*

例 1 求矩阵

$$\boldsymbol{A}=\begin{pmatrix}1 & 2 & -1\\ 3 & 1 & 0\\ -1 & 0 & -2\end{pmatrix}$$

的逆矩阵.

我们写下 $\boldsymbol{A}$，并把单位矩阵 $\boldsymbol{I}$ 写在 $\boldsymbol{A}$ 的右边：

$$\begin{pmatrix}1 & 2 & -1\\ 3 & 1 & 0\\ -1 & 0 & -2\end{pmatrix},\ \begin{pmatrix}1 & 0 & 0\\ 0 & 1 & 0\\ 0 & 0 & 1\end{pmatrix}.$$

我们施行行初等变换把 $\boldsymbol{A}$ 化为 $\boldsymbol{I}$. 但每次对右边的矩阵施行同样的初等变换. 从第二行和第三行分别减去第一行的 3 倍和 -1 倍，得

$$\begin{pmatrix}1 & 2 & -1\\ 0 & -5 & 3\\ 0 & 2 & -3\end{pmatrix},\ \begin{pmatrix}1 & 0 & 0\\ -3 & 1 & 0\\ 1 & 0 & 1\end{pmatrix}.$$

用 $-\dfrac{1}{5}$ 乘第二行，然后从第一行和第三行都减去第二行的 2 倍，得

$$\begin{pmatrix} 1 & 0 & \frac{1}{5} \\ 0 & 1 & -\frac{3}{5} \\ 0 & 0 & -\frac{9}{5} \end{pmatrix}, \begin{pmatrix} -\frac{1}{5} & \frac{2}{5} & 0 \\ \frac{3}{5} & -\frac{1}{5} & 0 \\ -\frac{1}{5} & \frac{2}{5} & 1 \end{pmatrix}.$$

用 $-\frac{5}{9}$ 乘第三行，然后从第一行和第二行分别减去第三行的 $\frac{1}{5}$ 和 $-\frac{3}{5}$ 倍，得

$$\begin{pmatrix} 1 & 0 & 0 \\ 0 & 1 & 0 \\ 0 & 0 & 1 \end{pmatrix}, \begin{pmatrix} -\frac{2}{9} & \frac{4}{9} & \frac{1}{9} \\ \frac{2}{3} & -\frac{1}{3} & -\frac{1}{3} \\ \frac{1}{9} & -\frac{2}{9} & -\frac{5}{9} \end{pmatrix}.$$

最后一个矩阵就是 $\boldsymbol{A}^{-1}$.

第二种求逆矩阵的方法是从行列式的性质得来的.

设 $n(>1)$ 阶矩阵

$$\boldsymbol{A} = \begin{pmatrix} a_{11} & a_{12} & \cdots & a_{1n} \\ a_{21} & a_{22} & \cdots & a_{2n} \\ \vdots & \vdots & & \vdots \\ a_{n1} & a_{n2} & \cdots & a_{nn} \end{pmatrix}.$$

由定理 3.4.2 和 3.4.3，以下等式成立：

$$a_{i1}A_{j1} + a_{i2}A_{j2} + \cdots + a_{in}A_{jn} = \begin{cases} \det \boldsymbol{A}, & 若\ i=j, \\ 0, & 若\ i \neq j; \end{cases}$$

$$a_{1i}A_{1j} + a_{2i}A_{2j} + \cdots + a_{ni}A_{nj} = \begin{cases} \det \boldsymbol{A}, & 若\ i=j, \\ 0, & 若\ i \neq j. \end{cases}$$

这里 A_{st} 是行列式 $\det\boldsymbol{A}$ 中元素 a_{st} 的代数余子式，由此容易看出，

若是令

$$A^* = \begin{pmatrix} A_{11} & A_{21} & \cdots & A_{n1} \\ A_{12} & A_{22} & \cdots & A_{n2} \\ \vdots & \vdots & & \vdots \\ A_{1n} & A_{2n} & \cdots & A_{nn} \end{pmatrix},$$

那么

$$(6)\qquad AA^* = A^*A = \begin{pmatrix} \det A & 0 & \cdots & 0 \\ 0 & \det A & \cdots & 0 \\ \vdots & \vdots & & \vdots \\ 0 & 0 & \cdots & \det A \end{pmatrix} = \det AI.$$

我们把矩阵 A^* 叫作矩阵 A 的伴随矩阵.

当 A 是可逆矩阵时，由定理 5.2.4，$\det A \neq 0$，因此由(6)得

$$A\left(\frac{1}{\det A}A^*\right) = \left(\frac{1}{\det A}A^*\right)A = I.$$

这就是说

$$(7)\qquad A^{-1} = \frac{1}{\det A}A^*.$$

这样，我们得到了一个求逆矩阵的公式.

利用这个公式去求逆矩阵，计算量一般很大，公式(7)的意义主要在理论方面. 例如，我们可以应用它来给出克拉默规则的另一种推导法.

考虑线性方程组

$$\begin{aligned} a_{11}x_1 + a_{12}x_2 + \cdots + a_{1n}x_n &= b_1, \\ a_{21}x_1 + a_{22}x_2 + \cdots + a_{2n}x_n &= b_2, \\ &\cdots\cdots\cdots\cdots \\ a_{n1}x_1 + a_{n2}x_2 + \cdots + a_{nn}x_n &= b_n. \end{aligned}$$

利用矩阵的乘法可以把这个线性方程组写成

$$
(8)\qquad \begin{pmatrix} a_{11} & a_{12} & \cdots & a_{1n} \\ a_{21} & a_{22} & \cdots & a_{2n} \\ \vdots & \vdots & & \vdots \\ a_{n1} & a_{n2} & \cdots & a_{nn} \end{pmatrix} \begin{pmatrix} x_1 \\ x_2 \\ \vdots \\ x_n \end{pmatrix} = \begin{pmatrix} b_1 \\ b_2 \\ \vdots \\ b_n \end{pmatrix},
$$

这里$(a_{ij})=\boldsymbol{A}$是方程组的系数矩阵. 当方程组的行列式$\det \boldsymbol{A}\neq 0$时，系数矩阵$\boldsymbol{A}$可逆，用$\boldsymbol{A}$的逆矩阵$\boldsymbol{A}^{-1}$左乘(8)式的两端，那么由(7)式得

$$
\begin{pmatrix} x_1 \\ \vdots \\ x_i \\ \vdots \\ x_n \end{pmatrix} = \frac{1}{\det \boldsymbol{A}} \begin{pmatrix} A_{11} & A_{21} & \cdots & A_{n1} \\ \vdots & \vdots & & \vdots \\ A_{1i} & A_{2i} & \cdots & A_{ni} \\ \vdots & \vdots & & \vdots \\ A_{1n} & A_{2n} & \cdots & A_{nn} \end{pmatrix} \begin{pmatrix} b_1 \\ b_2 \\ \vdots \\ b_n \end{pmatrix}.
$$

由此，对$i=1,2,\cdots,n$，有

$$
\begin{aligned}
x_i &= \frac{1}{\det \boldsymbol{A}} (A_{1i}, A_{2i}, \cdots, A_{ni}) \begin{pmatrix} b_1 \\ b_2 \\ \vdots \\ b_n \end{pmatrix} \\
&= \frac{1}{\det \boldsymbol{A}} (b_1 A_{1i} + b_2 A_{2i} + \cdots + b_n A_{ni}).
\end{aligned}
$$

这正是克拉默规则给出的方程组的解.

最后我们研究一下矩阵乘积的行列式和矩阵乘积的秩. 我们将要得出两个有用的结论.

先看矩阵乘积的行列式. 首先证明

引理 5.2.2 一个n阶矩阵$\boldsymbol{A}$总可以通过第三种行和列的初等变换化为一个对角矩阵

$$
\overline{\boldsymbol{A}} = \begin{pmatrix} d_1 & & & \boldsymbol{0} \\ & d_2 & & \\ & & \ddots & \\ \boldsymbol{0} & & & d_n \end{pmatrix},
$$

并且 $\det \boldsymbol{A} = \det \bar{\boldsymbol{A}} = d_1 d_2 \cdots d_n$.

证 如果 $\boldsymbol{A}$ 的第一行和第一列的元素不都是零，那么必要时总可以通过第三种初等变换使左上角的元素不为零. 于是再通过适当的第三种初等变换可以把 $\boldsymbol{A}$ 化为

$$\begin{pmatrix} d_1 & 0 & \cdots & 0 \\ 0 & & & \\ \vdots & & \boldsymbol{A}_1 & \\ 0 & & & \end{pmatrix}. \tag{9}$$

如果 $\boldsymbol{A}$ 的第一行和第一列的元素都是零，那么 $\boldsymbol{A}$ 已经具有(9)的形式. 对 $\boldsymbol{A}_1$ 进行同样的考虑，易见可用第三种初等变换逐步把 $\boldsymbol{A}$ 化为对角矩阵. 根据行列式的性质，我们有

$$\det \boldsymbol{A} = \det \bar{\boldsymbol{A}} = d_1 d_2 \cdots d_n. \qquad \square$$

定理 5.2.5 设 $\boldsymbol{A}$，$\boldsymbol{B}$ 是任意两个 n 阶矩阵. 那么

$$\det(\boldsymbol{AB}) = \det \boldsymbol{A} \cdot \det \boldsymbol{B}.$$

证 先看一个特殊情形，即 $\boldsymbol{A}$ 是一个对角矩阵的情形. 设

$$\boldsymbol{A} = \begin{pmatrix} d_1 & & & \boldsymbol{0} \\ & d_2 & & \\ & & \ddots & \\ \boldsymbol{0} & & & d_n \end{pmatrix}.$$

令 $\boldsymbol{B} = (b_{ij})$，容易算出

$$\boldsymbol{AB} = \begin{pmatrix} d_1 b_{11} & d_1 b_{12} & \cdots & d_1 b_{1n} \\ d_2 b_{21} & d_2 b_{22} & \cdots & d_2 b_{2n} \\ \vdots & \vdots & & \vdots \\ d_n b_{n1} & d_n b_{n2} & \cdots & d_n b_{nn} \end{pmatrix},$$

因此由行列式的性质得

$$\det(\boldsymbol{AB}) = d_1 d_2 \cdots d_n \det \boldsymbol{B} = \det \boldsymbol{A} \det \boldsymbol{B}.$$

现在看一般情形. 由引理 5.2.2，可以通过第三种初等变换把 $\boldsymbol{A}$ 化为一个对角矩阵 $\bar{\boldsymbol{A}}$. 并且 $\det \boldsymbol{A} = \det \bar{\boldsymbol{A}}$. 矩阵 $\boldsymbol{A}$ 也可以反

过来通过对 $\bar{A}$ 施行第三种初等变换而得出. 这就是说, 存在 $T_{ij}(k)$ 型矩阵 $T_1, T_2, \cdots, T_q$, 使

$$A = T_1 \cdots T_p \bar{A} T_{p+1} \cdots T_q.$$

于是 $AB = (T_1 \cdots T_p \bar{A})(T_{p+1} \cdots T_q B)$. 然而由行列式的性质知道, 任意一个 n 阶矩阵的行列式不因对它施行第三种行或列初等变换而有所改变. 换句话说, 用一些 $T_{ij}(k)$ 型的初等矩阵乘一个 n 阶矩阵不改变这个矩阵的行列式. 因此, 注意到 $\bar{A}$ 是一个对角矩阵, 我们有

$$\begin{aligned}\det(AB) &= \det(T_1 \cdots T_p \bar{A} T_{p+1} \cdots T_q B)\\ &= \det(\bar{A} T_{p+1} \cdots T_q B)\\ &= \det \bar{A} \det(T_{p+1} \cdots T_q B)\\ &= \det \bar{A} \det B\\ &= \det A \det B. \quad \square\end{aligned}$$

由这个定理显然可以得出, 对于 m 个 n 阶矩阵 $A_1, A_2, \cdots, A_m$ 来说, 总有

$$\det(A_1 A_2 \cdots A_m) = (\det A_1) \cdot (\det A_2) \cdots (\det A_m).$$

最后, 我们证明一个关于矩阵乘积的秩的定理.

定理 5.2.6 两个矩阵乘积的秩不大于每一因子的秩. 特别, 当有一个因子是可逆矩阵时, 乘积的秩等于另一因子的秩.

证 设 A 是一个 $m \times n$ 矩阵, B 是一个 $n \times p$ 矩阵, 并且秩 $A = r$. 由定理 5.2.1, 可以对 A 施行初等变换将 A 化为

$$\bar{A} = \begin{pmatrix} I_r & 0 \\ 0 & 0 \end{pmatrix}.$$

换句话说, 存在 m 阶初等矩阵 $E_1, \cdots, E_p$ 和 n 阶初等矩阵 $E_{p+1}, \cdots, E_q$, 使

$$E_1 \cdots E_p A E_{p+1} \cdots E_q = \bar{A}.$$

于是

$$E_1 \cdots E_p AB = E_1 \cdots E_p A E_{p+1} \cdots E_q E_q^{-1} \cdots E_{p+1}^{-1} B$$

$$=\overline{A}E_q^{-1}\cdots E_{p+1}^{-1}B=\overline{A}\overline{B},$$

这里 $\overline{B}=E_q^{-1}\cdots E_{p+1}^{-1}B$. 显然，$\overline{A}\overline{B}$ 除前 r 行外，其余各行的元素都是零，所以秩 $\overline{A}\overline{B}\leqslant r$. 另一方面，$E_1\cdots E_p AB$ 是由 AB 通过行初等变换而得到的，所以它与 AB 有相同的秩. 这样就证明了秩 $AB\leqslant$ 秩 A. 同理可证秩 $AB\leqslant$ 秩 B.

如果 A，B 中有一个，例如 A 是可逆矩阵. 那么一方面，秩 $AB\leqslant$ 秩 B；另一方面，由于 $B=A^{-1}(AB)$，所以秩 $B\leqslant$ 秩 AB. 因此，秩 $AB=$ 秩 B. □

这个定理也很容易推广到任意 m 个矩阵的乘积的情形. 任意 m 个矩阵乘积的秩不大于每一因子的秩.

习　题

1. 设对 5 阶矩阵施行以下两个初等变换：把第二行的 3 倍加到第三行，把第二列的 3 倍加到第三列，相当于这两个初等变换的初等矩阵是什么？

2. 证明：一个可逆矩阵可以通过列初等变换化为单位矩阵.

3. 求下列矩阵的逆矩阵：

(i) $\begin{pmatrix}1&2&-1\\3&4&-2\\5&-3&1\end{pmatrix}$；　(ii) $\begin{pmatrix}\cos\alpha&-\sin\alpha\\\sin\alpha&\cos\alpha\end{pmatrix}$；

(iii) $\begin{pmatrix}1&1&1\\1&\omega&\omega^2\\1&\omega^2&\omega\end{pmatrix}$，$\omega=\cos\dfrac{2\pi}{3}+\mathrm{i}\sin\dfrac{2\pi}{3}$.

4. 设 A 是一个 n 阶矩阵，并且存在一个正整数 m 使得 $A^m=O$.

(i) 证明 $I-A$ 可逆，并且

$$(I-A)^{-1}=I+A+\cdots+A^{m-1};$$

(ii) 求矩阵

$$\begin{pmatrix}1&-1&2&-3&4\\0&1&-1&2&-3\\0&0&1&-1&2\\0&0&0&1&-1\\0&0&0&0&1\end{pmatrix}$$

的逆矩阵.

5. 设

$$\boldsymbol{A}=\begin{pmatrix} a & b \\ c & d \end{pmatrix},\ ad-bc=1.$$

证明 $\boldsymbol{A}$ 总可以表成 $\boldsymbol{T}_{12}(k)$ 和 $\boldsymbol{T}_{21}(k)$ 型初等矩阵的乘积.

6. 令 $\boldsymbol{A}^*$ 是 n 阶矩阵 $\boldsymbol{A}$ 的伴随矩阵，证明

$$\det \boldsymbol{A}^* = (\det \boldsymbol{A})^{n-1}.$$

(区别 $\det \boldsymbol{A}\neq 0$ 和 $\det \boldsymbol{A}=0$ 两种情形.)

7. 设 $\boldsymbol{A}$ 和 $\boldsymbol{B}$ 都是 n 阶矩阵. 证明若 $\boldsymbol{AB}$ 可逆，则 $\boldsymbol{A}$ 和 $\boldsymbol{B}$ 都可逆.

8. 设 $\boldsymbol{A}$ 和 $\boldsymbol{B}$ 都是 n 阶矩阵. 证明若 $\boldsymbol{AB}=\boldsymbol{I}$，则 $\boldsymbol{A}$ 和 $\boldsymbol{B}$ 互为逆矩阵.

9. 证明一个 n 阶矩阵 $\boldsymbol{A}$ 的秩 $\leqslant 1$ 当且仅当 $\boldsymbol{A}$ 可以表为一个 $n\times 1$ 矩阵和一个 $1\times n$ 矩阵的乘积.

10. 证明：一个秩为 r 的矩阵总可以表为 r 个秩为 1 的矩阵的和.

11. 设 $\boldsymbol{A}$ 是一个 $n\times n$ 矩阵，$\boldsymbol{\beta}=(b_1,\cdots,b_n)^{\mathrm{T}}$，$\boldsymbol{\xi}=(x_1,\cdots,x_n)^{\mathrm{T}}$ 都是 $n\times 1$矩阵. 用记号$(\boldsymbol{A}\overset{i}{\leftarrow}\boldsymbol{\beta})$表示以 $\boldsymbol{\beta}$ 代替 $\boldsymbol{A}$ 的第 i 列后所得到的 $n\times n$ 矩阵.

(i) 线性方程组 $\boldsymbol{A\xi}=\boldsymbol{\beta}$ 可以改写成

$$\boldsymbol{A}(\boldsymbol{I}\overset{i}{\leftarrow}\boldsymbol{\xi})=(\boldsymbol{A}\overset{i}{\leftarrow}\boldsymbol{\beta}),\ i=1,2,\cdots,n,$$

$\boldsymbol{I}$ 是 n 阶单位矩阵；

(ii) 当 $\det\boldsymbol{A}\neq 0$ 时，对(i)中的矩阵等式两端取行列式，证明克拉默规则.

5.3 矩阵的分块

在这一节里，我们将介绍矩阵运算的一种有用的技巧——矩阵的分块. 这种技巧在处理某些较高阶的矩阵时常常被用到.

设 $\boldsymbol{A}$ 是一个矩阵. 我们在它的行或列之间加上一些线，把这个矩阵分成若干小块. 例如，设 $\boldsymbol{A}$ 是一个 4×3 矩阵

$$\boldsymbol{A}=\begin{pmatrix} a_{11} & a_{12} & a_{13} \\ a_{21} & a_{22} & a_{23} \\ a_{31} & a_{32} & a_{33} \\ a_{41} & a_{42} & a_{43} \end{pmatrix}.$$

我们可以如下地把它分成四块：

$$A=\left(\begin{array}{c|cc} a_{11} & a_{12} & a_{13} \\ a_{21} & a_{22} & a_{23} \\ \hline a_{31} & a_{32} & a_{33} \\ a_{41} & a_{42} & a_{43} \end{array}\right).$$

用这种方法被分成若干小块的矩阵叫作一个**分块矩阵**.

在一个分块矩阵里，每一小块也可以看成一个矩阵. 例如，上面的分块矩阵 $\boldsymbol{A}$ 是由以下四个矩阵组成的：

$$\boldsymbol{A}_{11}=\begin{pmatrix} a_{11} \\ a_{21} \end{pmatrix}, \quad \boldsymbol{A}_{12}=\begin{pmatrix} a_{12} & a_{13} \\ a_{22} & a_{23} \end{pmatrix},$$

$$\boldsymbol{A}_{21}=\begin{pmatrix} a_{31} \\ a_{41} \end{pmatrix}, \quad \boldsymbol{A}_{22}=\begin{pmatrix} a_{32} & a_{33} \\ a_{42} & a_{43} \end{pmatrix}.$$

我们可以把 $\boldsymbol{A}$ 简单地写成

$$\boldsymbol{A}=\begin{pmatrix} \boldsymbol{A}_{11} & \boldsymbol{A}_{12} \\ \boldsymbol{A}_{21} & \boldsymbol{A}_{22} \end{pmatrix}.$$

给了一个矩阵，可以有各种不同的分块方法. 例如，我们也可以把上面的矩阵 $\boldsymbol{A}$ 分成两块：

$$\boldsymbol{A}=\left(\begin{array}{ccc} a_{11} & a_{12} & a_{13} \\ a_{21} & a_{22} & a_{23} \\ a_{31} & a_{32} & a_{33} \\ \hline a_{41} & a_{42} & a_{43} \end{array}\right),$$

或者分成六块：

$$\boldsymbol{A}=\left(\begin{array}{cc|c} a_{11} & a_{12} & a_{13} \\ \hline a_{21} & a_{22} & a_{23} \\ a_{31} & a_{32} & a_{33} \\ \hline a_{41} & a_{42} & a_{43} \end{array}\right),$$

等等. 每一个分块的方法叫作 $\boldsymbol{A}$ 的一种分法.

根据矩阵的加法和数与矩阵的乘法的定义，如果 $\boldsymbol{A}$，$\boldsymbol{B}$ 是两个 $m\times n$ 矩阵，并且对于 $\boldsymbol{A}$，$\boldsymbol{B}$ 都用同样的分法来分块：

$$\boldsymbol{A}=\begin{pmatrix}\boldsymbol{A}_{11} & \cdots & \boldsymbol{A}_{1q}\\ \vdots & & \vdots\\ \boldsymbol{A}_{p1} & \cdots & \boldsymbol{A}_{pq}\end{pmatrix},\quad \boldsymbol{B}=\begin{pmatrix}\boldsymbol{B}_{11} & \cdots & \boldsymbol{B}_{1q}\\ \vdots & & \vdots\\ \boldsymbol{B}_{p1} & \cdots & \boldsymbol{B}_{pq}\end{pmatrix},$$

而 a 是一个数，那么

$$\boldsymbol{A}+\boldsymbol{B}=\begin{pmatrix}\boldsymbol{A}_{11}+\boldsymbol{B}_{11} & \cdots & \boldsymbol{A}_{1q}+\boldsymbol{B}_{1q}\\ \vdots & & \vdots\\ \boldsymbol{A}_{p1}+\boldsymbol{B}_{p1} & \cdots & \boldsymbol{A}_{pq}+\boldsymbol{B}_{pq}\end{pmatrix},$$

$$a\boldsymbol{A}=\begin{pmatrix}a\boldsymbol{A}_{11} & \cdots & a\boldsymbol{A}_{1q}\\ \vdots & & \vdots\\ a\boldsymbol{A}_{p1} & \cdots & a\boldsymbol{A}_{pq}\end{pmatrix}.$$

这就是说，两个同类型的矩阵 $\boldsymbol{A}$，$\boldsymbol{B}$，如果按同一种分法进行分块，那么 $\boldsymbol{A}$ 与 $\boldsymbol{B}$ 相加时，只需把对应位置的小块相加. 用一个数乘一个分块矩阵时，只需用这个数遍乘各小块.

最常用到的是矩阵的分块乘法. 为了说明这个方法，先看一个例子. 设

$$\boldsymbol{A}=\left(\begin{array}{cc|c}a_{11} & a_{12} & a_{13}\\ a_{21} & a_{22} & a_{23}\\ \hline a_{31} & a_{32} & a_{33}\\ a_{41} & a_{42} & a_{43}\end{array}\right)=\begin{pmatrix}\boldsymbol{A}_{11} & \boldsymbol{A}_{12}\\ \boldsymbol{A}_{21} & \boldsymbol{A}_{22}\end{pmatrix},$$

$$\boldsymbol{B}=\left(\begin{array}{cc}b_{11} & b_{12}\\ b_{21} & b_{22}\\ \hline b_{31} & b_{32}\end{array}\right)=\begin{pmatrix}\boldsymbol{B}_{11}\\ \boldsymbol{B}_{21}\end{pmatrix}.$$

分块乘法就是在计算 $\boldsymbol{AB}$ 时，把各个小块看成矩阵的元素，然后按照通常矩阵乘法把它们相乘. 用式子写出，就是

$$\boldsymbol{AB}=\begin{pmatrix}\boldsymbol{A}_{11} & \boldsymbol{A}_{12}\\ \boldsymbol{A}_{21} & \boldsymbol{A}_{22}\end{pmatrix}\begin{pmatrix}\boldsymbol{B}_{11}\\ \boldsymbol{B}_{21}\end{pmatrix}$$

$$=\begin{pmatrix}\boldsymbol{A}_{11}\boldsymbol{B}_{11}+\boldsymbol{A}_{12}\boldsymbol{B}_{21}\\ \boldsymbol{A}_{21}\boldsymbol{B}_{11}+\boldsymbol{A}_{22}\boldsymbol{B}_{21}\end{pmatrix}=\begin{pmatrix}\boldsymbol{C}_{11}\\ \boldsymbol{C}_{21}\end{pmatrix}.$$

注意：上面 $\boldsymbol{A}$ 的列的分法和 $\boldsymbol{B}$ 的行的分法是一致的，所以 $\boldsymbol{A}_{11}\boldsymbol{B}_{11}$，$\boldsymbol{A}_{12}\boldsymbol{B}_{21}$ 有意义，都是 2×2 矩阵，因而 $\boldsymbol{A}_{11}\boldsymbol{B}_{11}+\boldsymbol{A}_{12}\boldsymbol{B}_{21}$ 是一个 2×2 矩阵．同样，$\boldsymbol{A}_{21}\boldsymbol{B}_{11}+\boldsymbol{A}_{22}\boldsymbol{B}_{21}$ 也是 2×2 矩阵．这样，结果 $\begin{pmatrix}\boldsymbol{C}_{11}\\ \boldsymbol{C}_{21}\end{pmatrix}$ 是一个 4×2 矩阵．我们验证一下，这样得到的结果和用通常矩阵乘法得到的结果是一样的．设用通常矩阵乘法得

$$\boldsymbol{AB}=(c_{ij}).$$

那么 (c_{ij}) 显然也是一个 4×2 矩阵．我们只需验证，两种结果中对应元素是相等的．

我们看 (c_{ij}) 的元素 c_{32}．它是 $\boldsymbol{A}$ 的第三行与 $\boldsymbol{B}$ 的第二列的积：

$$c_{32}=(a_{31}a_{32}\mid a_{33})\begin{pmatrix}b_{12}\\ b_{22}\\ \hline b_{32}\end{pmatrix}$$

与它对应的是 $\boldsymbol{C}_{21}=\boldsymbol{A}_{21}\boldsymbol{B}_{11}+\boldsymbol{A}_{22}\boldsymbol{B}_{21}$ 中第一行第二列的元素 $\bar{c}_{12}$，亦即 $\boldsymbol{A}_{21}$ 的第一行与 $\boldsymbol{B}_{11}$ 的第二列的积加上 $\boldsymbol{A}_{22}$ 的第一行与 $\boldsymbol{B}_{21}$ 的第二列的积：

$$\bar{c}_{12}=(a_{31}a_{32})\begin{pmatrix}b_{12}\\ b_{22}\end{pmatrix}+a_{33}b_{32}.$$

由于 $\boldsymbol{A}_{21}$ 的第一行与 $\boldsymbol{A}_{22}$ 的第一行凑起来就是 $\boldsymbol{A}$ 的第三行，而 $\boldsymbol{B}_{11}$ 的第二列与 $\boldsymbol{B}_{21}$ 的第二列凑起来就是 $\boldsymbol{B}$ 的第二列，所以显然有

$$c_{32}=\bar{c}_{12}.$$

其他 c_{ij} 可同样验证．

一般地说，设 $\boldsymbol{A}=(a_{ij})$ 是一个 $m\times n$ 矩阵，$\boldsymbol{B}=(b_{ij})$ 是一个 $n\times p$ 矩阵. 把 $\boldsymbol{A}$ 和 $\boldsymbol{B}$ 如下地分块，使 $\boldsymbol{A}$ 的列的分法和 $\boldsymbol{B}$ 的行的分法一致：

$$\boldsymbol{A}=\begin{matrix} n_1 & n_2 & \cdots & n_s & \\ \left(\begin{matrix} \boldsymbol{A}_{11} \\ \boldsymbol{A}_{21} \\ \vdots \\ \boldsymbol{A}_{r1}\end{matrix}\right. & \begin{matrix} \boldsymbol{A}_{12} \\ \boldsymbol{A}_{22} \\ \vdots \\ \boldsymbol{A}_{r2}\end{matrix} & \begin{matrix} \cdots \\ \cdots \\ \\ \cdots\end{matrix} & \left.\begin{matrix} \boldsymbol{A}_{1s} \\ \boldsymbol{A}_{2s} \\ \vdots \\ \boldsymbol{A}_{rs}\end{matrix}\right) & \begin{matrix} m_1 \\ m_2 \\ \vdots \\ m_r\end{matrix}\end{matrix}$$

$$\boldsymbol{B}=\begin{matrix} p_1 & p_2 & \cdots & p_t & \\ \left(\begin{matrix} \boldsymbol{B}_{11} \\ \boldsymbol{B}_{21} \\ \vdots \\ \boldsymbol{B}_{s1}\end{matrix}\right. & \begin{matrix} \boldsymbol{B}_{12} \\ \boldsymbol{B}_{22} \\ \vdots \\ \boldsymbol{B}_{s2}\end{matrix} & \begin{matrix} \cdots \\ \cdots \\ \\ \cdots\end{matrix} & \left.\begin{matrix} \boldsymbol{B}_{1t} \\ \boldsymbol{B}_{2t} \\ \vdots \\ \boldsymbol{B}_{st}\end{matrix}\right) & \begin{matrix} n_1 \\ n_2 \\ \vdots \\ n_s\end{matrix}\end{matrix}$$

这里矩阵右面的数 $m_1,m_2,\cdots,m_r$ 和 $n_1,n_2,\cdots,n_s$ 分别表示它们左边的小块矩阵的行数，而矩阵上面的数 $n_1,n_2,\cdots,n_s$ 和 $p_1,p_2,\cdots,p_t$ 分别表示它们下边的小块矩阵的列数，因而

(1)
$$\begin{gathered} m_1+m_2+\cdots+m_r=m, \\ n_1+n_2+\cdots+n_s=n, \\ p_1+p_2+\cdots+p_t=p. \end{gathered}$$

那么就有

(2)
$$\boldsymbol{AB}=\begin{matrix} p_1 & p_2 & \cdots & p_t & \\ \left(\begin{matrix} \boldsymbol{C}_{11} \\ \boldsymbol{C}_{21} \\ \vdots \\ \boldsymbol{C}_{r1}\end{matrix}\right. & \begin{matrix} \boldsymbol{C}_{12} \\ \boldsymbol{C}_{22} \\ \vdots \\ \boldsymbol{C}_{r2}\end{matrix} & \begin{matrix} \cdots \\ \cdots \\ \\ \cdots\end{matrix} & \left.\begin{matrix} \boldsymbol{C}_{1t} \\ \boldsymbol{C}_{2t} \\ \vdots \\ \boldsymbol{C}_{rt}\end{matrix}\right) & \begin{matrix} m_1 \\ m_2 \\ \vdots \\ m_r\end{matrix}\end{matrix}$$

这里

$$\boldsymbol{C}_{ij}=\boldsymbol{A}_{i1}\boldsymbol{B}_{1j}+\cdots+\boldsymbol{A}_{is}\boldsymbol{B}_{sj},\quad i=1,\cdots,r;\ j=1,\cdots,t.$$

现在来验证(2)式成立.

由于对 $\boldsymbol{A}$ 和 $\boldsymbol{B}$ 的分法，乘积 $\boldsymbol{A}_{iq}\boldsymbol{B}_{qj}(q=1,2,\cdots,s)$ 都有意义，都是 $m_i\times p_j$ 矩阵，因而它们的和 $\boldsymbol{C}_{ij}$ 也是 $m_i\times p_j$ 矩阵. 于是由(1)式知，(2)式右端的矩阵是 $m\times p$ 矩阵. 设用通常矩阵乘法得

$$\boldsymbol{AB}=(c_{ij}),$$

那么 (c_{ij}) 显然也是 $m\times p$ 矩阵. 因此我们只需证明，(c_{ij}) 和 $(\boldsymbol{C}_{ij})$ 的对应元素相等.

看任一元素 c_{ij}. 那么它是 $\boldsymbol{A}$ 的第 i 行与 $\boldsymbol{B}$ 的第 j 列的乘积：

$$c_{ij}=a_{i1}b_{1j}+\cdots+a_{in}b_{nj},\tag{3}$$

由于

$$1\leqslant i\leqslant m=m_1+\cdots+m_r,\ 1\leqslant j\leqslant p=p_1+\cdots+p_t,$$

可以假定

$$(4)\qquad \begin{aligned} i&=m_1+\cdots+m_{h-1}+u,\ 1\leqslant u\leqslant m_h;\\ j&=p_1+\cdots+p_{k-1}+v,\ 1\leqslant v\leqslant p_k. \end{aligned}$$

于是与 c_{ij} 对应的是小块矩阵 $\boldsymbol{C}_{hk}$ 中第 u 行第 v 列处的元素 $\bar{c}_{uv}$. 由于

$$\boldsymbol{C}_{hk}=\boldsymbol{A}_{h1}\boldsymbol{B}_{1k}+\boldsymbol{A}_{h2}\boldsymbol{B}_{2k}+\cdots+\boldsymbol{A}_{hs}\boldsymbol{B}_{sk},$$

$\bar{c}_{uv}$ 是位于 $\boldsymbol{A}_{hq}\boldsymbol{B}_{qk}(q=1,2,\cdots,s)$ 的第 u 行第 v 列的元素的和，即 $\boldsymbol{A}_{h1},\cdots,\boldsymbol{A}_{hs}$ 的第 u 行分别与 $\boldsymbol{B}_{1k},\cdots,\boldsymbol{B}_{sk}$ 的第 v 列的乘积的和. 但由(4)，$\boldsymbol{A}_{h1},\cdots,\boldsymbol{A}_{hs}$ 的第 u 行凑起来就是 $\boldsymbol{A}$ 的第 i 行，而 $\boldsymbol{B}_{1k},\cdots,\boldsymbol{B}_{sk}$ 的第 v 列凑起来就是 $\boldsymbol{B}$ 的第 j 列. 所以

$$(5)\qquad \bar{c}_{uv}=(a_{i1}\cdots a_{in_1})\begin{pmatrix}b_{1j}\\ \vdots\\ b_{n_1j}\end{pmatrix}+(a_{i,n_1+1}\cdots a_{i,n_1+n_2})\begin{pmatrix}b_{n_1+1,j}\\ \vdots\\ b_{n_1+n_2,j}\end{pmatrix}$$
$$+\cdots+(a_{i,n_1+\cdots+n_{s-1}+1}\cdots a_{i,n_1+\cdots+n_s})\begin{pmatrix}b_{n_1+\cdots+n_{s-1}+1,j}\\ \vdots\\ b_{n_1+\cdots+n_s,j}\end{pmatrix}.$$

比较(3)和(5)，得 $c_{ij}=\bar{c}_{uv}$.

在某些情形，对矩阵进行适当的分块，可以简化计算. 我们

看两个例子.

例 1 设

$$A=\begin{pmatrix}1&0&0&0\\0&1&0&0\\-1&2&1&0\\1&1&0&1\end{pmatrix},\quad B=\begin{pmatrix}1&0&3&2\\-1&2&0&1\\1&0&4&1\\-1&-1&2&0\end{pmatrix},$$

为了求乘积 AB，我们可以对 A，B 如下地分块

$$A=\left(\begin{array}{cc|cc}1&0&0&0\\0&1&0&0\\\hline -1&2&1&0\\1&1&0&1\end{array}\right)=\begin{pmatrix}I&O\\A_1&I\end{pmatrix},$$

这里 I 是二阶单位矩阵，O 是二阶零矩阵.

$$B=\left(\begin{array}{cc|cc}1&0&3&2\\-1&2&0&1\\\hline 1&0&4&1\\-1&-1&2&0\end{array}\right)=\begin{pmatrix}B_1&B_2\\B_3&B_4\end{pmatrix}.$$

按分块矩阵的乘法，我们有

$$AB=\begin{pmatrix}B_1&B_2\\A_1B_1+B_3&A_1B_2+B_4\end{pmatrix},$$

这里

$$A_1B_1+B_3=\begin{pmatrix}-1&2\\1&1\end{pmatrix}\begin{pmatrix}1&0\\-1&2\end{pmatrix}+\begin{pmatrix}1&0\\-1&-1\end{pmatrix}=\begin{pmatrix}-2&4\\-1&1\end{pmatrix},$$

$$A_1B_2+B_4=\begin{pmatrix}-1&2\\1&1\end{pmatrix}\begin{pmatrix}3&2\\0&1\end{pmatrix}+\begin{pmatrix}4&1\\2&0\end{pmatrix}=\begin{pmatrix}1&1\\5&3\end{pmatrix}.$$

因此

$$\boldsymbol{AB}=\begin{pmatrix}1&0&3&2\\-1&2&0&1\\-2&4&1&1\\-1&1&5&3\end{pmatrix}.$$

例 2 设

$$\boldsymbol{P}=\begin{pmatrix}\boldsymbol{A}&\boldsymbol{C}\\\boldsymbol{O}&\boldsymbol{B}\end{pmatrix}$$

是一个 n 阶正方阵，并且 $\boldsymbol{A}$，$\boldsymbol{B}$ 分别为 r 阶和 s 阶可逆方阵，$r+s=n$. 我们证明：$\boldsymbol{P}$ 有逆矩阵.

先假定 $\boldsymbol{P}$ 有逆矩阵 $\boldsymbol{X}$，将 $\boldsymbol{X}$ 按 $\boldsymbol{P}$ 的分法进行分块：

$$\boldsymbol{X}=\begin{pmatrix}\boldsymbol{X}_1&\boldsymbol{X}_2\\\boldsymbol{X}_3&\boldsymbol{X}_4\end{pmatrix},$$

那么应该有

$$\begin{pmatrix}\boldsymbol{A}&\boldsymbol{C}\\\boldsymbol{O}&\boldsymbol{B}\end{pmatrix}\begin{pmatrix}\boldsymbol{X}_1&\boldsymbol{X}_2\\\boldsymbol{X}_3&\boldsymbol{X}_4\end{pmatrix}=\begin{pmatrix}\boldsymbol{I}_r&\boldsymbol{O}\\\boldsymbol{O}&\boldsymbol{I}_s\end{pmatrix}.$$

于是得

$$\boldsymbol{AX}_1+\boldsymbol{CX}_3=\boldsymbol{I}_r,\ \boldsymbol{AX}_2+\boldsymbol{CX}_4=\boldsymbol{O},$$
$$\boldsymbol{BX}_3=\boldsymbol{O},\ \boldsymbol{BX}_4=\boldsymbol{I}_s.$$

因为 $\boldsymbol{B}$ 有逆矩阵，用 $\boldsymbol{B}^{-1}$左乘第二行的两个等式得

$$\boldsymbol{X}_3=\boldsymbol{O},\ \boldsymbol{X}_4=\boldsymbol{B}^{-1}.$$

将 $\boldsymbol{X}_3=\boldsymbol{O}$ 代入上面第一个等式得 $\boldsymbol{AX}_1=\boldsymbol{I}_r$. 再以 $\boldsymbol{A}^{-1}$左乘，得

$$\boldsymbol{X}_1=\boldsymbol{A}^{-1}.$$

再把 $\boldsymbol{X}_4=\boldsymbol{B}^{-1}$代入等式 $\boldsymbol{AX}_2+\boldsymbol{CX}_4=\boldsymbol{O}$ 中得

$$\boldsymbol{AX}_2+\boldsymbol{CB}^{-1}=\boldsymbol{O}.$$

将第二项移到等号右端，再以 $\boldsymbol{A}^{-1}$左乘得

$$\boldsymbol{X}_2=-\boldsymbol{A}^{-1}\boldsymbol{CB}^{-1}.$$

于是

$$X=\begin{pmatrix}A^{-1} & -A^{-1}CB^{-1}\\ O & B^{-1}\end{pmatrix}.$$

直接验证可知 $PX=XP=I$.

形式如

$$\begin{pmatrix}A_1 & O & \cdots & O\\ O & A_2 & \cdots & O\\ \vdots & \vdots & & \vdots\\ O & O & \cdots & A_s\end{pmatrix}$$

的分块矩阵，其中 A_i 是一个 n_i 阶的方阵，叫作一个对角线分块矩阵. 设

$$A=\begin{pmatrix}A_1 & O & \cdots & O\\ O & A_2 & \cdots & O\\ \vdots & \vdots & & \vdots\\ O & O & \cdots & A_s\end{pmatrix},\quad B=\begin{pmatrix}B_1 & O & \cdots & O\\ O & B_2 & \cdots & O\\ \vdots & \vdots & & \vdots\\ O & O & \cdots & B_s\end{pmatrix}$$

是两个同阶的分块对角矩阵，并且有相同的分法. 那么根据分块矩阵的运算，我们有

$$A+B=\begin{pmatrix}A_1+B_1 & O & \cdots & O\\ O & A_2+B_2 & \cdots & O\\ \vdots & \vdots & & \vdots\\ O & O & \cdots & A_s+B_s\end{pmatrix};$$

$$AB=\begin{pmatrix}A_1B_1 & O & \cdots & O\\ O & A_2B_2 & \cdots & O\\ \vdots & \vdots & & \vdots\\ O & O & \cdots & A_sB_s\end{pmatrix},$$

如果每一 A_i 都有逆矩阵，那么 A 也有逆矩阵，并且

$$A^{-1}=\begin{pmatrix} A_1^{-1} & O & \cdots & O \\ O & A_2^{-1} & \cdots & O \\ \vdots & \vdots & & \vdots \\ O & O & \cdots & A_s^{-1} \end{pmatrix}.$$

习　题

1. 求矩阵

$$\begin{pmatrix} 2 & -1 & 0 & 0 \\ -3 & 2 & 0 & 0 \\ 31 & -19 & 3 & -4 \\ -23 & 14 & -2 & 3 \end{pmatrix}$$

的逆矩阵.

2. 设 A, B 都是 n 阶矩阵，I 是 n 阶单位矩阵. 证明

$$\begin{pmatrix} AB & O \\ B & O \end{pmatrix}\begin{pmatrix} I & A \\ O & I \end{pmatrix}=\begin{pmatrix} I & A \\ O & I \end{pmatrix}\begin{pmatrix} O & O \\ B & BA \end{pmatrix}.$$

3. 设

$$S=\begin{pmatrix} I_r & O \\ K & I_s \end{pmatrix},\qquad T=\begin{pmatrix} I_r & K \\ O & I_s \end{pmatrix}$$

都是 $n=r+s$ 阶矩阵，而

$$A=\begin{pmatrix} A_1 & A_2 \\ A_3 & A_4 \end{pmatrix}$$

是一个 n 阶矩阵，并且与 S, T 有相同的分法. 求 SA, AS, TA 和 AT. 由此能得出什么规律?

4. 证明：$2n$ 阶矩阵

$$\begin{pmatrix} A & O \\ O & A^{-1} \end{pmatrix}$$

总可以写成几个形如

$$\begin{pmatrix} \boldsymbol{I} & \boldsymbol{P} \\ \boldsymbol{O} & \boldsymbol{I} \end{pmatrix}, \quad \begin{pmatrix} \boldsymbol{I} & \boldsymbol{O} \\ \boldsymbol{Q} & \boldsymbol{I} \end{pmatrix}$$

的矩阵的乘积.

5. 设

$$\boldsymbol{A} = \begin{pmatrix} \boldsymbol{A}_1 & \boldsymbol{O} & \cdots & \boldsymbol{O} \\ \boldsymbol{O} & \boldsymbol{A}_2 & \cdots & \boldsymbol{O} \\ \vdots & \vdots & & \vdots \\ \boldsymbol{O} & \boldsymbol{O} & \cdots & \boldsymbol{A}_s \end{pmatrix}$$

是一个分块对角矩阵. 证明

$$\det \boldsymbol{A} = (\det \boldsymbol{A}_1) \cdot (\det \boldsymbol{A}_2) \cdots (\det \boldsymbol{A}_s).$$

6. 证明：n 阶矩阵

$$\begin{pmatrix} \boldsymbol{A} & \boldsymbol{O} \\ \boldsymbol{C} & \boldsymbol{B} \end{pmatrix}$$

的行列式等于$(\det \boldsymbol{A}) \cdot (\det \boldsymbol{B})$.

7. 设 $\boldsymbol{A}$，$\boldsymbol{B}$，$\boldsymbol{C}$，$\boldsymbol{D}$ 都是 n 阶矩阵，其中 $\det \boldsymbol{A} \neq 0$ 并且 $\boldsymbol{AC} = \boldsymbol{CA}$，证明

$$\det \begin{pmatrix} \boldsymbol{A} & \boldsymbol{B} \\ \boldsymbol{C} & \boldsymbol{D} \end{pmatrix} = \det(\boldsymbol{AD} - \boldsymbol{CB}).$$

第六章

向 量 空 间

在这一章里，我们将介绍向量空间的概念. 向量空间是最基本的数学概念之一，它的理论和方法已经渗透到自然科学、工程技术的各个领域. 在向量空间的讨论中，我们也将加深对于线性方程组和矩阵的理解.

6.1 定义和例子

在解析几何里，我们已经见到平面或空间的向量. 两个向量可以相加，也可以用一个实数去乘一个向量. 这种向量的加法以及数与向量的乘法满足一定的运算规律. 向量空间正是解析几何里向量概念的一般化.

定义 1 令 F 是一个数域. F 中的元素用小写拉丁字母 a, b, c, …来表示. 令 V 是一个非空集合. V 中元素用小写黑体希腊字母 $\boldsymbol{\alpha}$, $\boldsymbol{\beta}$, $\boldsymbol{\gamma}$, …来表示. 我们把 V 中的元素叫作向量而把 F 中的元素叫作标量. 如果下列条件被满足，就称 V 是 F 上一个向量空间：

(i) 在 V 中定义了一个加法. 对于 V 中任意两个向量 $\boldsymbol{\alpha}$, $\boldsymbol{\beta}$, 有 V 中一个唯一确定的向量与它们对应，这个向量叫作 $\boldsymbol{\alpha}$ 与 $\boldsymbol{\beta}$ 的和，并且记作 $\boldsymbol{\alpha}+\boldsymbol{\beta}$;

(ii) 有一个标量与向量的乘法. 对于 F 中每一个数 a 和 V

中每一个向量 $\boldsymbol{\alpha}$，有 V 中唯一确定的向量与它们对应，这个向量叫作 a 与 $\boldsymbol{\alpha}$ 的积，并且记作 $a\boldsymbol{\alpha}$；

(iii) 向量的加法和标量与向量的乘法满足下列算律：

1) $\boldsymbol{\alpha}+\boldsymbol{\beta}=\boldsymbol{\beta}+\boldsymbol{\alpha}$；

2) $(\boldsymbol{\alpha}+\boldsymbol{\beta})+\boldsymbol{\gamma}=\boldsymbol{\alpha}+(\boldsymbol{\beta}+\boldsymbol{\gamma})$；

3) 在 V 中存在一个零向量，记作 $\mathbf{0}$，它具有以下性质：对于 V 中每一个向量 $\boldsymbol{\alpha}$，都有 $\mathbf{0}+\boldsymbol{\alpha}=\boldsymbol{\alpha}$；

4) 对于 V 中每一向量 $\boldsymbol{\alpha}$，在 V 中存在一个向量 $\boldsymbol{\alpha}'$，使得 $\boldsymbol{\alpha}'+\boldsymbol{\alpha}=\mathbf{0}$. 这样的 $\boldsymbol{\alpha}'$ 叫作 $\boldsymbol{\alpha}$ 的负向量；

5) $a(\boldsymbol{\alpha}+\boldsymbol{\beta})=a\boldsymbol{\alpha}+a\boldsymbol{\beta}$；

6) $(a+b)\boldsymbol{\alpha}=a\boldsymbol{\alpha}+b\boldsymbol{\alpha}$；

7) $(ab)\boldsymbol{\alpha}=a(b\boldsymbol{\alpha})$；

8) $1\boldsymbol{\alpha}=\boldsymbol{\alpha}$，

这里 $\boldsymbol{\alpha}$，$\boldsymbol{\beta}$，$\boldsymbol{\gamma}$ 是 V 中任意向量，而 a，b 是 F 中任意数.

例 1 在解析几何里，平面或空间中从一个定点引出的一切向量对于向量的加法和实数与向量的乘法来说都作成实数域上的向量空间. 前者用 V_2 表示，后者用 V_3 表示.

例 2 数域 F 上一切 $m\times n$ 矩阵所成的集合对于矩阵的加法和数与矩阵的乘法来说作成 F 上一个向量空间.

特别，F 上一切 $1\times n$ 矩阵所成的集合和一切 $n\times 1$ 矩阵所成的集合分别作成 F 上向量空间. 前者称为 F 上 n 元行空间，后者称为 F 上 n 元列空间. 我们用同一个符号 F^n 来表示这两个向量空间.

例 3 复数域 $\mathbf{C}$ 可以看成实数域 $\mathbf{R}$ 上的向量空间.

事实上，两个复数的和还是一个复数；一个实数与一个复数的乘积还是一个复数. 条件(iii)中 1)—8) 显然都被满足.

例 4 任意数域 F 总可以看成它自身上的向量空间.

例 5 数域 F 上一元多项式环 $F[x]$ 对于多项式的加法和数与多项式的乘法来说作成 F 上一个向量空间.

例 6 定义在闭区间$[a,b]$上一切连续实函数的全体对于函数的加法与实数乘函数的乘法来说作成实数域 **R** 上一个向量空间. 事实上，两个这样的函数的和以及一个实数与这样一个函数的乘积仍是$[a,b]$上的连续函数. 条件(iii)中1)—8)显然成立. 我们把这个向量空间用$C[a,b]$来表示.

例 7 考虑收敛于0的实数无穷序列. 设$\{a_n\}$，$\{b_n\}$是两个这样的序列. 那么$\lim\limits_{n\to\infty}(a_n+b_n)=\lim\limits_{n\to\infty}a_n+\lim\limits_{n\to\infty}b_n=0$. 设$a$是任意实数，那么$\lim\limits_{n\to\infty}aa_n=a\lim\limits_{n\to\infty}a_n=0$. 容易验证，条件(iii)中1)—8)成立. 因此，一切收敛于0的实序列对于如上定义的加法和数与序列的乘法来说作成实数域 **R** 上一个向量空间.

向量空间的例子是大量的，仅从以上这些例子也足可以看出，向量空间的涵义是多么广泛.

我们现在从定义出发，来推导向量空间的一些简单性质.

由于向量的加法满足结合律((iii),2))，可以推出，任意n个向量$\boldsymbol{\alpha}_1$，$\boldsymbol{\alpha}_2$，…，$\boldsymbol{\alpha}_n$相加有完全确定的意义. 我们按通常的习惯把这唯一确定的和记作

$$\boldsymbol{\alpha}_1+\boldsymbol{\alpha}_2+\cdots+\boldsymbol{\alpha}_n=\sum_{i=1}^{n}\boldsymbol{\alpha}_i.$$

再者，由于加法满足结合律((iii),2))和交换律((iii),1))，在求任意n个向量的和时可以任意交换加项的次序.

根据零向量和负向量的定义，可以推出

命题 6.1.1 *在一个向量空间V里，零向量是唯一的；对于V中每一向量$\boldsymbol{\alpha}$，$\boldsymbol{\alpha}$的负向量是由$\boldsymbol{\alpha}$唯一确定的.*

证 先证零向量的唯一性. 设$\mathbf{0}$和$\mathbf{0}'$都是V的零向量. 那么对于V中任意向量$\boldsymbol{\alpha}$都有$\mathbf{0}+\boldsymbol{\alpha}=\boldsymbol{\alpha}$，$\boldsymbol{\alpha}+\mathbf{0}'=\boldsymbol{\alpha}$. 于是

$$\mathbf{0}=\mathbf{0}+\mathbf{0}'=\mathbf{0}'.$$

现在设$\boldsymbol{\alpha}'$和$\boldsymbol{\alpha}''$都是$\boldsymbol{\alpha}$的负向量. 那么$\boldsymbol{\alpha}'+\boldsymbol{\alpha}=\mathbf{0}$，$\boldsymbol{\alpha}''+\boldsymbol{\alpha}=\mathbf{0}$. 于是

$$\boldsymbol{\alpha}'=\boldsymbol{\alpha}'+\mathbf{0}=\boldsymbol{\alpha}'+(\boldsymbol{\alpha}+\boldsymbol{\alpha}'')=(\boldsymbol{\alpha}'+\boldsymbol{\alpha})+\boldsymbol{\alpha}''=\mathbf{0}+\boldsymbol{\alpha}''=\boldsymbol{\alpha}''.\qquad\square$$

我们把向量 $\boldsymbol{\alpha}$ 的唯一的负向量记作 $-\boldsymbol{\alpha}$. 这样，对于任意向量 $\boldsymbol{\alpha}$，都有

$$\boldsymbol{\alpha}+(-\boldsymbol{\alpha})=(-\boldsymbol{\alpha})+\boldsymbol{\alpha}=\mathbf{0}.$$

我们定义向量 $\boldsymbol{\alpha}$ 与 $\boldsymbol{\beta}$ 的差为 $\boldsymbol{\alpha}+(-\boldsymbol{\beta})$，并且记作 $\boldsymbol{\alpha}-\boldsymbol{\beta}$. 这样一来，在一个向量空间里，加法的逆运算——减法可以实施，并且有

(1) $$\boldsymbol{\alpha}+\boldsymbol{\beta}=\boldsymbol{\gamma}\Longleftrightarrow\boldsymbol{\alpha}=\boldsymbol{\gamma}-\boldsymbol{\beta}.$$

这就是说，在一个向量空间里，通常的移项变号规则成立.

现在来看标量与向量的乘法. 我们有

命题 6.1.2 对于任意向量 $\boldsymbol{\alpha}$ 和数域 F 中任意数 a，我们有

(2) $$0\boldsymbol{\alpha}=\mathbf{0},\ a\,\mathbf{0}=\mathbf{0}.$$

(3) $$a(-\boldsymbol{\alpha})=(-a)\boldsymbol{\alpha}=-a\boldsymbol{\alpha}.$$

(4) $$a\boldsymbol{\alpha}=\mathbf{0}\Longrightarrow a=0 \text{ 或 } \boldsymbol{\alpha}=\mathbf{0}.$$

证 $$\begin{aligned}0\boldsymbol{\alpha}&=0\boldsymbol{\alpha}+\mathbf{0}=0\boldsymbol{\alpha}+(0\boldsymbol{\alpha}-0\boldsymbol{\alpha})=(0\boldsymbol{\alpha}+0\boldsymbol{\alpha})-0\boldsymbol{\alpha}\\&=(0+0)\boldsymbol{\alpha}-0\boldsymbol{\alpha}=0\boldsymbol{\alpha}-0\boldsymbol{\alpha}=\mathbf{0}.\end{aligned}$$

同理可证 $a\mathbf{0}=\mathbf{0}$. 所以(2)成立.

由(2)，我们有

$$a\boldsymbol{\alpha}+a(-\boldsymbol{\alpha})=a(\boldsymbol{\alpha}+(-\boldsymbol{\alpha}))=a\,\mathbf{0}=\mathbf{0}.$$

这就是说，$a(-\boldsymbol{\alpha})$是 $a\boldsymbol{\alpha}$ 的负向量. 所以 $a(-\boldsymbol{\alpha})=-a\boldsymbol{\alpha}$. 同理可证$(-a)\boldsymbol{\alpha}=-a\boldsymbol{\alpha}$. 这就证明了(3)式成立.

最后，设 $a\boldsymbol{\alpha}=\mathbf{0}$但 $a\neq0$. 那么

$$\boldsymbol{\alpha}=1\boldsymbol{\alpha}=\left(\frac{1}{a}a\right)\boldsymbol{\alpha}=\frac{1}{a}(a\boldsymbol{\alpha})=\frac{1}{a}\mathbf{0}=\mathbf{0}.$$

所以(4)成立. □

下面我们介绍一种写法，这种写法在以后的讨论中将会有它的方便之处.

设 $\boldsymbol{\alpha}_1, \boldsymbol{\alpha}_2, \cdots, \boldsymbol{\alpha}_n$ 是 F 上向量空间 V 的 n 个向量. 我们把它们排成一行，写成一个以向量为元素的 $1\times n$ 矩阵

$$(\boldsymbol{\alpha}_1,\boldsymbol{\alpha}_2,\cdots,\boldsymbol{\alpha}_n).$$

设 $\boldsymbol{A}=(a_{ij})$ 是数域 F 上一个 $n\times m$ 矩阵. 我们定义

$$(\boldsymbol{\alpha}_1,\boldsymbol{\alpha}_2,\cdots,\boldsymbol{\alpha}_n)\boldsymbol{A}=(\boldsymbol{\beta}_1,\boldsymbol{\beta}_2,\cdots,\boldsymbol{\beta}_m),$$

这里

$$\boldsymbol{\beta}_j=\sum_{i=1}^{n}a_{ij}\boldsymbol{\alpha}_i=a_{1j}\boldsymbol{\alpha}_1+\cdots+a_{nj}\boldsymbol{\alpha}_n,\ 1\leqslant j\leqslant m.$$

也就是说，按照数域 F 上矩阵的乘法来定义 $(\boldsymbol{\alpha}_1,\cdots,\boldsymbol{\alpha}_n)$ 右乘以 $\boldsymbol{A}$ (在这里我们约定,对于任意向量 $\boldsymbol{\alpha}$ 和 F 中任意数 a, $\boldsymbol{\alpha}a=a\boldsymbol{\alpha}$). 设 $\boldsymbol{A}$ 是 F 上一个 $n\times m$ 矩阵，$\boldsymbol{B}$ 是 F 上一个 $m\times p$ 矩阵. 根据标量与向量的乘法所满足的算律，容易证明，

$$(\boldsymbol{\alpha}_1,\boldsymbol{\alpha}_2,\cdots,\boldsymbol{\alpha}_n)(\boldsymbol{AB})=((\boldsymbol{\alpha}_1,\boldsymbol{\alpha}_2,\cdots,\boldsymbol{\alpha}_n)\boldsymbol{A})\boldsymbol{B}.$$

习　题

1. 令 F 是一个数域，在 F^3 里计算

(i) $\frac{1}{3}(2,0,-1)+(-1,-1,2)+\frac{1}{2}(0,1,-1)$;

(ii) $5(0,1,-1)-3\left(1,\frac{1}{3},2\right)+(1,-3,1)$.

2. 证明：如果

$$a(2,1,3)+b(0,1,2)+c(1,-1,4)=(0,0,0),$$

那么 $a=b=c=0$.

3. 找出不全为零的三个有理数 a，b，c（即 a，b，c 中至少有一个不是0)，使得

$$a(1,2,2)+b(3,0,4)+c(5,-2,6)=(0,0,0).$$

4. 令 $\boldsymbol{\varepsilon}_1=(1,0,0)$，$\boldsymbol{\varepsilon}_2=(0,1,0)$，$\boldsymbol{\varepsilon}_3=(0,0,1)$. 证明，$\mathbf{R}^3$ 中每一向量 $\boldsymbol{\alpha}$ 可以唯一地表示为

$$\boldsymbol{\alpha}=a_1\boldsymbol{\varepsilon}_1+a_2\boldsymbol{\varepsilon}_2+a_3\boldsymbol{\varepsilon}_3$$

的形式，这里 a_1，a_2，$a_3\in\mathbf{R}$.

5. 证明，在数域 F 上向量空间 V 里，以下算律成立：

(i) $a(\boldsymbol{\alpha}-\boldsymbol{\beta})=a\boldsymbol{\alpha}-a\boldsymbol{\beta}$;

(ii) $(a-b)\boldsymbol{\alpha}=a\boldsymbol{\alpha}-b\boldsymbol{\alpha}$,

这里 a，$b\in F$，$\boldsymbol{\alpha}$，$\boldsymbol{\beta}\in V$.

6. 证明：数域 F 上一个向量空间如果含有一个非零向量，那么它一定含有无限多个向量.

7. 证明对于任意正整数 n 和任意向量 $\boldsymbol{\alpha}$，都有

$$n\boldsymbol{\alpha}=\overbrace{\boldsymbol{\alpha}+\cdots+\boldsymbol{\alpha}}^{n个}.$$

8. 证明向量空间定义中条件(iii)，8)不能由其余条件推出.

9. 验证本节最后的等式：

$$(\boldsymbol{\alpha}_1,\cdots,\boldsymbol{\alpha}_n)(\boldsymbol{AB})=((\boldsymbol{\alpha}_1,\cdots,\boldsymbol{\alpha}_n)\boldsymbol{A})\boldsymbol{B}.$$

6.2 子 空 间

设 V 是数域 F 上一个向量空间. W 是 V 的一个非空子集. 对于 W 中任意两个向量 $\boldsymbol{\alpha}$，$\boldsymbol{\beta}$，它们的和 $\boldsymbol{\alpha}+\boldsymbol{\beta}$ 是 V 中一个向量. 一般说来，$\boldsymbol{\alpha}+\boldsymbol{\beta}$ 不一定在 W 内. 如果 W 中任意两个向量的和仍在 W 内，那么就说，W 对于 V 的加法是封闭的. 同样，如果对于 W 中任意向量 $\boldsymbol{\alpha}$ 和数域 F 中任意数 a，$a\boldsymbol{\alpha}$ 仍在 W 内，那么就说，W 对于标量与向量的乘法是封闭的.

定理 6.2.1 设 W 是数域 F 上向量空间 V 的一个非空子集. 如果 W 对于 V 的加法以及标量与向量的乘法是封闭的，那么 W 本身也作成 F 上一个向量空间.

证 W 对于 V 的加法以及标量与向量的乘法的封闭性保证了向量空间定义里的条件(i)，(ii)成立. (iii)中的算律 1)，2)和算律 5)，6)，7)，8)既然对于 V 中任意向量都成立，自然对于 W 的向量也成立. 唯一需要验证的是(iii)中条件 3)和 4). 由 W 对于标量与向量的乘法的封闭性和命题 6.1.2，对于 $\boldsymbol{\alpha}\in W$，$\mathbf{0}=0\boldsymbol{\alpha}\in W$，所以 V 中的零向量属于 W，它自然也是 W 的零向量，并且 $-\boldsymbol{\alpha}=(-1)\boldsymbol{\alpha}\in W$. 因此条件 3)，4)也成立. □

定义 1 令 W 是数域 F 上向量空间 V 的一个非空子集. 如果 W 对于 V 的加法以及标量与向量的乘法来说是封闭的，那么就

称 W 是 V 的一个子空间.

由定理6.2.1，V 的一个子空间也是 F 上一个向量空间，并且一定含有 V 的零向量.

例 1 向量空间 V 总是它自身的一个子空间. 另一方面，单独一个零向量所成的集合 $\{\mathbf{0}\}$ 显然对于 V 的加法和标量与向量的乘法是封闭的，因而也是 V 的一个子空间，称为零空间.

一个向量空间 V 本身和零空间叫作 V 的平凡子空间. V 的非平凡子空间叫作 V 的真子空间.

例 2 在平面 V_2 里，平行于一条固定直线的一切向量作成 V_2 的一个子空间. 在空间 V_3 里，平行于一条固定直线或一张固定平面的一切向量分别作成 V_3 的子空间(6.1,例1).

例 3 F^n 中一切形如

$$(a_1,a_2,\cdots,a_{n-1},0),a_i\in F$$

的向量作成 F^n 的一个子空间.

例 4 $F[x]$中次数不超过一个给定的整数 n 的多项式全体连同零多项式一起作成 $F[x]$的一个子空间.

例 5 闭区间$[a,b]$上一切可微分函数作成 $C[a,b]$的一个子空间.

定理 6.2.2 数域 F 上向量空间 V 的一个非空子集 W 是 V 的一个子空间，当且仅当对于任意 a，$b\in F$ 和任意 $\boldsymbol{\alpha}$，$\boldsymbol{\beta}\in W$，都有 $a\boldsymbol{\alpha}+b\boldsymbol{\beta}\in W$.

证 如果 W 是子空间，那么由于 W 对于标量与向量的乘法是封闭的，所以对于 a，$b\in F$，$\boldsymbol{\alpha}$，$\boldsymbol{\beta}\in W$，都有 $a\boldsymbol{\alpha}\in W$，$b\boldsymbol{\beta}\in W$. 又因为 W 对于 V 的加法是封闭的，所以 $a\boldsymbol{\alpha}+b\boldsymbol{\beta}\in W$.

反过来，如果对于任意 a，$b\in F$，$\boldsymbol{\alpha}$，$\boldsymbol{\beta}\in W$，都有 $a\boldsymbol{\alpha}+b\boldsymbol{\beta}\in W$，取 $a=b=1$，就有 $\boldsymbol{\alpha}+\boldsymbol{\beta}\in W$；取 $b=0$，就有 $a\boldsymbol{\alpha}\in W$. 这就证明了 W 对于 V 的加法以及标量与向量的乘法的封闭性. □

我们常要考虑子空间的交与和的概念.

设 W_1，W_2 是向量空间 V 的两个子空间. 那么它们的交

$W_1 \cap W_2$也是 V 的一个子空间. 事实上，由于 W_1，W_2 都含有 V 的零向量，所以 $W_1 \cap W_2 \neq \varnothing$. 设 a，$b \in F$，$\boldsymbol{\alpha}$，$\boldsymbol{\beta} \in W_1 \cap W_2$，那么由于 W_1，W_2 都是子空间，所以 $a\boldsymbol{\alpha}+b\boldsymbol{\beta} \in W_1$，$a\boldsymbol{\alpha}+b\boldsymbol{\beta} \in W_2$，因此 $a\boldsymbol{\alpha}+b\boldsymbol{\beta} \in W_1 \cap W_2$. 由定理 6.2.2，$W_1 \cap W_2$ 是子空间.

一般，设$\{W_i\}$是向量空间 V 的一组子空间(个数可以有限，也可以无限). 令 $\bigcap\limits_i W_i$ 表示这些子空间的交. 如同上面一样可以证明，$\bigcap\limits_i W_i$ 也是 V 的一个子空间.

作为子集的两个子空间 W_1 与 W_2 的并集，一般说来不是子空间，现在考虑 V 的子集

$$W_1+W_2=\{\boldsymbol{\alpha}_1+\boldsymbol{\alpha}_2 \mid \boldsymbol{\alpha}_1 \in W_1, \boldsymbol{\alpha}_2 \in W_2\}.$$

由于 $\mathbf{0} \in W_1$，$\mathbf{0} \in W_2$，所以 $\mathbf{0}=\mathbf{0}+\mathbf{0} \in W_1+W_2$，因此 $W_1+W_2 \neq \varnothing$. 设 a，$b \in F$，$\boldsymbol{\alpha}$，$\boldsymbol{\beta} \in W_1+W_2$. 那么 $\boldsymbol{\alpha}=\boldsymbol{\alpha}_1+\boldsymbol{\alpha}_2$，$\boldsymbol{\beta}=\boldsymbol{\beta}_1+\boldsymbol{\beta}_2$，$\boldsymbol{\alpha}_1$，$\boldsymbol{\beta}_1 \in W_1$，$\boldsymbol{\alpha}_2$，$\boldsymbol{\beta}_2 \in W_2$. 因为 W_1，W_2 都是子空间，所以 $a\boldsymbol{\alpha}_1+b\boldsymbol{\beta}_1 \in W_1$，$a\boldsymbol{\alpha}_2+b\boldsymbol{\beta}_2 \in W_2$. 于是

$$\begin{aligned} a\boldsymbol{\alpha}+b\boldsymbol{\beta} &= a(\boldsymbol{\alpha}_1+\boldsymbol{\alpha}_2)+b(\boldsymbol{\beta}_1+\boldsymbol{\beta}_2) \\ &= (a\boldsymbol{\alpha}_1+b\boldsymbol{\beta}_1)+(a\boldsymbol{\alpha}_2+b\boldsymbol{\beta}_2) \in W_1+W_2. \end{aligned}$$

这就证明了 W_1+W_2 是 V 的子空间. 这个子空间叫作 W_1 与 W_2 的和.

两个子空间的和的概念也可以推广到任意有限多个子空间的情形. 设 W_1，W_2，…，W_n 是 V 的子空间. 容易证明，一切形如 $\sum\limits_{i=1}^{n} \boldsymbol{\alpha}_i (\boldsymbol{\alpha}_i \in W_i)$的向量作成 V 的一个子空间. 这个子空间称为子空间 W_1，W_2，…，W_n 的和，并且用符号 $W_1+W_2+\cdots+W_n$ 来表示.

习　　题

1. 判断 $\mathbf{R}^n$ 中下列子集哪些是子空间：

(i) $\{(a_1, 0, \cdots, 0, a_n) \mid a_1, a_n \in \mathbf{R}\}$；

(ii) $\left\{(a_1,a_2,\cdots,a_n)\ \middle|\ \sum_{i=1}^{n} a_i=0\right\}$;

(iii) $\left\{(a_1,a_2,\cdots,a_n)\ \middle|\ \sum_{i=1}^{n} a_i=1\right\}$;

(iv) $\{(a_1,a_2,\cdots,a_n)\mid a_i\in\mathbf{Z},i=1,\cdots,n\}$.

2. 令 $M_n(F)$ 表示数域 F 上一切 n 阶矩阵所组成的向量空间(参看 6.1,例 2). 令

$$S=\{\boldsymbol{A}\in M_n(F)\mid \boldsymbol{A}^{\mathrm{T}}=\boldsymbol{A}\},$$

$$T=\{\boldsymbol{A}\in M_n(F)\mid \boldsymbol{A}^{\mathrm{T}}=-\boldsymbol{A}\}.$$

证明 S 和 T 都是 $M_n(F)$ 的子空间,并且

$$M_n(F)=S+T,\ S\cap T=\{\mathbf{0}\}.$$

3. 设 W_1,W_2 是向量空间 V 的子空间. 证明:如果 V 的一个子空间既包含 W_1 又包含 W_2,那么它一定包含 W_1+W_2. 在这个意义下,W_1+W_2 是 V 的既含 W_1 又含 W_2 的最小子空间.

4. 设 V 是一个向量空间,且 $V\neq\{\mathbf{0}\}$. 证明:V 不可能表成它的两个真子空间的并集.

5. 设 W,W_1,W_2 都是向量空间 V 的子空间,其中 $W_1\subseteq W_2$ 且 $W\cap W_1=W\cap W_2$,$W+W_1=W+W_2$. 证明:$W_1=W_2$.

6. 设 W_1,W_2 是数域 F 上向量空间 V 的两个子空间. $\boldsymbol{\alpha}$,$\boldsymbol{\beta}$ 是 V 的两个向量,其中 $\boldsymbol{\alpha}\in W_2$,但 $\boldsymbol{\alpha}\notin W_1$,又 $\boldsymbol{\beta}\notin W_2$. 证明:

(i) 对于任意 $k\in F$,$\boldsymbol{\beta}+k\boldsymbol{\alpha}\notin W_2$;

(ii) 至多有一个 $k\in F$,使得 $\boldsymbol{\beta}+k\boldsymbol{\alpha}\in W_1$.

7. 设 W_1,W_2,…,W_r 是向量空间 V 的子空间,且 $W_i\neq V$,$i=1$,…,r. 证明:存在一个向量 $\boldsymbol{\xi}\in V$,使得 $\boldsymbol{\xi}\notin W_i$,$i=1$,…,$r$. [提示:对 r 作数学归纳法并且利用第 6 题的结果.]

6.3 向量的线性相关性

在研究向量空间时,向量的线性关系起着极为重要的作用. 在这一节里,我们将研究这种线性关系.

以下谈到向量空间,都指的是某一给定数域 F 上的向量

空间.

定义 1 设 $\boldsymbol{\alpha}_1,\boldsymbol{\alpha}_2,\cdots,\boldsymbol{\alpha}_r$ 是向量空间 V 的 r 个向量，$a_1,a_2,\cdots,a_r$ 是数域 F 中任意 r 个数. 我们把和

$$a_1\boldsymbol{\alpha}_1+a_2\boldsymbol{\alpha}_2+\cdots+a_r\boldsymbol{\alpha}_r$$

叫作向量 $\boldsymbol{\alpha}_1,\boldsymbol{\alpha}_2,\cdots,\boldsymbol{\alpha}_r$ 的一个线性组合.

如果 V 中某一向量 $\boldsymbol{\alpha}$ 可以表成向量 $\boldsymbol{\alpha}_1$，$\boldsymbol{\alpha}_2$，$\cdots$，$\boldsymbol{\alpha}_r$ 的线性组合，我们也说 $\boldsymbol{\alpha}$ 可以由 $\boldsymbol{\alpha}_1,\boldsymbol{\alpha}_2,\cdots,\boldsymbol{\alpha}_r$ 线性表示.

例如，在 $\mathbf{R}^3$ 里，取

$$\boldsymbol{\alpha}_1=(1,-1,0),\boldsymbol{\alpha}_2=(0,2,1),\boldsymbol{\alpha}_3=(1,-1,2).$$

那么

$$2\boldsymbol{\alpha}_1-\boldsymbol{\alpha}_2+3\boldsymbol{\alpha}_3=2(1,-1,0)-(0,2,1)+3(1,-1,2)$$
$$=(5,-7,5).$$

所以向量$(5,-7,5)$可以由 $\boldsymbol{\alpha}_1$，$\boldsymbol{\alpha}_2$，$\boldsymbol{\alpha}_3$ 线性表示.

零向量显然可以由任意一组向量 $\boldsymbol{\alpha}_1,\boldsymbol{\alpha}_2,\cdots,\boldsymbol{\alpha}_r$ 线性表示，因为 $\mathbf{0}=0\boldsymbol{\alpha}_1+0\boldsymbol{\alpha}_2+\cdots+0\boldsymbol{\alpha}_r$.

线性组合的概念和以下的线性相关的概念有密切的关系.

定义 2 设 $\boldsymbol{\alpha}_1,\boldsymbol{\alpha}_2,\cdots,\boldsymbol{\alpha}_r$ 是向量空间 V 的 r 个向量. 如果存在 F 中不全为零的数 $a_1,a_2,\cdots,a_r$，使得

$$a_1\boldsymbol{\alpha}_1+a_2\boldsymbol{\alpha}_2+\cdots+a_r\boldsymbol{\alpha}_r=\mathbf{0}, \tag{1}$$

那么就说 $\boldsymbol{\alpha}_1$，$\boldsymbol{\alpha}_2$，$\cdots$，$\boldsymbol{\alpha}_r$ 线性相关.

如果不存在 F 中不全为零的数 $a_1,a_2,\cdots,a_r$ 使得等式(1)成立，换句话说，等式(1)仅当 $a_1=a_2=\cdots=a_r=0$ 时才成立，那么就说，向量 $\boldsymbol{\alpha}_1,\boldsymbol{\alpha}_2,\cdots,\boldsymbol{\alpha}_r$ 线性无关.

根据这个定义，如果向量 $\boldsymbol{\alpha}_1,\boldsymbol{\alpha}_2,\cdots,\boldsymbol{\alpha}_r$ 中有一个是零向量，那么 $\boldsymbol{\alpha}_1,\boldsymbol{\alpha}_2,\cdots,\boldsymbol{\alpha}_r$ 一定线性相关. 事实上，例如，设 $\boldsymbol{\alpha}_1=\mathbf{0}$. 那么

$$1\boldsymbol{\alpha}_1+0\boldsymbol{\alpha}_2+\cdots+0\boldsymbol{\alpha}_r=\mathbf{0},$$

其中 $\boldsymbol{\alpha}_1$ 的系数不等于零.

特别，单独一个零向量线性相关.

单独一个非零向量$\{\boldsymbol{\alpha}\}$线性无关，因为由 $a\boldsymbol{\alpha}=\mathbf{0}$而 $\boldsymbol{\alpha}\neq\mathbf{0}$，必有 $a=0$.

例 1 令 F 是任意一个数域. F^3 中向量

$$\boldsymbol{\alpha}_1=(1,2,3),\boldsymbol{\alpha}_2=(2,4,6),\boldsymbol{\alpha}_3=(3,5,-4)$$

线性相关，因为我们有

$$2\boldsymbol{\alpha}_1-\boldsymbol{\alpha}_2+0\boldsymbol{\alpha}_3=\mathbf{0}.$$

另一方面，向量

$$\boldsymbol{\beta}_1=(1,0,0),\ \boldsymbol{\beta}_2=(1,1,0),\ \boldsymbol{\beta}_3=(1,1,1)$$

线性无关. 事实上，如果 a_1，a_2，$a_3\in F$，使得

$$a_1\boldsymbol{\beta}_1+a_2\boldsymbol{\beta}_2+a_3\boldsymbol{\beta}_3=\mathbf{0},$$

即

$$a_1(1,0,0)+a_2(1,1,0)+a_3(1,1,1)=(0,0,0),$$

那么

$$(a_1+a_2+a_3,a_2+a_3,a_3)=(0,0,0),$$

因而就有 $a_1+a_2+a_3=0$，$a_2+a_3=0$，$a_3=0$. 由此就得出 $a_1=a_2=a_3=0$.

例 2 判断 F^3 的向量

$$\boldsymbol{\alpha}_1=(1,-2,3),\ \boldsymbol{\alpha}_2=(2,1,0),\ \boldsymbol{\alpha}_3=(1,-7,9)$$

是否线性相关.

等式

$$a_1\boldsymbol{\alpha}_1+a_2\boldsymbol{\alpha}_2+a_3\boldsymbol{\alpha}_3=\mathbf{0}$$

相当于

$$(a_1+2a_2+a_3,-2a_1+a_2-7a_3,3a_1+9a_3)=(0,0,0).$$

而上式相当于齐次线性方程组

$$\begin{aligned}a_1+2a_2+\ a_3&=0,\\-2a_1+\ a_2-7a_3&=0,\\3a_1\qquad\ +9a_3&=0.\end{aligned}$$

这个齐次线性方程组的解是 $a_1=-3a_3$，$a_2=a_3$，a_3 为自由未知

量. 任意给定 a_3 一个不等于零的值, 例如, 取 $a_3=1$, 得 $a_1=-3$, $a_2=1$. 那么就有

$$-3\boldsymbol{\alpha}_1+\boldsymbol{\alpha}_2+\boldsymbol{\alpha}_3=\mathbf{0}.$$

所以 $\boldsymbol{\alpha}_1$, $\boldsymbol{\alpha}_2$, $\boldsymbol{\alpha}_3$ 线性相关.

例 3 在向量空间 $F[x]$ 里, 对于任意非负整数 n,

$$1,\ x,\ \cdots,\ x^n$$

线性无关, 因为由 $a_0+a_1x+\cdots+a_nx^n=0$ 必然有 $a_0=a_1=\cdots=a_n=0$.

我们现在直接从定义推导出以下一些简单事实.

命题 6.3.1 向量组 $\{\boldsymbol{\alpha}_1,\boldsymbol{\alpha}_2,\cdots,\boldsymbol{\alpha}_r\}$ 中每一个向量 $\boldsymbol{\alpha}_i$ 都可以由这一组向量线性表示.

证 这是明显的, 因为

$$\boldsymbol{\alpha}_i=0\boldsymbol{\alpha}_1+\cdots+0\boldsymbol{\alpha}_{i-1}+\boldsymbol{\alpha}_i+0\boldsymbol{\alpha}_{i+1}+\cdots+0\boldsymbol{\alpha}_r. \qquad \square$$

命题 6.3.2 如果向量 $\boldsymbol{\gamma}$ 可以由 $\boldsymbol{\beta}_1$, $\boldsymbol{\beta}_2$, $\cdots$, $\boldsymbol{\beta}_r$ 线性表示, 而每一 $\boldsymbol{\beta}_i$ 又都可以由 $\boldsymbol{\alpha}_1$, $\boldsymbol{\alpha}_2$, $\cdots$, $\boldsymbol{\alpha}_s$ 线性表示, 那么 $\boldsymbol{\gamma}$ 可以由 $\boldsymbol{\alpha}_1$, $\boldsymbol{\alpha}_2$, $\cdots$, $\boldsymbol{\alpha}_s$ 线性表示.

证 由 $\boldsymbol{\gamma}=\sum\limits_{i=1}^{r}b_i\boldsymbol{\beta}_i$ 和 $\boldsymbol{\beta}_i=\sum\limits_{j=1}^{s}a_{ij}\boldsymbol{\alpha}_j$, $i=1$, $\cdots$, r, 得

$$\boldsymbol{\gamma}=\sum_{i=1}^{r}b_i\sum_{j=1}^{s}a_{ij}\boldsymbol{\alpha}_j=\sum_{j=1}^{s}\Big(\sum_{i=1}^{r}b_ia_{ij}\Big)\boldsymbol{\alpha}_j. \qquad \square$$

命题 6.3.3 如果向量组 $\{\boldsymbol{\alpha}_1,\boldsymbol{\alpha}_2,\cdots,\boldsymbol{\alpha}_r\}$ 线性无关, 那么它的任意一部分也线性无关. 一个等价的提法是, 如果向量组 $\{\boldsymbol{\alpha}_1,\boldsymbol{\alpha}_2,\cdots,\boldsymbol{\alpha}_r\}$ 有一部分向量线性相关, 那么整个向量组 $\{\boldsymbol{\alpha}_1,\boldsymbol{\alpha}_2,\cdots,\boldsymbol{\alpha}_r\}$ 也线性相关.

证 设 $\boldsymbol{\alpha}_1,\boldsymbol{\alpha}_2,\cdots,\boldsymbol{\alpha}_r$ 中有 p 个向量线性相关. 不妨假设前 p 个向量 $\boldsymbol{\alpha}_1,\boldsymbol{\alpha}_2,\cdots,\boldsymbol{\alpha}_p$ 线性相关. 那么存在 F 中不全为零的数 $a_1,a_2,\cdots,a_p$, 使得

$$a_1\boldsymbol{\alpha}_1+a_2\boldsymbol{\alpha}_2+\cdots+a_p\boldsymbol{\alpha}_p=\mathbf{0}.$$

取 $a_{p+1}=\cdots=a_r=0$. 那么

$$a_1\boldsymbol{\alpha}_1+a_2\boldsymbol{\alpha}_2+\cdots+a_p\boldsymbol{\alpha}_p+0\boldsymbol{\alpha}_{p+1}+\cdots+0\boldsymbol{\alpha}_r=\mathbf{0},$$

而 $a_1,a_2,\cdots,a_p$ 不全为零. 所以 $\boldsymbol{\alpha}_1$, $\boldsymbol{\alpha}_2$, …, $\boldsymbol{\alpha}_r$ 线性相关. □

命题 6.3.4 设向量组 $\{\boldsymbol{\alpha}_1,\boldsymbol{\alpha}_2,\cdots,\boldsymbol{\alpha}_r\}$ 线性无关, 而 $\{\boldsymbol{\alpha}_1,\boldsymbol{\alpha}_2,\cdots,\boldsymbol{\alpha}_r,\boldsymbol{\beta}\}$ 线性相关. 那么 $\boldsymbol{\beta}$ 一定可以由 $\boldsymbol{\alpha}_1$, $\boldsymbol{\alpha}_2$, …, $\boldsymbol{\alpha}_r$ 线性表示.

证 因为 $\boldsymbol{\alpha}_1,\boldsymbol{\alpha}_2,\cdots,\boldsymbol{\alpha}_r,\boldsymbol{\beta}$ 线性相关, 所以存在不全为零的数 $a_1,a_2,\cdots,a_r,b$, 使得

$$a_1\boldsymbol{\alpha}_1+a_2\boldsymbol{\alpha}_2+\cdots+a_r\boldsymbol{\alpha}_r+b\boldsymbol{\beta}=\mathbf{0}.$$

如果 $b=0$, 那么上面的等式变成

$$a_1\boldsymbol{\alpha}_1+a_2\boldsymbol{\alpha}_2+\cdots+a_r\boldsymbol{\alpha}_r=\mathbf{0},$$

并且 $a_1,a_2,\cdots,a_r$ 中至少有一个不等于零, 这与 $\boldsymbol{\alpha}_1,\boldsymbol{\alpha}_2,\cdots,\boldsymbol{\alpha}_r$ 线性无关的假设矛盾. 因此 $b\neq0$, 从而

$$\boldsymbol{\beta}=-\frac{a_1}{b}\boldsymbol{\alpha}_1-\frac{a_2}{b}\boldsymbol{\alpha}_2-\cdots-\frac{a_r}{b}\boldsymbol{\alpha}_r. \qquad □$$

下面的定理说明线性相关和线性组合这两个概念之间的密切关系.

定理 6.3.1 向量 $\boldsymbol{\alpha}_1,\boldsymbol{\alpha}_2,\cdots,\boldsymbol{\alpha}_r\,(r\geqslant2)$ 线性相关, 当且仅当其中某一个向量是其余向量的线性组合.

证 设 $\boldsymbol{\alpha}_1,\boldsymbol{\alpha}_2,\cdots,\boldsymbol{\alpha}_r$ 线性相关. 于是存在 $a_1,a_2,\cdots,a_r\in F$, 使得

$$a_1\boldsymbol{\alpha}_1+a_2\boldsymbol{\alpha}_2+\cdots+a_r\boldsymbol{\alpha}_r=\mathbf{0},$$

其中至少有一个系数 $a_i\neq0$. 不妨设 $a_r\neq0$. 于是

$$\boldsymbol{\alpha}_r=-\frac{a_1}{a_r}\boldsymbol{\alpha}_1-\frac{a_2}{a_r}\boldsymbol{\alpha}_2-\cdots-\frac{a_{r-1}}{a_r}\boldsymbol{\alpha}_{r-1}.$$

这就是说, $\boldsymbol{\alpha}_r$ 可以由 $\boldsymbol{\alpha}_1,\boldsymbol{\alpha}_2,\cdots,\boldsymbol{\alpha}_{r-1}$ 线性表示.

反过来, 设 $\boldsymbol{\alpha}_1,\boldsymbol{\alpha}_2,\cdots,\boldsymbol{\alpha}_r$ 中某一向量, 例如 $\boldsymbol{\alpha}_r$, 是其余向量的线性组合:

$$\boldsymbol{\alpha}_r=a_1\boldsymbol{\alpha}_1+a_2\boldsymbol{\alpha}_2+\cdots+a_{r-1}\boldsymbol{\alpha}_{r-1}.$$

那么就有

$$a_1\boldsymbol{\alpha}_1+a_2\boldsymbol{\alpha}_2+\cdots+a_{r-1}\boldsymbol{\alpha}_{r-1}+(-1)\boldsymbol{\alpha}_r=\mathbf{0}.$$

因为 $\boldsymbol{\alpha}_r$ 的系数不等于零，所以 $\boldsymbol{\alpha}_1,\boldsymbol{\alpha}_2,\cdots,\boldsymbol{\alpha}_r$ 线性相关. □

定义 3 设 $\{\boldsymbol{\alpha}_1,\boldsymbol{\alpha}_2,\cdots,\boldsymbol{\alpha}_r\}$ 和 $\{\boldsymbol{\beta}_1,\boldsymbol{\beta}_2,\cdots,\boldsymbol{\beta}_s\}$ 是向量空间 V 的两个向量组. 如果每一 $\boldsymbol{\alpha}_i$ 都可以由 $\boldsymbol{\beta}_1,\boldsymbol{\beta}_2,\cdots,\boldsymbol{\beta}_s$ 线性表示，而每一 $\boldsymbol{\beta}_j$ 也可以由 $\boldsymbol{\alpha}_1,\boldsymbol{\alpha}_2,\cdots,\boldsymbol{\alpha}_r$ 线性表示，那么就说这两个向量组等价.

例 4 向量组

$$\boldsymbol{\alpha}_1=(1,2,3),\boldsymbol{\alpha}_2=(1,0,2)$$

与向量组

$$\boldsymbol{\beta}_1=(3,4,8),\boldsymbol{\beta}_2=(2,2,5),\boldsymbol{\beta}_3=(0,2,1)$$

等价. 事实上，

$$\boldsymbol{\alpha}_1=\boldsymbol{\beta}_1-\boldsymbol{\beta}_2,\ \boldsymbol{\alpha}_2=2\boldsymbol{\beta}_2-\boldsymbol{\beta}_1;$$

$$\boldsymbol{\beta}_1=2\boldsymbol{\alpha}_1+\boldsymbol{\alpha}_2,\ \boldsymbol{\beta}_2=\boldsymbol{\alpha}_1+\boldsymbol{\alpha}_2,\ \boldsymbol{\beta}_3=\boldsymbol{\alpha}_1-\boldsymbol{\alpha}_2.$$

由命题 6.3.2，等价的概念显然具有传递性：如果 $\{\boldsymbol{\alpha}_1,\boldsymbol{\alpha}_2,\cdots,\boldsymbol{\alpha}_r\}$ 与 $\{\boldsymbol{\beta}_1,\boldsymbol{\beta}_2,\cdots,\boldsymbol{\beta}_s\}$ 等价，而后者又与 $\{\boldsymbol{\gamma}_1,\boldsymbol{\gamma}_2,\cdots,\boldsymbol{\gamma}_t\}$ 等价，那么 $\{\boldsymbol{\alpha}_1,\boldsymbol{\alpha}_2,\cdots,\boldsymbol{\alpha}_r\}$ 与 $\{\boldsymbol{\gamma}_1,\boldsymbol{\gamma}_2,\cdots,\boldsymbol{\gamma}_t\}$ 等价.

定理 6.3.2（替换定理） 设向量组

$$\{\boldsymbol{\alpha}_1,\boldsymbol{\alpha}_2,\cdots,\boldsymbol{\alpha}_r\} \tag{2}$$

线性无关，并且每一 $\boldsymbol{\alpha}_i$ 都可以由向量组

$$\{\boldsymbol{\beta}_1,\boldsymbol{\beta}_2,\cdots,\boldsymbol{\beta}_s\} \tag{3}$$

线性表示. 那么 $r\leqslant s$，并且必要时可以对(3)中向量重新编号，使得用 $\boldsymbol{\alpha}_1,\boldsymbol{\alpha}_2,\cdots,\boldsymbol{\alpha}_r$ 替换 $\boldsymbol{\beta}_1,\boldsymbol{\beta}_2,\cdots,\boldsymbol{\beta}_r$ 后，所得的向量组

$$\{\boldsymbol{\alpha}_1,\boldsymbol{\alpha}_2,\cdots,\boldsymbol{\alpha}_r,\boldsymbol{\beta}_{r+1},\cdots,\boldsymbol{\beta}_s\} \tag{4}$$

与(3)等价.

证 我们对(2)中向量个数 r 作数学归纳法.

$r=1$ 时，$\{\boldsymbol{\alpha}_1\}$ 线性无关，所以 $\boldsymbol{\alpha}_1\neq\mathbf{0}$. 且 $1\leqslant s$. $\boldsymbol{\alpha}_1$ 可以由(3)线性表示：

$$\boldsymbol{\alpha}_1=b_1\boldsymbol{\beta}_1+\cdots+b_s\boldsymbol{\beta}_s.$$

因为 $\boldsymbol{\alpha}_1\neq\mathbf{0}$，所以至少有一 $b_i\neq 0$. 不妨设 $b_1\neq 0$. 于是

$$\boldsymbol{\beta}_1=\frac{1}{b_1}\boldsymbol{\alpha}_1-\frac{b_2}{b_1}\boldsymbol{\beta}_2-\cdots-\frac{b_s}{b_1}\boldsymbol{\beta}_s.$$

$\boldsymbol{\alpha}_1$ 可以由$\{\boldsymbol{\beta}_1,\boldsymbol{\beta}_2,\cdots,\boldsymbol{\beta}_s\}$线性表示. $\boldsymbol{\beta}_1$ 可以由$\{\boldsymbol{\alpha}_1,\boldsymbol{\beta}_2,\cdots,\boldsymbol{\beta}_s\}$线性表示. 而$\boldsymbol{\beta}_2$, $\cdots\boldsymbol{\beta}_s$ 在这两个向量组中都出现. 所以向量组$\{\boldsymbol{\alpha}_1,\boldsymbol{\beta}_2,\cdots,\boldsymbol{\beta}_s\}$与(3)等价.

假设 $r>1$ 并且定理对于(2)中含有 $r-1$ 个向量的情形已经成立. 我们看(2)中含有 r 个向量的情形. 由于 $\boldsymbol{\alpha}_1$, $\boldsymbol{\alpha}_2$, $\cdots$, $\boldsymbol{\alpha}_r$ 线性无关, 所以由命题 6.3.3, $\boldsymbol{\alpha}_1$, $\boldsymbol{\alpha}_2$, $\cdots$, $\boldsymbol{\alpha}_{r-1}$ 也线性无关. 于是根据归纳法的假设, $r-1\leqslant s$, 并且可以认为, 用 $\boldsymbol{\alpha}_1$, $\boldsymbol{\alpha}_2$, $\cdots$, $\boldsymbol{\alpha}_{r-1}$替换(3)中前 $r-1$ 个向量, 得到一个与(3)等价的向量组

(5) $$\{\boldsymbol{\alpha}_1,\boldsymbol{\alpha}_2,\cdots,\boldsymbol{\alpha}_{r-1},\boldsymbol{\beta}_r,\boldsymbol{\beta}_{r+1},\cdots,\boldsymbol{\beta}_s\}.$$

由于 $\boldsymbol{\alpha}_r$ 可以由(3)线性表示, 所以由命题 6.3.2, 它也可以由与(3)等价的向量组(5)线性表示. 因此有

(6) $$\boldsymbol{\alpha}_r=\sum_{i=1}^{r-1}a_i\boldsymbol{\alpha}_i+\sum_{j=r}^{s}b_j\boldsymbol{\beta}_j.$$

如果所有的 b_j 都等于零, 那么(6)式变为

$$\boldsymbol{\alpha}_r=\sum_{i=1}^{r-1}a_i\boldsymbol{\alpha}_i,$$

这就是说, $\boldsymbol{\alpha}_r$ 可以由 $\boldsymbol{\alpha}_1$, $\boldsymbol{\alpha}_2$, $\cdots$, $\boldsymbol{\alpha}_{r-1}$ 线性表示. 由定理 6.3.1, 这与向量组(2)线性无关的假设相违. 因此至少有一个 $b_j\neq 0$. 这就证明了 $r-1<s$, 从而 $r\leqslant s$. 适当地对于 $\boldsymbol{\beta}_r$, $\boldsymbol{\beta}_{r+1}$, $\cdots$, $\boldsymbol{\beta}_s$ 编号, 不妨假定 $b_r\neq 0$. 于是,

$$\boldsymbol{\beta}_r=\sum_{i=1}^{r-1}\left(-\frac{a_i}{b_r}\right)\boldsymbol{\alpha}_i+\frac{1}{b_r}\boldsymbol{\alpha}_r+\sum_{j=r+1}^{s}\left(-\frac{b_j}{b_r}\right)\boldsymbol{\beta}_j.$$

这就是说, $\boldsymbol{\beta}_r$ 可以由向量组(4)线性表示. 向量组(5)除 $\boldsymbol{\beta}_r$ 外, 其余每一个向量都在向量组(4)中出现. 由命题 6.3.1, 它们都可以由(4)线性表示. 这样, (5)的每一向量都可以由(4)线性表示. 另一方面, (4)中除 $\boldsymbol{\alpha}_r$ 外, 其余每一向量都在(5)中出

现，所以它们都可以由(5)线性表示，而等式(6)表明，$\boldsymbol{\alpha}_r$ 也可以由(5)线性表示. 因此(4)的每一个向量都可以由(5)线性表示. 这就证明了(4)与(5)等价. 而由归纳法的假设，(5)与(3)等价. 所以(4)与(3)等价. □

由替换定理可以得出两个重要的推论.

推论 6.3.1 两个等价的线性无关的向量组含有相同个数的向量.

证 设$\{\boldsymbol{\alpha}_1,\boldsymbol{\alpha}_2,\cdots,\boldsymbol{\alpha}_r\}$和$\{\boldsymbol{\beta}_1,\boldsymbol{\beta}_2,\cdots,\boldsymbol{\beta}_s\}$是两个等价的线性无关的向量组. 于是由定理6.3.2，$r\leqslant s$ 且 $s\leqslant r$. 所以 $r=s$. □

现在设$\{\boldsymbol{\alpha}_1,\boldsymbol{\alpha}_2,\cdots,\boldsymbol{\alpha}_n\}$是向量空间 V 的一组不全为零的向量. 我们总可以从其中选出一个含有尽可能多线性无关的向量的部分向量组$\{\boldsymbol{\alpha}_{i_1},\boldsymbol{\alpha}_{i_2},\cdots,\boldsymbol{\alpha}_{i_r}\}$来，也就是说，$\boldsymbol{\alpha}_{i_1}$，$\boldsymbol{\alpha}_{i_2}$，…，$\boldsymbol{\alpha}_{i_r}$线性无关，而再添加原向量组的任何一个向量就线性相关. 于是由命题6.3.4和6.3.1，向量组$\{\boldsymbol{\alpha}_1,\boldsymbol{\alpha}_2,\cdots,\boldsymbol{\alpha}_n\}$中每一个向量都可以由$\boldsymbol{\alpha}_{i_1}$，$\boldsymbol{\alpha}_{i_2}$，…，$\boldsymbol{\alpha}_{i_r}$线性表示. 具有这样性质的部分向量组对于以后的讨论是重要的. 我们给它下一个定义.

定义 4 向量组$\{\boldsymbol{\alpha}_1,\boldsymbol{\alpha}_2,\cdots,\boldsymbol{\alpha}_n\}$的一个部分向量组$\{\boldsymbol{\alpha}_{i_1},\boldsymbol{\alpha}_{i_2},\cdots,\boldsymbol{\alpha}_{i_r}\}$叫作一个极大线性无关部分组(简称极大无关组)，如果

(i) $\boldsymbol{\alpha}_{i_1}$，$\boldsymbol{\alpha}_{i_2}$，…，$\boldsymbol{\alpha}_{i_r}$线性无关；

(ii) 每一$\boldsymbol{\alpha}_j$，$j=1$，…，n，都可以由$\boldsymbol{\alpha}_{i_1}$，$\boldsymbol{\alpha}_{i_2}$，…，$\boldsymbol{\alpha}_{i_r}$，线性表示.

例 5 看 $\mathbf{R}^3$ 的向量组

$$\boldsymbol{\alpha}_1=(1,0,0),\boldsymbol{\alpha}_2=(0,1,0),\boldsymbol{\alpha}_3=(1,1,0).$$

在这里$\{\boldsymbol{\alpha}_1,\boldsymbol{\alpha}_2\}$线性无关，而 $\boldsymbol{\alpha}_3=\boldsymbol{\alpha}_1+\boldsymbol{\alpha}_2$，所以$\{\boldsymbol{\alpha}_1,\boldsymbol{\alpha}_2\}$是一个极大无关组. 另一方面，容易看出，$\{\boldsymbol{\alpha}_1,\boldsymbol{\alpha}_3\}$，$\{\boldsymbol{\alpha}_2,\boldsymbol{\alpha}_3\}$也都是向量组$\{\boldsymbol{\alpha}_1,\boldsymbol{\alpha}_2,\boldsymbol{\alpha}_3\}$的极大无关组.

每一个不全由零向量组成的向量组都有极大无关组. 而且还可能含有不止一个极大无关组. 然而我们有

推论 6.3.2 等价的向量组的极大无关组含有相同个数的向量. 特别，一个向量组的任意两个极大无关组含有相同个数的向量.

证 设向量组$\{\boldsymbol{\alpha}_1,\boldsymbol{\alpha}_2,\cdots,\boldsymbol{\alpha}_m\}$与向量组$\{\boldsymbol{\beta}_1,\boldsymbol{\beta}_2,\cdots,\boldsymbol{\beta}_n\}$等价. 令$\{\boldsymbol{\alpha}_{i_1},\boldsymbol{\alpha}_{i_2},\cdots,\boldsymbol{\alpha}_{i_r}\}$是$\{\boldsymbol{\alpha}_1,\boldsymbol{\alpha}_2,\cdots,\boldsymbol{\alpha}_m\}$的任意一个极大无关组，而$\{\boldsymbol{\beta}_{j_1},\boldsymbol{\beta}_{j_2},\cdots,\boldsymbol{\beta}_{j_s}\}$是$\{\boldsymbol{\beta}_1,\boldsymbol{\beta}_2,\cdots,\boldsymbol{\beta}_n\}$的任意一个极大无关组. 由于$\{\boldsymbol{\alpha}_{i_1},\boldsymbol{\alpha}_{i_2},\cdots,\boldsymbol{\alpha}_{i_r}\}$线性无关，并且每一个$\alpha_{i_t}$都可由$\boldsymbol{\beta}_1$，$\boldsymbol{\beta}_2$，…，$\boldsymbol{\beta}_s$线性表示，而每一$\boldsymbol{\beta}_j$又可以由$\boldsymbol{\beta}_{j_1}$，$\boldsymbol{\beta}_{j_2}$，…，$\boldsymbol{\beta}_{j_s}$线性表示，所以$\boldsymbol{\alpha}_{i_t}$可以由$\boldsymbol{\beta}_{j_1}$，$\boldsymbol{\beta}_{j_2}$，…，$\boldsymbol{\beta}_{j_s}$线性表示，$t=1$，…，$r$. 于是由替换定理得$r\leqslant s$. 同理，$s\leqslant r$. 因而$r=s$. □

习　题

1. 下列向量组是否线性相关：

(i) $(3,1,4),(2,5,-1),(4,-3,7)$;

(ii) $(2,0,1),(0,1,-2),(1,-1,1)$;

(iii) $(2,-1,3,2),(-1,2,2,3),(3,-1,2,2),(2,-1,3,2)$.

2. 证明，在一个向量组$\{\boldsymbol{\alpha}_1,\boldsymbol{\alpha}_2,\cdots,\boldsymbol{\alpha}_r\}$里，如果有两个向量$\boldsymbol{\alpha}_i$与$\boldsymbol{\alpha}_j$成比例，即$\boldsymbol{\alpha}_i=k\boldsymbol{\alpha}_j$，$k\in F$，那么$\{\boldsymbol{\alpha}_1,\boldsymbol{\alpha}_2,\cdots,\boldsymbol{\alpha}_r\}$线性相关.

3. 令$\boldsymbol{\alpha}_i=(\alpha_{i_1},\alpha_{i_2},\cdots,\alpha_{i_n})\in F^n$，$i=1$，2，…，$n$. 证明$\boldsymbol{\alpha}_1$，$\boldsymbol{\alpha}_2$，…，$\boldsymbol{\alpha}_n$线性相关当且仅当行列式

$$\begin{vmatrix} a_{11} & a_{12} & \cdots & a_{1n} \\ a_{21} & a_{22} & \cdots & a_{2n} \\ \vdots & \vdots & & \vdots \\ a_{n1} & a_{n2} & \cdots & a_{nn} \end{vmatrix}=0.$$

4. 设$\boldsymbol{\alpha}_i=(a_{i_1},a_{i_2},\cdots,a_{i_n})\in F^n$，$i=1$，…，$m$，线性无关. 对每一个$\boldsymbol{\alpha}_i$任意添上$p$个数，得到$F^{n+p}$的$m$个向量

$$\boldsymbol{\beta}_i=(a_{i_1},\cdots,a_{i_n},b_{i_1},\cdots,b_{i_p}),i=1,\cdots,m.$$

证明$\{\boldsymbol{\beta}_1,\boldsymbol{\beta}_2,\cdots,\boldsymbol{\beta}_m\}$也线性无关.

5. 设 $\boldsymbol{\alpha}$，$\boldsymbol{\beta}$，$\boldsymbol{\gamma}$ 线性无关. 证明 $\boldsymbol{\alpha}+\boldsymbol{\beta}$，$\boldsymbol{\beta}+\boldsymbol{\gamma}$，$\boldsymbol{\gamma}+\boldsymbol{\alpha}$ 也线性无关.

6. 设向量组 $\{\boldsymbol{\alpha}_1,\boldsymbol{\alpha}_2,\cdots,\boldsymbol{\alpha}_r\}$ $(r\geqslant 2)$ 线性无关. 任取 k_1，k_2，$\cdots$，$k_{r-1}\in F$. 证明，向量组

$$\boldsymbol{\beta}_1=\boldsymbol{\alpha}_1+k_1\boldsymbol{\alpha}_r,\ \boldsymbol{\beta}_2=\boldsymbol{\alpha}_2+k_2\boldsymbol{\alpha}_r,\ \cdots,\ \boldsymbol{\beta}_{r-1}=\boldsymbol{\alpha}_{r-1}+k_{r-1}\boldsymbol{\alpha}_r,\ \boldsymbol{\alpha}_r$$

线性无关.

7. 下列论断哪些是对的，哪些是错的. 如果是对的，证明；如果是错的，举出反例：

(i) 如果当 $a_1=a_2=\cdots=a_r=0$ 时，$a_1\boldsymbol{\alpha}_1+a_2\boldsymbol{\alpha}_2+\cdots+a_r\boldsymbol{\alpha}_r=\mathbf{0}$，那么 $\boldsymbol{\alpha}_1$，$\boldsymbol{\alpha}_2$，$\cdots$，$\boldsymbol{\alpha}_r$ 线性无关；

(ii) 如果 $\boldsymbol{\alpha}_1,\boldsymbol{\alpha}_2,\cdots,\boldsymbol{\alpha}_r$ 线性无关，而 $\boldsymbol{\alpha}_{r+1}$ 不能由 $\boldsymbol{\alpha}_1,\boldsymbol{\alpha}_2,\cdots,\boldsymbol{\alpha}_r$ 线性表示，那么 $\boldsymbol{\alpha}_1,\boldsymbol{\alpha}_2,\cdots,\boldsymbol{\alpha}_r$，$\boldsymbol{\alpha}_{r+1}$ 线性无关；

(iii) 如果 $\boldsymbol{\alpha}_1,\boldsymbol{\alpha}_2,\cdots,\boldsymbol{\alpha}_r$ 线性无关，那么其中每一个向量都不是其余向量的线性组合；

(iv) 如果 $\boldsymbol{\alpha}_1,\boldsymbol{\alpha}_2,\cdots,\boldsymbol{\alpha}_r$ 线性相关，那么其中每一个向量都是其余向量的线性组合.

8. 设向量 $\boldsymbol{\beta}$ 可以由 $\boldsymbol{\alpha}_1,\boldsymbol{\alpha}_2,\cdots,\boldsymbol{\alpha}_r$ 线性表示，但不能由 $\boldsymbol{\alpha}_1,\boldsymbol{\alpha}_2,\cdots,\boldsymbol{\alpha}_{r-1}$ 线性表示. 证明，向量组 $\{\boldsymbol{\alpha}_1,\boldsymbol{\alpha}_2,\cdots,\boldsymbol{\alpha}_{r-1},\boldsymbol{\alpha}_r\}$ 与向量组 $\{\boldsymbol{\alpha}_1,\boldsymbol{\alpha}_2,\cdots,\boldsymbol{\alpha}_{r-1},\boldsymbol{\beta}\}$ 等价.

9. 设在向量组 $\boldsymbol{\alpha}_1,\boldsymbol{\alpha}_2,\cdots,\boldsymbol{\alpha}_r$ 中，$\boldsymbol{\alpha}_1\neq\mathbf{0}$ 并且每一 $\boldsymbol{\alpha}_i$ 都不能表成它的前 $i-1$ 个向量 $\boldsymbol{\alpha}_1,\boldsymbol{\alpha}_2,\cdots,\boldsymbol{\alpha}_{i-1}$ 的线性组合. 证明 $\boldsymbol{\alpha}_1,\boldsymbol{\alpha}_2,\cdots,\boldsymbol{\alpha}_r$ 线性无关.

10. 设向量 $\boldsymbol{\alpha}_1,\boldsymbol{\alpha}_2,\cdots,\boldsymbol{\alpha}_r$ 线性无关，而 $\boldsymbol{\alpha}_1,\boldsymbol{\alpha}_2,\cdots,\boldsymbol{\alpha}_r,\boldsymbol{\beta},\boldsymbol{\gamma}$ 线性相关. 证明，或者 $\boldsymbol{\beta}$ 与 $\boldsymbol{\gamma}$ 中至少有一个可以由 $\boldsymbol{\alpha}_1,\boldsymbol{\alpha}_2,\cdots,\boldsymbol{\alpha}_r$ 线性表示，或者向量组 $\{\boldsymbol{\alpha}_1,\boldsymbol{\alpha}_2,\cdots,\boldsymbol{\alpha}_r,\boldsymbol{\beta}\}$ 与 $\{\boldsymbol{\alpha}_1,\boldsymbol{\alpha}_2,\cdots,\boldsymbol{\alpha}_r,\boldsymbol{\gamma}\}$ 等价.

6.4 基和维数

现在应用前一节的结果来研究向量空间.

设 V 是数域 F 上一个向量空间. $\boldsymbol{\alpha}_1,\boldsymbol{\alpha}_2,\cdots,\boldsymbol{\alpha}_n\in V$. 考虑 $\boldsymbol{\alpha}_1,\boldsymbol{\alpha}_2,\cdots,\boldsymbol{\alpha}_n$ 的一切线性组合所成的集合. 这个集合显然不空，因为零向量属于这个集合. 其次，设

$$\boldsymbol{\alpha}=a_1\boldsymbol{\alpha}_1+a_2\boldsymbol{\alpha}_2+\cdots+a_n\boldsymbol{\alpha}_n,\ \boldsymbol{\beta}=b_1\boldsymbol{\alpha}_1+b_2\boldsymbol{\alpha}_2+\cdots+b_n\boldsymbol{\alpha}_n.$$

那么对于任意 a，$b\in F$，

$$a\boldsymbol{\alpha}+b\boldsymbol{\beta}=(aa_1+bb_1)\boldsymbol{\alpha}_1+(aa_2+bb_2)\boldsymbol{\alpha}_2+\cdots+(aa_n+bb_n)\boldsymbol{\alpha}_n$$

仍是 $\boldsymbol{\alpha}_1,\boldsymbol{\alpha}_2,\cdots,\boldsymbol{\alpha}_n$ 的一个线性组合. 因此，$\boldsymbol{\alpha}_1,\boldsymbol{\alpha}_2,\cdots,\boldsymbol{\alpha}_n$ 的一切线性组合作成 V 的一个子空间. 这个子空间叫作由 $\boldsymbol{\alpha}_1,\boldsymbol{\alpha}_2,\cdots,\boldsymbol{\alpha}_n$ 所生成的子空间，并且用符号 $\mathscr{L}(\boldsymbol{\alpha}_1,\boldsymbol{\alpha}_2,\cdots,\boldsymbol{\alpha}_n)$ 表示. 向量 $\boldsymbol{\alpha}_1$，$\boldsymbol{\alpha}_2,\cdots,\boldsymbol{\alpha}_n$ 叫作这个子空间的一组生成元.

例 1 看 F^n 中如下的 n 个向量：

$$\boldsymbol{\varepsilon}_i=(0,\cdots,0,1,0,\cdots,0),\ i=1,\ \cdots,\ n,$$

这里 $\boldsymbol{\varepsilon}_i$ 除第 i 位置是 1 外，其余位置的元素都是零. 令

$$\boldsymbol{\alpha}=(a_1,a_2,\cdots,a_n)$$

是 F^n 中任意一个向量. 我们有

$$\boldsymbol{\alpha}=a_1\boldsymbol{\varepsilon}_1+a_2\boldsymbol{\varepsilon}_2+\cdots+a_n\boldsymbol{\varepsilon}_n.$$

因此 $F^n=\mathscr{L}(\boldsymbol{\varepsilon}_1,\boldsymbol{\varepsilon}_2,\cdots,\boldsymbol{\varepsilon}_n)$，而 $\boldsymbol{\varepsilon}_1,\boldsymbol{\varepsilon}_2,\cdots,\boldsymbol{\varepsilon}_n$ 是 F^n 的一组生成元.

例 2 在 $F[x]$ 里，由多项式 1，x，$\cdots$，x^n 所生成的子空间是

$$\mathscr{L}(1,x,\cdots,x^n)=\{a_0+a_1x+\cdots+a_nx^n \mid a_i\in F\}.$$

就是 F 上一切次数不超过 n 的多项式连同零多项式所成的子空间.

设 $\boldsymbol{\alpha}_{i_1},\boldsymbol{\alpha}_{i_2},\cdots,\boldsymbol{\alpha}_{i_r}$ 是向量组 $\{\boldsymbol{\alpha}_1,\boldsymbol{\alpha}_2,\cdots,\boldsymbol{\alpha}_n\}$ 的一个极大无关组. 由命题 6.3.2，子空间 $\mathscr{L}(\boldsymbol{\alpha}_1,\boldsymbol{\alpha}_2,\cdots,\boldsymbol{\alpha}_n)$ 的每一个向量都可以由 $\boldsymbol{\alpha}_{i_1},\boldsymbol{\alpha}_{i_2},\cdots,\boldsymbol{\alpha}_{i_r}$ 线性表示. 另一方面，$\boldsymbol{\alpha}_{i_1}$，$\boldsymbol{\alpha}_{i_2}$，$\cdots$，$\boldsymbol{\alpha}_{i_r}$ 的任意一个线性组合自然是 $\mathscr{L}(\boldsymbol{\alpha}_1,\boldsymbol{\alpha}_2,\cdots,\boldsymbol{\alpha}_n)$ 中的向量. 因此我们有

定理 6.4.1 设 $\{\boldsymbol{\alpha}_1,\boldsymbol{\alpha}_2,\cdots,\boldsymbol{\alpha}_n\}$ 是向量空间 V 的一组不全为零的向量，而 $\{\boldsymbol{\alpha}_{i_1},\boldsymbol{\alpha}_{i_2},\cdots,\boldsymbol{\alpha}_{i_r}\}$ 是它的一个极大无关组. 那么

$$\mathscr{L}(\boldsymbol{\alpha}_1,\boldsymbol{\alpha}_2,\cdots,\boldsymbol{\alpha}_n)=\mathscr{L}(\boldsymbol{\alpha}_{i_1},\boldsymbol{\alpha}_{i_2},\cdots,\boldsymbol{\alpha}_{i_r}).$$

根据这个定理，如果子空间 $\mathscr{L}(\boldsymbol{\alpha}_1,\boldsymbol{\alpha}_2,\cdots,\boldsymbol{\alpha}_n)$ 不等于零空间，那么它总可以由一组线性无关的生成元生成.

一个向量空间 V 本身也可能由其中某 n 个向量生成. 我们引入以下的

定义 1 设 V 是数域 F 上一个向量空间. V 中满足下列两个条件的向量组 $\{\boldsymbol{\alpha}_1,\boldsymbol{\alpha}_2,\cdots,\boldsymbol{\alpha}_n\}$ 叫作 V 的一个基:

(i) $\boldsymbol{\alpha}_1,\boldsymbol{\alpha}_2,\cdots,\boldsymbol{\alpha}_n$ 线性无关;

(ii) V 的每一个向量都可以由 $\boldsymbol{\alpha}_1,\boldsymbol{\alpha}_2,\cdots,\boldsymbol{\alpha}_n$ 线性表示.

根据这个定义, 向量空间 V 的一个基就是 V 的一组线性无关的生成元.

例 3 由例1看到, F^n 中向量组 $\{\boldsymbol{\varepsilon}_1,\boldsymbol{\varepsilon}_2,\cdots,\boldsymbol{\varepsilon}_n\}$ 是 F^n 的一组生成元. 显然这组向量是线性无关的, 因此 $\{\boldsymbol{\varepsilon}_1,\boldsymbol{\varepsilon}_2,\cdots,\boldsymbol{\varepsilon}_n\}$ 是 F^n 的一个基, 这个基叫作 F^n 的标准基.

例 4 在空间 V_2 里, 任意两个不共线的向量 $\boldsymbol{\alpha}_1$, $\boldsymbol{\alpha}_2$ 都构成一个基; 在 V_3 里, 任意三个不共面的向量 $\boldsymbol{\beta}_1$, $\boldsymbol{\beta}_2$, $\boldsymbol{\beta}_3$ 都构成一个基.

例 5 令 M 是数域 F 上一切 $m\times n$ 矩阵所成的向量空间. 考虑如下的 mn 个矩阵

$$\boldsymbol{E}_{ij}=\begin{pmatrix} & & & 0 & & & \\ & & & \vdots & & & \\ & & & 0 & & & \\ 0 & \cdots & 0 & 1 & 0 & \cdots & 0 \\ & & & 0 & & & \\ & & & \vdots & & & \\ & & & 0 & & & \end{pmatrix}\begin{matrix} \\ \\ \\ (i), \\ \\ \\ \\ \end{matrix}$$
$$(j)$$

在 $\boldsymbol{E}_{ij}$ 里, 除了第 i 行第 j 列位置上是 1 外, 其余位置上都是 0, $i=1$, $\cdots$, m; $j=1$, $\cdots$, n. 根据矩阵的加法和数与矩阵的乘法, 每一个 $m\times n$ 矩阵都可以表成

$$\boldsymbol{A}=(a_{ij})=\sum_{i=1}^{m}\sum_{j=1}^{n}a_{ij}\boldsymbol{E}_{ij}.$$

如果 $\sum_{i=1}^{m} \sum_{j=1}^{n} a_{ij}\boldsymbol{E}_{ij}=O$，那么$(a_{ij})$是零矩阵，从而一切 $a_{ij}=0$. 这就是说，$\{\boldsymbol{E}_{ij} \mid i=1,\cdots,m;j=1,\cdots,n\}$是 M 的一组线性无关的生成元，因而可以取作 M 的一个基.

一个向量空间如果有基的话，当然一般有不止一个基. 然而根据基的定义，一个向量空间的任意两个基是彼此等价的. 于是由推论 6.3.1，一个向量空间的任意两个基所含向量的个数是相等的. 我们给这个唯一确定的数目下一个定义.

定义 2 一个向量空间 V 的基所含向量的个数叫作 V 的维数.

零空间的维数定义为 0.

空间 V 的维数记作 $\dim V$.

这样，空间 V_2 的维数是 2；V_3 的维数是 3；F^n 的维数是 n；F 上一切 $m\times n$ 矩阵所成的向量空间的维数是 mn.

如果一个向量空间不能由有限个向量生成，那么它自然也不能由有限个线性无关的向量生成. 在这一情形，就说这个向量空间是无限维的.

例 6 $F[x]$作为 F 上向量空间，不是有限生成的，因而是无限维的.

事实上，假设 $F[x]$由有限个多项式 $f_1(x)$，$f_2(x)$，…，$f_t(x)$生成. 自然可以设这些多项式都不是零. 令 N 是这 t 个多项式的次数中最大的. 那么$F[x]$中次数大于 N 的多项式不可能由这 t 个多项式线性表示. 这就导致矛盾.

读者可以自己验证，6.1 中例 6 的那个向量空间 $C[a,b]$也是无限维的.

基的重要意义主要在于以下的

定理 6.4.2 设$\{\boldsymbol{\alpha}_1,\boldsymbol{\alpha}_2,\cdots,\boldsymbol{\alpha}_n\}$是向量空间 V 的一个基. 那么 V 的每一个向量可以唯一地被表成基向量 $\boldsymbol{\alpha}_1,\boldsymbol{\alpha}_2,\cdots,\boldsymbol{\alpha}_n$ 的线性组合.

证 因为 $\boldsymbol{\alpha}_1,\boldsymbol{\alpha}_2,\cdots,\boldsymbol{\alpha}_n$ 是 V 的生成元，所以 V 的每一个向量 $\boldsymbol{\alpha}$ 都可以表成 $\boldsymbol{\alpha}_1,\boldsymbol{\alpha}_2,\cdots,\boldsymbol{\alpha}_n$ 的线性组合：

$$\boldsymbol{\alpha}=a_1\boldsymbol{\alpha}_1+a_2\boldsymbol{\alpha}_2+\cdots+a_n\boldsymbol{\alpha}_n.$$

我们只需证明，这种表示法是唯一的．如果 $\boldsymbol{\alpha}$ 还可以表成

$$\boldsymbol{\alpha}=a'_1\boldsymbol{\alpha}_1+a'_2\boldsymbol{\alpha}_2+\cdots+a'_n\boldsymbol{\alpha}_n,$$

那么就有

$$(a_1-a'_1)\boldsymbol{\alpha}_1+(a_2-a'_2)\boldsymbol{\alpha}_2+\cdots+(a_n-a'_n)\boldsymbol{\alpha}_n=\mathbf{0}.$$

由于 $\boldsymbol{\alpha}_1,\boldsymbol{\alpha}_2,\cdots,\boldsymbol{\alpha}_n$ 线性无关，所以 $a_i-a'_i=0$，即 $a_i=a'_i$，$i=1,\cdots,n$. □

由替换定理，我们可以得出以下的结论：

定理 6.4.3 n 维向量空间中任意多于 n 个向量一定线性相关．

证 $n=0$ 时，论断显然正确．设 $n>0$．令 $\{\boldsymbol{\alpha}_1,\boldsymbol{\alpha}_2,\cdots,\boldsymbol{\alpha}_n\}$ 是 n 维向量空间 V 的一个基．设 $s>n$，而 $\boldsymbol{\beta}_1,\boldsymbol{\beta}_2,\cdots,\boldsymbol{\beta}_s$ 是 V 中任意 s 个向量．那么每一个 $\boldsymbol{\beta}_i$ 都可以由 $\boldsymbol{\alpha}_1,\boldsymbol{\alpha}_2,\cdots,\boldsymbol{\alpha}_n$ 线性表示．如果 $\boldsymbol{\beta}_1,\boldsymbol{\beta}_2,\cdots,\boldsymbol{\beta}_s$ 线性无关，那么由替换定理推出，$s\leqslant n$，这就导致矛盾． □

定理 6.4.4 设 $\boldsymbol{\alpha}_1$，$\boldsymbol{\alpha}_2$，$\cdots$，$\boldsymbol{\alpha}_r$ 是 n 维向量空间 V 中一组线性无关的向量．那么总可以添加 $n-r$ 个向量 $\boldsymbol{\alpha}_{r+1}$，$\cdots$，$\boldsymbol{\alpha}_n$，使得 $\{\boldsymbol{\alpha}_1,\cdots,\boldsymbol{\alpha}_r,\boldsymbol{\alpha}_{r+1},\cdots,\boldsymbol{\alpha}_n\}$ 作成 V 的一个基．特别，n 维向量空间中任意 n 个线性无关的向量都可以取作基．

证 $\{\boldsymbol{\beta}_1,\boldsymbol{\beta}_2,\cdots,\boldsymbol{\beta}_n\}$ 是 n 维向量空间 V 的一个基，那么每一 $\boldsymbol{\alpha}_i$ 都可以由 $\boldsymbol{\beta}_1$，$\boldsymbol{\beta}_2$，$\cdots$，$\boldsymbol{\beta}_n$ 线性表示．又因为 $\boldsymbol{\alpha}_1$，$\boldsymbol{\alpha}_2$，$\cdots$，$\boldsymbol{\alpha}_r$ 线性无关，所以由替换定理，适当对 $\boldsymbol{\beta}_1$，$\boldsymbol{\beta}_2$，$\cdots$，$\boldsymbol{\beta}_n$ 编号，可以用 $\boldsymbol{\alpha}_1$，$\boldsymbol{\alpha}_2$，$\cdots$，$\boldsymbol{\alpha}_r$ 替换前 r 个基向量 $\boldsymbol{\beta}_1$，$\boldsymbol{\beta}_2$，$\cdots$，$\boldsymbol{\beta}_r$，得到一个与 $\{\boldsymbol{\beta}_1,\boldsymbol{\beta}_2,\cdots,\boldsymbol{\beta}_n\}$ 等价的向量组 $\{\boldsymbol{\alpha}_1,\cdots,\boldsymbol{\alpha}_r,\boldsymbol{\beta}_{r+1},\cdots,\boldsymbol{\beta}_n\}$ 根据推论 6.3.2，后者的一个极大无关组也含有 n 个向量．所以 $\{\boldsymbol{\alpha}_1,\cdots,\boldsymbol{\alpha}_r,\boldsymbol{\beta}_{r+1},\cdots,\boldsymbol{\beta}_n\}$ 就是它本身的唯一的极大无关组，因而就是 V 的一个基．取 $\boldsymbol{\alpha}_j=\boldsymbol{\beta}_j$，$j=r+1$，$\cdots$，$n$，定理被证明． □

将定理 6.4.4 应用到向量空间的有限维子空间上，我们得到

定理 6.4.5 设 W_1 和 W_2 都是数域 F 上向量空间 V 的有限维子空间. 那么 W_1+W_2 也是有限维的，并且

$$\dim(W_1+W_2)=\dim W_1+\dim W_2-\dim(W_1\cap W_2).$$

证 先设 $\dim(W_1\cap W_2)=r>0$. 令 $\boldsymbol{\alpha}_1,\cdots,\boldsymbol{\alpha}_r$ 是 $W_1\cap W_2$ 的一个基. 那么 $\boldsymbol{\alpha}_1,\cdots,\boldsymbol{\alpha}_r$ 同时是子空间 W_1 和 W_2 里线性无关的向量. 由定理 6.4.4，可以分别扩充成为 W_1 和 W_2 的基

$$\{\boldsymbol{\alpha}_1,\cdots,\boldsymbol{\alpha}_r,\boldsymbol{\beta}_1,\cdots,\boldsymbol{\beta}_s\}\subset W_1$$

$$\{\boldsymbol{\alpha}_1,\cdots,\boldsymbol{\alpha}_r,\boldsymbol{\gamma}_1,\cdots,\boldsymbol{\gamma}_t\}\subset W_2,$$

这里 $r+s=\dim W_1$，$r+t=\dim W_2$. 子空间 W_1+W_2 由向量

$$\boldsymbol{\alpha}_1,\ \cdots,\ \boldsymbol{\alpha}_r,\ \boldsymbol{\beta}_1,\ \cdots,\ \boldsymbol{\beta}_s,\ \boldsymbol{\gamma}_1,\ \cdots,\ \boldsymbol{\gamma}_t$$

生成. 我们证明，这一组向量线性无关. 事实上，假设

$$\sum_{i=1}^{r}a_i\boldsymbol{\alpha}_i+\sum_{j=1}^{s}b_j\boldsymbol{\beta}_j+\sum_{k=1}^{t}c_k\boldsymbol{\gamma}_k=\mathbf{0}.$$

那么

$$-\sum_{k=1}^{t}c_k\boldsymbol{\gamma}_k=\sum_{i=1}^{r}a_i\boldsymbol{\alpha}_i+\sum_{j=1}^{s}b_j\boldsymbol{\beta}_j.$$

这就表明，$\sum\limits_{k=1}^{t}c_k\boldsymbol{\gamma}_k\in W_1$，因而 $\sum\limits_{k=1}^{t}c_k\boldsymbol{\gamma}_k\in W_1\cap W_2$. 所以

$$\sum_{k=1}^{t}c_k\boldsymbol{\gamma}_k=\sum_{i=1}^{r}d_i\boldsymbol{\alpha}_i,$$

$d_1,\cdots,d_r\in F$. 因为 $\boldsymbol{\alpha}_1,\cdots,\boldsymbol{\alpha}_r,\boldsymbol{\gamma}_1,\cdots,\boldsymbol{\gamma}_t$ 线性无关. 所以 $c_1,\cdots,c_t$ 都等于零. 于是

$$\sum_{i=1}^{r}a_i\boldsymbol{\alpha}_i+\sum_{j=1}^{s}b_j\boldsymbol{\beta}_j=\mathbf{0}.$$

又因为 $\boldsymbol{\alpha}_1,\cdots,\boldsymbol{\alpha}_r,\boldsymbol{\beta}_1,\cdots,\boldsymbol{\beta}_s$ 线性无关，所以 $a_1,\cdots,a_r,b_1,\cdots,b_s$ 都等于零. 这样

$$\{\boldsymbol{\alpha}_1,\cdots,\boldsymbol{\alpha}_r,\boldsymbol{\beta}_1,\cdots,\boldsymbol{\beta}_s,\boldsymbol{\gamma}_1,\cdots,\boldsymbol{\gamma}_t\}$$

是 W_1+W_2 的一个基. 所以

$$\begin{aligned}\dim W_1+\dim W_2 &= (r+s)+(r+t)=r+(r+s+t)\\ &=\dim(W_1\cap W_2)+\dim(W_1+W_2).\end{aligned}$$

当 $r=0$ 时，可类似地证明. □

最后我们介绍一下余子空间的概念.

定义 3 设 W 是向量空间 V 的一个子空间. V 的子空间 W' 叫作 W 的一个余子空间，如果

(i) $V=W+W'$;

(ii) $W\cap W'=\{\mathbf{0}\}$.

在这一情形，就说 V 是子空间 W 与 W' 的直和，并且记作 $V=W\oplus W'$.

很明显，如果 W' 是 W 的一个余子空间，那么 W 也是 W' 的一个余子空间.

例如，在 F^3 里，取

$$W=\{(a_1,a_2,0)\mid a_1,a_2\in F\},$$
$$W'=\{(0,0,a_3)\mid a_3\in F\}.$$

容易看出 W 和 W' 都是 V 的子空间，并且互为余子空间.

定理 6.4.6 设向量空间 V 是子空间 W 与 W' 的直和. 那么 V 中每一向量 $\boldsymbol{\alpha}$ 可以唯一地表成

$$\boldsymbol{\alpha}=\boldsymbol{\beta}+\boldsymbol{\beta}',\ \boldsymbol{\beta}\in W,\ \boldsymbol{\beta}'\in W'.$$

证 显然 $\boldsymbol{\alpha}=\boldsymbol{\beta}+\boldsymbol{\beta}',\ \boldsymbol{\beta}\in W,\ \boldsymbol{\beta}'\in W'$. 如果 $\boldsymbol{\alpha}$ 还可以表成

$$\boldsymbol{\alpha}=\boldsymbol{\beta}_1+\boldsymbol{\beta}'_1,\ \boldsymbol{\beta}_1\in W,\ \boldsymbol{\beta}'_1\in W',$$

那么 $\boldsymbol{\beta}+\boldsymbol{\beta}'=\boldsymbol{\beta}_1+\boldsymbol{\beta}'_1$，或 $\boldsymbol{\beta}-\boldsymbol{\beta}_1=\boldsymbol{\beta}'_1-\boldsymbol{\beta}'$. 最后等式左端的向量属于 W，而右端的向量属于 W'. 由于 $W\cap W'=\{\mathbf{0}\}$，所以 $\boldsymbol{\beta}-\boldsymbol{\beta}_1=\mathbf{0}$，$\boldsymbol{\beta}'_1-\boldsymbol{\beta}'=\mathbf{0}$. 即 $\boldsymbol{\beta}=\boldsymbol{\beta}_1$，$\boldsymbol{\beta}'=\boldsymbol{\beta}'_1$. □

现在设 V 是一个 n 维向量空间，W 是 V 的一个子空间. 由定理 6.4.3，W 中任意一个线性无关的向量组不能含有多于 n 个向量，因而 $\dim W\leqslant\dim V$. 我们有

定理 6.4.7 n 维向量空间 V 的任意一个子空间 W 都有余子

空间. 如果 W' 是 W 的一个余子空间，那么

$$\dim V=\dim W+\dim W'.$$

证 当 $\dim W=0$ 或 n 时，定理显然成立。设 $\dim W=r$，$0<r<n$. 令 $\{\boldsymbol{\alpha}_1,\cdots,\boldsymbol{\alpha}_r\}$ 是子空间 W 的一个基. 由定理 6.4.4，存在 $n-r$ 个向量 $\boldsymbol{\alpha}_{r+1},\cdots,\boldsymbol{\alpha}_n\in V$，使得 $\{\boldsymbol{\alpha}_1,\boldsymbol{\alpha}_2,\cdots,\boldsymbol{\alpha}_n\}$ 构成 V 的一个基. 取 $W'=\mathscr{L}(\boldsymbol{\alpha}_{r+1},\cdots,\boldsymbol{\alpha}_n)$. 显然 $V=W+W'$. 如同定理 6.4.5 的证明一样，容易证明 $W\cap W'=\{\mathbf{0}\}$. 所以 W' 是 V 的一个余子空间.

第二个论断是定理 6.4.5 的直接结果. □

关于直和的概念可以推广到多于两个子空间的情形. 设 W_1，W_2，…，W_t 是向量空间 V 的子空间. 如果

(i) $$V=W_1+W_2+\cdots+W_t;$$

(ii) $$W_i\cap(W_1+\cdots+W_{i-1}+W_{i+1}+\cdots+W_t)=\{\mathbf{0}\},\quad i=1,\ \cdots,\ t,$$

那么就说 V 是子空间 W_1，W_2，…，W_t 的直和，并且记作

$$V=W_1\oplus W_2\oplus\cdots\oplus W_t.$$

不难证明，如果 V 是子空间 W_1，W_2，…，W_t 的直和，那么 V 中每一向量 $\boldsymbol{\alpha}$ 可以唯一地表成

$$\boldsymbol{\alpha}=\boldsymbol{\alpha}_1+\boldsymbol{\alpha}_2+\cdots+\boldsymbol{\alpha}_t$$

的形式，这里 $\boldsymbol{\alpha}_i\in W_i$，$i=1$，…，$t$. 并且，当 V 是有限维向量空间时，

$$\dim V=\dim W_1+\cdots+\dim W_t.$$

习　题

1. 令 $F_n[x]$ 表示数域 F 上一切次数 $\leqslant n$ 的多项式连同零多项式所组成的向量空间. 这个向量空间的维数是几？下列向量组是不是 $F_3[x]$ 的基：

(i) $\{x^3+1,x+1,x^2+x,x^3+x^2+2x+2\}$；

(ii) $\{x-1,1-x^2,x^2+2x-2,x^3\}$.

2. 求下列子空间的维数：

(i) $\mathscr{L}((2,-3,1),(1,4,2),(5,-2,4))\subseteq\mathbf{R}^3$；

(ii) $\mathscr{L}(x-1,1-x^2,x^2-x)\subseteq F[x]$；

(iii) $\mathscr{L}(\mathrm{e}^x,\mathrm{e}^{2x},\mathrm{e}^{3x})\subseteq C[a,b]$.

3. 把向量组$\{(2,1,-1,3),(-1,0,1,2)\}$扩充为$\mathbf{R}^4$的一个基.

4. 令S是数域F上一切满足条件$\boldsymbol{A}^{\mathrm{T}}=\boldsymbol{A}$的$n$阶矩阵$\boldsymbol{A}$所成的向量空间. 求$S$的维数.

5. 证明复数域$\mathbf{C}$作为实数域$\mathbf{R}$上向量空间，维数是2. 如果$\mathbf{C}$看成它本身上的向量空间的话，维数是几？

6. 证明定理6.4.2的逆定理：如果向量空间V的每一个向量都可以唯一地表成V中向量$\boldsymbol{\alpha}_1$，…，$\boldsymbol{\alpha}_n$的线性组合，那么$\dim V=n$.

7. 设W是$\mathbf{R}^n$的一个非零子空间，而对于W的每一个向量$(a_1,a_2,\cdots,a_n)$来说，要么$a_1=a_2=\cdots=a_n=0$，要么每一个a_i都不等于零，证明$\dim W=1$.

8. 设W是n维向量空间V的一个子空间，且$0<\dim W<n$. 证明：W在V中有不止一个余子空间.

9. 证明本节最后的论断.

6.5 坐　标

令V是数域F上一个n维向量空间，$\{\boldsymbol{\alpha}_1,\boldsymbol{\alpha}_2,\cdots,\boldsymbol{\alpha}_n\}$是$V$的一个基. 于是$V$的每一向量$\boldsymbol{\xi}$可以唯一地表成

$$\boldsymbol{\xi}=x_1\boldsymbol{\alpha}_1+x_2\boldsymbol{\alpha}_2+\cdots+x_n\boldsymbol{\alpha}_n.$$

这样一来，取定V的一个基$\{\boldsymbol{\alpha}_1,\boldsymbol{\alpha}_2,\cdots,\boldsymbol{\alpha}_n\}$并且规定基向量的顺序(简称有序基)之后，对于$V$的每一个向量$\boldsymbol{\xi}$，有唯一的$n$元数列$(x_1,x_2,\cdots,x_n)$与它对应. 数$x_i$叫作向量$\boldsymbol{\xi}$关于基$\{\boldsymbol{\alpha}_1,\boldsymbol{\alpha}_2,\cdots,\boldsymbol{\alpha}_n\}$的第$i$个坐标. 一般，我们总是同时考虑向量$\boldsymbol{\xi}$的$n$个坐标$x_1$，$x_2$，…，$x_n$，所以我们也把$n$元数列$(x_1,x_2,\cdots,x_n)$叫作向量$\boldsymbol{\xi}$关于基$\{\boldsymbol{\alpha}_1,\boldsymbol{\alpha}_2,\cdots,\boldsymbol{\alpha}_n\}$的坐标.

在本节及以后各节，如果不特别声明，所说的基都指的是有序基。

例 1 取定 V_3 中三个不共面的向量 $\boldsymbol{\alpha}_1,\boldsymbol{\alpha}_2,\boldsymbol{\alpha}_3$. 那么 V_3 的每一向量 $\boldsymbol{\xi}$ 可以唯一地表成

$$\boldsymbol{\xi}=x_1\boldsymbol{\alpha}_1+x_2\boldsymbol{\alpha}_2+x_3\boldsymbol{\alpha}_3$$

的形式. 向量 $\boldsymbol{\xi}$ 关于基 $\{\boldsymbol{\alpha}_1,\boldsymbol{\alpha}_2,\boldsymbol{\alpha}_3\}$ 的坐标就是 (x_1,x_2,x_3).

例 2 F^n 的向量 $\boldsymbol{\alpha}=(a_1,a_2,\cdots,a_n)$ 关于标准基 $\{\boldsymbol{\varepsilon}_1,\boldsymbol{\varepsilon}_2,\cdots,\boldsymbol{\varepsilon}_n\}$ 的坐标就是 $(a_1,a_2,\cdots,a_n)$.

设 n 维向量空间 V 的向量 $\boldsymbol{\xi}$，$\boldsymbol{\eta}$ 关于基 $\{\boldsymbol{\alpha}_1,\boldsymbol{\alpha}_2,\cdots,\boldsymbol{\alpha}_n\}$ 的坐标分别是 $(x_1,x_2,\cdots,x_n)$ 和 $(y_1,y_2,\cdots,y_n)$：

$$\boldsymbol{\xi}=x_1\boldsymbol{\alpha}_1+x_2\boldsymbol{\alpha}_2+\cdots+x_n\boldsymbol{\alpha}_n,\quad \boldsymbol{\eta}=y_1\boldsymbol{\alpha}_1+y_2\boldsymbol{\alpha}_2+\cdots+y_n\boldsymbol{\alpha}_n.$$

那么

$$\boldsymbol{\xi}+\boldsymbol{\eta}=(x_1+y_1)\boldsymbol{\alpha}_1+(x_2+y_2)\boldsymbol{\alpha}_2+\cdots+(x_n+y_n)\boldsymbol{\alpha}_n.$$

如果 a 是数域 F 中一个数，那么

$$a\boldsymbol{\xi}=(ax_1)\boldsymbol{\alpha}_1+(ax_2)\boldsymbol{\alpha}_2+\cdots+(ax_n)\boldsymbol{\alpha}_n.$$

于是就得到以下

定理 6.5.1 设 V 是数域 F 上 $n>0$ 维向量空间，$\{\boldsymbol{\alpha}_1,\boldsymbol{\alpha}_2,\cdots,\boldsymbol{\alpha}_n\}$ 是 V 的一个基. $\boldsymbol{\xi}$，$\boldsymbol{\eta}\in V$，它们关于基 $\{\boldsymbol{\alpha}_1,\boldsymbol{\alpha}_2,\cdots,\boldsymbol{\alpha}_n\}$ 的坐标分别是 $(x_1,x_2,\cdots,x_n)$ 和 $(y_1,y_2,\cdots,y_n)$. 那么 $\boldsymbol{\xi}+\boldsymbol{\eta}$ 关于这个基的坐标就是 $(x_1+y_1,x_2+y_2,\cdots,x_n+y_n)$. 又设 $a\in F$. 那么 $a\boldsymbol{\xi}$ 关于这个基的坐标就是 $(ax_1,ax_2,\cdots,ax_n)$.

一个向量的坐标自然依赖于基的选取. 对于向量空间 V 的两个基来说，同一个向量的坐标一般是不相同的. 我们现在看一看，一个向量关于不同的基的坐标有什么关系.

设 $\{\boldsymbol{\alpha}_1,\boldsymbol{\alpha}_2,\cdots,\boldsymbol{\alpha}_n\}$ 和 $\{\boldsymbol{\beta}_1,\boldsymbol{\beta}_2,\cdots,\boldsymbol{\beta}_n\}$ 是 n 维向量空间 V 的两个基. 那么向量 $\boldsymbol{\beta}_j$，$j=1$，$\cdots$，n，可以由 $\boldsymbol{\alpha}_1,\boldsymbol{\alpha}_2,\cdots,\boldsymbol{\alpha}_n$ 线性表示. 设

$$
(1)\qquad
\begin{aligned}
\boldsymbol{\beta}_1 &= a_{11}\boldsymbol{\alpha}_1 + a_{21}\boldsymbol{\alpha}_2 + \cdots + a_{n1}\boldsymbol{\alpha}_n,\\
\boldsymbol{\beta}_2 &= a_{12}\boldsymbol{\alpha}_1 + a_{22}\boldsymbol{\alpha}_2 + \cdots + a_{n2}\boldsymbol{\alpha}_n,\\
&\cdots\cdots\cdots\cdots\\
\boldsymbol{\beta}_n &= a_{1n}\boldsymbol{\alpha}_1 + a_{2n}\boldsymbol{\alpha}_2 + \cdots + a_{nn}\boldsymbol{\alpha}_n.
\end{aligned}
$$

这里$(a_{1j}, a_{2j}, \cdots, a_{nj})$就是$\boldsymbol{\beta}_j$关于基$\{\boldsymbol{\alpha}_1, \boldsymbol{\alpha}_2, \cdots, \boldsymbol{\alpha}_n\}$的坐标. 以这 n 个坐标为列，作一个 n 阶矩阵

$$
\boldsymbol{T} = \begin{pmatrix} a_{11} & a_{12} & \cdots & a_{1n} \\ a_{21} & a_{22} & \cdots & a_{2n} \\ \vdots & \vdots & & \vdots \\ a_{n1} & a_{n2} & \cdots & a_{nn} \end{pmatrix}.
$$

矩阵 $\boldsymbol{T}$ 叫作由基$\{\boldsymbol{\alpha}_1, \boldsymbol{\alpha}_2, \cdots, \boldsymbol{\alpha}_n\}$到基$\{\boldsymbol{\beta}_1, \boldsymbol{\beta}_2, \cdots, \boldsymbol{\beta}_n\}$的过渡矩阵.

利用 6.1 最后所引入的记法，(1) 式可以写成矩阵的等式：

$$
(2)\qquad (\boldsymbol{\beta}_1, \boldsymbol{\beta}_2, \cdots, \boldsymbol{\beta}_n) = (\boldsymbol{\alpha}_1, \boldsymbol{\alpha}_2, \cdots, \boldsymbol{\alpha}_n)\boldsymbol{T}.
$$

$\boldsymbol{\xi} \in V$ 关于基$\{\boldsymbol{\alpha}_1, \boldsymbol{\alpha}_2, \cdots, \boldsymbol{\alpha}_n\}$的坐标是$(x_1, x_2, \cdots, x_n)$；关于基$\{\boldsymbol{\beta}_1, \boldsymbol{\beta}_2, \cdots, \boldsymbol{\beta}_n\}$的坐标是$(y_1, y_2, \cdots, y_n)$. 于是一方面，

$$
(3)\qquad \boldsymbol{\xi} = \sum_{i=1}^{n} x_i \boldsymbol{\alpha}_i = (\boldsymbol{\alpha}_1, \boldsymbol{\alpha}_2, \cdots, \boldsymbol{\alpha}_n) \begin{pmatrix} x_1 \\ x_2 \\ \vdots \\ x_n \end{pmatrix},
$$

另一方面，

$$
(4)\qquad \boldsymbol{\xi} = \sum_{i=1}^{n} y_i \boldsymbol{\beta}_i = (\boldsymbol{\beta}_1, \boldsymbol{\beta}_2, \cdots, \boldsymbol{\beta}_n) \begin{pmatrix} y_1 \\ y_2 \\ \vdots \\ y_n \end{pmatrix}.
$$

把(2)式代入(4)，得

(5) $\boldsymbol{\xi}=((\boldsymbol{\alpha}_1,\boldsymbol{\alpha}_2,\cdots,\boldsymbol{\alpha}_n)\boldsymbol{T})\begin{pmatrix}y_1\\y_2\\\vdots\\y_n\end{pmatrix}=(\boldsymbol{\alpha}_1,\boldsymbol{\alpha}_2,\cdots,\boldsymbol{\alpha}_n)\left[\boldsymbol{T}\begin{pmatrix}y_1\\y_2\\\vdots\\y_n\end{pmatrix}\right].$

等式(5)表明，向量 $\boldsymbol{\xi}$ 关于基 $\{\boldsymbol{\alpha}_1,\boldsymbol{\alpha}_2,\cdots,\boldsymbol{\alpha}_n\}$ 的坐标是

$$\boldsymbol{T}\begin{pmatrix}y_1\\y_2\\\vdots\\y_n\end{pmatrix}.$$

然而向量 $\boldsymbol{\xi}$ 关于基 $\{\boldsymbol{\alpha}_1,\boldsymbol{\alpha}_2,\cdots,\boldsymbol{\alpha}_n\}$ 的坐标是唯一确定的，比较(3)和(5)得：

$$\begin{pmatrix}x_1\\x_2\\\vdots\\x_n\end{pmatrix}=\boldsymbol{T}\begin{pmatrix}y_1\\y_2\\\vdots\\y_n\end{pmatrix}. \tag{6}$$

于是就得到

定理 6.5.2 设 V 是数域 F 上 $n>0$ 维向量空间，$\boldsymbol{T}$ 是由基 $\{\boldsymbol{\alpha}_1,\boldsymbol{\alpha}_2,\cdots,\boldsymbol{\alpha}_n\}$ 到基 $\{\boldsymbol{\beta}_1,\boldsymbol{\beta}_2,\cdots,\boldsymbol{\beta}_n\}$ 的过渡矩阵. 那么 V 中向量 $\boldsymbol{\xi}$ 关于基 $\{\boldsymbol{\alpha}_1,\boldsymbol{\alpha}_2,\cdots,\boldsymbol{\alpha}_n\}$ 的坐标 $(x_1,x_2,\cdots,x_n)$ 与关于 $\{\boldsymbol{\beta}_1,\boldsymbol{\beta}_2,\cdots,\boldsymbol{\beta}_n\}$ 的坐标 $(y_1,y_2,\cdots,y_n)$ 由等式(6)联系着.

例 3 取 V_2 的两个彼此正交的单位向量 $\boldsymbol{\varepsilon}_1$，$\boldsymbol{\varepsilon}_2$. 它们作成 V_2 的一个基. 令 $\boldsymbol{\varepsilon}_1'$，$\boldsymbol{\varepsilon}_2'$ 分别是由 $\boldsymbol{\varepsilon}_1$ 和 $\boldsymbol{\varepsilon}_2$ 旋转角 θ 所得的向量(图 6.1). 那么 $\boldsymbol{\varepsilon}_1'$，$\boldsymbol{\varepsilon}_2'$ 也是 V_2 的一个基. 我们有

$$\boldsymbol{\varepsilon}_1'=\boldsymbol{\varepsilon}_1\cos\theta+\boldsymbol{\varepsilon}_2\sin\theta,$$

$$\boldsymbol{\varepsilon}_2'=-\boldsymbol{\varepsilon}_1\sin\theta+\boldsymbol{\varepsilon}_2\cos\theta,$$

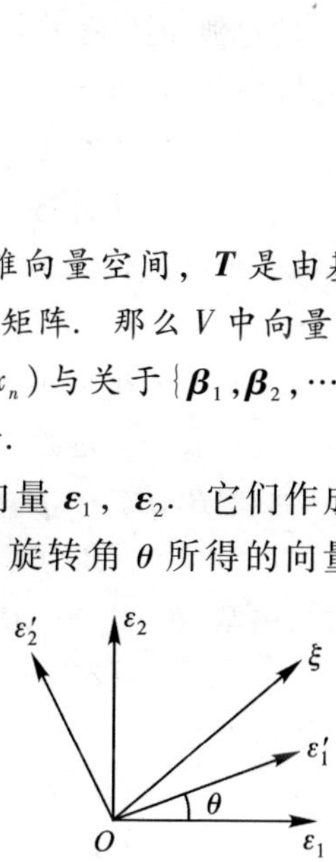

图 6.1

所以 $\{\boldsymbol{\varepsilon}_1,\boldsymbol{\varepsilon}_2\}$ 到 $\{\boldsymbol{\varepsilon}_1',\boldsymbol{\varepsilon}_2'\}$ 的过渡矩阵是

$$\begin{pmatrix}\cos\theta & -\sin\theta\\ \sin\theta & \cos\theta\end{pmatrix}.$$

设 V_2 的一个向量 $\boldsymbol{\xi}$ 关于 $\{\boldsymbol{\varepsilon}_1,\boldsymbol{\varepsilon}_2\}$ 的坐标是 (x_1,x_2)，关于 $\{\boldsymbol{\varepsilon}_1',\boldsymbol{\varepsilon}_2'\}$ 的坐标是 (x_1',x_2'). 于是由定理 6.5.2 得

$$\begin{pmatrix}x_1\\ x_2\end{pmatrix}=\begin{pmatrix}\cos\theta & -\sin\theta\\ \sin\theta & \cos\theta\end{pmatrix}\begin{pmatrix}x_1'\\ x_2'\end{pmatrix}.$$

即

$$x_1=x_1'\cos\theta-x_2'\sin\theta,$$
$$x_2=x_1'\sin\theta+x_2'\cos\theta.$$

这正是平面解析几何里，旋转坐标轴的坐标变换公式.

现在设 $\{\boldsymbol{\alpha}_1,\boldsymbol{\alpha}_2,\cdots,\boldsymbol{\alpha}_n\}$，$\{\boldsymbol{\beta}_1,\boldsymbol{\beta}_2,\cdots,\boldsymbol{\beta}_n\}$ 和 $\{\boldsymbol{\gamma}_1,\boldsymbol{\gamma}_2,\cdots,\boldsymbol{\gamma}_n\}$ 都是 n 维向量空间 V 的基，并且设由 $\{\boldsymbol{\alpha}_1,\boldsymbol{\alpha}_2,\cdots,\boldsymbol{\alpha}_n\}$ 到 $\{\boldsymbol{\beta}_1,\boldsymbol{\beta}_2,\cdots,\boldsymbol{\beta}_n\}$ 的过渡矩阵是 $\boldsymbol{A}=(a_{ij})$，由 $\{\boldsymbol{\beta}_1,\boldsymbol{\beta}_2,\cdots,\boldsymbol{\beta}_n\}$ 到 $\{\boldsymbol{\gamma}_1,\boldsymbol{\gamma}_2,\cdots,\boldsymbol{\gamma}_n\}$ 的过渡矩阵是 $\boldsymbol{B}=(b_{ij})$. 于是

$$(\boldsymbol{\beta}_1,\boldsymbol{\beta}_2,\cdots,\boldsymbol{\beta}_n)=(\boldsymbol{\alpha}_1,\boldsymbol{\alpha}_2,\cdots,\boldsymbol{\alpha}_n)\boldsymbol{A},$$
$$(\boldsymbol{\gamma}_1,\boldsymbol{\gamma}_2,\cdots,\boldsymbol{\gamma}_n)=(\boldsymbol{\beta}_1,\boldsymbol{\beta}_2,\cdots,\boldsymbol{\beta}_n)\boldsymbol{B}.$$

把第一个等式代入第二个等式就得到

$$(\boldsymbol{\gamma}_1,\boldsymbol{\gamma}_2,\cdots,\boldsymbol{\gamma}_n)=((\boldsymbol{\alpha}_1,\boldsymbol{\alpha}_2,\cdots,\boldsymbol{\alpha}_n)\boldsymbol{A})\boldsymbol{B}=(\boldsymbol{\alpha}_1,\boldsymbol{\alpha}_2,\cdots,\boldsymbol{\alpha}_n)\boldsymbol{AB}.$$

即 $(\boldsymbol{\alpha}_1,\boldsymbol{\alpha}_2,\cdots,\boldsymbol{\alpha}_n)$ 到 $(\boldsymbol{\gamma}_1,\boldsymbol{\gamma}_2,\cdots,\boldsymbol{\gamma}_n)$ 的过渡矩阵是 $\boldsymbol{AB}$.

现在看一下过渡矩阵应该具有什么性质. 设由基 $\{\boldsymbol{\alpha}_1,\boldsymbol{\alpha}_2,\cdots,\boldsymbol{\alpha}_n\}$ 到基 $\{\boldsymbol{\beta}_1,\boldsymbol{\beta}_2,\cdots,\boldsymbol{\beta}_n\}$ 的过渡矩阵是 $\boldsymbol{A}$. 我们有

$$(\boldsymbol{\beta}_1,\boldsymbol{\beta}_2,\cdots,\boldsymbol{\beta}_n)=(\boldsymbol{\alpha}_1,\boldsymbol{\alpha}_2,\cdots,\boldsymbol{\alpha}_n)\boldsymbol{A}.$$

然而由基 $\{\boldsymbol{\beta}_1,\boldsymbol{\beta}_2,\cdots,\boldsymbol{\beta}_n\}$ 到 $\{\boldsymbol{\alpha}_1,\boldsymbol{\alpha}_2,\cdots,\boldsymbol{\alpha}_n\}$ 也有一个过渡矩阵 $\boldsymbol{B}$:

$$(\boldsymbol{\alpha}_1,\boldsymbol{\alpha}_2,\cdots,\boldsymbol{\alpha}_n)=(\boldsymbol{\beta}_1,\boldsymbol{\beta}_2,\cdots,\boldsymbol{\beta}_n)\boldsymbol{B}.$$

比较这两个等式，我们有

$$(\boldsymbol{\beta}_1,\boldsymbol{\beta}_2,\cdots,\boldsymbol{\beta}_n)=(\boldsymbol{\beta}_1,\boldsymbol{\beta}_2,\cdots,\boldsymbol{\beta}_n)\boldsymbol{BA},$$
$$(\boldsymbol{\alpha}_1,\boldsymbol{\alpha}_2,\cdots,\boldsymbol{\alpha}_n)=(\boldsymbol{\alpha}_1,\boldsymbol{\alpha}_2,\cdots,\boldsymbol{\alpha}_n)\boldsymbol{AB}.$$

因为 $\{\boldsymbol{\alpha}_1,\boldsymbol{\alpha}_2,\cdots,\boldsymbol{\alpha}_n\}$ 和 $\{\boldsymbol{\beta}_1,\boldsymbol{\beta}_2,\cdots,\boldsymbol{\beta}_n\}$ 都是基，所以必须

$$\boldsymbol{AB}=\boldsymbol{BA}=\boldsymbol{I},$$

这里 $\boldsymbol{I}$ 是 n 阶单位矩阵．这就是说，$\boldsymbol{A}$ 是可逆矩阵而 $\boldsymbol{B}=\boldsymbol{A}^{-1}$．

反过来，设 $\boldsymbol{A}=(a_{ij})$ 是任意一个 n 阶可逆矩阵．我们任意取定 n 维向量空间 V 的一个基 $\{\boldsymbol{\alpha}_1,\boldsymbol{\alpha}_2,\cdots,\boldsymbol{\alpha}_n\}$．取

$$\boldsymbol{\beta}_j=\sum_{i=1}^{n}a_{ij}\boldsymbol{\alpha}_i,j=1,\cdots,n.$$

于是有

$$(\boldsymbol{\beta}_1,\boldsymbol{\beta}_2,\cdots,\boldsymbol{\beta}_n)=(\boldsymbol{\alpha}_1,\boldsymbol{\alpha}_2,\cdots,\boldsymbol{\alpha}_n)\boldsymbol{A}.$$

因为 $\boldsymbol{A}$ 可逆，用 $\boldsymbol{A}^{-1}$ 右乘等式两端得

$$(\boldsymbol{\alpha}_1,\boldsymbol{\alpha}_2,\cdots,\boldsymbol{\alpha}_n)=(\boldsymbol{\beta}_1,\boldsymbol{\beta}_2,\cdots,\boldsymbol{\beta}_n)\boldsymbol{A}^{-1}.$$

最后等式表明，向量 $\boldsymbol{\alpha}_1$，$\boldsymbol{\alpha}_2$，…，$\boldsymbol{\alpha}_n$ 都可以由 $\{\boldsymbol{\beta}_1,\boldsymbol{\beta}_2,\cdots,\boldsymbol{\beta}_n\}$ 线性表示．然而 $\{\boldsymbol{\alpha}_1,\boldsymbol{\alpha}_2,\cdots,\boldsymbol{\alpha}_n\}$ 线性无关，所以 $\{\boldsymbol{\beta}_1,\boldsymbol{\beta}_2,\cdots,\boldsymbol{\beta}_n\}$ 也线性无关，因而也是 V 的一个基，并且 $\boldsymbol{A}$ 就是 $\{\boldsymbol{\alpha}_1,\boldsymbol{\alpha}_2,\cdots,\boldsymbol{\alpha}_n\}$ 到 $\{\boldsymbol{\beta}_1,\boldsymbol{\beta}_2,\cdots,\boldsymbol{\beta}_n\}$ 的过渡矩阵．

总结以上的论述，我们得到

定理 6.5.3 设 $n(>0)$ 维向量空间 V 中由基 $\{\boldsymbol{\alpha}_1,\boldsymbol{\alpha}_2,\cdots,\boldsymbol{\alpha}_n\}$ 到基 $\{\boldsymbol{\beta}_1,\boldsymbol{\beta}_2,\cdots,\boldsymbol{\beta}_n\}$ 的过渡矩阵是 $\boldsymbol{A}$，则 $\boldsymbol{A}$ 是一个可逆矩阵．反过来，任意一个 n 阶可逆矩阵 $\boldsymbol{A}$ 都可以作为 n 维向量空间中由一个基到另一个基的过渡矩阵．如果由基 $\{\boldsymbol{\alpha}_1,\boldsymbol{\alpha}_2,\cdots,\boldsymbol{\alpha}_n\}$ 到基 $\{\boldsymbol{\beta}_1,\boldsymbol{\beta}_2,\cdots,\boldsymbol{\beta}_n\}$ 的过渡矩阵是 $\boldsymbol{A}$，那么由 $\{\boldsymbol{\beta}_1,\boldsymbol{\beta}_2,\cdots,\boldsymbol{\beta}_n\}$ 到 $\{\boldsymbol{\alpha}_1,\boldsymbol{\alpha}_2,\cdots,\boldsymbol{\alpha}_n\}$ 的过渡矩阵就是 $\boldsymbol{A}^{-1}$．

例 4 考虑 $\mathbf{R}^3$ 的向量

$$\boldsymbol{\alpha}_1=(-2,1,3),\boldsymbol{\alpha}_2=(-1,0,1),\boldsymbol{\alpha}_3=(-2,-5,-1).$$

我们证明 $\{\boldsymbol{\alpha}_1,\boldsymbol{\alpha}_2,\boldsymbol{\alpha}_3\}$ 构成 $\mathbf{R}^3$ 的一个基，并且求出向量 $\boldsymbol{\xi}=(4,12,6)$ 关于这个基的坐标．

取 $\mathbf{R}^3$ 的标准基

$$\boldsymbol{\varepsilon}_1=(1,0,0),\quad \boldsymbol{\varepsilon}_2=(0,1,0),\quad \boldsymbol{\varepsilon}_3=(0,0,1).$$

令

$$A=\begin{pmatrix}-2&-1&-2\\1&0&-5\\3&1&-1\end{pmatrix}.$$

那么

$$(\boldsymbol{\alpha}_1,\boldsymbol{\alpha}_2,\boldsymbol{\alpha}_3)=(\boldsymbol{\varepsilon}_1,\boldsymbol{\varepsilon}_2,\boldsymbol{\varepsilon}_3)\boldsymbol{A}.$$

因为 $\boldsymbol{A}$ 的行列式等于 2，所以 $\boldsymbol{A}$ 可逆，从而 $\{\boldsymbol{\alpha}_1,\boldsymbol{\alpha}_2,\boldsymbol{\alpha}_3\}$ 是 $\mathbf{R}^3$ 的一个基，并且 $\boldsymbol{A}$ 就是由标准基到这个基的过渡矩阵. 向量 $\boldsymbol{\xi}$ 关于标准基 $\{\boldsymbol{\varepsilon}_1,\boldsymbol{\varepsilon}_2,\boldsymbol{\varepsilon}_3\}$ 的坐标是 $(4,12,6)$. 设 $\boldsymbol{\xi}$ 关于基 $\{\boldsymbol{\alpha}_1,\boldsymbol{\alpha}_2,\boldsymbol{\alpha}_3\}$ 的坐标是 (x_1,x_2,x_3). 那么由定理 6.5.3 得

$$\begin{pmatrix}x_1\\x_2\\x_3\end{pmatrix}=\boldsymbol{A}^{-1}\begin{pmatrix}4\\12\\6\end{pmatrix}$$

$$=\begin{pmatrix}\frac{5}{2}&-\frac{3}{2}&\frac{5}{2}\\-7&4&-6\\\frac{1}{2}&-\frac{1}{2}&\frac{1}{2}\end{pmatrix}\begin{pmatrix}4\\12\\6\end{pmatrix}=\begin{pmatrix}7\\-16\\-1\end{pmatrix}.$$

所以 $\boldsymbol{\xi}$ 关于 $\{\boldsymbol{\alpha}_1,\boldsymbol{\alpha}_2,\boldsymbol{\alpha}_3\}$ 的坐标是 $(7,-16,-1)$.

例 5 考虑 $\mathbf{R}^3$ 中以下两组向量

$$\{\boldsymbol{\alpha}_1=(-3,1,-2),\boldsymbol{\alpha}_2=(1,-1,1),\boldsymbol{\alpha}_3=(2,3,-1)\};$$

$$\{\boldsymbol{\beta}_1=(1,1,1),\boldsymbol{\beta}_2=(1,2,3),\boldsymbol{\beta}_3=(2,0,1)\}.$$

容易证明，$\{\boldsymbol{\alpha}_1,\boldsymbol{\alpha}_2,\boldsymbol{\alpha}_3\}$ 和 $\{\boldsymbol{\beta}_1,\boldsymbol{\beta}_2,\boldsymbol{\beta}_3\}$ 都是 $\mathbf{R}^3$ 的基. 我们求出由基 $\{\boldsymbol{\alpha}_1,\boldsymbol{\alpha}_2,\boldsymbol{\alpha}_3\}$ 到 $\{\boldsymbol{\beta}_1,\boldsymbol{\beta}_2,\boldsymbol{\beta}_3\}$ 的过渡矩阵.

为此，需要求出 $\boldsymbol{\beta}_1$，$\boldsymbol{\beta}_2$，$\boldsymbol{\beta}_3$ 关于 $\{\boldsymbol{\alpha}_1,\boldsymbol{\alpha}_2,\boldsymbol{\alpha}_3\}$ 的坐标. 我们可以这样去作：先分别写出由 $\mathbf{R}^3$ 的标准基到这两个基的过渡矩阵，它们分别是

$$\boldsymbol{A}=\begin{pmatrix}-3&1&2\\1&-1&3\\-2&1&-1\end{pmatrix}\text{和 }\boldsymbol{B}=\begin{pmatrix}1&1&2\\1&2&0\\1&3&1\end{pmatrix}.$$

我们有

$$(\boldsymbol{\alpha}_1,\boldsymbol{\alpha}_2,\boldsymbol{\alpha}_3)=(\boldsymbol{\varepsilon}_1,\boldsymbol{\varepsilon}_2,\boldsymbol{\varepsilon}_3)\boldsymbol{A},(\boldsymbol{\beta}_1,\boldsymbol{\beta}_2,\boldsymbol{\beta}_3)=(\boldsymbol{\varepsilon}_1,\boldsymbol{\varepsilon}_2,\boldsymbol{\varepsilon}_3)\boldsymbol{B}.$$

于是

$$(\boldsymbol{\beta}_1,\boldsymbol{\beta}_2,\boldsymbol{\beta}_3)=(\boldsymbol{\alpha}_1,\boldsymbol{\alpha}_2,\boldsymbol{\alpha}_3)\boldsymbol{A}^{-1}\boldsymbol{B}.$$

因此，由基$\{\boldsymbol{\alpha}_1,\boldsymbol{\alpha}_2,\boldsymbol{\alpha}_3\}$到$\{\boldsymbol{\beta}_1,\boldsymbol{\beta}_2,\boldsymbol{\beta}_3\}$的过渡矩阵是

$$\boldsymbol{A}^{-1}\boldsymbol{B}=\begin{pmatrix}2&-3&-5\\5&-7&-11\\1&-1&-2\end{pmatrix}\begin{pmatrix}1&1&2\\1&2&0\\1&3&1\end{pmatrix}$$

$$=\begin{pmatrix}-6&-19&-1\\-13&-42&-1\\-2&-7&0\end{pmatrix}.$$

习　题

1. 设$\{\boldsymbol{\alpha}_1,\boldsymbol{\alpha}_2,\cdots,\boldsymbol{\alpha}_n\}$是 V 的一个基. 求由这个基到$\{\boldsymbol{\alpha}_2,\cdots,\boldsymbol{\alpha}_n,\boldsymbol{\alpha}_1\}$的过渡矩阵.

2. 证明，$\{x^3,x^3+x,x^2+1,x+1\}$是 $F_3[x]$(数域 F 上一切次数$\leqslant 3$ 的多项式及零)的一个基. 求下列多项式关于这个基的坐标：

(i) x^2+2x+3；(ii) x^3；(iii) 4；(iv) x^2-x.

3. 设

$\boldsymbol{\alpha}_1=(2,1,-1,1)$，$\boldsymbol{\alpha}_2=(0,3,1,0)$，$\boldsymbol{\alpha}_3=(5,3,2,1)$，$\boldsymbol{\alpha}_4=(6,6,1,3)$. 证明$\{\boldsymbol{\alpha}_1,\boldsymbol{\alpha}_2,\boldsymbol{\alpha}_3,\boldsymbol{\alpha}_4\}$作成 $\mathbf{R}^4$ 的一个基. 在 $\mathbf{R}^4$ 中求一个非零向量，使它关于这个基的坐标与关于标准基的坐标相同.

4. 设

$\boldsymbol{\alpha}_1=(1,2,-1),\boldsymbol{\alpha}_2=(0,-1,3),\boldsymbol{\alpha}_3=(1,-1,0)$；

$\boldsymbol{\beta}_1=(2,1,5),\boldsymbol{\beta}_2=(-2,3,1),\boldsymbol{\beta}_3=(1,3,2)$.

证明$\{\boldsymbol{\alpha}_1,\boldsymbol{\alpha}_2,\boldsymbol{\alpha}_3\}$和$\{\boldsymbol{\beta}_1,\boldsymbol{\beta}_2,\boldsymbol{\beta}_3\}$都是 $\mathbf{R}^3$ 的基. 求前者到后者的过渡矩阵.

5. 设$\{\boldsymbol{\alpha}_1,\boldsymbol{\alpha}_2,\cdots,\boldsymbol{\alpha}_n\}$是 F 上 n 维向量空间 V 的一个基. $\boldsymbol{A}$ 是 F 上一个 $n\times s$ 矩阵. 令

$$(\boldsymbol{\beta}_1,\boldsymbol{\beta}_2,\cdots,\boldsymbol{\beta}_s)=(\boldsymbol{\alpha}_1,\boldsymbol{\alpha}_2,\cdots,\boldsymbol{\alpha}_n)\boldsymbol{A}.$$

证明 $\dim \mathscr{L}(\boldsymbol{\beta}_1,\boldsymbol{\beta}_2,\cdots,\boldsymbol{\beta}_s)=$ 秩 $\boldsymbol{A}$.

6.6 向量空间的同构

我们已经看到，在数域 F 上 n 维向量空间 V 内取定一个基之后，V 的每一个向量 $\boldsymbol{\xi}$ 有唯一确定的坐标$(x_1,x_2,\cdots,x_n)$. 向量的坐标是 F 上 n 元数列，因此属于 F^n. 这样一来，取定了 V 的一个基$\{\boldsymbol{\alpha}_1,\boldsymbol{\alpha}_2,\cdots,\boldsymbol{\alpha}_n\}$，对于 V 的每一个向量 $\boldsymbol{\xi}$，令它关于这个基的坐标$(x_1,x_2,\cdots,x_n)$与它对应，就得到 V 到 F^n 的一个映射

$$f:\boldsymbol{\xi}\longmapsto(x_1,x_2,\cdots,x_n).$$

反过来，对于 F^n 中任意元素$(x_1,x_2,\cdots,x_n)$，$\boldsymbol{\xi}=\sum\limits_{i=1}^{n}x_i\boldsymbol{\alpha}_i$ 是 V 中唯一确定的向量，并且

$$f(\boldsymbol{\xi})=(x_1,x_2,\cdots,x_n).$$

因此，f 是 V 到 F^n 的双射. 由定理 6.5.1，如果 $\boldsymbol{\xi}$，$\boldsymbol{\eta}\in V$，并且 $f(\boldsymbol{\xi})=(x_1,x_2,\cdots,x_n)$，$f(\boldsymbol{\eta})=(y_1,y_2,\cdots,y_n)$，那么

$$f(\boldsymbol{\xi}+\boldsymbol{\eta})=(x_1+y_1,x_2+y_2,\cdots,x_n+y_n)=f(\boldsymbol{\xi})+f(\boldsymbol{\eta}),$$

并且对于 $a\in F$，

$$f(a\boldsymbol{\xi})=(ax_1,ax_2,\cdots,ax_n)=af(\boldsymbol{\xi}).$$

这就是说，映射 f“保持向量的加法和标量与向量的乘法”. 如果两个向量空间之间存在这样一个映射，就说它们是同构的. 确切地说，我们给出以下

定义 1 设 V 和 W 是数域 F 上两个向量空间. V 到 W 的一个映射 f 叫作一个同构映射，如果

(i) f 是 V 到 W 的一一映射；

(ii) 对于任意 $\boldsymbol{\xi}$，$\boldsymbol{\eta}\in V$，$f(\boldsymbol{\xi}+\boldsymbol{\eta})=f(\boldsymbol{\xi})+f(\boldsymbol{\eta})$；

(iii) 对于任意 $a\in F$，$\boldsymbol{\xi}\in V$，$f(a\boldsymbol{\xi})=af(\boldsymbol{\xi})$.

如果数域 F 上两个向量空间 V 与 W 之间可以建立一个同构映射，那么就说 V 与 W 同构，并且记作

$$V \cong W.$$

一个向量空间就是一个带有加法和标量与向量的乘法的集合．我们的着眼点主要在于运算，至于这个集合的元素是什么对我们来说是无关紧要的．从这个意义上来讲，同构的向量空间本质上可以看成是一样的．

由开始所作的讨论，我们有

定理 6.6.1 数域 F 上任意一个 n 维向量空间都与 F^n 同构．

现在我们来推导出同构映射的若干基本性质．

定理 6.6.2 设 V 和 W 是数域 F 上两个向量空间，f 是 V 到 W 的一个同构映射．那么

(i) $f(\mathbf{0})=\mathbf{0}$；

(ii) 对于任意 $\boldsymbol{\alpha}\in V$，$f(-\boldsymbol{\alpha})=-f(\boldsymbol{\alpha})$；

(iii) $f(a_1\boldsymbol{\alpha}_1+a_2\boldsymbol{\alpha}_2+\cdots+a_n\boldsymbol{\alpha}_n)=a_1f(\boldsymbol{\alpha}_1)+a_2f(\boldsymbol{\alpha}_2)+\cdots+a_nf(\boldsymbol{\alpha}_n)$，这里 $a_i\in F$，$\boldsymbol{\alpha}_i\in V$，$i=1,\cdots,n$；

(iv) $\boldsymbol{\alpha}_1,\boldsymbol{\alpha}_2,\cdots,\boldsymbol{\alpha}_n\in V$ 线性相关 $\Longleftrightarrow f(\boldsymbol{\alpha}_1),f(\boldsymbol{\alpha}_2),\cdots,f(\boldsymbol{\alpha}_n)\in W$ 线性相关；

(v) f 的逆映射 f^{-1} 是 W 到 V 的同构映射．

证 (i) 在定义 1 的条件(iii)中取 $\boldsymbol{\alpha}=\mathbf{0}$，那么

$$f(\mathbf{0})=f(0\boldsymbol{\alpha})=0f(\boldsymbol{\alpha})=\mathbf{0}.$$

(ii) 由定义 1 的条件(ii)，$f(\boldsymbol{\alpha})+f(-\boldsymbol{\alpha})=f(\boldsymbol{\alpha}+(-\boldsymbol{\alpha}))=f(\mathbf{0})=\mathbf{0}$，所以 $f(-\boldsymbol{\alpha})=-f(\boldsymbol{\alpha})$．

(iii) 直接由定义 1，利用数学归纳法即得(iii)．

(iv) 由(i)及(iii)，如果

$$a_1\boldsymbol{\alpha}_1+a_2\boldsymbol{\alpha}_2+\cdots+a_n\boldsymbol{\alpha}_n=\mathbf{0},$$

那么

$$\begin{aligned}&a_1f(\boldsymbol{\alpha}_1)+a_2f(\boldsymbol{\alpha}_2)+\cdots+a_nf(\boldsymbol{\alpha}_n)\\=&f(a_1\boldsymbol{\alpha}_1+a_2\boldsymbol{\alpha}_2+\cdots+a_n\boldsymbol{\alpha}_n)=f(\mathbf{0})=\mathbf{0}.\end{aligned}$$

反过来，如果

$$a_1f(\boldsymbol{\alpha}_1)+a_2f(\boldsymbol{\alpha}_2)+\cdots+a_nf(\boldsymbol{\alpha}_n)=\mathbf{0},$$

那么由(iii)，$f(a_1\boldsymbol{\alpha}_1+a_2\boldsymbol{\alpha}_2+\cdots+a_n\boldsymbol{\alpha}_n)=\mathbf{0}$．因为$f$是单射，所以由(i)，必须

$$a_1\boldsymbol{\alpha}_1+a_2\boldsymbol{\alpha}_2+\cdots+a_n\boldsymbol{\alpha}_n=\mathbf{0}.$$

(v) f^{-1}是W到V的双射，并且$f\circ f^{-1}$是W到自身的恒等映射，$f^{-1}\circ f$是V到自身的恒等映射．设$\boldsymbol{\alpha}'$，$\boldsymbol{\beta}'\in W$．由于f是V到W的同构映射，所以

$$\begin{aligned}f(f^{-1}(\boldsymbol{\alpha}'+\boldsymbol{\beta}'))=\boldsymbol{\alpha}'+\boldsymbol{\beta}'&=f(f^{-1}(\boldsymbol{\alpha}'))+f(f^{-1}(\boldsymbol{\beta}'))\\&=f(f^{-1}(\boldsymbol{\alpha}')+f^{-1}(\boldsymbol{\beta}')).\end{aligned}$$

因为f是单射，所以

$$f^{-1}(\boldsymbol{\alpha}'+\boldsymbol{\beta}')=f^{-1}(\boldsymbol{\alpha}')+f^{-1}(\boldsymbol{\beta}').$$

同理，对于$a\in F$，$\boldsymbol{\alpha}'\in W$，我们有

$$f^{-1}(a\boldsymbol{\alpha}')=af^{-1}(\boldsymbol{\alpha}'). \qquad \square$$

下面的定理给出数域F上两个有限维向量空间同构的充要条件．

定理 6.6.3 数域F上两个有限维向量空间同构的充要条件是它们有相同的维数．

证 设V和W是数域F上两个有限维向量空间．如果$\dim V=\dim W=n>0$，令$\{\boldsymbol{\alpha}_1,\boldsymbol{\alpha}_2,\cdots,\boldsymbol{\alpha}_n\}$和$\{\boldsymbol{\alpha}_1',\boldsymbol{\alpha}_2',\cdots,\boldsymbol{\alpha}_n'\}$分别是$V$和$W$的基．对于$\boldsymbol{\alpha}=\sum\limits_{i=1}^{n}a_i\boldsymbol{\alpha}_i\in V$，定义

$$f(\boldsymbol{\alpha})=\sum_{i=1}^{n}a_i\boldsymbol{\alpha}_i'\in W.$$

容易证明，f是V到W的一个同构映射．

反过来，如果W与V同构，令f是V到W的一个同构映射．设$\dim V=n>0$，$\{\boldsymbol{\alpha}_1,\boldsymbol{\alpha}_2,\cdots,\boldsymbol{\alpha}_n\}$是$V$的任意一个基．那么由定理6.6.2(iii)和(iv)容易证明，$\{f(\boldsymbol{\alpha}_1),f(\boldsymbol{\alpha}_2),\cdots,f(\boldsymbol{\alpha}_n)\}$是$W$的一个基，因而$\dim W=n$．对于零空间，定理是显然的， $\square$

根据这个定理，数域F上具有同一维数的向量空间本质上是一样的．因为F上每一个n维向量空间都与F^n同构，因此，

F^n 可以作为 F 上 n 维向量空间的代表.

习　　题

1. 证明复数域 $\mathbf{C}$ 作为实数域 $\mathbf{R}$ 上向量空间，与 V_2 同构.

2. 设 $f:V\to W$ 是向量空间 V 到 W 的一个同构映射，V_1 是 V 的一个子空间. 证明 $f(V_1)$ 是 W 的一个子空间.

3. 证明：向量空间 $F[x]$ 可以与它的一个真子空间同构.

6.7　矩阵的秩　齐次线性方程组的解空间

在这一节里，我们应用向量空间的理论，返回来研究线性方程组的解的结构.

首先看一下矩阵的秩的几何意义.

设给了数域 F 上一个 $m\times n$ 矩阵

$$\boldsymbol{A}=\begin{pmatrix} a_{11} & a_{12} & \cdots & a_{1n}\\ a_{21} & a_{22} & \cdots & a_{2n}\\ \vdots & \vdots & & \vdots\\ a_{m1} & a_{m2} & \cdots & a_{mn}\end{pmatrix}.$$

矩阵 $\boldsymbol{A}$ 的每一行可以看成 F^n 的一个向量，叫作 $\boldsymbol{A}$ 的行向量. $\boldsymbol{A}$ 的每一列可以看成 F^m 的一个向量，叫作 $\boldsymbol{A}$ 的列向量. 令 $\boldsymbol{\alpha}_1$，$\boldsymbol{\alpha}_2$，$\cdots$，$\boldsymbol{\alpha}_m$ 是 $\boldsymbol{A}$ 的行向量，这里

$$\boldsymbol{\alpha}_i=(a_{i1},a_{i2},\cdots,a_{in}),i=1,\cdots,m.$$

由 $\boldsymbol{\alpha}_1$，$\boldsymbol{\alpha}_2$，$\cdots$，$\boldsymbol{\alpha}_m$ 所生成的 F^n 的子空间 $\mathscr{L}(\boldsymbol{\alpha}_1,\boldsymbol{\alpha}_2,\cdots,\boldsymbol{\alpha}_m)$ 叫作矩阵 $\boldsymbol{A}$ 的行空间. 类似地，由 $\boldsymbol{A}$ 的 n 个列向量所生成的 F^m 的子空间叫作 $\boldsymbol{A}$ 的列空间.

当 $m\neq n$ 时，矩阵 $\boldsymbol{A}$ 的行空间和列空间是不同的向量空间的子空间. 然而我们即将看到，这两个子空间具有相同的维数. 为此，先证明

引理 6.7.1 设 $\boldsymbol{A}$ 是一个 $m\times n$ 矩阵.

(i) 如果 $\boldsymbol{B}=\boldsymbol{PA}$，$\boldsymbol{P}$ 是一个 m 阶可逆矩阵，那么 $\boldsymbol{B}$ 与 $\boldsymbol{A}$ 有相同的行空间；

(ii) 如果 $\boldsymbol{C}=\boldsymbol{AQ}$，$\boldsymbol{Q}$ 是一个 n 阶可逆矩阵，那么 $\boldsymbol{C}$ 与 $\boldsymbol{A}$ 有相同的列空间.

证 我们只证明(i)，因为(ii)的证明完全类似.

$$\boldsymbol{A}=(a_{ij})_{mn},\boldsymbol{P}=(p_{ij})_{mm},\boldsymbol{B}=(b_{ij})_{mn}.$$

令 $\{\boldsymbol{\alpha}_1,\boldsymbol{\alpha}_2,\cdots,\boldsymbol{\alpha}_m\}$ 是 $\boldsymbol{A}$ 的行向量，$\{\boldsymbol{\beta}_1,\boldsymbol{\beta}_2,\cdots,\boldsymbol{\beta}_m\}$ 是 $\boldsymbol{B}$ 的行向量. $\boldsymbol{B}$ 的第 i 行等于 $\boldsymbol{P}$ 的第 i 行右乘以矩阵 $\boldsymbol{A}$：

$$\begin{aligned}\boldsymbol{\beta}_i&=(b_{i1},b_{i2},\cdots,b_{in})=(p_{i1},p_{i2},\cdots,p_{im})\boldsymbol{A}\\&=p_{i1}\boldsymbol{\alpha}_1+p_{i2}\boldsymbol{\alpha}_2+\cdots+p_{im}\boldsymbol{\alpha}_m,\end{aligned}$$

所以 $\boldsymbol{B}$ 的每一个行向量都是 $\boldsymbol{A}$ 的行向量的线性组合. 但 $\boldsymbol{P}$ 可逆，所以 $\boldsymbol{A}=\boldsymbol{P}^{-1}\boldsymbol{B}$. 因此 $\boldsymbol{A}$ 的每一个行向量都是 $\boldsymbol{B}$ 的行向量的线性组合. 这样，向量组 $\{\boldsymbol{\alpha}_1,\boldsymbol{\alpha}_2,\cdots,\boldsymbol{\alpha}_m\}$ 与 $\{\boldsymbol{\beta}_1,\boldsymbol{\beta}_2,\cdots,\boldsymbol{\beta}_m\}$ 等价，所以它们生成 F^n 的同一子空间. □

我们知道，对于任意一个 $m\times n$ 矩阵 $\boldsymbol{A}$，总存在 m 阶可逆矩阵 $\boldsymbol{P}$ 和 n 阶可逆矩阵 $\boldsymbol{Q}$，使

$$\boldsymbol{PAQ}=\begin{pmatrix}\boldsymbol{I}_r&\boldsymbol{O}\\\boldsymbol{O}&\boldsymbol{O}\end{pmatrix},\tag{1}$$

这里 r 等于 A 的秩. 两边各乘以 Q^{-1} 得

$$\boldsymbol{PA}=\begin{pmatrix}\boldsymbol{I}_r&\boldsymbol{O}\\\boldsymbol{O}&\boldsymbol{O}\end{pmatrix}\boldsymbol{Q}^{-1}.$$

右端乘积中后 $m-r$ 行的元素都是零，而前 r 行就是 $\boldsymbol{Q}^{-1}$ 的前 r 行. 由于 $\boldsymbol{Q}^{-1}$ 可逆，所以它的行向量线性无关因而它的前 r 行也线性无关. 于是 $\boldsymbol{PA}$ 的行空间的维数等于 r. 由引理 6.7.1，$\boldsymbol{A}$ 的行空间的维数等于 r. 另一方面，将等式(1)左乘以 $\boldsymbol{P}^{-1}$ 得

$$\boldsymbol{AQ}=\boldsymbol{P}^{-1}\begin{pmatrix}\boldsymbol{I}_r&\boldsymbol{O}\\\boldsymbol{O}&\boldsymbol{O}\end{pmatrix}.$$

由此看出，AQ 的列空间的维数等于 r，从而 A 的列空间的维数也等于 r. 这样就证明了

定理 6.7.1 一个矩阵的行空间的维数等于列空间的维数，等于这个矩阵的秩.

由于这一事实，我们也把一个矩阵的秩定义为它的行向量组的极大无关组所含向量的个数；也定义为它的列向量组的极大无关组所含向量的个数.

现在我们利用上面的结论，再返回来考察线性方程组

$$
\begin{aligned}
&a_{11}x_1+a_{12}x_2+\cdots+a_{1n}x_n=b_1,\\
&a_{21}x_1+a_{22}x_2+\cdots+a_{2n}x_n=b_2,\\
&\cdots\cdots\cdots\cdots\\
&a_{m1}x_1+a_{m2}x_2+\cdots+a_{mn}x_n=b_m.
\end{aligned}
\tag{2}
$$

令 $\boldsymbol{\alpha}_1$，$\boldsymbol{\alpha}_2$，…，$\boldsymbol{\alpha}_n$ 表示(2)的系数矩阵的列向量，$\boldsymbol{\beta}=(b_1,b_2,\cdots,b_m)^{\mathrm{T}}$. 那么(2)可以写成

$$x_1\boldsymbol{\alpha}_1+x_2\boldsymbol{\alpha}_2+\cdots+x_n\boldsymbol{\alpha}_n=\boldsymbol{\beta}.$$

如果(2)有解，那么 $\boldsymbol{\beta}$ 可以由 $\boldsymbol{\alpha}_1$，$\boldsymbol{\alpha}_2$，…，$\boldsymbol{\alpha}_n$ 线性表示，因而

$$\mathscr{L}(\boldsymbol{\alpha}_1,\boldsymbol{\alpha}_2,\cdots,\boldsymbol{\alpha}_n)=\mathscr{L}(\boldsymbol{\alpha}_1,\boldsymbol{\alpha}_2,\cdots,\boldsymbol{\alpha}_n,\boldsymbol{\beta}),$$

这就是说，(2)的系数矩阵 $\boldsymbol{A}$ 的列空间等于增广矩阵 $\overline{\boldsymbol{A}}$ 的列空间，因而秩 $\boldsymbol{A}=$ 秩 $\overline{\boldsymbol{A}}$. 反过来，如果秩 $\boldsymbol{A}=$ 秩 $\overline{\boldsymbol{A}}$，那么 $\overline{\boldsymbol{A}}$ 的列空间与 $\boldsymbol{A}$ 的列空间重合，即 $\boldsymbol{\beta}\in\mathscr{L}(\boldsymbol{\alpha}_1,\boldsymbol{\alpha}_2,\cdots,\boldsymbol{\alpha}_n)$，因而 $\boldsymbol{\beta}$ 可以由 $\boldsymbol{\alpha}_1$，$\boldsymbol{\alpha}_2$，…，$\boldsymbol{\alpha}_n$ 线性表示，所以方程组(2)有解. 这样，我们重新得到线性方程组有解的判别法：数域 F 上线性方程组有解的充要条件是它的系数矩阵与增广矩阵有相同的秩.

最后，我们看一下线性方程组的解的结构. 设

$$
\begin{aligned}
&a_{11}x_1+a_{12}x_2+\cdots+a_{1n}x_n=0,\\
&a_{21}x_1+a_{22}x_2+\cdots+a_{2n}x_n=0,\\
&\cdots\cdots\cdots\cdots\\
&a_{m1}x_1+a_{m2}x_2+\cdots+a_{mn}x_n=0
\end{aligned}
\tag{3}
$$

是数域 F 上一个齐次线性方程组. 令 $\boldsymbol{A}$ 是这个方程组的系数矩阵. 那么(3)可以写成

$$(3') \qquad \boldsymbol{A}\begin{pmatrix} x_1 \\ x_2 \\ \vdots \\ x_n \end{pmatrix} = \begin{pmatrix} 0 \\ 0 \\ \vdots \\ 0 \end{pmatrix}.$$

(3) 的每一个解都可以看作 F^n 的一个向量, 叫作方程组(3)的一个解向量. 设

$$\boldsymbol{\xi} = \begin{pmatrix} x_1 \\ x_2 \\ \vdots \\ x_n \end{pmatrix}, \ \boldsymbol{\eta} = \begin{pmatrix} y_1 \\ y_2 \\ \vdots \\ y_n \end{pmatrix}$$

是(3)的两个解向量, 而 a, b 是 F 中任意数. 那么由(3′),

$$\boldsymbol{A}(a\boldsymbol{\xi} + b\boldsymbol{\eta}) = a\boldsymbol{A}\begin{pmatrix} x_1 \\ x_2 \\ \vdots \\ x_n \end{pmatrix} + b\boldsymbol{A}\begin{pmatrix} y_1 \\ y_2 \\ \vdots \\ y_n \end{pmatrix} = \begin{pmatrix} 0 \\ 0 \\ \vdots \\ 0 \end{pmatrix},$$

所以 $a\boldsymbol{\xi} + b\boldsymbol{\eta}$ 也是 (3) 的一个解向量. 另一方面, 齐次线性方程组永远有解. 因此, 数域 F 上一个 n 元齐次线性方程组的所有解向量作成 F^n 的一个子空间. 这个子空间叫作所给的齐次线性方程组的解空间.

现在设(3)的系数矩阵的秩等于 r. 那么通过行初等变换, 必要时交换列, 可以将系数矩阵 $\boldsymbol{A}$ 化为以下形式的一个矩阵:

$$\begin{pmatrix} \boldsymbol{I}_r & \boldsymbol{C}_{r,n-r} \\ \boldsymbol{O} & \boldsymbol{O} \end{pmatrix}.$$

与这个矩阵相当的齐次线性方程组是

$$
(4)\quad \begin{cases} y_1 \quad\quad + c_{1,r+1}y_{r+1} + \cdots + c_{1n}y_n = 0, \\ \quad y_2 \quad + c_{2,r+1}y_{r+1} + \cdots + c_{2n}y_n = 0, \\ \quad\quad \cdots\cdots\cdots\cdots \\ \quad\quad y_r + c_{r,r+1}y_{r+1} + \cdots + c_{r,n}y_n = 0, \end{cases}
$$

这里 $y_k = x_{i_k}, k = 1, \cdots, n$,就是未知量 $x_1, x_2, \cdots, x_n$ 的重新编号. 方程组(4)有 $n-r$ 个自由未知量 $y_{r+1}, \cdots, y_n$. 依次让它们取值$(1, 0, \cdots, 0)$, $(0, 1, 0, \cdots, 0)$, $\cdots$, $(0, \cdots, 0, 1)$, 我们得到(4)的 $n-r$个解向量

$$
\boldsymbol{\eta}_{r+1} = \begin{pmatrix} -c_{1,r+1} \\ \vdots \\ -c_{r,r+1} \\ 1 \\ 0 \\ \vdots \\ 0 \end{pmatrix}, \quad \boldsymbol{\eta}_{r+2} = \begin{pmatrix} -c_{1,r+2} \\ \vdots \\ -c_{r,r+2} \\ 0 \\ 1 \\ \vdots \\ 0 \end{pmatrix}, \quad \cdots, \quad \boldsymbol{\eta}_n = \begin{pmatrix} -c_{1,n} \\ \vdots \\ -c_{r,n} \\ 0 \\ \vdots \\ 0 \\ 1 \end{pmatrix}
$$

这 $n-r$ 个解向量显然线性无关. 另一方面, 设$(k_1, k_2, \cdots, k_n)$是(4)的任意一个解. 代入(4)得

$$
\begin{aligned}
k_1 &= -c_{1,r+1}k_{r+1} - \cdots - c_{1,n}k_n, \\
k_2 &= -c_{2,r+1}k_{r+1} - \cdots - c_{2,n}k_n, \\
&\cdots\cdots\cdots\cdots \\
k_r &= -c_{r,r+1}k_{r+1} - \cdots - c_{r,n}k_n, \\
k_{r+1} &= 1 \quad k_{r+1}, \\
&\cdots\cdots\cdots\cdots \\
k_n &= \quad\quad\quad\quad\quad\quad 1\ k_n.
\end{aligned}
$$

于是

$$
\begin{pmatrix} k_1 \\ k_2 \\ \vdots \\ k_n \end{pmatrix} = k_{r+1}\boldsymbol{\eta}_{r+1} + k_{r+2}\boldsymbol{\eta}_{r+2} + \cdots + k_n\boldsymbol{\eta}_n.
$$

因此，(4) 的每一个解向量都可以由这 $n-r$ 个解向量 $\boldsymbol{\eta}_{r+1}$，$\boldsymbol{\eta}_{r+2}$，…，$\boldsymbol{\eta}_n$ 线性表示. 这样一来，$\{\boldsymbol{\eta}_{r+1},\boldsymbol{\eta}_{r+2},\cdots,\boldsymbol{\eta}_n\}$ 构成(4)的解空间的一个基. 重新排列每一解向量 $\boldsymbol{\eta}_i$ 中坐标的次序，就得到齐次线性方程组(3)的解空间的一个基. 于是我们有

定理 6.7.2 数域 F 上一个 n 个未知量的齐次线性方程组的一切解作成 F^n 的一个子空间，称为这个齐次线性方程组的解空间. 如果所给的方程组的系数矩阵的秩是 r，那么解空间的维数等于 $n-r$

一个齐次线性方程组的解空间的一个基叫作这个方程组的一个基础解系.

例 1 求齐次线性方程组

$$\begin{aligned} x_1 - x_2 + 5x_3 - x_4 &= 0, \\ x_1 + x_2 - 2x_3 + 3x_4 &= 0, \\ 3x_1 - x_2 + 8x_3 + x_4 &= 0, \\ x_1 + 3x_2 - 9x_3 + 7x_4 &= 0 \end{aligned}$$

的一个基础解系.

对行施行初等变换化简系数矩阵，得

$$\begin{pmatrix} 1 & 0 & \frac{3}{2} & 1 \\ 0 & 1 & -\frac{7}{2} & 2 \\ 0 & 0 & 0 & 0 \\ 0 & 0 & 0 & 0 \end{pmatrix}$$

与这个矩阵相当的齐次方程组是

$$x_1 + \frac{3}{2}x_3 + x_4 = 0,$$

$$x_2 - \frac{7}{2}x_3 + 2x_4 = 0.$$

取 x_3，x_4 作为自由未知量，依次令 $x_3=1$，$x_4=0$ 和 $x_3=0$，

$x_4=1$，得出方程组的两个解

$$\boldsymbol{\eta}_1=\left(-\frac{3}{2},\ \frac{7}{2},\ 1,\ 0\right),\quad \boldsymbol{\eta}_2=(-1,-2,0,1).$$

它们作成所给的方程组的一个基础解系．方程组的任意一个解都有形式

$$k_1\boldsymbol{\eta}_1+k_2\boldsymbol{\eta}_2=\left(-\frac{3}{2}k_1-k_2,\frac{7}{2}k_1-2k_2,k_1,k_2\right),$$

这里 k_1，k_2 是所给的数域中任意数，方程组的解空间由一切形如 $k_1\boldsymbol{\eta}_1+k_2\boldsymbol{\eta}_2$ 的解向量组成.

现在设

$$(5)\qquad \boldsymbol{A}\begin{pmatrix}x_1\\x_2\\\vdots\\x_n\end{pmatrix}=\begin{pmatrix}b_1\\b_2\\\vdots\\b_m\end{pmatrix}$$

是数域 F 上任意一个线性方程组，$\boldsymbol{A}$ 是一个 $m\times n$ 矩阵．把(5)的常数项都换成零，就得到一个齐次线性方程组

$$(6)\qquad \boldsymbol{A}\begin{pmatrix}x_1\\x_2\\\vdots\\x_n\end{pmatrix}=\begin{pmatrix}0\\0\\\vdots\\0\end{pmatrix}.$$

齐次方程组(6)叫作方程组(5)的导出齐次方程组.

定理 6.7.3 如果线性方程组(5)有解，那么(5)的一个解与导出齐次方程组的一个解的和是(5)的一个解．(5)的任意解都可以写成(5)的一个固定的解与(6)的一个解的和.

证 设 $\boldsymbol{\gamma}=(c_1,c_2,\cdots,c_n)$ 是方程组(5)的一个解，$\boldsymbol{\delta}=(d_1,d_2,\cdots,d_n)$ 是导出齐次方程组(6)的一个解．那么

$$A\left[\begin{pmatrix}c_1\\c_2\\\vdots\\c_n\end{pmatrix}+\begin{pmatrix}d_1\\d_2\\\vdots\\d_n\end{pmatrix}\right]=A\begin{pmatrix}c_1\\c_2\\\vdots\\c_n\end{pmatrix}+A\begin{pmatrix}d_1\\d_2\\\vdots\\d_n\end{pmatrix}=\begin{pmatrix}b_1\\b_2\\\vdots\\b_m\end{pmatrix},$$

所以 $\boldsymbol{\gamma}+\boldsymbol{\delta}$ 是(5)的一个解．设 $\boldsymbol{\lambda}=(l_1,l_2,\cdots,l_n)$ 是(5)的任意一个解．那么

$$A\left[\begin{pmatrix}l_1\\l_2\\\vdots\\l_n\end{pmatrix}-\begin{pmatrix}c_1\\c_2\\\vdots\\c_n\end{pmatrix}\right]=A\begin{pmatrix}l_1\\l_2\\\vdots\\l_n\end{pmatrix}-A\begin{pmatrix}c_1\\c_2\\\vdots\\c_n\end{pmatrix}=\begin{pmatrix}b_1\\b_2\\\vdots\\b_m\end{pmatrix}-\begin{pmatrix}b_1\\b_2\\\vdots\\b_m\end{pmatrix}=\begin{pmatrix}0\\0\\\vdots\\0\end{pmatrix},$$

因此 $\boldsymbol{\mu}=\boldsymbol{\lambda}-\boldsymbol{\gamma}$ 是导出方程组(6)的一个解，而 $\boldsymbol{\lambda}=\boldsymbol{\gamma}+\boldsymbol{\mu}$． □

习　题

1．证明：行列式等于零的充要条件是它的行(或列)线性相关．

2．证明：秩$(\boldsymbol{A}+\boldsymbol{B})\leqslant$秩 $\boldsymbol{A}$+秩 $\boldsymbol{B}$．

3．设 $\boldsymbol{A}$ 是一个 m 行的矩阵，秩 $\boldsymbol{A}=r$，从 $\boldsymbol{A}$ 中任取出 s 行，作一个 s 行的矩阵 $\boldsymbol{B}$．证明：秩 $\boldsymbol{B}\geqslant r+s-m$．

4．设 $\boldsymbol{A}$ 是一个 $m\times n$ 矩阵，秩 $\boldsymbol{A}=r$．从 $\boldsymbol{A}$ 中任意划去 $m-s$ 行与 $n-t$ 列，其余元素按原来位置排成一个 $s\times t$ 矩阵 $\boldsymbol{C}$．证明：秩 $\boldsymbol{C}\geqslant r+s+t-m-n$．

5．求齐次线性方程组

$$\begin{aligned}x_1+x_2+x_3+x_4+x_5&=0,\\3x_1+2x_2+x_3+x_4-3x_5&=0,\\5x_1+4x_2+3x_3+3x_4-x_5&=0,\\x_2+2x_3+2x_4+x_5&=0\end{aligned}$$

的一个基础解系．

6．证明定理 6.7.2 的逆命题：F^n 的任意一个子空间都是某一含 n 个未知量的齐次线性方程组的解空间．

7．证明 F^n 的任意一个不等于 F^n 的子空间都是若干 $n-1$ 维子空间的交．

第七章

线 性 变 换

在数学里，变换的概念是非常基本的. 例如，在解析几何里，常要用到坐标的变换；在数学分析里，常要用到变量的代换. 所谓变换，实质上就是一个映射. 在线性代数里，我们主要考虑的是一个向量空间到自身的一种特定的映射，称为线性变换.

我们将看到，当所考虑的向量空间是有限维的时候，线性变换和矩阵之间有很自然的联系. 因此，在讨论线性变换时，要经常地用到矩阵这个工具.

7.1 线 性 映 射

设 F 是一个数域，V 和 W 是 F 上向量空间.

定义 1 设 σ 是 V 到 W 的一个映射. 如果下列条件被满足，就称 σ 是 V 到 W 的一个线性映射：

(i) 对于任意 $\boldsymbol{\xi}$，$\boldsymbol{\eta}\in V$，$\sigma(\boldsymbol{\xi}+\boldsymbol{\eta})=\sigma(\boldsymbol{\xi})+\sigma(\boldsymbol{\eta})$；

(ii) 对于任意 $a\in F$，$\boldsymbol{\xi}\in V$，$\sigma(a\boldsymbol{\xi})=a\sigma(\boldsymbol{\xi})$.

例 1 对于 $\mathbf{R}^2$ 的每一向量 $\boldsymbol{\xi}=(x_1,x_2)$ 定义

$$\sigma(\boldsymbol{\xi})=(x_1,x_1-x_2,x_1+x_2)\in\mathbf{R}^3,$$

σ 是 $\mathbf{R}^2$ 到 $\mathbf{R}^3$ 的一个映射. 我们证明，σ 是一个线性映射.

(i) 设 $\boldsymbol{\xi}=(x_1,x_2)$，$\boldsymbol{\eta}=(y_1,y_2)$ 是 $\mathbf{R}^2$ 的任意两个向量. 我们有

$$
\begin{aligned}
\sigma(\boldsymbol{\xi}+\boldsymbol{\eta}) &= \sigma((x_1+y_1, x_2+y_2)) \\
&= (x_1+y_1, (x_1+y_1)-(x_2+y_2), (x_1+y_1)+(x_2+y_2)) \\
&= (x_1+y_1, (x_1-x_2)+(y_1-y_2), (x_1+x_2)+(y_1+y_2)) \\
&= (x_1, x_1-x_2, x_1+x_2)+(y_1, y_1-y_2, y_1+y_2) \\
&= \sigma(\boldsymbol{\xi})+\sigma(\boldsymbol{\eta}).
\end{aligned}
$$

（ii）设 $a\in\mathbf{R}$，$\boldsymbol{\xi}=(x_1,\ x_2)\in\mathbf{R}^2$. 我们有

$$
\begin{aligned}
\sigma(a\boldsymbol{\xi}) &= \sigma((ax_1, ax_2)) \\
&= (ax_1, ax_1-ax_2, ax_1+ax_2) \\
&= a(x_1, x_1-x_2, x_1+x_2) \\
&= a\sigma(\boldsymbol{\xi}).
\end{aligned}
$$

因此 σ 是 $\mathbf{R}^2$ 到 $\mathbf{R}^3$ 的一个线性映射.

例 2 令 H 是 V_3 中经过原点的一个平面. 对于 V_3 的每一向量 $\boldsymbol{\xi}$，令 $\sigma(\boldsymbol{\xi})$ 表示向量 $\boldsymbol{\xi}$ 在平面 H 上的正射影. 根据射影的性质，σ：$\boldsymbol{\xi}\longmapsto\sigma(\boldsymbol{\xi})$ 是 V_3 到 V_3 的一个线性映射.

例 3 令 $\boldsymbol{A}$ 是数域 F 上一个 $m\times n$ 矩阵. 对于 n 元列空间 F^n 的每一向量

$$
\boldsymbol{\xi}=\begin{pmatrix} x_1 \\ x_2 \\ \vdots \\ x_n \end{pmatrix},
$$

规定

$$
\sigma(\boldsymbol{\xi})=\boldsymbol{A}\boldsymbol{\xi}.
$$

$\sigma(\boldsymbol{\xi})$ 是一个 $m\times 1$ 矩阵，即是空间 F^m 的一个向量. 根据矩阵运算的性质，易证 σ 是一个映射并且对于 $a\in F$，$\boldsymbol{\xi}$，$\boldsymbol{\eta}\in F^n$，我们有

$$
\begin{aligned}
\sigma(\boldsymbol{\xi}+\boldsymbol{\eta}) &= \boldsymbol{A}(\boldsymbol{\xi}+\boldsymbol{\eta}) = \boldsymbol{A}\boldsymbol{\xi}+\boldsymbol{A}\boldsymbol{\eta} \\
&= \sigma(\boldsymbol{\xi})+\sigma(\boldsymbol{\eta});
\end{aligned}
$$

$$
\sigma(a\boldsymbol{\xi})=\boldsymbol{A}(a\boldsymbol{\xi})=a(\boldsymbol{A}\boldsymbol{\xi})=a\sigma(\boldsymbol{\xi}).
$$

所以 σ 是 F^n 到 F^m 的一个线性映射.

例 4 令 V 和 W 是数域 F 上向量空间. 对于 V 的每一向量 $\boldsymbol{\xi}$，令 W 的零向量 $\mathbf{0}$ 与它对应. 容易看出这是 V 到 W 的一个线性映射，叫作零映射.

例 5 令 V 是数域 F 上一个向量空间. 取定 F 的一个数 k. 对于任意 $\boldsymbol{\xi}\in V$，定义

$$\sigma(\boldsymbol{\xi})=k\boldsymbol{\xi}$$

容易验证，σ 是 V 到自身的一个线性映射. 这样一个线性映射叫作 V 的一个位似.

特别，取 $k=1$，那么对于每一 $\boldsymbol{\xi}\in V$，都有 $\sigma(\boldsymbol{\xi})=\boldsymbol{\xi}$，这时 σ 就是 V 到 V 的恒等映射，或者叫作 V 的单位映射. 如果取 $k=0$，那么 σ 就是 V 到 V 的零映射.

例 6 取定 F 的一个 n 元数列 $(a_1,a_2,\cdots,a_n)$. 对于 F^n 的每一向量 $\boldsymbol{\xi}=(x_1,x_2,\cdots,x_n)$，规定

$$\sigma(\boldsymbol{\xi})=a_1x_1+a_2x_2+\cdots+a_nx_n\in F.$$

容易验证，σ 是 F^n 到 F 的一个线性映射. 这个线性映射也叫作 F 上一个 n 元线性函数或 F^n 上一个线性型.

例 7 对于 $F[x]$ 的每一多项式 $f(x)$，令它的导数 $f'(x)$ 与它对应. 根据导数的基本性质. 这样定义的映射是 $F[x]$ 到自身的一个线性映射.

例 8 令 $C[a,b]$ 是定义在 $[a,b]$ 上一切连续实函数所成的 $\mathbf{R}$ 上向量空间. 对于每一 $f(x)\in C[a,b]$，规定

$$\sigma(f(x))=\int_a^x f(t)\,\mathrm{d}t.$$

$\sigma(f(x))$ 仍是 $[a,b]$ 上一个连续实函数. 根据积分的基本性质，σ 是 $C[a,b]$ 到自身的一个线性映射.

我们现在推导线性映射的一些基本性质.

首先，定义 1 里的条件(i)，(ii)与以下的条件等价：

(iii) 对于任意 a，$b\in F$ 和任意 $\boldsymbol{\xi}$，$\boldsymbol{\eta}\in V$

$$\sigma(a\boldsymbol{\xi}+b\boldsymbol{\eta})=a\sigma(\boldsymbol{\xi})+b\sigma(\boldsymbol{\eta})$$

事实上，如果映射 σ: $V \to W$ 满足条件(i)和(ii)，那么对于任意 a, $b \in F$ 和任意 $\boldsymbol{\xi}$, $\boldsymbol{\eta} \in V$,

$$\sigma(a\boldsymbol{\xi}+b\boldsymbol{\eta})=\sigma(a\boldsymbol{\xi})+\sigma(b\boldsymbol{\eta})=a\sigma(\boldsymbol{\xi})+b\sigma(\boldsymbol{\eta}).$$

反过来，假设(iii)成立. 取 $a=b=1$，就得到条件(i)；取 $b=0$，就得到条件(ii).

在条件(ii)里，取 $a=0$，就得到

(1) $$\sigma(\mathbf{0})=\mathbf{0}.$$

换句话说，线性映射将零向量映成零向量.

由 (iii)，对 n 作数学归纳法，容易推出，

(2) $$\sigma(a_1\boldsymbol{\xi}_1+\cdots+a_n\boldsymbol{\xi}_n)=a_1\sigma(\boldsymbol{\xi}_1)+\cdots+a_n\sigma(\boldsymbol{\xi}_n)$$

对于任意 a_1，…，$a_n \in F$ 和任意 $\boldsymbol{\xi}_1$，…，$\boldsymbol{\xi}_n \in V$ 成立.

设 σ 是向量空间 V 到 W 的一个线性映射. 如果 $V' \subseteq V$，那么

$$\{\sigma(\boldsymbol{\xi}) \mid \boldsymbol{\xi} \in V'\}$$

是 W 的一个子集，叫作 V' 在 σ 之下的像，记作 $\sigma(V')$. 另一方面，设 $W' \subseteq W$. 那么

$$\{\boldsymbol{\xi} \in V \mid \sigma(\boldsymbol{\xi}) \in W'\}$$

是 V 的一个子集，叫作 W' 在 σ 之下的原像. 我们有

定理 7.1.1 设 V 和 W 是数域 F 上的向量空间，而 σ: $V \to W$ 是一个线性映射. 那么 V 的任意子空间在 σ 之下的像是 W 的一个子空间. 而 W 的任意子空间在 σ 之下的原像是 V 的一个子空间.

证 设 V' 是 V 的一个子空间. 如果 $\bar{\boldsymbol{\xi}}$, $\bar{\boldsymbol{\eta}}$ 是 $\sigma(V')$ 的任意向量，那么总有 $\boldsymbol{\xi}$, $\boldsymbol{\eta} \in V'$，使

$$\bar{\boldsymbol{\xi}}=\sigma(\boldsymbol{\xi}),\ \bar{\boldsymbol{\eta}}=\sigma(\boldsymbol{\eta}).$$

因为 σ 是线性映射，所以对于任意 a, $b \in F$,

$$\begin{aligned} a\bar{\boldsymbol{\xi}}+b\bar{\boldsymbol{\eta}} &= a\sigma(\boldsymbol{\xi})+b\sigma(\boldsymbol{\eta}) \\ &= \sigma(a\boldsymbol{\xi}+b\boldsymbol{\eta}). \end{aligned}$$

但 V' 是 V 的子空间，所以 $a\boldsymbol{\xi}+b\boldsymbol{\eta} \in V'$，因而

$$a\bar{\boldsymbol{\xi}}+b\bar{\boldsymbol{\eta}} \in \sigma(V'),$$

这就证明了 $\sigma(V')$ 是 W 的一个子空间.

现在设 W' 是 W 的一个子空间. 令 V' 是 W' 在 σ 之下的原像. 显然 $\mathbf{0}\in V'$. 如果 $\boldsymbol{\xi}$, $\boldsymbol{\eta}\in V'$, 那么 $\sigma(\boldsymbol{\xi})$, $\sigma(\boldsymbol{\eta})\in W'$. 因为 σ 是线性映射而 W' 是子空间, 所以对于任意 a, $b\in F$,

$$\sigma(a\boldsymbol{\xi}+b\boldsymbol{\eta})=a\sigma(\boldsymbol{\xi})+b\sigma(\boldsymbol{\eta})\in W',$$

即 $a\boldsymbol{\xi}+b\boldsymbol{\eta}\in V'$. 这就证明了 V' 是 V 的一个子空间. □

特别, 向量空间 V 在 σ 之下的像是 W 的一个子空间, 叫作 σ 的像. 记作 $\mathrm{Im}(\sigma)$, 即

$$\mathrm{Im}(\sigma)=\sigma(V).$$

另一方面, W 的零子空间 $\{\mathbf{0}\}$ 在 σ 之下的原像是 V 的一个子空间, 叫作 σ 的核, 记作 $\mathrm{Ker}(\sigma)$, 即

$$\mathrm{Ker}(\sigma)=\{\boldsymbol{\xi}\in V\mid\sigma(\boldsymbol{\xi})=\mathbf{0}\}.$$

定理 7.1.2 设 V 和 W 是数域 F 上的向量空间, 而 σ: $V\to W$ 是一个线性映射. 那么

(i) σ 是满射 $\Longleftrightarrow \mathrm{Im}(\sigma)=W$;

(ii) σ 是单射 $\Longleftrightarrow \mathrm{Ker}(\sigma)=\{\mathbf{0}\}$.

证 论断(i)是显然的. 我们只证论断(ii).

如果 σ 是单射, 那么 $\mathrm{Ker}(\sigma)$ 只能含有唯一的零向量. 反过来设 $\mathrm{Ker}(\sigma)=\{\mathbf{0}\}$. 如果 $\boldsymbol{\xi}$, $\boldsymbol{\eta}\in V$ 而 $\sigma(\boldsymbol{\xi})=\sigma(\boldsymbol{\eta})$. 那么 $\sigma(\boldsymbol{\xi}-\boldsymbol{\eta})=\sigma(\boldsymbol{\xi})-\sigma(\boldsymbol{\eta})=\mathbf{0}$, 从而 $\boldsymbol{\xi}-\boldsymbol{\eta}\in\mathrm{Ker}(\sigma)=\{\mathbf{0}\}$, 所以 $\boldsymbol{\xi}=\boldsymbol{\eta}$, 即 σ 是单射. □

现在设 U, V 和 W 都是数域 F 上的向量空间,

$$\tau:U\to V,\sigma:V\to W$$

是线性映射, 考虑合成映射

$$\sigma\circ\tau:U\to W.$$

我们证明, $\sigma\circ\tau$ 是 U 到 W 的一个线性映射.

令 $\varphi=\sigma\circ\tau$. 那么对于任意 a, $b\in F$ 和 $\boldsymbol{\xi}$, $\boldsymbol{\eta}\in U$,

$$\begin{aligned}\varphi(a\boldsymbol{\xi}+b\boldsymbol{\eta})&=\sigma(\tau(a\boldsymbol{\xi}+b\boldsymbol{\eta}))=\sigma(a\tau(\boldsymbol{\xi})+b\tau(\boldsymbol{\eta}))\\&=a\sigma(\tau(\boldsymbol{\xi}))+b\sigma(\tau(\boldsymbol{\eta}))\end{aligned}$$

$$=a\varphi(\boldsymbol{\xi})+b\varphi(\boldsymbol{\eta}).$$

这就证明了 $\varphi=\sigma\circ\tau$ 是一个线性映射.

如果 U, V, W, X 都是 F 上向量空间，而

$$\tau:U\to V,\sigma:V\to W,\rho:W\to X$$

是线性映射. 那么由上面的证明可知，$(\rho\circ\sigma)\circ\tau$ 和 $\rho\circ(\sigma\circ\tau)$ 都是 U 到 X 的线性映射，并且

(3) $$(\rho\circ\sigma)\circ\tau=\rho\circ(\sigma\circ\tau).$$

最后，如果线性映射 σ: $V\to W$ 有逆映射 σ^{-1}，那么 σ^{-1} 是 W 到 V 的一个线性映射.

事实上，如果 σ 有逆映射 σ^{-1}，那么对于任意 a, $b\in F$ 和 $\boldsymbol{\xi}$, $\boldsymbol{\eta}\in W$, $a\sigma^{-1}(\boldsymbol{\xi})+b\sigma^{-1}(\boldsymbol{\eta})\in V$. 由于 σ 是 V 到 W 的线性映射，所以

$$\begin{aligned}\sigma(a\sigma^{-1}(\boldsymbol{\xi})+b\sigma^{-1}(\boldsymbol{\eta}))&=a\sigma(\sigma^{-1}(\boldsymbol{\xi}))+b\sigma(\sigma^{-1}(\boldsymbol{\eta}))\\&=a\boldsymbol{\xi}+b\boldsymbol{\eta}.\end{aligned}$$

两端同时施行 σ^{-1}，就得到

$$\sigma^{-1}(a\boldsymbol{\xi}+b\boldsymbol{\eta})=a\sigma^{-1}(\boldsymbol{\xi})+b\sigma^{-1}(\boldsymbol{\eta}).$$

即 σ^{-1}: $W\to V$ 也是线性映射.

习　题

1. 令 $\boldsymbol{\xi}=(x_1,x_2,x_3)$ 是 $\mathbf{R}^3$ 的任意向量. 下列映射 σ 哪些是 $\mathbf{R}^3$ 到自身的线性映射?

(i) $\sigma(\boldsymbol{\xi})=\boldsymbol{\xi}+\boldsymbol{\alpha}$, $\boldsymbol{\alpha}$ 是 $\mathbf{R}^3$ 的一个固定向量;

(ii) $\sigma(\boldsymbol{\xi})=(2x_1-x_2+x_3,x_2+x_3,-x_3)$;

(iii) $\sigma(\boldsymbol{\xi})=(x_1^2,x_2^2,x_3^2)$;

(iv) $\sigma(\boldsymbol{\xi})=(\cos x_1,\sin x_2,0)$.

2. 设 V 是数域 F 上一个一维向量空间. 证明 V 到自身的一个映射 σ 是线性映射的充要条件是：对于任意 $\boldsymbol{\xi}\in V$，都有

$$\sigma(\boldsymbol{\xi})=a\boldsymbol{\xi},$$

这里 a 是 F 中一个定数.

3. 令 $M_n(F)$ 表示数域 F 上一切 n 阶矩阵所成的向量空间. 取定 $\boldsymbol{A}\in M_n(F)$. 对任意 $\boldsymbol{X}\in M_n(F)$, 定义

$$\sigma(\boldsymbol{X})=\boldsymbol{AX}-\boldsymbol{XA}.$$

(i) 证明: σ 是 $M_n(F)$ 是自身的线性映射;

(ii) 证明: 对于任意 $\boldsymbol{X}, \boldsymbol{Y}\in M_n(F)$,

$$\sigma(\boldsymbol{XY})=\sigma(\boldsymbol{X})\boldsymbol{Y}+\boldsymbol{X}\sigma(\boldsymbol{Y}).$$

4. 令 F^4 表示数域 F 上四元列向量空间. 取

$$\boldsymbol{A}=\begin{pmatrix}1&-1&5&-1\\1&1&-2&3\\3&-1&8&1\\1&3&-9&7\end{pmatrix}.$$

对于 $\boldsymbol{\xi}\in F^4$, 令

$$\sigma(\boldsymbol{\xi})=\boldsymbol{A\xi}.$$

求线性映射 σ 的核和像的维数.

5. 设 V 和 W 都是数域 F 上的向量空间, 且 $\dim V=n$. 令 σ 是 V 到 W 的一个线性映射. 我们如此选取 V 的一个基:

$$\boldsymbol{\alpha}_1,\cdots,\boldsymbol{\alpha}_s,\boldsymbol{\alpha}_{s+1},\cdots,\boldsymbol{\alpha}_n,$$

使得 $\boldsymbol{\alpha}_1,\cdots,\boldsymbol{\alpha}_s$ 是 $\mathrm{Ker}(\sigma)$ 的一个基. 证明:

(i) $\sigma(\boldsymbol{\alpha}_{s+1}),\cdots,\sigma(\boldsymbol{\alpha}_n)$ 组成 $\mathrm{Im}(\sigma)$ 的一个基;

(ii) $\dim\mathrm{Ker}(\sigma)+\dim\mathrm{Im}(\sigma)=n$.

6. 设 σ 是数域 F 上 n 维向量空间 V 到自身的一个线性映射. W_1, W_2 是 V 的子空间, 并且

$$V=W_1\oplus W_2.$$

证明: σ 有逆映射的充要条件是

$$V=\sigma(W_1)\oplus\sigma(W_2).$$

7.2 线性变换的运算

令 V 是数域 F 上一个向量空间. V 到自身的一个线性映射叫作 V 的一个线性变换.

我们只限于考虑一个向量空间 V 的线性变换. 然而不难看

出，以下的讨论不必作太多的改变就可以推广到一般线性映射的情形.

我们用 $L(V)$ 表示向量空间 V 的一切线性变换所成的集合.

设 σ，$\tau\in L(V)$. 对于 V 中每一向量 $\boldsymbol{\xi}$，令 $\sigma(\boldsymbol{\xi})+\tau(\boldsymbol{\xi})$ 与它对应，这样得到 V 到自身的一个映射，叫作 σ 与 τ 的和，记作 $\sigma+\tau$.

$$\sigma+\tau:\ \boldsymbol{\xi}\longmapsto\sigma(\boldsymbol{\xi})+\tau(\boldsymbol{\xi}).$$

V 的线性变换 σ 与 τ 的和 $\sigma+\tau$ 也是 V 的一个线性变换. 事实上，令 $\varphi=\sigma+\tau$. 那么对于任意 a，$b\in F$ 和任意 $\boldsymbol{\xi}$，$\boldsymbol{\eta}\in V$，

$$\begin{aligned}\varphi(a\boldsymbol{\xi}+b\boldsymbol{\eta})&=\sigma(a\boldsymbol{\xi}+b\boldsymbol{\eta})+\tau(a\boldsymbol{\xi}+b\boldsymbol{\eta})\\&=a\sigma(\boldsymbol{\xi})+b\sigma(\boldsymbol{\eta})+a\tau(\boldsymbol{\xi})+b\tau(\boldsymbol{\eta})\\&=a(\sigma(\boldsymbol{\xi})+\tau(\boldsymbol{\xi}))+b(\sigma(\boldsymbol{\eta})+\tau(\boldsymbol{\eta}))\\&=a\varphi(\boldsymbol{\xi})+b\varphi(\boldsymbol{\eta}).\end{aligned}$$

所以 $\sigma+\tau$ 是 V 的一个线性变换.

线性变换的加法满足交换律和结合律. 容易证明，对于任意 ρ，σ，$\tau\in L(V)$，以下等式成立：

(1) $$\sigma+\tau=\tau+\sigma;$$

(2) $$(\rho+\sigma)+\tau=\rho+(\sigma+\tau).$$

令 θ 表示 V 到自身的零映射，称为 V 的零变换，它显然具有以下性质：对于任意 $\sigma\in L(V)$ 都有

(3) $$\theta+\sigma=\sigma.$$

设 $\sigma\in L(V)$，σ 的负变换 $-\sigma$ 指的是 V 到 V 的映射

$$-\sigma:\ \boldsymbol{\xi}\longmapsto-\sigma(\boldsymbol{\xi}).$$

容易证明，$-\sigma$ 也是 V 的线性变换，并且

(4) $$\sigma+(-\sigma)=\theta.$$

我们定义 V 的线性变换 σ 与 τ 的差

$$\sigma-\tau=\sigma+(-\tau).$$

这样，在 $L(V)$ 里，加法的逆运算——减法可以施行.

现在定义 F 中的标量与 V 的线性变换的乘法. 设 $k\in F$，$\sigma\in$

$L(V)$. 对于每一 $\boldsymbol{\xi}\in V$，令 $k\sigma(\boldsymbol{\xi})$ 与它对应. 这样得到 V 到 V 的一个映射，记作 $k\sigma$.

$k\sigma$ 也是 V 的一个线性变换. 事实上，令 $\psi=k\sigma$，那么对于 a，$b\in F$ 和 $\boldsymbol{\xi}$，$\boldsymbol{\eta}\in V$，

$$\begin{aligned}\psi(a\boldsymbol{\xi}+b\boldsymbol{\eta})&=k(\sigma(a\boldsymbol{\xi}+b\boldsymbol{\eta}))\\&=k(a\sigma(\boldsymbol{\xi})+b\sigma(\boldsymbol{\eta}))\\&=ak\sigma(\boldsymbol{\xi})+bk\sigma(\boldsymbol{\eta})\\&=a\psi(\boldsymbol{\xi})+b\psi(\boldsymbol{\eta}).\end{aligned}$$

容易证明，下列算律成立：

(5) $$k(\sigma+\tau)=k\sigma+k\tau,$$

(6) $$(k+l)\sigma=k\sigma+l\sigma,$$

(7) $$(kl)\sigma=k(l\sigma),$$

(8) $$1\sigma=\sigma,$$

这里 k，l 是 F 中任意数，σ，τ 是 V 的任意线性变换.

这样，我们得到

定理 7.2.1 $L(V)$ 对于加法和标量与线性变换的乘法来说作成数域 F 上一个向量空间.

现在设 σ，$\tau\in L(V)$. 我们已经看到，合成映射 $\sigma\circ\tau\in L(V)$，我们也把合成映射 $\sigma\circ\tau$ 叫做 σ 与 τ 的积，并且记作 $\sigma\tau$. 算律

(9) $$\rho(\sigma+\tau)=\rho\sigma+\rho\tau,$$

(10) $$(\sigma+\tau)\rho=\sigma\rho+\tau\rho,$$

(11) $$(k\sigma)\tau=\sigma(k\tau)=k(\sigma\tau),$$

对于任意 $k\in F$，ρ，σ，$\tau\in L(V)$ 成立.

我们只验证一下等式(9)，其余两个等式可以类似地验证. 设 $\boldsymbol{\xi}\in V$. 我们有

$$\begin{aligned}\rho(\sigma+\tau)(\boldsymbol{\xi})&=\rho((\sigma+\tau)(\boldsymbol{\xi}))\\&=\rho(\sigma(\boldsymbol{\xi})+\tau(\boldsymbol{\xi}))\\&=\rho(\sigma(\boldsymbol{\xi}))+\rho(\tau(\boldsymbol{\xi}))\end{aligned}$$

$$= \rho\sigma(\boldsymbol{\xi}) + \rho\tau(\boldsymbol{\xi})$$
$$= (\rho\sigma + \rho\tau)(\boldsymbol{\xi}),$$

因而(9)成立.

7.1 中等式(3)表明，线性变换的乘法满足结合律：对于任意 ρ，σ，$\tau \in L(V)$，都有

$$(\rho\sigma)\tau = \rho(\sigma\tau).$$

因此，我们可以合理地定义一个线性变换 σ 的 n 次幂

$$\sigma^n = \overbrace{\sigma\sigma\cdots\sigma}^{n\text{个}},$$

这里 n 是正整数.

令 ι 表示 V 到 V 的单位映射，称为 V 的单位变换. 我们再定义

$$\sigma^0 = \iota.$$

这样一来，一个线性变换的任意非负整数幂有意义.

设

$$f(x) = a_0 + a_1 x + \cdots + a_n x^n$$

是 F 上一个多项式，而 $\sigma \in L(V)$，以 σ 代替 x，以 $a_0\iota$ 代替 a_0，得到 V 的一个线性变换

$$a_0\iota + a_1\sigma + \cdots + a_n\sigma^n,$$

这个线性变换叫作当 $x = \sigma$ 时 $f(x)$ 的值，并且记作 $f(\sigma)$. 因为对于任意 $\boldsymbol{\xi} \in V$，$a_0\iota(\boldsymbol{\xi}) = a_0\boldsymbol{\xi}$，我们也可将 $a_0\iota$ 简记作 a_0，这时可以写成

$$f(\sigma) = a_0 + a_1\sigma + \cdots + a_n\sigma^n.$$

如果 $f(x)$，$g(x) \in F[x]$，并且

$$u(x) = f(x) + g(x),$$
$$v(x) = f(x)g(x),$$

那么根据 $L(V)$ 中运算所满足的性质，我们有

$$u(\sigma) = f(\sigma) + g(\sigma),$$
$$v(\sigma) = f(\sigma)g(\sigma).$$

最后，由 7.1，如果线性变换 σ 有逆映射 σ^{-1}，则 σ^{-1} 也是线性变换，叫作 σ 的逆变换，这时 σ 就叫作可逆的或非奇异的. 我们有

$$\sigma\sigma^{-1}=\sigma^{-1}\sigma=\iota.$$

习　题

1. 举例说明，线性变换的乘法不满足交换律.

2. 在 $F[x]$ 中，定义

$$\sigma: f(x)\longmapsto f'(x),$$
$$\tau: f(x)\longmapsto xf(x),$$

这里 $f'(x)$ 表示 $f(x)$ 的导数. 证明，σ，τ 都是 $F[x]$ 的线性变换，并且对于任意正整数 n 都有

$$\sigma^n\tau-\tau\sigma^n=n\sigma^{n-1}.$$

3. 设 V 是数域 F 上一个有限维向量空间. 证明，对于 V 的线性变换 σ 来说，下列三个条件是等价的：

(i) σ 是满射；(ii) $\mathrm{Ker}(\sigma)=\{\mathbf{0}\}$；(iii) σ 非奇异.

当 V 不是有限维时，(i)，(ii)是否等价？

4. 设 $\sigma\in L(V)$，$\boldsymbol{\xi}\in V$，并且 $\boldsymbol{\xi}$，$\sigma(\boldsymbol{\xi}),\cdots,\sigma^{k-1}(\boldsymbol{\xi})$ 都不等于零，但 $\sigma^k(\boldsymbol{\xi})=\mathbf{0}$. 证明：

$$\boldsymbol{\xi},\sigma(\boldsymbol{\xi}),\cdots,\sigma^{k-1}(\boldsymbol{\xi})$$

线性无关.

5. 设 $\sigma\in L(V)$. 证明：

(i) $\mathrm{Im}(\sigma)\subseteq\mathrm{Ker}(\sigma)$ 当且仅当 $\sigma^2=\theta$；

(ii) $\mathrm{Ker}(\sigma)\subseteq\mathrm{Ker}(\sigma^2)\subseteq\mathrm{Ker}(\sigma^3)\subseteq\cdots$；

(iii) $\mathrm{Im}(\sigma)\supseteq\mathrm{Im}(\sigma^2)\supseteq\mathrm{Im}(\sigma^3)\supseteq\cdots$.

6. 设 $F^n=\{(x_1,x_2,\cdots,x_n)\mid x_i\in F\}$ 是数域 F 上 n 维行空间. 定义

$$\sigma(x_1,x_2,\cdots,x_n)=(0,x_1,\cdots,x_{n-1}).$$

(i) 证明：σ 是 F^n 的一个线性变换，且 $\sigma^n=\theta$；

(ii) 求 $\mathrm{Ker}(\sigma)$ 和 $\mathrm{Im}(\sigma)$ 的维数.

7.3 线性变换和矩阵

现在设 V 是数域 F 上一个 n 维向量空间．令 σ 是 V 的一个线性变换．取定 V 的一个基

$$\boldsymbol{\alpha}_1,\boldsymbol{\alpha}_2,\cdots,\boldsymbol{\alpha}_n.$$

考虑 V 中任意一个向量

$$\boldsymbol{\xi}=x_1\boldsymbol{\alpha}_1+x_2\boldsymbol{\alpha}_2+\cdots+x_n\boldsymbol{\alpha}_n.$$

$\sigma(\boldsymbol{\xi})$ 仍是 V 的一个向量．设

$$\sigma(\boldsymbol{\xi})=y_1\boldsymbol{\alpha}_1+y_2\boldsymbol{\alpha}_2+\cdots+y_n\boldsymbol{\alpha}_n. \tag{1}$$

自然要问，如何计算 $\sigma(\boldsymbol{\xi})$ 的坐标 $(y_1, y_2, \cdots, y_n)$．

令

$$\begin{aligned}\sigma(\boldsymbol{\alpha}_1)&=a_{11}\boldsymbol{\alpha}_1+a_{21}\boldsymbol{\alpha}_2+\cdots+a_{n1}\boldsymbol{\alpha}_n,\\ \sigma(\boldsymbol{\alpha}_2)&=a_{12}\boldsymbol{\alpha}_1+a_{22}\boldsymbol{\alpha}_2+\cdots+a_{n2}\boldsymbol{\alpha}_n,\\ &\cdots\cdots\cdots\cdots\\ \sigma(\boldsymbol{\alpha}_n)&=a_{1n}\boldsymbol{\alpha}_1+a_{2n}\boldsymbol{\alpha}_2+\cdots+a_{nn}\boldsymbol{\alpha}_n.\end{aligned} \tag{2}$$

这里 a_{ij}，i，$j=1$，$\cdots$，n，就是 $\sigma(\boldsymbol{\alpha}_j)$ 关于基 $\boldsymbol{\alpha}_1$，$\cdots$，$\boldsymbol{\alpha}_n$ 的坐标．

令

$$\boldsymbol{A}=\begin{pmatrix}a_{11} & a_{12} & \cdots & a_{1n}\\ a_{21} & a_{22} & \cdots & a_{2n}\\ \vdots & \vdots & & \vdots\\ a_{n1} & a_{n2} & \cdots & a_{nn}\end{pmatrix}.$$

n 阶矩阵 $\boldsymbol{A}$ 叫作线性变换 σ 关于基 $\{\boldsymbol{\alpha}_1,\boldsymbol{\alpha}_2,\cdots,\boldsymbol{\alpha}_n\}$ 的矩阵．矩阵 $\boldsymbol{A}$ 的第 j 列的元素就是 $\sigma(\boldsymbol{\alpha}_j)$ 关于基 $\{\boldsymbol{\alpha}_1,\boldsymbol{\alpha}_2,\cdots,\boldsymbol{\alpha}_n\}$ 的坐标．

这样，取定 F 上 n 维向量空间 V 的一个基之后，对于 V 的每一线性变换，有唯一确定的 F 上 n 阶矩阵与它对应．

为了更方便地计算 $\sigma(\boldsymbol{\xi})$ 关于基 $\{\boldsymbol{\alpha}_1,\boldsymbol{\alpha}_2,\cdots,\boldsymbol{\alpha}_n\}$ 的坐标，我们把等式(2)写成矩阵形式的等式

(3)
$$(\sigma(\boldsymbol{\alpha}_1),\sigma(\boldsymbol{\alpha}_2),\cdots,\sigma(\boldsymbol{\alpha}_n))=(\boldsymbol{\alpha}_1,\boldsymbol{\alpha}_2,\cdots,\boldsymbol{\alpha}_n)\boldsymbol{A}.$$

设

$$\boldsymbol{\xi}=x_1\boldsymbol{\alpha}_1+x_2\boldsymbol{\alpha}_2+\cdots+x_n\boldsymbol{\alpha}_n=(\boldsymbol{\alpha}_1,\boldsymbol{\alpha}_2,\cdots,\boldsymbol{\alpha}_n)\begin{pmatrix}x_1\\x_2\\\vdots\\x_n\end{pmatrix}.$$

因为 σ 是线性变换，所以

(4)
$$\sigma(\boldsymbol{\xi})=x_1\sigma(\boldsymbol{\alpha}_1)+x_2\sigma(\boldsymbol{\alpha}_2)+\cdots+x_n\sigma(\boldsymbol{\alpha}_n)=(\sigma(\boldsymbol{\alpha}_1),\sigma(\boldsymbol{\alpha}_2),\cdots,\sigma(\boldsymbol{\alpha}_n))\begin{pmatrix}x_1\\x_2\\\vdots\\x_n\end{pmatrix}.$$

将(3)代入(4)得

$$\sigma(\boldsymbol{\xi})=(\boldsymbol{\alpha}_1,\boldsymbol{\alpha}_2,\cdots,\boldsymbol{\alpha}_n)\boldsymbol{A}\begin{pmatrix}x_1\\x_2\\\vdots\\x_n\end{pmatrix}.$$

最后等式表明，$\sigma(\boldsymbol{\xi})$关于$(\boldsymbol{\alpha}_1,\boldsymbol{\alpha}_2,\cdots,\boldsymbol{\alpha}_n)$的坐标所组成的列是

$$\boldsymbol{A}\begin{pmatrix}x_1\\x_2\\\vdots\\x_n\end{pmatrix}.$$

比较等式(1)，我们得到

定理 7.3.1 令 V 是数域 F 上一个 n 维向量空间，σ 是 V 的一个线性变换，而 σ 关于 V 的一个基$\{\boldsymbol{\alpha}_1,\boldsymbol{\alpha}_2,\cdots,\boldsymbol{\alpha}_n\}$的矩阵是

$$A=\begin{pmatrix}a_{11} & a_{12} & \cdots & a_{1n}\\ a_{21} & a_{22} & \cdots & a_{2n}\\ \vdots & \vdots & & \vdots\\ a_{n1} & a_{n2} & \cdots & a_{nn}\end{pmatrix}.$$

如果 V 中向量 $\boldsymbol{\xi}$ 关于这个基的坐标是 $(x_1,x_2,\cdots,x_n)$，而 $\sigma(\boldsymbol{\xi})$ 的坐标是 $(y_1,y_2,\cdots,y_n)$，那么

$$\begin{pmatrix}y_1\\ y_2\\ \vdots\\ y_n\end{pmatrix}=A\begin{pmatrix}x_1\\ x_2\\ \vdots\\ x_n\end{pmatrix}. \tag{5}$$

例 1 在空间 V_2 内取从原点引出的两个彼此正交的单位向量 $\boldsymbol{\varepsilon}_1$，$\boldsymbol{\varepsilon}_2$ 作为 V_2 的基. 令 σ 是将 V_2 的每一向量旋转角 θ 的一个旋转. σ 是 V_2 的一个线性变换. 我们有

$$\sigma(\boldsymbol{\varepsilon}_1)=\cos\theta\,\boldsymbol{\varepsilon}_1+\sin\theta\,\boldsymbol{\varepsilon}_2,$$
$$\sigma(\boldsymbol{\varepsilon}_2)=-\sin\theta\,\boldsymbol{\varepsilon}_1+\cos\theta\,\boldsymbol{\varepsilon}_2.$$

所以 σ 关于基 $\{\boldsymbol{\varepsilon}_1,\boldsymbol{\varepsilon}_2\}$ 的矩阵是

$$\begin{pmatrix}\cos\theta & -\sin\theta\\ \sin\theta & \cos\theta\end{pmatrix}.$$

设 $\boldsymbol{\xi}\in V_2$，它关于基 $\{\boldsymbol{\varepsilon}_1,\boldsymbol{\varepsilon}_2\}$ 的坐标是 (x_1,x_2)，而 $\sigma(\boldsymbol{\xi})$ 的坐标是 (y_1,y_2). 那么

$$\begin{pmatrix}y_1\\ y_2\end{pmatrix}=\begin{pmatrix}\cos\theta & -\sin\theta\\ \sin\theta & \cos\theta\end{pmatrix}\begin{pmatrix}x_1\\ x_2\end{pmatrix}.$$

例 2 令 V 是数域 F 上一个 n 维向量空间. $\sigma:\boldsymbol{\xi}\longmapsto k\boldsymbol{\xi}$ 是 V 的一个位似. 那么 σ 关于 V 的任意基的矩阵是

$$\begin{pmatrix}k & & & 0\\ & k & & \\ & & \ddots & \\ 0 & & & k\end{pmatrix}.$$

特别，V 的单位变换关于任意基的矩阵是单位矩阵；零变换关于任意基的矩阵是零矩阵.

现在假设给定数域 F 上一个 n 阶矩阵 $\boldsymbol{A}$. 我们反过来提出这样的问题：是否存在 F 上 n 维向量空间 V 的一个线性变换，它关于 V 的一个给定的基的矩阵恰好是 $\boldsymbol{A}$. 答案是肯定的. 为此我们先证明

引理 7.3.1 设 V 是数域 F 上一个 n 维向量空间，$\{\boldsymbol{\alpha}_1, \boldsymbol{\alpha}_2, \cdots, \boldsymbol{\alpha}_n\}$ 是 V 的一个基，那么对于 V 中任意 n 个向量 $\boldsymbol{\beta}_1, \boldsymbol{\beta}_2, \cdots, \boldsymbol{\beta}_n$，恰有 V 的一个线性变换 σ，使得

$$\sigma(\boldsymbol{\alpha}_i) = \boldsymbol{\beta}_i, i = 1, 2, \cdots, n.$$

证 设

$$\boldsymbol{\xi} = x_1\boldsymbol{\alpha}_1 + x_2\boldsymbol{\alpha}_2 + \cdots + x_n\boldsymbol{\alpha}_n$$

是 V 中任意向量. 我们如下地定义 V 到自身的一个映射 σ：

$$\sigma(\boldsymbol{\xi}) = x_1\boldsymbol{\beta}_1 + x_2\boldsymbol{\beta}_2 + \cdots + x_n\boldsymbol{\beta}_n.$$

我们证明，σ 是 V 的一个线性变换. 设

$$\boldsymbol{\eta} = y_1\boldsymbol{\alpha}_1 + y_2\boldsymbol{\alpha}_2 + \cdots + y_n\boldsymbol{\alpha}_n \in V.$$

那么

$$\begin{aligned}\boldsymbol{\xi} + \boldsymbol{\eta} = &(x_1 + y_1)\boldsymbol{\alpha}_1 + (x_2 + y_2)\boldsymbol{\alpha}_2 \\ &+ \cdots + (x_n + y_n)\boldsymbol{\alpha}_n.\end{aligned}$$

于是

$$\begin{aligned}\sigma(\boldsymbol{\xi} + \boldsymbol{\eta}) &= (x_1 + y_1)\boldsymbol{\beta}_1 + (x_2 + y_2)\boldsymbol{\beta}_2 + \cdots + (x_n + y_n)\boldsymbol{\beta}_n \\ &= (x_1\boldsymbol{\beta}_1 + x_2\boldsymbol{\beta}_2 + \cdots + x_n\boldsymbol{\beta}_n) \\ &\quad + (y_1\boldsymbol{\beta}_1 + y_2\boldsymbol{\beta}_2 + \cdots + y_n\boldsymbol{\beta}_n) \\ &= \sigma(\boldsymbol{\xi}) + \sigma(\boldsymbol{\eta}).\end{aligned}$$

设 $a \in F$. 那么

$$\begin{aligned}\sigma(a\boldsymbol{\xi}) &= \sigma(ax_1\boldsymbol{\alpha}_1 + ax_2\boldsymbol{\alpha}_2 + \cdots + ax_n\boldsymbol{\alpha}_n) \\ &= ax_1\boldsymbol{\beta}_1 + ax_2\boldsymbol{\beta}_2 + \cdots + ax_n\boldsymbol{\beta}_n \\ &= a(x_1\boldsymbol{\beta}_1 + x_2\boldsymbol{\beta}_2 + \cdots + x_n\boldsymbol{\beta}_n) \\ &= a\sigma(\boldsymbol{\xi}).\end{aligned}$$

这就证明了 σ 是 V 的一个线性变换. 线性变换 σ 显然满足定理

所要求的条件

$$\sigma(\boldsymbol{\alpha}_i)=\boldsymbol{\beta}_i, i=1,2,\cdots,n.$$

如果 τ 是 V 的一个线性变换，且

$$\tau(\boldsymbol{\alpha}_i)=\boldsymbol{\beta}_i, i=1,2,\cdots,n,$$

那么对于任意 $\boldsymbol{\xi}=x_1\boldsymbol{\alpha}_1+x_2\boldsymbol{\alpha}_2+\cdots+x_n\boldsymbol{\alpha}_n\in V$,

$$\begin{aligned}\tau(\boldsymbol{\xi})&=\tau(x_1\boldsymbol{\alpha}_1+x_2\boldsymbol{\alpha}_2+\cdots+x_n\boldsymbol{\alpha}_n)\\&=x_1\tau(\boldsymbol{\alpha}_1)+x_2\tau(\boldsymbol{\alpha}_2)+\cdots+x_n\tau(\boldsymbol{\alpha}_n)\\&=x_1\boldsymbol{\beta}_1+x_2\boldsymbol{\beta}_2+\cdots+x_n\boldsymbol{\beta}_n\\&=\sigma(\boldsymbol{\xi}),\end{aligned}$$

从而 $\tau=\sigma$. □

利用这个引理，容易证明：

定理 7.3.2 设 V 是数域 F 上一个 n 维向量空间，$\{\boldsymbol{\alpha}_1,\boldsymbol{\alpha}_2,\cdots,\boldsymbol{\alpha}_n\}$ 是 V 的一个基. 对于 V 的每一线性变换 σ，令 σ 关于基 $\{\boldsymbol{\alpha}_1,\boldsymbol{\alpha}_2,\cdots,\boldsymbol{\alpha}_n\}$ 的矩阵 $\boldsymbol{A}$ 与它对应. 这样就得到 V 的全体线性变换所成的集合 $L(V)$ 到 F 上全体 n 阶矩阵所成的集合 $M_n(F)$ 的一个双射. 并且如果 σ，$\tau\in L(V)$，而

$$\sigma\longmapsto\boldsymbol{A},\tau\longmapsto\boldsymbol{B},$$

那么

(6) $$\sigma+\tau\longmapsto\boldsymbol{A}+\boldsymbol{B},\quad a\sigma\longmapsto a\boldsymbol{A},a\in F.$$

(7) $$\sigma\tau\longmapsto\boldsymbol{AB}.$$

证 设线性变换 σ 关于基 $\{\boldsymbol{\alpha}_1,\boldsymbol{\alpha}_2,\cdots,\boldsymbol{\alpha}_n\}$ 的矩阵是 $\boldsymbol{A}$. 那么

$$\sigma\longmapsto\boldsymbol{A}$$

是 $L(V)$ 到 $M_n(F)$ 的一个映射. 反过来，设

$$\boldsymbol{A}=\begin{pmatrix}a_{11}&a_{12}&\cdots&a_{1n}\\a_{21}&a_{22}&\cdots&a_{2n}\\\vdots&\vdots&&\vdots\\a_{n1}&a_{n2}&\cdots&a_{nn}\end{pmatrix}$$

是 F 上任意一个 n 阶矩阵. 令

$$\boldsymbol{\beta}_j = a_{1j}\boldsymbol{\alpha}_1 + a_{2j}\boldsymbol{\alpha}_2 + \cdots + a_{nj}\boldsymbol{\alpha}_n, j = 1, 2, \cdots, n.$$

由引理 7.3.1，存在唯一的 $\sigma \in L(V)$ 使

$$\sigma(\boldsymbol{\alpha}_j) = \boldsymbol{\beta}_j, j = 1, 2, \cdots, n.$$

显然 σ 关于基 $\{\boldsymbol{\alpha}_1, \boldsymbol{\alpha}_2, \cdots, \boldsymbol{\alpha}_n\}$ 的矩阵就是 $\boldsymbol{A}$. 这就证明了如上建立的映射是 $L(V)$ 到 $M_n(F)$ 的双射.

设 $\sigma \longmapsto \boldsymbol{A} = (a_{ij})$，$\tau \longmapsto \boldsymbol{B} = (b_{ij})$. 我们有

$$(\sigma(\boldsymbol{\alpha}_1), \sigma(\boldsymbol{\alpha}_2), \cdots, \sigma(\boldsymbol{\alpha}_n)) = (\boldsymbol{\alpha}_1, \boldsymbol{\alpha}_2, \cdots, \boldsymbol{\alpha}_n)\boldsymbol{A},$$

$$(\tau(\boldsymbol{\alpha}_1), \tau(\boldsymbol{\alpha}_2), \cdots, \tau(\boldsymbol{\alpha}_n)) = (\boldsymbol{\alpha}_1, \boldsymbol{\alpha}_2, \cdots, \boldsymbol{\alpha}_n)\boldsymbol{B}.$$

由于 σ 是线性变换，所以

$$\sigma\left(\sum_{i=1}^{n} b_{ij}\boldsymbol{\alpha}_i\right) = \sum_{i=1}^{n} b_{ij}\sigma(\boldsymbol{\alpha}_i), j = 1, 2, \cdots, n.$$

因此

$$\begin{aligned}(\sigma\tau(\boldsymbol{\alpha}_1), \sigma\tau(\boldsymbol{\alpha}_2), \cdots, \sigma\tau(\boldsymbol{\alpha}_n)) &= (\sigma(\boldsymbol{\alpha}_1), \sigma(\boldsymbol{\alpha}_2), \cdots, \sigma(\boldsymbol{\alpha}_n))\boldsymbol{B} \\ &= (\boldsymbol{\alpha}_1, \boldsymbol{\alpha}_2, \cdots, \boldsymbol{\alpha}_n)\boldsymbol{AB}.\end{aligned}$$

所以 $\sigma\tau$ 关于基 $\{\boldsymbol{\alpha}_1, \boldsymbol{\alpha}_2, \cdots, \boldsymbol{\alpha}_n\}$ 的矩阵就是 $\boldsymbol{AB}$. (7)式成立. 至于(6)式成立，是显然的. □

这个定理说明，作为 F 上的向量空间，$L(V)$ 与 $M_n(F)$ 同构. 由(7)，我们说，这个同构映射保持乘法. 由此进一步得到

推论 7.3.1 设数域 F 上 n 维向量空间 V 的一个线性变换 σ 关于 V 的一个取定的基的矩阵是 $\boldsymbol{A}$. 那么 σ 可逆当且仅当 $\boldsymbol{A}$ 可逆，并且 σ^{-1} 关于这个基的矩阵就是 $\boldsymbol{A}^{-1}$.

证 设 σ 可逆. 令 σ^{-1} 关于所取定的基的矩阵是 $\boldsymbol{B}$. 由(7)，

$$\iota = \sigma\sigma^{-1} \longmapsto \boldsymbol{AB}.$$

然而单位变换关于任意基的矩阵都是单位矩阵 $\boldsymbol{I}$. 所以 $\boldsymbol{AB} = \boldsymbol{I}$. 同理 $\boldsymbol{BA} = \boldsymbol{I}$. 所以 $\boldsymbol{B} = \boldsymbol{A}^{-1}$.

反过来，设 $\sigma \longmapsto \boldsymbol{A}$，而 $\boldsymbol{A}$ 可逆. 由定理 7.3.2，有 $\tau \in L(V)$ 使 $\tau \longmapsto \boldsymbol{A}^{-1}$. 于是

$$\sigma\tau \longmapsto \boldsymbol{AA}^{-1} = \boldsymbol{I}.$$

注意到(5)，可看出 $\sigma\tau=\iota$. 同理 $\tau\sigma=\iota$. 所以 σ 有逆，而 $\tau=\sigma^{-1}$. □

与一个线性变换对应的矩阵是依赖于基的选择的. 同一个线性变换关于不同的基的矩阵自然不一定相同. 我们来研究一下，一个线性变换关于两个基的矩阵有什么关系.

设 V 是数域 F 上一个 n 维向量空间. σ 是 V 的一个线性变换. 假设 σ 关于 V 的两个基 $\{\boldsymbol{\alpha}_1,\boldsymbol{\alpha}_2,\cdots,\boldsymbol{\alpha}_n\}$ 和 $\{\boldsymbol{\beta}_1,\boldsymbol{\beta}_2,\cdots,\boldsymbol{\beta}_n\}$ 的矩阵分别是 $\boldsymbol{A}$ 和 $\boldsymbol{B}$. 即

$$(\sigma(\boldsymbol{\alpha}_1),\sigma(\boldsymbol{\alpha}_2),\cdots,\sigma(\boldsymbol{\alpha}_n))=(\boldsymbol{\alpha}_1,\boldsymbol{\alpha}_2,\cdots,\boldsymbol{\alpha}_n)\boldsymbol{A},$$
$$(\sigma(\boldsymbol{\beta}_1),\sigma(\boldsymbol{\beta}_2),\cdots,\sigma(\boldsymbol{\beta}_n))=(\boldsymbol{\beta}_1,\boldsymbol{\beta}_2,\cdots,\boldsymbol{\beta}_n)\boldsymbol{B}.$$

令 $\boldsymbol{T}$ 是由基 $\{\boldsymbol{\alpha}_1,\boldsymbol{\alpha}_2,\cdots,\boldsymbol{\alpha}_n\}$ 到基 $\{\boldsymbol{\beta}_1,\boldsymbol{\beta}_2,\cdots,\boldsymbol{\beta}_n\}$ 的过渡矩阵：

$$(\boldsymbol{\beta}_1,\boldsymbol{\beta}_2,\cdots,\boldsymbol{\beta}_n)=(\boldsymbol{\alpha}_1,\boldsymbol{\alpha}_2,\cdots,\boldsymbol{\alpha}_n)\boldsymbol{T}.$$

于是

$$\begin{aligned}(\boldsymbol{\beta}_1,\boldsymbol{\beta}_2,\cdots,\boldsymbol{\beta}_n)\boldsymbol{B}&=(\sigma(\boldsymbol{\beta}_1),\sigma(\boldsymbol{\beta}_2),\cdots,\sigma(\boldsymbol{\beta}_n))\\&=(\sigma(\boldsymbol{\alpha}_1),\sigma(\boldsymbol{\alpha}_2),\cdots,\sigma(\boldsymbol{\alpha}_n))\boldsymbol{T}\\&=(\boldsymbol{\alpha}_1,\boldsymbol{\alpha}_2,\cdots,\boldsymbol{\alpha}_n)\boldsymbol{A}\boldsymbol{T}\\&=(\boldsymbol{\beta}_1,\boldsymbol{\beta}_2,\cdots,\boldsymbol{\beta}_n)\boldsymbol{T}^{-1}\boldsymbol{A}\boldsymbol{T}.\end{aligned}$$

因此

$$\boldsymbol{B}=\boldsymbol{T}^{-1}\boldsymbol{A}\boldsymbol{T}. \tag{8}$$

等式(8)说明了一个线性变换关于两个基的矩阵的关系.

设 $\boldsymbol{A}$, $\boldsymbol{B}$ 是数域 F 上两个 n 阶矩阵. 如果存在 F 上一个 n 阶可逆矩阵 $\boldsymbol{T}$ 使等式(8)成立，那么就说 $\boldsymbol{B}$ 与 $\boldsymbol{A}$ 相似，并且记作 $\boldsymbol{A}\sim\boldsymbol{B}$.

n 阶矩阵的相似关系具有下列性质：

1) 自反性：每一个 n 阶矩阵 $\boldsymbol{A}$ 都与它自己相似，因为 $\boldsymbol{A}=\boldsymbol{I}^{-1}\boldsymbol{A}\boldsymbol{I}$.

2) 对称性：如果 $\boldsymbol{A}\sim\boldsymbol{B}$，那么 $\boldsymbol{B}\sim\boldsymbol{A}$.

因为由 $\boldsymbol{B}=\boldsymbol{T}^{-1}\boldsymbol{A}\boldsymbol{T}$ 得 $\boldsymbol{A}=\boldsymbol{T}\boldsymbol{B}\boldsymbol{T}^{-1}=(\boldsymbol{T}^{-1})^{-1}\boldsymbol{B}\boldsymbol{T}^{-1}$.

3) 传递性：如果 $\boldsymbol{A}\sim\boldsymbol{B}$ 且 $\boldsymbol{B}\sim\boldsymbol{C}$，那么 $\boldsymbol{A}\sim\boldsymbol{C}$.

事实上，由 $\boldsymbol{B}=\boldsymbol{T}^{-1}\boldsymbol{A}\boldsymbol{T}$ 和 $\boldsymbol{C}=\boldsymbol{U}^{-1}\boldsymbol{B}\boldsymbol{U}$ 得

$$\boldsymbol{C}=\boldsymbol{U}^{-1}\boldsymbol{T}^{-1}\boldsymbol{A}\boldsymbol{T}\boldsymbol{U}=(\boldsymbol{T}\boldsymbol{U})^{-1}\boldsymbol{A}(\boldsymbol{T}\boldsymbol{U}).$$

等式(8)表明，n 维向量空间的一个线性变换关于两个基的矩阵是相似的.

反过来，设 $\boldsymbol{A}$ 和 $\boldsymbol{B}$ 是数域 F 上两个相似的 n 阶矩阵. 那么由定理 7.3.2，存在 F 上 n 维向量空间 V 的一个线性变换 σ，它关于 V 的一个基 $\{\boldsymbol{\alpha}_1,\boldsymbol{\alpha}_2,\cdots,\boldsymbol{\alpha}_n\}$ 的矩阵就是 $\boldsymbol{A}$. 于是

$$(\sigma(\boldsymbol{\alpha}_1),\sigma(\boldsymbol{\alpha}_2),\cdots,\sigma(\boldsymbol{\alpha}_n))=(\boldsymbol{\alpha}_1,\boldsymbol{\alpha}_2,\cdots,\boldsymbol{\alpha}_n)\boldsymbol{A}$$

因为 $\boldsymbol{B}$ 与 $\boldsymbol{A}$ 相似，所以存在一个可逆矩阵 $\boldsymbol{T}$，使得

$$\boldsymbol{B}=\boldsymbol{T}^{-1}\boldsymbol{A}\boldsymbol{T}.$$

令

$$(\boldsymbol{\beta}_1,\boldsymbol{\beta}_2,\cdots,\boldsymbol{\beta}_n)=(\boldsymbol{\alpha}_1,\boldsymbol{\alpha}_2,\cdots,\boldsymbol{\alpha}_n)\boldsymbol{T},$$

那么由定理 6.5.3，$\{\boldsymbol{\beta}_1,\boldsymbol{\beta}_2,\cdots,\boldsymbol{\beta}_n\}$ 也是 V 的一个基. 容易看出，σ 关于这个基的矩阵就是 $\boldsymbol{B}$.

因此，相似的矩阵可以看成一个线性变换关于两个基的矩阵.

最后，容易证明以下等式成立：

$$\boldsymbol{T}^{-1}(\boldsymbol{A}_1+\boldsymbol{A}_2+\cdots+\boldsymbol{A}_r)\boldsymbol{T}=\boldsymbol{T}^{-1}\boldsymbol{A}_1\boldsymbol{T}+\boldsymbol{T}^{-1}\boldsymbol{A}_2\boldsymbol{T}+\cdots+\boldsymbol{T}^{-1}\boldsymbol{A}_r\boldsymbol{T},$$

$$\boldsymbol{T}^{-1}\boldsymbol{A}^r\boldsymbol{T}=(\boldsymbol{T}^{-1}\boldsymbol{A}\boldsymbol{T})^r.$$

习　题

1. 令 $F_n[x]$ 表示一切次数不大于 n 的多项式连同零多项式所成的向量空间，$\sigma: f(x)\longmapsto f'(x)$. 求 σ 关于以下两个基的矩阵：

(i) 1, x, x^2, $\cdots$, x^n;

(ii) 1, $x-c$, $\dfrac{(x-c)^2}{2!}$, $\cdots$, $\dfrac{(x-c)^n}{n!}$, $c\in F$.

2. 设 F 上三维向量空间的线性变换 σ 关于基 $\{\boldsymbol{\alpha}_1,\boldsymbol{\alpha}_2,\boldsymbol{\alpha}_3\}$ 的矩阵是

$$\begin{pmatrix}15&-11&5\\20&-15&8\\8&-7&6\end{pmatrix},$$

求 σ 关于基

$$\boldsymbol{\beta}_1=2\boldsymbol{\alpha}_1+3\boldsymbol{\alpha}_2+\boldsymbol{\alpha}_3,$$
$$\boldsymbol{\beta}_2=3\boldsymbol{\alpha}_1+4\boldsymbol{\alpha}_2+\boldsymbol{\alpha}_3,$$
$$\boldsymbol{\beta}_3=\boldsymbol{\alpha}_1+2\boldsymbol{\alpha}_2+2\boldsymbol{\alpha}_3$$

的矩阵.

设 $\boldsymbol{\xi}=2\boldsymbol{\alpha}_1+\boldsymbol{\alpha}_2-\boldsymbol{\alpha}_3$. 求 $\sigma(\boldsymbol{\xi})$关于基 $\boldsymbol{\beta}_1$, $\boldsymbol{\beta}_2$, $\boldsymbol{\beta}_3$ 的坐标.

3. 设$\{\boldsymbol{\gamma}_1,\boldsymbol{\gamma}_2,\cdots,\boldsymbol{\gamma}_n\}$是 n 维向量空间 V 的一个基.

$$\boldsymbol{\alpha}_j=\sum_{i=1}^{n}a_{ij}\boldsymbol{\gamma}_i,\ \boldsymbol{\beta}_j=\sum_{i=1}^{n}b_{ij}\boldsymbol{\gamma}_i,j=1,2,\cdots,n,$$

并且 $\boldsymbol{\alpha}_1,\boldsymbol{\alpha}_2,\cdots,\boldsymbol{\alpha}_n$ 线性无关. 又设 σ 是 V 的一个线性变换, 使得 $\sigma(\boldsymbol{\alpha}_j)=\boldsymbol{\beta}_j$, $j=1,2,\cdots,n$. 求 σ 关于基 $\boldsymbol{\gamma}_1,\boldsymbol{\gamma}_2,\cdots,\boldsymbol{\gamma}_n$ 的矩阵.

4. 设 $\boldsymbol{A}$, $\boldsymbol{B}$ 是 n 阶矩阵, 且 $\boldsymbol{A}$ 可逆. 证明, $\boldsymbol{AB}$ 与 $\boldsymbol{BA}$ 相似.

5. 设 $\boldsymbol{A}$ 是数域 F 上一个 n 阶矩阵. 证明, 存在 F 上一个非零多项式 $f(x)$使得 $f(\boldsymbol{A})=\boldsymbol{O}$.

6. 证明, 数域 F 上 n 维向量空间 V 的一个线性变换 σ 是一个位似(即单位变换的一个标量倍)当且仅当 σ 关于 V 的任意基的矩阵都相等.

7. 令 $M_n(F)$是数域 F 上全体 n 阶矩阵所成的向量空间. 取定一个矩阵 $\boldsymbol{A}\in M_n(F)$. 对于任意 $\boldsymbol{X}\in M_n(F)$, 定义

$$\sigma(\boldsymbol{X})=\boldsymbol{AX}-\boldsymbol{XA}.$$

由 7.1 习题 3 知 σ 是 $M_n(F)$的一个线性变换. 设

$$\boldsymbol{A}=\begin{pmatrix}a_1 & & & 0\\ & a_2 & & \\ & & \ddots & \\ 0 & & & a_n\end{pmatrix}$$

是一个对角矩阵. 证明, σ 关于 $M_n(F)$的标准基$\{\boldsymbol{E}_{ij}\mid 1\leqslant i,j\leqslant n\}$(见 6.4, 例 5)的矩阵也是对角矩阵, 它的主对角线上的元素是一切 $a_i-a_j(1\leqslant i,j\leqslant n)$. [建议先具体计算一下 $n=3$ 的情形.]

8. 设 σ 是数域 F 上 n 维向量空间 V 的一个线性变换. 证明, 总可以如此选取 V 的两个基$\{\boldsymbol{\alpha}_1,\boldsymbol{\alpha}_2,\cdots,\boldsymbol{\alpha}_n\}$和$\{\boldsymbol{\beta}_1,\boldsymbol{\beta}_2,\cdots,\boldsymbol{\beta}_n\}$, 使得对于 V 的任意向量 $\boldsymbol{\xi}$ 来说, 如果 $\boldsymbol{\xi}=\sum\limits_{i=1}^{n}x_i\boldsymbol{\alpha}_i$, 则 $\sigma(\boldsymbol{\xi})=\sum\limits_{i=1}^{r}x_i\boldsymbol{\beta}_i$, 这里 $0\leqslant r\leqslant n$ 是一个定数. [提示:利用 7.1,习题 5 选取基 $\boldsymbol{\alpha}_1,\boldsymbol{\alpha}_2,\cdots,\boldsymbol{\alpha}_n$.]

7.4 不变子空间

设 σ 是数域 F 上 n 维向量空间 V 的一个线性变换. 很自然地希望选取 V 的一个基，使得 σ 关于这个基的矩阵具有尽可能简单的形状. 由于一个线性变换关于不同的基的矩阵是相似的，因此我们也可以这样提出问题：在一切彼此相似的 n 阶矩阵中，选出一个形式尽可能简单的矩阵来. 这一问题的讨论和所谓不变子空间的概念有着密切的关系. 在这一节里，我们介绍一下不变子空间的概念，同时将看到，不变子空间与简化一个线性变换的矩阵的关系.

令 V 是数域 F 上一个向量空间，σ 是 V 的一个线性变换.

定义 1 V 的一个子空间 W 说是在线性变换 σ 之下不变（或稳定），如果 $\sigma(W)\subseteq W$.

如果子空间 W 在 σ 之下不变，那么 W 就叫作 σ 的一个不变子空间.

例 1 V 本身和零空间 $\{\mathbf{0}\}$ 显然在任意线性变换之下不变.

例 2 令 σ 是 V 的一个线性变换. 那么 σ 的核 $\mathrm{Ker}(\sigma)$ 和像 $\mathrm{Im}(\sigma)$ 都在 σ 之下不变.

事实上，对于任意 $\boldsymbol{\xi}\in\mathrm{Ker}(\sigma)$，都有 $\sigma(\boldsymbol{\xi})=\mathbf{0}\in\mathrm{Ker}(\sigma)$，所以 $\mathrm{Ker}(\sigma)$ 在 σ 之下不变. 至于 $\mathrm{Im}(\sigma)$ 在 σ 之下不变，是显然的.

例 3 V 的任意子空间在任意位似变换之下不变.

例 4 令 σ 是 V_3 中以某一过原点的直线 L 为轴，旋转一个角 θ 的旋转. 那么旋转轴 L 是 σ 的一个一维不变子空间，而过原点与 L 垂直的平面 H 是 σ 的一个二维不变子空间.

例 5 令 $F[x]$ 是数域 F 上一切一元多项式所成的向量空间，σ: $f(x)\longmapsto f'(x)$ 是求导数运算. 对于每一正整数 n，令 $F_n[x]$ 表示一切次数不超过 n 的多项式连同零多项式所成的子空间. 那

么 $F_n[x]$ 在 σ 之下不变.

设 W 是线性变换 σ 的一个不变子空间. 只考虑 σ 在 W 上的作用，就得到子空间 W 本身的一个线性变换，称为 σ 在 W 上的限制，并且记作 $\sigma|_W$. 这样，对于任意 $\boldsymbol{\xi}\in W$,

$$\sigma|_W(\boldsymbol{\xi})=\sigma(\boldsymbol{\xi}).$$

然而如果 $\boldsymbol{\xi}\notin W$，那么 $\sigma|_W(\boldsymbol{\xi})$ 没有意义.

现在看一看，不变子空间和简化线性变换的矩阵有什么关系.

设 V 是数域 F 上一个 n 维向量空间，σ 是 V 的一个线性变换. 假设 σ 有一个非平凡不变子空间 W，那么取 W 的一个基 $\boldsymbol{\alpha}_1,\boldsymbol{\alpha}_2,\cdots,\boldsymbol{\alpha}_r$，再补充成为 V 的一个基 $\boldsymbol{\alpha}_1,\boldsymbol{\alpha}_2,\cdots,\boldsymbol{\alpha}_r,\boldsymbol{\alpha}_{r+1},\cdots,\boldsymbol{\alpha}_n$. 由于 W 在 σ 之下不变，所以 $\sigma(\boldsymbol{\alpha}_1),\sigma(\boldsymbol{\alpha}_2),\cdots,\sigma(\boldsymbol{\alpha}_r)$ 仍在 W 内，因而可以由 W 的基 $\boldsymbol{\alpha}_1,\boldsymbol{\alpha}_2,\cdots,\boldsymbol{\alpha}_r$ 线性表示. 我们有：

$$\begin{aligned}
\sigma(\boldsymbol{\alpha}_1)&=a_{11}\boldsymbol{\alpha}_1+a_{21}\boldsymbol{\alpha}_2+\cdots+a_{r1}\boldsymbol{\alpha}_r,\\
&\cdots\cdots\cdots\cdots\\
\sigma(\boldsymbol{\alpha}_r)&=a_{1r}\boldsymbol{\alpha}_1+a_{2r}\boldsymbol{\alpha}_2+\cdots+a_{rr}\boldsymbol{\alpha}_r,\\
\sigma(\boldsymbol{\alpha}_{r+1})&=a_{1,r+1}\boldsymbol{\alpha}_1+\cdots+a_{r,r+1}\boldsymbol{\alpha}_r+a_{r+1,r+1}\boldsymbol{\alpha}_{r+1}+\cdots+a_{n,r+1}\boldsymbol{\alpha}_n,\\
&\cdots\cdots\cdots\cdots\\
\sigma(\boldsymbol{\alpha}_n)&=a_{1n}\boldsymbol{\alpha}_1+\cdots+a_{rn}\boldsymbol{\alpha}_r+a_{r+1,n}\boldsymbol{\alpha}_{r+1}+\cdots+a_{nn}\boldsymbol{\alpha}_n.
\end{aligned}$$

因此，σ 关于这个基的矩阵有形状

$$\boldsymbol{A}=\begin{pmatrix}\boldsymbol{A}_1 & \boldsymbol{A}_3\\ \boldsymbol{O} & \boldsymbol{A}_2\end{pmatrix},$$

这里

$$\boldsymbol{A}_1=\begin{pmatrix}a_{11} & \cdots & a_{1r}\\ \vdots & & \vdots\\ a_{r1} & \cdots & a_{rr}\end{pmatrix}$$

是 $\sigma|_W$ 关于 W 的基 $\boldsymbol{\alpha}_1,\boldsymbol{\alpha}_2,\cdots,\boldsymbol{\alpha}_r$ 的矩阵，而 $\boldsymbol{A}$ 中左下方的 $\boldsymbol{O}$ 表示一个 $(n-r)\times r$ 零矩阵.

由此可见，如果线性变换 σ 有一个非平凡不变子空间，那么适当选取 V 的基，可以使与 σ 对应的矩阵中有一些元素是零. 特别，如果 V 可以写成两个非平凡子空间 W_1 与 W_2 的直和：

$$V = W_1 \oplus W_2,$$

那么选取 W_1 的一个基 $\boldsymbol{\alpha}_1,\boldsymbol{\alpha}_2,\cdots,\boldsymbol{\alpha}_r$ 和 W_2 的一个基 $\boldsymbol{\alpha}_{r+1},\cdots,\boldsymbol{\alpha}_n$，凑成 V 的一个基 $\boldsymbol{\alpha}_1,\boldsymbol{\alpha}_2,\cdots,\boldsymbol{\alpha}_n$. 当 W_1 和 W_2 都在 σ 之下不变时，容易看出，σ 关于这样选取的基的矩阵是

$$\boldsymbol{A} = \begin{pmatrix} \boldsymbol{A}_1 & \boldsymbol{O} \\ \boldsymbol{O} & \boldsymbol{A}_2 \end{pmatrix},$$

这里 $\boldsymbol{A}_1$ 是一个 r 阶矩阵，它是 $\sigma|_{W_1}$ 关于基 $\boldsymbol{\alpha}_1,\cdots,\boldsymbol{\alpha}_r$ 的矩阵，而 $\boldsymbol{A}_2$ 是一个 $n-r$ 阶矩阵，它是 $\sigma|_{W_2}$ 关于基 $\boldsymbol{\alpha}_{r+1},\cdots,\boldsymbol{\alpha}_n$ 的矩阵.

例 6 令 σ 是例 4 所给出的 V_3 的线性变换，显然 V_3 是一维子空间 L 与二维子空间 H 的直和，而 L 和 H 都在 σ 之下不变. 取 L 的一个非零向量 $\boldsymbol{\alpha}_1$，取 H 的两个彼此正交的单位向量 $\boldsymbol{\alpha}_2$，$\boldsymbol{\alpha}_3$，那么 $\boldsymbol{\alpha}_1$，$\boldsymbol{\alpha}_2$，$\boldsymbol{\alpha}_3$ 是 V_3 的一个基，而 σ 关于这个基的矩阵是

$$\begin{pmatrix} 1 & 0 & 0 \\ 0 & \cos\theta & -\sin\theta \\ 0 & \sin\theta & \cos\theta \end{pmatrix}.$$

一般地，如果向量空间 V 可以写成 s 个子空间 W_1，W_2，$\cdots$，W_s 的直和，并且每一子空间都在线性变换 σ 之下不变，那么在每一子空间中取一个基，凑成 V 的一个基，σ 关于这个基的矩阵就有形状

$$\begin{pmatrix} \boldsymbol{A}_1 & & & \boldsymbol{0} \\ & \boldsymbol{A}_2 & & \\ & & \ddots & \\ \boldsymbol{0} & & & \boldsymbol{A}_s \end{pmatrix},$$

这里 $\boldsymbol{A}_i$ 是 $\sigma|_{W_i}$ 关于所取的 W_i 的基的矩阵.

因此，给了 n 维向量空间 V 的一个线性变换，只要能够将 V 分解成一些在 σ 之下不变的子空间的直和，那么就可以适当地选取 V 的基，使得 σ 关于这个基的矩阵具有比较简单的形状. 显然，这些不变子空间的维数越小，相应的矩阵的形状就越简单. 特别，如果能够将 V 分解成 n 个在 σ 之下不变的一维子空间的直和，那么与 σ 相当的矩阵就是对角矩阵. 在以下两节，我们将对这个问题进行讨论.

习　　题

1. 设 σ 是有限维向量空间 V 的一个线性变换. 而 W 是 σ 的一个不变子空间，证明，如果 σ 有逆变换，那么 W 也在 σ^{-1} 之下不变.

2. 设 σ, τ 是向量空间 V 的线性变换，且 $\sigma\tau=\tau\sigma$. 证明 $\mathrm{Im}(\sigma)$ 和 $\mathrm{Ker}(\sigma)$ 都在 τ 之下不变.

3. 令 σ 是数域 F 上向量空间 V 的一个线性变换，并且满足条件 $\sigma^2=\sigma$. 证明：

(i) $\mathrm{Ker}(\sigma)=\{\boldsymbol{\xi}-\sigma(\boldsymbol{\xi})\mid\boldsymbol{\xi}\in V\}$;

(ii) $V=\mathrm{Ker}(\sigma)\oplus\mathrm{Im}(\sigma)$;

(iii) 如果 τ 是 V 的一个线性变换，那么 $\mathrm{Ker}(\sigma)$ 和 $\mathrm{Im}(\sigma)$ 都在 τ 之下不变的充要条件是 $\sigma\tau=\tau\sigma$.

4. 设 σ 是向量空间 V 的一个位似. 证明 V 的每一个子空间都在 σ 之下不变.

5. 令 S 是数域 F 上向量空间 V 的一些线性变换所成的集合. V 的一个子空间 W 如果在 S 中每一线性变换之下不变，那么就说 W 是 S 的一个不变子空间. 如果 S 在 V 中没有非平凡的不变子空间，则是不可约的. 设 S 不可约，而 φ 是 V 的一个线性变换，它与 S 中每一线性变换可交换. 证明 φ 或者是零变换，或者是可逆变换.

[提示：令 $W=\mathrm{Ker}(\varphi)$，证明 W 是 S 的一个不变子空间.]

7.5 本征值和本征向量

一维不变子空间和所谓本征值的概念有着密切的联系，后者无论在理论上还是在应用上都是非常重要的.

设 V 是数域 F 上一个向量空间. σ 是 V 的一个线性变换.

定义 1 设 λ 是 F 中一个数. 如果存在 V 中非零向量 $\boldsymbol{\xi}$, 使得

$$\sigma(\boldsymbol{\xi})=\lambda\boldsymbol{\xi}. \tag{1}$$

那么 λ 就叫作 σ 的一个本征值, 而 $\boldsymbol{\xi}$ 叫作 σ 的属于本征值 λ 的一个本征向量.

显然, 如果 $\boldsymbol{\xi}$ 是 σ 的属于本征值 λ 的一个本征向量, 那么对于任意 $a\in F$, 都有

$$\sigma(a\boldsymbol{\xi})=a\sigma(\boldsymbol{\xi})=a\lambda\boldsymbol{\xi}=\lambda(a\boldsymbol{\xi}).$$

这样, 如果 $\boldsymbol{\xi}$ 是 σ 的一个本征向量, 那么由 $\boldsymbol{\xi}$ 所生成的一维子空间 $U=\{a\boldsymbol{\xi}\mid a\in F\}$ 在 σ 之下不变; 反过来, 如果 V 的一个一维子空间 U 在 σ 之下不变, 那么 U 中每一个非零向量都是 σ 的属于同一本征值的本征向量.

例 1 令 H 是 V_3 的一个过原点的平面, 而 σ 是把 V_3 的每一向量变成这个向量在 H 上的正射影的线性变换(参看 7.1, 例 2). 那么 H 中每一个非零向量都是 σ 的属于本征值 1 的本征向量, 而过原点与平面 H 垂直的直线上每一个非零向量都是 σ 的属于本征值 0 的本征向量.

例 2 令 D 表示定义在全体实数上的可微分任意次的实函数所成的向量空间. $\delta: f(x)\longmapsto f'(x)$ 是求导数运算. δ 是 D 的一个线性变换. 对于每一实数 λ, 我们有

$$\delta(\mathrm{e}^{\lambda x})=\lambda\mathrm{e}^{\lambda x},$$

所以任何实数 λ 都是 δ 的本征值, 而 $\mathrm{e}^{\lambda x}$ 是属于 λ 的一个本征向量.

例 3 令 $F[x]$ 是数域 F 上一切一元多项式所成的向量空间. 容易验证,

$$\sigma: f(x)\longmapsto xf(x)$$

是 $F[x]$ 的一个线性变换. 比较次数可知, 对于任何 $\lambda\in F$, 都不存在非零多项式 $f(x)$, 使 $xf(x)=\lambda f(x)$, 因此 σ 没有本征值.

现在设 V 是数域 F 上一个 n 维向量空间. 取定 V 的一个基 $\{\boldsymbol{\alpha}_1,\boldsymbol{\alpha}_2,\cdots,\boldsymbol{\alpha}_n\}$，令线性变换 σ 关于这个基的矩阵是

$$\boldsymbol{A}=(a_{ij})_{nn}.$$

如果 $\boldsymbol{\xi}=x_1\boldsymbol{\alpha}_1+x_2\boldsymbol{\alpha}_2+\cdots+x_n\boldsymbol{\alpha}_n$ 是线性变换 σ 的属于本征值 λ 的一个本征向量，那么由(1)和定理 7.3.1，我们有

$$\boldsymbol{A}\begin{pmatrix}x_1\\x_2\\\vdots\\x_n\end{pmatrix}=\lambda\begin{pmatrix}x_1\\x_2\\\vdots\\x_n\end{pmatrix},$$

或

$$(2)\qquad (\lambda\boldsymbol{I}-\boldsymbol{A})\begin{pmatrix}x_1\\x_2\\\vdots\\x_n\end{pmatrix}=\begin{pmatrix}0\\0\\\vdots\\0\end{pmatrix}.$$

因为 $\boldsymbol{\xi}\neq\boldsymbol{0}$，所以齐次线性方程组(2)有非零解. 因而系数行列式

$$(3)\quad \det(\lambda\boldsymbol{I}-\boldsymbol{A})=\begin{vmatrix}\lambda-a_{11} & -a_{12} & \cdots & -a_{1n}\\-a_{21} & \lambda-a_{22} & \cdots & -a_{2n}\\\vdots & \vdots & & \vdots\\-a_{n1} & -a_{n2} & \cdots & \lambda-a_{nn}\end{vmatrix}=0.$$

反过来，如果 $\lambda\in F$ 满足等式(3)，那么齐次线性方程组(2)有非零解 $(x_1,x_2,\cdots,x_n)$，因而 $\boldsymbol{\xi}=x_1\boldsymbol{\alpha}_1+x_2\boldsymbol{\alpha}_2+\cdots+x_n\boldsymbol{\alpha}_n$ 满足等式(1)，即 λ 是 σ 的一个本征值.

等式(3)中出现的行列式很重要. 我们引入以下

定义 2 设 $\boldsymbol{A}=(a_{ij})$ 是数域 F 上一个 n 阶矩阵. 行列式

$$f_{\boldsymbol{A}}(x)=\det(x\boldsymbol{I}-\boldsymbol{A})=\begin{vmatrix}x-a_{11} & -a_{12} & \cdots & -a_{1n}\\-a_{21} & x-a_{22} & \cdots & -a_{2n}\\\vdots & \vdots & & \vdots\\-a_{n1} & -a_{n2} & \cdots & x-a_{nn}\end{vmatrix}$$

叫作矩阵 $\boldsymbol{A}$ 的特征多项式.

显然，$f_{\boldsymbol{A}}(x)\in F[x]$.

等式(3)表明，如果 $\boldsymbol{A}$ 是线性变换 σ 关于 V 的一个基的矩阵，而 λ 是 σ 的一个本征值，那么 λ 是 $\boldsymbol{A}$ 的特征多项式 $f_{\boldsymbol{A}}(x)$ 的根：

$$f_{\boldsymbol{A}}(\lambda)=0.$$

现在设线性变换 σ 关于 V 的另一个基的矩阵是 $\boldsymbol{B}$. 我们证明 $\boldsymbol{A}$ 与 $\boldsymbol{B}$ 有相同的特征多项式. 也就是说，相似的矩阵有相同的特征多项式. 事实上，设存在可逆矩阵 $\boldsymbol{T}$ 使

$$\boldsymbol{B}=\boldsymbol{T}^{-1}\boldsymbol{A}\boldsymbol{T}.$$

因为 $\boldsymbol{T}^{-1}\boldsymbol{I}\boldsymbol{T}=\boldsymbol{I}$，所以

$$x\boldsymbol{I}-\boldsymbol{B}=x\boldsymbol{T}^{-1}\boldsymbol{I}\boldsymbol{T}-\boldsymbol{T}^{-1}\boldsymbol{A}\boldsymbol{T}=\boldsymbol{T}^{-1}(x\boldsymbol{I}-\boldsymbol{A})\boldsymbol{T}.$$

于是由定理 5.2.5，

$$\begin{aligned}f_{\boldsymbol{B}}(x)&=\det(x\boldsymbol{I}-\boldsymbol{B})=\det(\boldsymbol{T}^{-1}(x\boldsymbol{I}-\boldsymbol{A})\boldsymbol{T})\\&=(\det\boldsymbol{T})^{-1}\det(x\boldsymbol{I}-\boldsymbol{A})\det\boldsymbol{T}\\&=\det(x\boldsymbol{I}-\boldsymbol{A})=f_{\boldsymbol{A}}(x).\end{aligned}$$

这样，我们可以定义 V 的线性变换 σ 的特征多项式是 σ 关于 V 的任意一个基的矩阵的特征多项式，并且把 σ 的特征多项式记作 $f_\sigma(x)$.

于是我们有

定理 7.5.1 设 σ 是数域 F 上 n 维向量空间 V 的一个线性变换. $\lambda\in F$ 是 σ 的一个本征值当且仅当 λ 是 σ 的特征多项式 $f_\sigma(x)$ 的一个根.

现在来研究一下矩阵 $\boldsymbol{A}$ 的特征多项式

$$(4)\qquad f_{\boldsymbol{A}}(x)=\begin{vmatrix}x-a_{11}&-a_{12}&\cdots&-a_{1n}\\-a_{21}&x-a_{22}&\cdots&-a_{2n}\\\vdots&\vdots&&\vdots\\-a_{n1}&-a_{n2}&\cdots&x-a_{nn}\end{vmatrix}.$$

将这个行列式展开，得到 $F[x]$ 中一个多项式，它的最高次项是 x^n，出现在主对角线上元素的乘积

$$(5)\qquad (x-a_{11})(x-a_{22})\cdots(x-a_{nn})$$

里. 行列式的展开式其余的项至多含有 $n-2$ 个主对角线上的元素. 因此，$f_A(x)$ 是乘积(5)和一个至多是 x 的一个 $n-2$ 次多项式的和. 因此，$f_A(x)$ 中次数大于 $n-2$ 的项只出现在乘积(5)里，所以

$$f_A(x)=x^n-(a_{11}+a_{22}+\cdots+a_{nn})x^{n-1}+\cdots,$$

这里没有写出的项的次数至多是 $n-2$.

在 $f_A(x)$ 中，x^{n-1} 的系数乘以 -1 就是矩阵 $\boldsymbol{A}$ 的主对角线上元素的和，叫作矩阵 $\boldsymbol{A}$ 的迹. 并且记作 $\mathrm{tr}\boldsymbol{A}$：

$$\mathrm{tr}\boldsymbol{A}=a_{11}+a_{22}+\cdots+a_{nn}.$$

其次，在(4)式里，令 $x=0$ 得

$$f_A(0)=(-1)^n\det\boldsymbol{A}.$$

也就是说，特征多项式 $f_A(x)$ 的常数项等于 $\boldsymbol{A}$ 的行列式乘以 $(-1)^n$.

例 4 设

$$\boldsymbol{A}=\begin{pmatrix} a & b \\ c & d \end{pmatrix},$$

那么

$$\begin{aligned} f_A(x) &= \begin{vmatrix} x-a & -b \\ -c & x-d \end{vmatrix} \\ &= x^2-(a+d)x+(ad-bc) \\ &= x^2-\mathrm{tr}\boldsymbol{A}x+\det\boldsymbol{A}. \end{aligned}$$

我们把 n 阶矩阵 $\boldsymbol{A}$ 的特征多项式 $f_A(x)$ 在复数域 $\mathbf{C}$ 内的根叫作矩阵 $\boldsymbol{A}$ 的特征根. 设 λ 是矩阵 $\boldsymbol{A}$ 的一个特征根，那么齐次线性方程组(2)的一个非零解叫作矩阵 $\boldsymbol{A}$ 的属于特征根 λ 的一个特征向量. 由于 F 上每一个 n 阶矩阵都可以看成 F 上一个 n 维向量空间 V 的某一线性变换 σ 关于取定的一个基

的矩阵，所以矩阵 $\boldsymbol{A}$ 的属于 F 的特征根就是 σ 的本征值，而 $\boldsymbol{A}$ 的属于λ 的特征向量就是 σ 的属于 λ 的本征向量关于所给定基的坐标.

设 λ_1，λ_2，…，λ_n 是矩阵 $\boldsymbol{A}$ 的全部特征根. 那么

$$\begin{aligned} f_A(x) &= (x-\lambda_1)(x-\lambda_2)\cdots(x-\lambda_n) \\ &= x^n-(\lambda_1+\lambda_2+\cdots+\lambda_n)x^{n-1} \\ &\quad +\cdots+(-1)^n\lambda_1\lambda_2\cdots\lambda_n. \end{aligned}$$

因此我们有

$$\mathrm{tr}\boldsymbol{A}=\lambda_1+\lambda_2+\cdots+\lambda_n.$$

$$\det\boldsymbol{A}=\lambda_1\lambda_2\cdots\lambda_n.$$

即矩阵 $\boldsymbol{A}$ 的迹等于 $\boldsymbol{A}$ 的全部特征根的和，$\boldsymbol{A}$ 的行列式等于 $\boldsymbol{A}$ 的全部特征根的乘积.

设 σ 是数域 F 上 n 维向量空间 V 的一个线性变换，它关于 V 的一个基 $\{\boldsymbol{\alpha}_1,\boldsymbol{\alpha}_2,\cdots,\boldsymbol{\alpha}_n\}$ 的矩阵是 $\boldsymbol{A}$. 要求出 σ 的本征值，只要求出 $\boldsymbol{A}$ 的属于 F 的特征根. 设 $\lambda\in F$ 是矩阵 $\boldsymbol{A}$ 的一个特征根，这时齐次线性方程组(2)有非零解，每一个非零解都是 σ 的属于 λ 的一个本征向量关于基 $\{\boldsymbol{\alpha}_1,\boldsymbol{\alpha}_2,\cdots,\boldsymbol{\alpha}_n\}$ 的坐标.

例 5 设 $\mathbf{R}$ 上三维向量空间的线性变换 σ 关于一个基 $\{\boldsymbol{\alpha}_1,\boldsymbol{\alpha}_2,\boldsymbol{\alpha}_3\}$ 的矩阵是

$$\boldsymbol{A}=\begin{pmatrix} 3 & 3 & 2 \\ 1 & 1 & -2 \\ -3 & -1 & 0 \end{pmatrix}.$$

求 σ 的本征值和相应的本征向量.

先写出矩阵 $\boldsymbol{A}$ 的特征多项式

$$\begin{aligned} f_A(x) &= \begin{vmatrix} x-3 & -3 & -2 \\ -1 & x-1 & 2 \\ 3 & 1 & x \end{vmatrix} = x^3-4x^2+4x-16 \\ &= (x-4)(x^2+4). \end{aligned}$$

它只有一个实根 $x=4$.

为了求出属于特征根 $\lambda=4$ 的特征向量，我们需要解齐次线性方程组

$$(4\boldsymbol{I}-\boldsymbol{A})\begin{pmatrix}x_1\\x_2\\x_3\end{pmatrix}=\begin{pmatrix}0\\0\\0\end{pmatrix}.$$

即

$$\begin{aligned}x_1-3x_2-2x_3&=0,\\-x_1+3x_2+2x_3&=0,\\3x_1+x_2+4x_3&=0.\end{aligned}$$

这个方程组的解是 $(a,a,-a)$，$a\in\mathbf{R}$. 因此，σ 的属于本征值 4 的本征向量是

$$a\boldsymbol{\alpha}_1+a\boldsymbol{\alpha}_2-a\boldsymbol{\alpha}_3, a\in\mathbf{R}, a\neq 0.$$

例 6 求矩阵

$$\boldsymbol{A}=\begin{pmatrix}5&0&0\\0&3&-2\\0&-2&3\end{pmatrix}$$

的特征根和相应的特征向量.

矩阵 $\boldsymbol{A}$ 的特征多项式

$$\begin{aligned}f_A(x)&=\begin{vmatrix}x-5&0&0\\0&x-3&2\\0&2&x-3\end{vmatrix}\\&=(x-5)^2(x-1).\end{aligned}$$

所以 $\boldsymbol{A}$ 的特征根是 1 和 5.

矩阵 $\boldsymbol{A}$ 的属于特征根 1 的特征向量是齐次线性方程组

$$\begin{aligned}-4x_1&=0,\\-2x_2+2x_3&=0,\\2x_2-2x_3&=0\end{aligned}$$

的非零解，即 $(0,a,a)$，$a\in\mathbf{C}$，$a\neq 0$.

矩阵 $\boldsymbol{A}$ 的属于特征根 5 的特征向量是齐次线性方程组

$$\begin{aligned}0x_1&=0,\\2x_2+2x_3&=0,\\2x_2+2x_3&=0\end{aligned}$$

的非零解，即$(a,b,-b)$，a，$b\in\mathbf{C}$且不全为零.

习　题

1. 求下列矩阵在实数域内的特征根和相应的特征向量：

(i) $\begin{pmatrix}3&-2&0\\-1&3&-1\\-5&7&-1\end{pmatrix}$；　(ii) $\begin{pmatrix}4&-5&7\\1&-4&9\\-4&0&5\end{pmatrix}$；

(iii) $\begin{pmatrix}3&6&6\\0&2&0\\-3&-12&-6\end{pmatrix}$.

2. 证明：对角矩阵

$$\begin{pmatrix}a_1&&&0\\&a_2&&\\&&\ddots&\\0&&&a_n\end{pmatrix}与\begin{pmatrix}b_1&&&0\\&b_2&&\\&&\ddots&\\0&&&b_n\end{pmatrix}$$

相似当且仅当$b_1,b_2,\cdots,b_n$是$a_1,a_2,\cdots,a_n$的一个排列.

3. 设

$$\boldsymbol{A}=\begin{pmatrix}a&b\\c&d\end{pmatrix}$$

是一个实矩阵且$ad-bc=1$. 证明：

(i) 如果$|\operatorname{tr}\boldsymbol{A}|>2$，那么存在可逆实矩阵$\boldsymbol{T}$，使得

$$\boldsymbol{T}^{-1}\boldsymbol{A}\boldsymbol{T}=\begin{pmatrix}\lambda&0\\0&\lambda^{-1}\end{pmatrix},$$

这里$\lambda\in\mathbf{R}$且$\lambda\neq0,1,-1$；

(ii) 如果$|\operatorname{tr}\boldsymbol{A}|=2$且$\boldsymbol{A}\neq\pm\boldsymbol{I}$，那么存在可逆实矩阵$\boldsymbol{T}$，使得

$$\boldsymbol{T}^{-1}\boldsymbol{A}\boldsymbol{T}=\begin{pmatrix}1&1\\0&1\end{pmatrix}或\begin{pmatrix}-1&1\\0&-1\end{pmatrix};$$

(iii) 如果$|\operatorname{tr}\boldsymbol{A}|<2$，则存在可逆实矩阵$\boldsymbol{T}$及$\theta\in\mathbf{R}$，使得

$$T^{-1}AT=\begin{pmatrix}\cos\theta & \sin\theta\\ -\sin\theta & \cos\theta\end{pmatrix};$$

［提示］ 在(iii)，A 有非实共轭复特征根 λ，$\bar{\lambda}$，$\lambda\bar{\lambda}=1$. 将 λ 写成三角形式. 令 $\xi\in\mathbf{C}^2$ 是 A 的属于 λ 的一个特征向量，计算 $A(\xi+\bar{\xi})$ 和 $A(\mathrm{i}(\xi-\bar{\xi}))$.

4. 设 a，b，$c\in\mathbf{C}$. 令

$$A=\begin{pmatrix}b & c & a\\ c & a & b\\ a & b & c\end{pmatrix},\ B=\begin{pmatrix}c & a & b\\ a & b & c\\ b & c & a\end{pmatrix},\ C=\begin{pmatrix}a & b & c\\ b & c & a\\ c & a & b\end{pmatrix}.$$

(i) 证明 A，B，C 彼此相似；

(ii) 如果 $BC=CB$，那么 A，B，C 的特征根至少有两个等于零.

5. 设 A 是复数域 $\mathbf{C}$ 上一个 n 阶矩阵.

(i) 证明：存在 $\mathbf{C}$ 上 n 阶可逆矩阵 T 使得

$$T^{-1}AT=\begin{pmatrix}\lambda_1 & b_{12} & \cdots & b_{1n}\\ 0 & b_{22} & \cdots & b_{2n}\\ \vdots & \vdots & & \vdots\\ 0 & b_{n2} & \cdots & b_{nn}\end{pmatrix};$$

(ii) 对 n 作数学归纳法证明，复数域 $\mathbf{C}$ 上任意一个 n 阶矩阵都与一个上三角形矩阵

$$\begin{pmatrix}\lambda_1 & * & \cdots & *\\ 0 & \lambda_2 & \cdots & *\\ \vdots & \vdots & & \vdots\\ 0 & 0 & \cdots & \lambda_n\end{pmatrix}$$

相似，这里主对角线以下的元素都是零.

6. 设 A 是复数域 $\mathbf{C}$ 上一个 n 阶矩阵，$\lambda_1,\lambda_2,\cdots,\lambda_n$ 是 A 的全部特征根(重根按重数计算).

(i) 如果 $f(x)$ 是 $\mathbf{C}$ 上任意一个次数大于零的多项式，那么 $f(\lambda_1)$，$f(\lambda_2),\cdots,f(\lambda_n)$ 是 $f(A)$ 的全部特征根；

(ii) 如果 A 可逆，那么 $\lambda_i\neq 0$，$i=1,2,\cdots,n$，并且 $\lambda_1^{-1},\lambda_2^{-1},\cdots,\lambda_n^{-1}$ 是 A^{-1} 的全部特征根.

7. 令

$$A=\begin{pmatrix}0&1&0&0&\cdots&0\\0&0&1&0&\cdots&0\\\vdots&\vdots&\vdots&\vdots&&\vdots\\0&0&0&0&\cdots&1\\1&0&0&0&\cdots&0\end{pmatrix}$$

是一个 n 阶矩阵.

(i) 计算 $A^2,A^3,\cdots,A^{n-1}$；

(ii) 求 A 的全部特征根.

8. 令 $a_1,a_2,\cdots,a_n$ 是任意复数，行列式

$$D=\begin{vmatrix}a_1&a_2&a_3&\cdots&a_n\\a_n&a_1&a_2&\cdots&a_{n-1}\\a_{n-1}&a_n&a_1&\cdots&a_{n-2}\\\vdots&\vdots&\vdots&&\vdots\\a_2&a_3&a_4&\cdots&a_1\end{vmatrix}$$

叫作一个循环行列式. 证明：

$$D=f(\omega_1)f(\omega_2)\cdots f(\omega_n),$$

这里 $f(x)=a_1+a_2x+\cdots+a_nx^{n-1}$，而 $\omega_1,\omega_2,\cdots,\omega_n$ 是全部 n 次单位根. [提示：利用 6,7 两题的结果.]

9. 设 A，B 是复数域上 n 阶矩阵. 证明，AB 与 BA 有相同的特征根，并且对应的特征根的重数也相同. [提示：利用 5.3 习题 2.]

7.6 可以对角化的矩阵

形式最简单的矩阵是对角矩阵. 在这一节里，我们将研究，一个 n 阶矩阵什么时候与一个对角矩阵相似的问题.

设 σ 是数域 F 上 $n(n\geqslant1)$ 维向量空间 V 的一个线性变换. 如果存在 V 的一个基，使得 σ 关于这个基的矩阵是对角矩阵

$$(1)\qquad\begin{pmatrix}\lambda_1&0&0&\cdots&0\\0&\lambda_2&0&\cdots&0\\\vdots&\vdots&\vdots&&\vdots\\0&0&0&\cdots&\lambda_n\end{pmatrix},$$

那么就说，σ 可以对角化. 类似地，设 $\boldsymbol{A}$ 是数域 F 上一个 n 阶矩阵. 如果存在 F 上一个 n 阶可逆矩阵 $\boldsymbol{T}$，使得 $\boldsymbol{T}^{-1}\boldsymbol{AT}$ 为对角矩阵(1)，那么就说矩阵 $\boldsymbol{A}$ 可以对角化.

由 7.4 看到，n 维向量空间 V 的一个线性变换 σ 可以对角化的充要的条件是，V 可以分解为 n 个在 σ 之下不变的一维子空间 $W_1, W_2, \cdots, W_n$ 的直和. 然而一维不变子空间的每一非零向量都是 σ 的属于某一本征值的本征向量，所以上述条件相当于说，在 V 中存在由 σ 的本征向量所组成的基.

这样，n 维向量空间 V 的一个线性变换 σ 能否对角化的问题就归结为在 V 中是否有一个由 σ 的本征向量所组成的基的问题. 为了解决这个问题，我们先证明

定理 7.6.1 令 σ 是数域 F 上向量空间 V 的一个线性变换. 如果 $\boldsymbol{\xi}_1, \boldsymbol{\xi}_2, \cdots, \boldsymbol{\xi}_n$ 分别是 σ 的属于互不相同的本征值 $\lambda_1, \lambda_2, \cdots, \lambda_n$ 的本征向量，那么 $\boldsymbol{\xi}_1, \boldsymbol{\xi}_2, \cdots, \boldsymbol{\xi}_n$ 线性无关.

证 我们对 n 用数学归纳法来证明这个定理.

当 $n=1$ 时，定理成立. 因为本征向量不等于零. 设 $n>1$ 并且假设对于 $n-1$ 来说定理成立. 现在设 $\lambda_1, \lambda_2, \cdots, \lambda_n$ 是 σ 的两两不同的本征值，$\boldsymbol{\xi}_i$ 是属于本征值 λ_i 的本征向量：

(2) $$\sigma(\boldsymbol{\xi}_i) = \lambda_i \boldsymbol{\xi}_i, i=1,2,\cdots,n.$$

如果等式

(3) $$a_1\boldsymbol{\xi}_1 + a_2\boldsymbol{\xi}_2 + \cdots + a_n\boldsymbol{\xi}_n = \boldsymbol{0}, a_i \in F,$$

成立，那么以 λ_n 乘(3)的两端得

(4) $$a_1\lambda_n\boldsymbol{\xi}_1 + a_2\lambda_n\boldsymbol{\xi}_2 + \cdots + a_n\lambda_n\boldsymbol{\xi}_n = \boldsymbol{0}.$$

另一方面，对(3)式两端施行线性变换 σ，注意到等式(2)，我们有

(5) $$a_1\lambda_1\boldsymbol{\xi}_1 + a_2\lambda_2\boldsymbol{\xi}_2 + \cdots + a_n\lambda_n\boldsymbol{\xi}_n = \boldsymbol{0}.$$

(5)式减(4)式得

$$a_1(\lambda_1 - \lambda_n)\boldsymbol{\xi}_1 + \cdots + a_{n-1}(\lambda_{n-1} - \lambda_n)\boldsymbol{\xi}_{n-1} = \boldsymbol{0}.$$

根据归纳法假设，$\boldsymbol{\xi}_1, \boldsymbol{\xi}_2, \cdots, \boldsymbol{\xi}_{n-1}$ 线性无关，所以

$$a_i(\lambda_i-\lambda_n)=0, i=1,2,\cdots,n-1.$$

但 $\lambda_1,\lambda_2,\cdots,\lambda_n$ 两两不同，所以 $a_1=a_2=\cdots=a_{n-1}=0$. 代入(3)，因为 $\boldsymbol{\xi}_n\neq\mathbf{0}$，所以 $a_n=0$. 这就证明了 $\boldsymbol{\xi}_1,\boldsymbol{\xi}_2,\cdots,\boldsymbol{\xi}_n$ 线性无关. □

由定理 7.6.1 可以得到以下

推论 7.6.1 设 σ 是数域 F 上向量空间 V 的一个线性变换，$\lambda_1,\cdots,\lambda_t$ 是 σ 的互不相同的本征值. 又设 $\boldsymbol{\xi}_{i1},\cdots,\boldsymbol{\xi}_{is_i}$ 是属于本征值 λ_i 的线性无关的本征向量，$i=1,\cdots,t$，那么向量 $\boldsymbol{\xi}_{11},\cdots,\boldsymbol{\xi}_{1s_1},\cdots,\boldsymbol{\xi}_{t1},\cdots,\boldsymbol{\xi}_{ts_t}$ 线性无关.

证 先注意这样一个事实：σ 的属于同一本征值 λ 的本征向量的非零线性组合仍是 σ 的属于 λ 的一个本征向量.

现在设存在 F 中的数 a_{11}，…，a_{1s_1}，…，a_{t1}，…，a_{ts_t}，使得

$$a_{11}\boldsymbol{\xi}_{11}+\cdots+a_{1s_1}\boldsymbol{\xi}_{1s_1}+\cdots+a_{t1}\boldsymbol{\xi}_{t1}+\cdots+a_{ts_t}\boldsymbol{\xi}_{ts_t}=\mathbf{0}.$$

令

$$\boldsymbol{\eta}_i=a_{i1}\boldsymbol{\xi}_{i1}+\cdots+a_{is_i}\boldsymbol{\xi}_{is_i}, i=1,\cdots,t.$$

则

$$\boldsymbol{\eta}_1+\cdots+\boldsymbol{\eta}_t=\mathbf{0}.$$

由上面所说的事实，如果某一 $\boldsymbol{\eta}_i\neq\mathbf{0}$，则 $\boldsymbol{\eta}_i$ 是 σ 的属于本征值 λ_i 的本征向量. 因为 $\lambda_1,\cdots,\lambda_t$ 互不相同，所以由定理 7.6.1，必须所有 $\boldsymbol{\eta}_i=\mathbf{0}$，$i=1,\cdots,t$. 即

$$a_{i1}\boldsymbol{\xi}_{i1}+\cdots+a_{is_i}\boldsymbol{\xi}_{is_i}=\mathbf{0}, i=1,\cdots,t.$$

然而 $\boldsymbol{\xi}_{i1},\cdots,\boldsymbol{\xi}_{is_i}$ 线性无关，所以

$$a_{i1}=\cdots=a_{is_i}=0, i=1,\cdots,t.$$

即 $\boldsymbol{\xi}_{11},\cdots,\boldsymbol{\xi}_{1s_1},\cdots,\boldsymbol{\xi}_{t1},\cdots,\boldsymbol{\xi}_{ts_t}$ 线性无关. □

推论 7.6.2 令 σ 是数域 F 上 n 维向量空间 V 的一个线性变换. 如果 σ 的特征多项式 $f_\sigma(x)$ 在 F 内有 n 个单根，那么存在 V 的一个基，使 σ 关于这个基的矩阵是对角矩阵.

证 这时 σ 的特征多项式 $f_\sigma(x)$ 在 $F[x]$ 内可以分解成为线性因式的乘积：

$$f_\sigma(x)=(x-\lambda_1)(x-\lambda_2)\cdots(x-\lambda_n),$$
$\lambda_i\in F$ 且两两不同. 对于每一个 λ_i, 选取一个本征向量 ξ_i, $i=1,\cdots,n$. 由定理 7.6.1, ξ_1, ξ_2, $\cdots$, ξ_n 线性无关, 因而构成 V 的一个基. σ 关于这个基的矩阵是

$$\begin{pmatrix}\lambda_1 & 0 & 0 & \cdots & 0\\ 0 & \lambda_2 & 0 & \cdots & 0\\ \vdots & \vdots & \vdots & & \vdots\\ 0 & 0 & 0 & \cdots & \lambda_n\end{pmatrix}. \qquad \square$$

和推论 7.6.2 平行, 用矩阵的说法是

推论 7.6.3 令 $\boldsymbol{A}$ 是数域 F 上一个 n 阶矩阵. 如果 $\boldsymbol{A}$ 的特征多项式 $f_{\boldsymbol{A}}(x)$ 在 F 内有 n 个单根, 那么存在一个 n 阶可逆矩阵 $\boldsymbol{T}$, 使

$$\boldsymbol{T}^{-1}\boldsymbol{A}\boldsymbol{T}=\begin{pmatrix}\lambda_1 & 0 & 0 & \cdots & 0\\ 0 & \lambda_2 & 0 & \cdots & 0\\ \vdots & \vdots & \vdots & & \vdots\\ 0 & 0 & 0 & \cdots & \lambda_n\end{pmatrix}.$$

注意, 推论 7.6.3 的条件只是一个 n 阶矩阵可以对角化的充分条件, 但不是必要条件. 例如, n 阶单位矩阵 $\boldsymbol{I}_n$ 本身就是对角矩阵, 但它的特征根只是 n 重根 1.

现在我们将给出一个 n 阶矩阵可以对角化的充要条件.

首先引入一个概念.

设 σ 是数域 F 上向量空间 V 的一个线性变换, λ 是 σ 的一个本征值. 令

$$V_\lambda=\{\xi\in V\mid\sigma(\xi)=\lambda\xi\}.$$

我们有 $V_\lambda=\mathrm{Ker}(\lambda\iota-\sigma)$, 因而是 V 的一个子空间. 这个子空间叫作 σ 的属于本征值 λ 的本征子空间. V_λ 中每一非零向量都是 σ 的属于本征值 λ 的本征向量. 设 $\xi\in V_\lambda$, 那么 $\sigma(\sigma(\xi))=\sigma(\lambda\xi)=\lambda\sigma(\xi)$, 因而 V_λ 在 σ 之下不变.

现在令 V 是数域 F 上一个 n 维向量空间, 而 σ 是 V 的一个

线性变换. 设 λ 是 σ 的一个本征值，V_λ 是 σ 的属于本征值 λ 的本征子空间. 取 V_λ 的一个基 $\boldsymbol{\alpha}_1,\cdots,\boldsymbol{\alpha}_s$ 并且将它扩充为 V 的基，由 7.4，σ 关于这个基的矩阵有形状

$$\boldsymbol{A}=\begin{pmatrix}\lambda\boldsymbol{I}_s & \boldsymbol{A}_1\\ \boldsymbol{O} & \boldsymbol{A}_2\end{pmatrix},$$

这里 $\boldsymbol{I}_s$ 是一个 s 阶单位矩阵. 因此，$\boldsymbol{A}$ 的特征多项式是

$$\begin{aligned}f_{\boldsymbol{A}}(x)&=\begin{vmatrix}(x-\lambda)\boldsymbol{I}_s & -\boldsymbol{A}_1\\ \boldsymbol{O} & x\boldsymbol{I}_{n-s}-\boldsymbol{A}_2\end{vmatrix}\\&=(x-\lambda)^s\det(x\boldsymbol{I}_{n-s}-\boldsymbol{A}_2)=(x-\lambda)^s g(x).\end{aligned}$$

由此可见，λ 至少是 $f_{\boldsymbol{A}}(x)$ 的一个 s 重根.

如果线性变换 σ 的本征值 λ 是 σ 的特征多项式 $f_\sigma(x)$ 的一个 r 重根，那么就说 λ 的重数是 r. 设 λ 是 σ 的一个 r 重本征值，而 σ 的属于本征值 λ 的本征子空间的维数是 s. 由以上的讨论可知，$s\leqslant r$，即 σ 的属于本征值 λ 的本征子空间的维数不能大于 λ 的重数.

现在很容易证明以下

定理 7.6.2 令 σ 是数域 F 上 n 维向量空间 V 的一个线性变换，σ 可以对角化的充要的条件是

(i) σ 的特征多项式的根都在 F 内；

(ii) 对于 σ 的特征多项式的每一根 λ，本征子空间 V_λ 的维数等于 λ 的重数.

证 设条件(i)，(ii)成立. 令 $\lambda_1,\lambda_2,\cdots,\lambda_t$ 是 σ 的一切不同的本征值. 它们的重数分别是 $s_1,s_2,\cdots,s_t$，我们有

$$s_1+s_2+\cdots+s_t=n,$$
$$\dim V_{\lambda_i}=s_i,i=1,2,\cdots,t.$$

在每一个本征子空间 V_{λ_i} 里选取一个基 $\boldsymbol{\alpha}_{i1},\cdots,\boldsymbol{\alpha}_{is_i}$. 由推论 7.6.1，$\boldsymbol{\alpha}_{11}$，$\cdots$，$\boldsymbol{\alpha}_{1s_1}$，$\cdots$，$\boldsymbol{\alpha}_{t1}$，$\cdots$，$\boldsymbol{\alpha}_{ts_t}$ 线性无关，因而构成 V 的一个基. σ 关于这个基的矩阵是对角矩阵：

$$
(6)\qquad \begin{pmatrix}
\overbrace{\begin{matrix}\lambda_1 & & \\ & \ddots & \\ & & \lambda_1\end{matrix}}^{s_1\text{个}} & & & 0 \\
& \ddots & & \\
& & \overbrace{\begin{matrix}\lambda_t & & \\ & \ddots & \\ & & \lambda_t\end{matrix}}^{s_t\text{个}} & \\
0 & & &
\end{pmatrix}.
$$

反过来，设 σ 可以对角化，那么 V 有一个由 σ 的本征向量所组成的基. 适当排列这一组基向量的次序，可以假定这个基是

$$\boldsymbol{\alpha}_{11},\cdots,\boldsymbol{\alpha}_{1s_1},\cdots,\boldsymbol{\alpha}_{t1},\cdots,\boldsymbol{\alpha}_{ts_t},$$

而 σ 关于这个基的矩阵是对角矩阵(6). 于是 σ 的特征多项式

$$f_\sigma(x)=(x-\lambda_1)^{s_1}\cdots(x-\lambda_t)^{s_t}.$$

因此 σ 的特征多项式的根 $\lambda_1,\cdots,\lambda_t$ 都在 F 内，并且 λ_i 的重数等于 s_i，$i=1,2,\cdots,t$. 然而基向量 $\boldsymbol{\alpha}_{i1},\cdots,\boldsymbol{\alpha}_{is_t}$ 显然是本征子空间 V_{λ_i} 的线性无关的向量，所以 $s_i\leqslant\dim V_{\lambda_i}$. 但 $\dim V_{\lambda_i}\leqslant s_i$. 因此

$$\dim V_{\lambda_i}=s_i,i=1,2,\cdots,t. \qquad \square$$

设 F 上 n 维向量空间 V 的一个线性变换 σ 关于某一个基的矩阵是 $\boldsymbol{A}$，而 $\lambda\in F$ 是 σ 的一个本征值. 那么齐次线性方程组

$$(\lambda\boldsymbol{I}-\boldsymbol{A})\begin{pmatrix}x_1\\x_2\\\vdots\\x_n\end{pmatrix}=\begin{pmatrix}0\\0\\\vdots\\0\end{pmatrix}$$

的一个基础解系给出了本征子空间 V_λ 的一个基，即基础解系的每一个解向量给出 V_λ 的一个基向量的坐标. 因此，$\dim V_\lambda=n-r$，这里

$$r=秩(\lambda\boldsymbol{I}-\boldsymbol{A}).$$

于是我们得到

推论 7.6.4 设 $\boldsymbol{A}$ 是数域 F 上一个 n 阶矩阵. $\boldsymbol{A}$ 可以对角化的充要条件是

(i) $\boldsymbol{A}$ 的特征根都在 F 内；

(ii) 对于 $\boldsymbol{A}$ 的每一特征根 λ，

$$\text{秩}(\lambda\boldsymbol{I}-\boldsymbol{A})=n-s,$$

这里 s 是 λ 的重数.

例 1 矩阵

$$\boldsymbol{A}=\begin{pmatrix}1 & 1\\ 0 & 1\end{pmatrix}$$

不能对角化，因为 $\boldsymbol{A}$ 的特征根 1 是二重根，而

$$\text{秩}(\boldsymbol{I}-\boldsymbol{A})=1.$$

如果一个 n 阶矩阵 $\boldsymbol{A}$ 可以对角化，那么存在可逆矩阵 $\boldsymbol{T}$ 使

$$\boldsymbol{T}^{-1}\boldsymbol{A}\boldsymbol{T}=\begin{pmatrix}\lambda_1 & & & \boldsymbol{0}\\ & \lambda_2 & & \\ & & \ddots & \\ \boldsymbol{0} & & & \lambda_n\end{pmatrix},$$

或

$$\boldsymbol{A}\boldsymbol{T}=\boldsymbol{T}\begin{pmatrix}\lambda_1 & & & \boldsymbol{0}\\ & \lambda_2 & & \\ & & \ddots & \\ \boldsymbol{0} & & & \lambda_n\end{pmatrix}.$$

最后等式表明，矩阵 $\boldsymbol{T}$ 的第 i 列就是 $\boldsymbol{A}$ 的属于特征根 λ_i 的一个特征向量. 因此，我们不仅可以写出与 $\boldsymbol{A}$ 相似的对角矩阵，而且还可以具体地求出矩阵 $\boldsymbol{T}$. 我们把这种化法归结为以下步骤：

1. 先求出矩阵 $\boldsymbol{A}$ 的全部特征根.

2. 如果 $\boldsymbol{A}$ 的特征根都在 F 内，那么对于每一特征根 λ，求出齐次线性方程组

$$(\lambda\boldsymbol{I}-\boldsymbol{A})\begin{pmatrix}x_1\\ x_2\\ \vdots\\ x_n\end{pmatrix}=\begin{pmatrix}0\\ 0\\ \vdots\\ 0\end{pmatrix}$$

的一个基础解系.

3. 如果对于每一特征根 λ 来说，相应的齐次线性方程组的基础解系所含解向量的个数等于 λ 的重数，那么 $\boldsymbol{A}$ 可以对角化，以这些解向量为列，作一个 n 阶矩阵 $\boldsymbol{T}$，由推论 7.6.1 可知，$\boldsymbol{T}$ 的列向量线性无关，因而是一个可逆矩阵，并且 $\boldsymbol{T}^{-1}\boldsymbol{A}\boldsymbol{T}$ 是对角矩阵.

注： 如果 $\boldsymbol{A}$ 的某一特征根 λ 不在 F 内，或者 λ 在 F 内而秩 $(\lambda\boldsymbol{I}-\boldsymbol{A})$ 不等于 $n-s$，这里 s 是 λ 的重数，那么 $\boldsymbol{A}$ 在 F 上不能对角化.

例 2 矩阵

$$\boldsymbol{A}=\begin{pmatrix}3 & 2 & -1\\ -2 & -2 & 2\\ 3 & 6 & -1\end{pmatrix}$$

的特征多项式是

$$\begin{vmatrix}x-3 & -2 & 1\\ 2 & x+2 & -2\\ -3 & -6 & x+1\end{vmatrix}=x^3-12x+16=(x-2)^2(x+4).$$

特征根是 2，2，−4.

对于特征根 −4，求出齐次线性方程组

$$\begin{pmatrix}-7 & -2 & 1\\ 2 & -2 & -2\\ -3 & -6 & -3\end{pmatrix}\begin{pmatrix}x_1\\ x_2\\ x_3\end{pmatrix}=\begin{pmatrix}0\\ 0\\ 0\end{pmatrix}$$

的一个基础解系 $\left(\frac{1}{3},\ -\frac{2}{3},\ 1\right)$.

对于特征根 2，求出齐次线性方程组

$$\begin{pmatrix}-1 & -2 & 1\\ 2 & 4 & -2\\ -3 & -6 & 3\end{pmatrix}\begin{pmatrix}x_1\\ x_2\\ x_3\end{pmatrix}=\begin{pmatrix}0\\ 0\\ 0\end{pmatrix}$$

的一个基础解系{(-2,1,0),(1,0,1)}.

由于基础解系所含解向量的个数都等于对应的特征根的重数，所以 $\boldsymbol{A}$ 可以对角化. 取

$$\boldsymbol{T}=\begin{pmatrix} \frac{1}{3} & -2 & 1 \\ -\frac{2}{3} & 1 & 0 \\ 1 & 0 & 1 \end{pmatrix},$$

那么

$$\boldsymbol{T}^{-1}\boldsymbol{A}\boldsymbol{T}=\begin{pmatrix} -4 & 0 & 0 \\ 0 & 2 & 0 \\ 0 & 0 & 2 \end{pmatrix}.$$

我们已经看到，即使在复数域上，也不是所有的 n 阶矩阵都可以对角化，因此就有一般地求相似矩阵的标准形式的问题. 关于这个问题，我们将在附录中对复数域的情形作介绍. 读者也可参考其他同类的书.

习　题

1. 检验 7.5 习题 1 中的矩阵哪些可以对角化. 如果可以对角化，求出过渡矩阵 $\boldsymbol{T}$.

2. 设

$$\boldsymbol{A}=\begin{pmatrix} 4 & 6 & 0 \\ -3 & -5 & 0 \\ -3 & -6 & 1 \end{pmatrix},$$

求 $\boldsymbol{A}^{10}$.

3. 设 σ 是数域 F 上 n 维向量空间 V 的一个线性变换. 令 $\lambda_1,\lambda_2,\cdots,\lambda_t\in F$ 是 σ 的两两不同的本征值，V_{λ_i}是属于本征值 λ_i 的本征子空间. 证明，子空间的和

$$W=V_{\lambda_1}+V_{\lambda_2}+\cdots+V_{\lambda_t}$$

是直和，并在 σ 之下不变.

4. 数域 F 上 n 维向量空间 V 的一个线性变换 σ 叫作一个对合变换，如果 $\sigma^2=\iota$，ι 是单位变换. 设 σ 是 V 的一个对合变换. 证明：

(i) σ 的本征值只能是 ± 1；

(ii) $V=V_1\oplus V_{-1}$，这里 V_1 是 σ 的属于本征值 1 的本征子空间，V_{-1} 是 σ 的属于本征值 -1 的本征子空间.

$\left[\text{提示：设 } \boldsymbol{\alpha}\in V\text{，则 } \boldsymbol{\alpha}=\dfrac{\boldsymbol{\alpha}+\sigma(\boldsymbol{\alpha})}{2}+\dfrac{\boldsymbol{\alpha}-\sigma(\boldsymbol{\alpha})}{2}.\right]$

5. 数域 F 上一个 n 阶矩阵 $\boldsymbol{A}$ 叫作一个幂等矩阵，如果 $\boldsymbol{A}^2=\boldsymbol{A}$. 设 $\boldsymbol{A}$ 是一个幂等矩阵. 证明

(i) $\boldsymbol{I}+\boldsymbol{A}$ 可逆，并且求 $(\boldsymbol{I}+\boldsymbol{A})^{-1}$；

(ii) 秩 $\boldsymbol{A}$ + 秩$(\boldsymbol{I}-\boldsymbol{A})=n$；

[提示：利用 7.4，习题 3(ii).]

6. 数域 F 上 n 维向量空间 V 的一个线性变换 σ 叫作幂零的，如果存在一个正整数 m 使 $\sigma^m=0$. 证明：

(i) σ 是幂零变换当且仅当它的特征多项式的根都是零；

(ii) 如果一个幂零变换 σ 可以对角化，那么 σ 一定是零变换.

7. 设 V 是复数域上一个 n 维向量空间，S 是 V 的某些线性变换所成的集合，而 φ 是 V 的一个线性变换，并且 φ 与 S 中每一线性变换可交换. 证明，如果 S 不可约(参看 7.4，习题 5)，那么 φ 一定是一个位似[Schur 引理].

[提示：令 λ 是 φ 的一个本征值. 考虑 φ 的属于 λ 的本征子空间，并且利用 7.4，习题 5 的结果.]

8. 设 σ 是数域 F 上 n 维向量空间 V 的一个可以对角化的线性变换. 令 $\lambda_1,\lambda_2,\cdots,\lambda_t$ 是 σ 的全部本征值. 证明，存在 V 的线性变换 $\sigma_1,\sigma_2,\cdots,\sigma_t$，使得

(i) $\sigma=\lambda_1\sigma_1+\lambda_2\sigma_2+\cdots+\lambda_t\sigma_t$；

(ii) $\sigma_1+\sigma_2+\cdots+\sigma_t=\iota$，$\iota$ 是单位变换；

(iii) $\sigma_i\sigma_j=\theta$，若 $i\neq j$，θ 是零变换；

(iv) $\sigma_i^2=\sigma_i$，$i=1,2,\cdots,t$；

(v) $\sigma_i(V)=V_{\lambda_i}$，$V_{\lambda_i}$ 是 σ 的属于本征值 λ_i 的本征子空间，$i=1,2,\cdots,t$.

9. 令 V 是复数域 $\mathbf{C}$ 上一个 n 维向量空间，σ，τ 是 V 的线性变换，且 $\sigma\tau = \tau\sigma$.

（i）证明，σ 的每一本征子空间都在 τ 之下不变；

（ii）σ 与 τ 在 V 中有一公共本征向量.

第八章

欧氏空间和酉空间

我们已经看到，向量空间的概念就是通常解析几何里空间概念的推广．然而在一般的向量空间里，缺少通常度量的概念．在这一章里，我们将分别在实数域和复数域上向量空间里定义“内积”，从而可以引入度量的概念．介绍欧氏空间和酉空间．这样的向量空间在数学、物理等许多部门都有着重要的应用．

我们重点讨论欧氏空间及其某些线性变换．酉空间是欧氏空间在复数域上的自然类比，我们只在本章最后对它作概述．

8.1 向量的内积

先回顾一下空间 V_3 里内积的概念．空间 V_3 的两个非零向量 $\boldsymbol{\xi}$，$\boldsymbol{\eta}$ 的内积是实数

(1) $$\boldsymbol{\xi}\cdot\boldsymbol{\eta}=|\boldsymbol{\xi}||\boldsymbol{\eta}|\cos\theta,$$

这里 $|\boldsymbol{\xi}|$，$|\boldsymbol{\eta}|$ 分别表示向量 $\boldsymbol{\xi}$，$\boldsymbol{\eta}$ 的长，θ 表示 $\boldsymbol{\xi}$ 与 $\boldsymbol{\eta}$ 的夹角；当 $\boldsymbol{\xi}$ 和 $\boldsymbol{\eta}$ 中有一个是零向量时，就定义 $\boldsymbol{\xi}\cdot\boldsymbol{\eta}=0$．我们知道，有了内积的概念之后，$V_3$ 的任意一个向量 $\boldsymbol{\xi}$ 的长度 $|\boldsymbol{\xi}|$ 和两个非零向量 $\boldsymbol{\xi}$ 与 $\boldsymbol{\eta}$ 的夹角 θ 都可以反过来由内积表示：

$$|\boldsymbol{\xi}|=\sqrt{\boldsymbol{\xi}\cdot\boldsymbol{\xi}},\qquad \cos\theta=\frac{\boldsymbol{\xi}\cdot\boldsymbol{\eta}}{|\boldsymbol{\xi}|\,|\boldsymbol{\eta}|}.$$

这使我们想到，如果能够把内积概念推广到实数域上一般向量空间上，那么就有可能在这样一个向量空间里定义向量的长和夹角的概念.

我们显然不能利用公式(1)来推广内积的概念，因为在那里，内积是利用向量的长度和夹角来定义的. 我们将像定义向量空间一样，利用公理来引入内积的概念，即利用 V_3 的内积最本质的性质来刻画内积这个概念.

由解析几何知道，V_3 中向量的内积具有下列性质：

$$\boldsymbol{\xi}\cdot\boldsymbol{\eta}=\boldsymbol{\eta}\cdot\boldsymbol{\xi};$$
$$(\boldsymbol{\xi}+\boldsymbol{\eta})\cdot\boldsymbol{\zeta}=\boldsymbol{\xi}\cdot\boldsymbol{\zeta}+\boldsymbol{\eta}\cdot\boldsymbol{\zeta};$$
$$(a\boldsymbol{\xi})\cdot\boldsymbol{\eta}=a(\boldsymbol{\xi}\cdot\boldsymbol{\eta});$$
$$\text{当 }\boldsymbol{\xi}\neq\mathbf{0}\text{ 时 }\boldsymbol{\xi}\cdot\boldsymbol{\xi}>0,$$

这里 $\boldsymbol{\xi}$，$\boldsymbol{\eta}$，$\boldsymbol{\zeta}$ 是 V_3 的任意向量，a 是任意实数，深入的分析告诉我们，这些性质足以刻画内积的概念.

定义 1 设 V 是实数域 $\mathbf{R}$ 上一个向量空间. 如果对于 V 中任意一对向量 $\boldsymbol{\xi}$，$\boldsymbol{\eta}$，有一个确定的记作 $\langle\boldsymbol{\xi},\boldsymbol{\eta}\rangle$ 的实数与它们对应，叫作向量 $\boldsymbol{\xi}$ 与 $\boldsymbol{\eta}$ 的内积(或标量积)，并且下列条件被满足：

(i) $\langle\boldsymbol{\xi},\boldsymbol{\eta}\rangle=\langle\boldsymbol{\eta},\boldsymbol{\xi}\rangle$；

(ii) $\langle\boldsymbol{\xi}+\boldsymbol{\eta},\boldsymbol{\zeta}\rangle=\langle\boldsymbol{\xi},\boldsymbol{\zeta}\rangle+\langle\boldsymbol{\eta},\boldsymbol{\zeta}\rangle$；

(iii) $\langle a\boldsymbol{\xi},\boldsymbol{\eta}\rangle=a\langle\boldsymbol{\xi},\boldsymbol{\eta}\rangle$；

(iv) 当 $\boldsymbol{\xi}\neq\mathbf{0}$ 时，$\langle\boldsymbol{\xi},\boldsymbol{\xi}\rangle>0$；

这里 $\boldsymbol{\xi}$，$\boldsymbol{\eta}$，$\boldsymbol{\zeta}$ 是 V 的任意向量，a 是任意实数，那么 V 叫作对这个内积来说的一个欧几里得(Euclid)空间(简称欧氏空间).

在这个定义里，我们把表示内积的符号改换了一下，不用 $\boldsymbol{\xi}\cdot\boldsymbol{\eta}$ 而用 $\langle\boldsymbol{\xi},\boldsymbol{\eta}\rangle$ 表示 $\boldsymbol{\xi}$ 与 $\boldsymbol{\eta}$ 的内积.

例 1 在 $\mathbf{R}^n$ 里，对于任意两个向量

$$\boldsymbol{\xi}=(x_1,x_2,\cdots,x_n),$$
$$\boldsymbol{\eta}=(y_1,y_2,\cdots,y_n),$$

规定

$$\langle \boldsymbol{\xi}, \boldsymbol{\eta} \rangle = x_1 y_1 + x_2 y_2 + \cdots + x_n y_n.$$

容易验证，关于内积的公理被满足，因而 $\mathbf{R}^n$ 对于这样定义的内积来说作成一个欧氏空间.

例 2 在 $\mathbf{R}^n$ 里，对于任意向量

$$\boldsymbol{\xi} = (x_1, x_2, \cdots, x_n),$$
$$\boldsymbol{\eta} = (y_1, y_2, \cdots, y_n),$$

规定

$$\langle \boldsymbol{\xi}, \boldsymbol{\eta} \rangle = x_1 y_1 + 2x_2 y_2 + \cdots + n x_n y_n$$

不难验证，这样 $\mathbf{R}^n$ 也作成一个欧氏空间.

由以上两个例子可以看出，对同一个向量空间可以引入不同的内积，使它作成欧氏空间. 我们以后说到欧氏空间 $\mathbf{R}^n$ 时，永远指的是对于例 1 的内积所作成的欧氏空间.

例 3 令 $C[a,b]$ 是定义在 $[a,b]$ 上一切连续实函数所成的向量空间. 设 $f(x)$，$g(x) \in C[a,b]$，我们规定

$$\langle f, g \rangle = \int_a^b f(x) g(x) \mathrm{d}x.$$

根据定积分的基本性质可知，内积的公理(i)—(iv)都被满足，因而 $C[a, b]$ 作成一个欧氏空间.

例 4 令 H 是一切平方和收敛的实数列

$$\boldsymbol{\xi} = (x_1, x_2, \cdots), \ \sum_{n=1}^{\infty} x_n^2 < +\infty,$$

所成的集合. 在 H 中用自然的方式定义加法和标量与向量的乘法：设

$$\boldsymbol{\xi} = (x_1, x_2, \cdots), \ \boldsymbol{\eta} = (y_1, y_2, \cdots), \ a \in \mathbf{R}.$$

规定

$$\boldsymbol{\xi}+\boldsymbol{\eta}=(x_1+y_1,x_2+y_2,\cdots);$$
$$a\boldsymbol{\xi}=(ax_1,ax_2,\cdots).$$

向量 $\boldsymbol{\xi}=(x_1,x_2,\cdots)$，$\boldsymbol{\eta}=(y_1,y_2,\cdots)$ 的内积由公式

(2) $$\langle\boldsymbol{\xi},\boldsymbol{\eta}\rangle=\sum_{n=1}^{\infty}x_ny_n$$

给出. 那么 H 是一个欧氏空间.

首先需要验证以上定义的加法和标量与向量的乘法以及内积的合理性. 由初等不等式

$$|x_ny_n|\leqslant\frac{1}{2}(x_n^2+y_n^2)$$

推出，级数 $\sum\limits_{n=1}^{\infty}x_ny_n$ 收敛. 其次，等式

$$\sum_{k=n}^{n+m}(ax_k)^2=a^2\sum_{k=n}^{n+m}x_k^2,$$
$$\sum_{k=n}^{n+m}(x_k+y_k)^2=\sum_{k=n}^{n+m}x_k^2+2\sum_{k=n}^{n+m}x_ky_k+\sum_{k=n}^{n+m}y_k^2$$

表明，级数

$$\sum_{n=1}^{\infty}(x_n+y_n)^2\text{ 和 }\sum_{n=1}^{\infty}(ax_n)^2$$

收敛，因此，对于任意 $\boldsymbol{\xi}\in H$，$\boldsymbol{\eta}\in H$ 以及 $a\in\mathbf{R}$，$\boldsymbol{\xi}+\boldsymbol{\eta}\in H$，$a\boldsymbol{\xi}\in H$.

剩下来是验证 H 作成一个欧氏空间，这一点是没有什么困难的，我们不再验证.

空间 H 通常叫作希尔伯特(Hilbert)空间.

现在我们在一般的欧氏空间里，推导内积的一些简单性质.

设 V 是一个欧氏空间. 由(i)及(iii)得出，对于任意 $\boldsymbol{\xi}\in V$ 都有

(3) $$\langle \mathbf{0}, \boldsymbol{\xi} \rangle = \langle \boldsymbol{\xi}, \mathbf{0} \rangle = 0.$$

反过来，如果对任意 $\boldsymbol{\eta} \in V$，都有 $\langle \boldsymbol{\xi}, \boldsymbol{\eta} \rangle = 0$，那么特别将有 $\langle \boldsymbol{\xi}, \boldsymbol{\xi} \rangle = 0$. 于是由(iv)，必须 $\boldsymbol{\xi} = \mathbf{0}$.

其次，由(i)，(ii)，(iii)，对于任意 $\boldsymbol{\xi}$，$\boldsymbol{\eta}$，$\boldsymbol{\zeta} \in V$ 和任意 $a \in \mathbf{R}$，我们有

$$\langle \boldsymbol{\zeta}, \boldsymbol{\xi} + \boldsymbol{\eta} \rangle = \langle \boldsymbol{\zeta}, \boldsymbol{\xi} \rangle + \langle \boldsymbol{\zeta}, \boldsymbol{\eta} \rangle;$$
$$\langle \boldsymbol{\xi}, a\boldsymbol{\eta} \rangle = a \langle \boldsymbol{\xi}, \boldsymbol{\eta} \rangle.$$

于是，对于任意向量 $\boldsymbol{\xi}_1, \boldsymbol{\xi}_2, \cdots, \boldsymbol{\xi}_r, \boldsymbol{\eta}_1, \boldsymbol{\eta}_2, \cdots, \boldsymbol{\eta}_s \in V, a_1, a_2, \cdots, a_r, b_1, b_2, \cdots, b_s \in \mathbf{R}$，有

(4) $$\left\langle \sum_{i=1}^{r} a_i \boldsymbol{\xi}_i, \sum_{j=1}^{s} b_j \boldsymbol{\eta}_j \right\rangle = \sum_{i=1}^{r} \sum_{j=1}^{s} a_i b_j \langle \boldsymbol{\xi}_i, \boldsymbol{\eta}_j \rangle.$$

由于对欧氏空间的任意向量 $\boldsymbol{\xi}$ 来说，$\langle \boldsymbol{\xi}, \boldsymbol{\xi} \rangle$ 总是一个非负实数，我们可以合理地引入向量长度的概念.

定义 2 设 $\boldsymbol{\xi}$ 是欧氏空间的一个向量. 非负实数 $\langle \boldsymbol{\xi}, \boldsymbol{\xi} \rangle$ 的算术根 $\sqrt{\langle \boldsymbol{\xi}, \boldsymbol{\xi} \rangle}$ 叫作 $\boldsymbol{\xi}$ 的长度. 向量 $\boldsymbol{\xi}$ 的长度用符号 $|\boldsymbol{\xi}|$ 表示：

$$|\boldsymbol{\xi}| = \sqrt{\langle \boldsymbol{\xi}, \boldsymbol{\xi} \rangle}.$$

这样，欧氏空间的每一向量都有一个确定的长度. 零向量的长度是零，任意非零向量的长度是一个正数.

例 5 令 $\mathbf{R}^n$ 是例 1 中的欧氏空间. $\mathbf{R}^n$ 的向量

$$\boldsymbol{\xi} = (x_1, x_2, \cdots, x_n)$$

的长度是

$$|\boldsymbol{\xi}| = \sqrt{\langle \boldsymbol{\xi}, \boldsymbol{\xi} \rangle} = \sqrt{x_1^2 + x_2^2 + \cdots + x_n^2}.$$

由长度的定义，对于欧氏空间中任意向量 $\boldsymbol{\xi}$ 和任意实数 a，有

$$(5)\qquad |a\boldsymbol{\xi}| = \sqrt{\langle a\boldsymbol{\xi}, a\boldsymbol{\xi}\rangle} = \sqrt{a^2\langle \boldsymbol{\xi}, \boldsymbol{\xi}\rangle} = |a|\,|\boldsymbol{\xi}|.$$

这就是说，一个实数 a 与一个向量 $\boldsymbol{\xi}$ 的乘积的长度等于 a 的绝对值与 $\boldsymbol{\xi}$ 的长度的乘积.

我们把长度是 1 的向量叫作单位向量. 由(5)，如果 $\boldsymbol{\xi}$ 是一个非零向量，那么 $\boldsymbol{\xi}/|\boldsymbol{\xi}|$ 是一个单位向量.

现在我们来证明欧氏空间里一个重要的不等式，正是由于有了这个不等式，使得我们可以合理地定义两个向量的夹角.

定理 8.1.1 在一个欧氏空间里，对于任意向量 $\boldsymbol{\xi}$，$\boldsymbol{\eta}$，有不等式

$$(6)\qquad \langle \boldsymbol{\xi}, \boldsymbol{\eta}\rangle^2 \leqslant \langle \boldsymbol{\xi}, \boldsymbol{\xi}\rangle\langle \boldsymbol{\eta}, \boldsymbol{\eta}\rangle;$$

当且仅当 $\boldsymbol{\xi}$ 与 $\boldsymbol{\eta}$ 线性相关时，(6)才取等号.

证 如果 $\boldsymbol{\xi}$ 与 $\boldsymbol{\eta}$ 线性相关，那么或者 $\boldsymbol{\xi} = \mathbf{0}$，或者 $\boldsymbol{\eta} = a\boldsymbol{\xi}$，不论哪一种情况都有

$$\langle \boldsymbol{\xi}, \boldsymbol{\eta}\rangle^2 = \langle \boldsymbol{\xi}, \boldsymbol{\xi}\rangle\langle \boldsymbol{\eta}, \boldsymbol{\eta}\rangle.$$

现在设 $\boldsymbol{\xi}$ 与 $\boldsymbol{\eta}$ 线性无关. 那么对于任意实数 t 来实，$t\boldsymbol{\xi} + \boldsymbol{\eta} \neq \mathbf{0}$，于是

$$\langle t\boldsymbol{\xi} + \boldsymbol{\eta}, t\boldsymbol{\xi} + \boldsymbol{\eta}\rangle > 0,$$

即

$$t^2\langle \boldsymbol{\xi}, \boldsymbol{\xi}\rangle + 2t\langle \boldsymbol{\xi}, \boldsymbol{\eta}\rangle + \langle \boldsymbol{\eta}, \boldsymbol{\eta}\rangle > 0.$$

最后不等式左端是 t 的一个二次三项式. 由于它对于 t 的任意实数值来说都是正数，所以它的判别式一定小于零，即

$$\langle \boldsymbol{\xi}, \boldsymbol{\eta}\rangle^2 - \langle \boldsymbol{\xi}, \boldsymbol{\xi}\rangle\langle \boldsymbol{\eta}, \boldsymbol{\eta}\rangle < 0$$

或

$$\langle \boldsymbol{\xi}, \boldsymbol{\eta}\rangle^2 < \langle \boldsymbol{\xi}, \boldsymbol{\xi}\rangle\langle \boldsymbol{\eta}, \boldsymbol{\eta}\rangle. \qquad \square$$

例 6 考虑例1的欧氏空间 $\mathbf{R}^n$. 由不等式(6)推出，对于任意实数 $a_1,a_2,\cdots,a_n,b_1,b_2,\cdots,b_n$，有不等式

$$(7)\qquad (a_1b_1+\cdots+a_nb_n)^2\leqslant(a_1^2+\cdots+a_n^2)(b_1^2+\cdots+b_n^2).$$

不等式(7)叫作柯西(Cauchy)不等式.

例 7 考虑例3 的欧氏空间 $C[a,b]$. 由不等式(6)推出，对于定义在$[a,b]$上的任意连续函数$f(x)$，$g(x)$，有不等式

$$(8)\qquad \left|\int_a^b f(x)g(x)\,\mathrm{d}x\right|\leqslant\sqrt{\int_a^b f^2(x)\,\mathrm{d}x\int_a^b g^2(x)\,\mathrm{d}x}.$$

不等式(8)叫作施瓦茨(Schwarz)不等式.

柯西不等式和施瓦茨不等式看起来似乎没有什么共同之处，然而这两个不等式在欧氏空间的不等式(6)里被统一起来. 因此通常把不等式(6)叫作柯西－施瓦茨不等式.

现在来定义欧氏空间中两个向量的夹角.

定义 3 设 $\boldsymbol{\xi}$ 和 $\boldsymbol{\eta}$ 是欧氏空间的两个非零向量. $\boldsymbol{\xi}$ 与 $\boldsymbol{\eta}$ 的夹角 θ 由以下公式定义：

$$\cos\theta=\frac{\langle\boldsymbol{\xi},\boldsymbol{\eta}\rangle}{|\boldsymbol{\xi}|\,|\boldsymbol{\eta}|}.$$

由不等式(6)，我们有

$$-1\leqslant\frac{\langle\boldsymbol{\xi},\boldsymbol{\eta}\rangle}{|\boldsymbol{\xi}|\,|\boldsymbol{\eta}|}\leqslant1,$$

所以这样定义夹角是合理的.

这样，欧氏空间任意两个非零向量有唯一的夹角 $\theta(0\leqslant\theta\leqslant\pi)$.

在欧氏空间里这样定义向量的长度和夹角正是解析几何里向量长度和夹角概念的自然推广.

有了角度概念之后，当欧氏空间两个非零向量的夹角是$\frac{\pi}{2}$

时，很自然地称它们是正交的. 为了方便起见，我们补充规定：零向量与任意向量都正交. 这样，注意到定义 3 关于两个向量夹角的公式，我们有

定义 4 欧氏空间的两个向量 $\boldsymbol{\xi}$ 与 $\boldsymbol{\eta}$ 说是正交的，如果

$$\langle\boldsymbol{\xi},\boldsymbol{\eta}\rangle=0.$$

例如，在欧氏空间 $\mathbf{R}^n$ 里，向量

$$\boldsymbol{\varepsilon}_i=(0,\cdots,0,\overset{(i)}{1},0,\cdots,0),i=1,2,\cdots,n,$$

两两正交.

下面的定理几乎是自明的.

定理 8.1.2 在一个欧氏空间里，如果向量 $\boldsymbol{\xi}$ 与向量 $\boldsymbol{\eta}_1,\boldsymbol{\eta}_2,\cdots,\boldsymbol{\eta}_r$ 中每一个正交，那么 $\boldsymbol{\xi}$ 与 $\boldsymbol{\eta}_1,\boldsymbol{\eta}_2,\cdots,\boldsymbol{\eta}_r$ 的任意一个线性组合也正交.

证 令 $\sum\limits_{i=1}^{r}a_i\boldsymbol{\eta}_i$ 是 $\boldsymbol{\eta}_1,\boldsymbol{\eta}_2,\cdots,\boldsymbol{\eta}_r$ 的一个线性组合. 因为 $\langle\boldsymbol{\xi},\boldsymbol{\eta}_i\rangle=0$，$i=1,2,\cdots,r$，所以

$$\left\langle\boldsymbol{\xi},\ \sum_{i=1}^{r}a_i\boldsymbol{\eta}_i\right\rangle=\sum_{i=1}^{r}a_i\langle\boldsymbol{\xi},\boldsymbol{\eta}_i\rangle=0. \qquad \square$$

设 $\boldsymbol{\xi}$，$\boldsymbol{\eta}$ 是欧氏空间的任意向量. 由定理 8.1.1，我们有

$$\begin{aligned}|\boldsymbol{\xi}+\boldsymbol{\eta}|^2&=\langle\boldsymbol{\xi}+\boldsymbol{\eta},\boldsymbol{\xi}+\boldsymbol{\eta}\rangle\\&=\langle\boldsymbol{\xi},\boldsymbol{\xi}\rangle+2\langle\boldsymbol{\xi},\boldsymbol{\eta}\rangle+\langle\boldsymbol{\eta},\boldsymbol{\eta}\rangle\\&\leqslant\langle\boldsymbol{\xi},\boldsymbol{\xi}\rangle+2|\boldsymbol{\xi}||\boldsymbol{\eta}|+\langle\boldsymbol{\eta},\boldsymbol{\eta}\rangle\\&=|\boldsymbol{\xi}|^2+2|\boldsymbol{\xi}||\boldsymbol{\eta}|+|\boldsymbol{\eta}|^2\\&=(|\boldsymbol{\xi}|+|\boldsymbol{\eta}|)^2,\end{aligned}$$

由于 $|\boldsymbol{\xi}+\boldsymbol{\eta}|$ 和 $|\boldsymbol{\xi}|+|\boldsymbol{\eta}|$ 都是非负实数，所以我们有

$$(9)\qquad |\boldsymbol{\xi}+\boldsymbol{\eta}|\leqslant|\boldsymbol{\xi}|+|\boldsymbol{\eta}|.$$

在一个欧氏空间里，两个向量 $\boldsymbol{\xi}$ 与 $\boldsymbol{\eta}$ 的距离指的是 $\boldsymbol{\xi}-\boldsymbol{\eta}$ 的长度 $|\boldsymbol{\xi}-\boldsymbol{\eta}|$. 我们用符号 $d(\boldsymbol{\xi},\boldsymbol{\eta})$ 表示 $\boldsymbol{\xi}$ 与 $\boldsymbol{\eta}$ 的距离. 根据内积的定义和公式(9)，容易看出，距离具有下列性质：

(10) 当 $\boldsymbol{\xi}\neq\boldsymbol{\eta}$ 时，$d(\boldsymbol{\xi},\boldsymbol{\eta})>0$；

(11) $$d(\boldsymbol{\xi},\boldsymbol{\eta})=d(\boldsymbol{\eta},\boldsymbol{\xi});$$

(12) $$d(\boldsymbol{\xi},\boldsymbol{\zeta})\leqslant d(\boldsymbol{\xi},\boldsymbol{\eta})+d(\boldsymbol{\eta},\boldsymbol{\zeta}),$$

这里 $\boldsymbol{\xi}$，$\boldsymbol{\eta}$，$\boldsymbol{\zeta}$ 是欧氏空间的任意向量. 不等式(12)称为三角形不等式. 在解析几何里，这个不等式的意义就是一个三角形两边的和大于第三边.

最后，如果 W 是欧氏空间 V 的一个子空间，那么对于 V 的内积来说，W 显然也作成一个欧氏空间.

习 题

1. 证明，在一个欧氏空间里，对于任意向量 $\boldsymbol{\xi}$，$\boldsymbol{\eta}$，以下等式成立：

(i) $|\boldsymbol{\xi}+\boldsymbol{\eta}|^2+|\boldsymbol{\xi}-\boldsymbol{\eta}|^2=2|\boldsymbol{\xi}|^2+2|\boldsymbol{\eta}|^2$；

(ii) $\langle\boldsymbol{\xi},\boldsymbol{\eta}\rangle=\frac{1}{4}|\boldsymbol{\xi}+\boldsymbol{\eta}|^2-\frac{1}{4}|\boldsymbol{\xi}-\boldsymbol{\eta}|^2$.

在解析几何里，等式(i)的几何意义是什么？

2. 在欧氏空间 $\mathbf{R}^n$ 里，求向量 $\boldsymbol{\alpha}=(1,1,\cdots,1)$ 与每一向量

$$\boldsymbol{\varepsilon}_i=(0,\cdots,0,\overset{(i)}{1},0,\cdots,0),i=1,2,\cdots,n$$

的夹角.

3. 在欧氏空间 $\mathbf{R}^4$ 里找出两个单位向量，使它们同时与向量

$$\boldsymbol{\alpha}=(2,1,-4,0),$$
$$\boldsymbol{\beta}=(-1,-1,2,2),$$
$$\boldsymbol{\gamma}=(3,2,5,4)$$

中每一个正交.

4. 利用内积的性质证明，一个三角形如果有一边是它的外接圆的直径，那么这个三角形一定是直角三角形.

5. 设 $\boldsymbol{\xi}$, $\boldsymbol{\eta}$ 是一个欧氏空间里彼此正交的向量. 证明:

$$|\boldsymbol{\xi}+\boldsymbol{\eta}|^2 = |\boldsymbol{\xi}|^2 + |\boldsymbol{\eta}|^2 \text{(勾股定理)}.$$

6. 设 $\boldsymbol{\alpha}_1,\boldsymbol{\alpha}_2,\cdots,\boldsymbol{\alpha}_n$, $\boldsymbol{\beta}$ 都是一个欧氏空间的向量, 且 $\boldsymbol{\beta}$ 是 $\boldsymbol{\alpha}_1,\boldsymbol{\alpha}_2,\cdots,\boldsymbol{\alpha}_n$ 的线性组合. 证明如果 $\boldsymbol{\beta}$ 与每一个 $\boldsymbol{\alpha}_i$ 正交, $i=1,2,\cdots,n$, 那么 $\boldsymbol{\beta}=\mathbf{0}$.

7. 设 $\boldsymbol{\alpha}_1,\boldsymbol{\alpha}_2,\cdots,\boldsymbol{\alpha}_n$ 是欧氏空间的 n 个向量. 行列式

$$G(\boldsymbol{\alpha}_1,\cdots,\boldsymbol{\alpha}_n)=\begin{vmatrix} \langle\boldsymbol{\alpha}_1,\boldsymbol{\alpha}_1\rangle & \langle\boldsymbol{\alpha}_1,\boldsymbol{\alpha}_2\rangle & \cdots & \langle\boldsymbol{\alpha}_1,\boldsymbol{\alpha}_n\rangle \\ \langle\boldsymbol{\alpha}_2,\boldsymbol{\alpha}_1\rangle & \langle\boldsymbol{\alpha}_2,\boldsymbol{\alpha}_2\rangle & \cdots & \langle\boldsymbol{\alpha}_2,\boldsymbol{\alpha}_n\rangle \\ \vdots & \vdots & & \vdots \\ \langle\boldsymbol{\alpha}_n,\boldsymbol{\alpha}_1\rangle & \langle\boldsymbol{\alpha}_n,\boldsymbol{\alpha}_2\rangle & \cdots & \langle\boldsymbol{\alpha}_n,\boldsymbol{\alpha}_n\rangle \end{vmatrix}$$

叫作 $\boldsymbol{\alpha}_1,\cdots,\boldsymbol{\alpha}_n$ 的格拉姆(Gram)行列式. 证明 $G(\boldsymbol{\alpha}_1,\cdots,\boldsymbol{\alpha}_n)=0$ 当且仅当 $\boldsymbol{\alpha}_1,\cdots,\boldsymbol{\alpha}_n$ 线性相关.

8. 设 $\boldsymbol{\alpha}$, $\boldsymbol{\beta}$ 是欧氏空间两个线性无关的向量, 满足以下条件:

$$\frac{2\langle\boldsymbol{\alpha},\boldsymbol{\beta}\rangle}{\langle\boldsymbol{\alpha},\boldsymbol{\alpha}\rangle}\text{和}\frac{2\langle\boldsymbol{\alpha},\boldsymbol{\beta}\rangle}{\langle\boldsymbol{\beta},\boldsymbol{\beta}\rangle}\text{都是}\leqslant 0\text{ 的整数}.$$

证明: $\boldsymbol{\alpha}$ 与 $\boldsymbol{\beta}$ 的夹角只可能是 $\frac{\pi}{2}$, $\frac{2\pi}{3}$, $\frac{3\pi}{4}$ 或 $\frac{5\pi}{6}$.

9. 证明: 对于任意实数 $a_1,a_2,\cdots,a_n$,

$$\sum_{i=1}^{n}|a_i| \leqslant \sqrt{n(a_1^2+a_2^2+\cdots+a_n^2)}.$$

8.2 正 交 基

在空间解析几何里, 我们通常选取三个彼此正交的单位向量作成 V_3 的一个基. 这个基对应于一个直角坐标系. 我们都知道, 直角坐标系用起来特别方便. 在一个 n 维欧氏空间 V 里, 由于有了向量的长度和夹角的概念, 我们自然会想到, 是否能够找到一组两两正交的单位向量, 使它们构成 V 的一个基. 这样一个基用起来似乎应该更方便一些. 下面的讨论说明, 这个想法是可以实现的. 首先引入一个概念.

定义1 欧氏空间 V 的一组两两正交的非零向量叫作 V 的一个正交组.

如果一个正交组的每一个向量都是单位向量，这个正交组就叫作一个规范正交组.

例1 向量

$$\boldsymbol{\alpha}_1=(0,1,0),\boldsymbol{\alpha}_2=\left(\frac{1}{\sqrt{2}},0,\frac{1}{\sqrt{2}}\right),$$

$$\boldsymbol{\alpha}_3=\left(\frac{1}{\sqrt{2}},0,-\frac{1}{\sqrt{2}}\right)$$

构成 $\mathbf{R}^3$ 的一个规范正交组，因为

$$|\boldsymbol{\alpha}_1|=|\boldsymbol{\alpha}_2|=|\boldsymbol{\alpha}_3|=1,$$

$$\langle\boldsymbol{\alpha}_1,\boldsymbol{\alpha}_2\rangle=\langle\boldsymbol{\alpha}_2,\boldsymbol{\alpha}_3\rangle=\langle\boldsymbol{\alpha}_3,\boldsymbol{\alpha}_1\rangle=0.$$

例2 考虑定义在闭区间 $[0,2\pi]$ 上一切连续函数所作成的欧氏空间 $C[0,2\pi]$（参看8.1,例3）. 函数组

(1) $$1,\cos x,\sin x,\cdots,\cos nx,\sin nx,\cdots$$

构成 $C[0,2\pi]$ 的一个正交组. 事实上，我们有

$$\int_0^{2\pi}1\mathrm{d}x=2\pi,$$

$$\int_0^{2\pi}\cos mx\cos nx\mathrm{d}x=\begin{cases}\pi, & 若 m=n,\\ 0, & 若 m\neq n,\end{cases}$$

$$\int_0^{2\pi}\sin mx\sin nx\mathrm{d}x=\begin{cases}\pi, & 若 m=n,\\ 0, & 若 m\neq n,\end{cases}$$

$$\int_0^{2\pi}\cos mx\sin nx\mathrm{d}x=\int_0^{2\pi}\cos nx\mathrm{d}x=\int_0^{2\pi}\sin nx\mathrm{d}x=0.$$

所以

$$\langle 1,1\rangle=2\pi,\langle\cos nx,\cos nx\rangle=\langle\sin nx,\sin nx\rangle=\pi,$$

$$\langle 1,\cos nx\rangle=\langle 1,\sin nx\rangle=0,$$

$$\begin{aligned}\langle \cos mx,\cos nx\rangle &= \langle \sin mx,\sin nx\rangle \\ &= \langle \cos mx,\sin nx\rangle \\ &= 0,\text{ 若 } m\neq n.\end{aligned}$$

把(1)中每一向量除以它的长度，我们就得 $C[0,2\pi]$ 的一个规范正交组

(2) $$\frac{1}{\sqrt{2\pi}},\frac{1}{\sqrt{\pi}}\cos x,\frac{1}{\sqrt{\pi}}\sin x,\cdots,\frac{1}{\sqrt{\pi}}\cos nx,$$
$$\frac{1}{\sqrt{\pi}}\sin nx,\cdots.$$

定理 8.2.1 设 $\{\boldsymbol{\alpha}_1,\boldsymbol{\alpha}_2,\cdots,\boldsymbol{\alpha}_n\}$ 是欧氏空间的一个正交组. 那么 $\boldsymbol{\alpha}_1,\boldsymbol{\alpha}_2,\cdots,\boldsymbol{\alpha}_n$ 线性无关.

证 设有 $a_1,a_2,\cdots,a_n\in\mathbf{R}$，使得

$$a_1\boldsymbol{\alpha}_1+a_2\boldsymbol{\alpha}_2+\cdots+a_n\boldsymbol{\alpha}_n=\mathbf{0}.$$

因为当 $i\neq j$ 时，$\langle\boldsymbol{\alpha}_i,\boldsymbol{\alpha}_j\rangle=0$，所以

$$\begin{aligned}0 &= \langle\boldsymbol{\alpha}_i,\mathbf{0}\rangle=\left\langle\boldsymbol{\alpha}_i,\ \sum_{j=1}^{n}a_j\boldsymbol{\alpha}_j\right\rangle \\ &= \sum_{j=1}^{n}a_j\langle\boldsymbol{\alpha}_i,\boldsymbol{\alpha}_j\rangle=a_i\langle\boldsymbol{\alpha}_i,\boldsymbol{\alpha}_i\rangle\end{aligned}$$

但 $\langle\boldsymbol{\alpha}_i,\boldsymbol{\alpha}_i\rangle\neq0$，所以 $a_i=0$，$i=1,2,\cdots,n$，即 $\boldsymbol{\alpha}_1,\boldsymbol{\alpha}_2,\cdots,\boldsymbol{\alpha}_n$ 线性无关. □

现在设 V 是一个 n 维欧氏空间. 如果 V 中 n 个向量 $\boldsymbol{\alpha}_1,\boldsymbol{\alpha}_2,\cdots,\boldsymbol{\alpha}_n$ 构成一个正交组，那么由定理 8.2.1，这 n 个向量构成 V 的一个基. 这样的一个基叫作 V 的一个正交基. 如果 V 的一个正交基还是一个规范正交组，那么就称这个基是一个规范正交基.

例 3 欧氏空间 $\mathbf{R}^n$ 的基

$$\boldsymbol{\varepsilon}_i=(0,\cdots,0,\overset{(i)}{1},0,\cdots,0),$$
$$i=1,2,\cdots,n,$$

是 $\mathbf{R}^n$ 的一个规范正交基.

如果 $\{\boldsymbol{\alpha}_1,\boldsymbol{\alpha}_2,\cdots,\boldsymbol{\alpha}_n\}$ 是 n 维欧氏空间 V 的一个规范正交基. 令 $\boldsymbol{\xi}$ 是 V 的任意一个向量，那么 $\boldsymbol{\xi}$ 可以唯一地写成

$$\boldsymbol{\xi}=x_1\boldsymbol{\alpha}_1+x_2\boldsymbol{\alpha}_2+\cdots+x_n\boldsymbol{\alpha}_n,$$

$x_1,x_2,\cdots,x_n$ 是 $\boldsymbol{\xi}$ 关于基 $\{\boldsymbol{\alpha}_1,\boldsymbol{\alpha}_2,\cdots,\boldsymbol{\alpha}_n\}$ 的坐标. 由于 $\{\boldsymbol{\alpha}_1,\boldsymbol{\alpha}_2,\cdots,\boldsymbol{\alpha}_n\}$ 是规范正交基，我们有

$$(3)\qquad \langle\boldsymbol{\xi},\boldsymbol{\alpha}_i\rangle=\left\langle\sum_{j=1}^{n}x_j\boldsymbol{\alpha}_j,\boldsymbol{\alpha}_i\right\rangle=x_i.$$

这就是说，向量 $\boldsymbol{\xi}$ 关于一个规范正交基的第 i 个坐标等于 $\boldsymbol{\xi}$ 与第 i 个基向量的内积.

其次，令

$$\boldsymbol{\eta}=y_1\boldsymbol{\alpha}_1+y_2\boldsymbol{\alpha}_2+\cdots+y_n\boldsymbol{\alpha}_n,$$

那么

$$(4)\qquad \langle\boldsymbol{\xi},\boldsymbol{\eta}\rangle=x_1y_1+x_2y_2+\cdots+x_ny_n.$$

由此得

$$(5)\qquad |\boldsymbol{\xi}|=\sqrt{\langle\boldsymbol{\xi},\boldsymbol{\xi}\rangle}=\sqrt{x_1^2+x_2^2+\cdots+x_n^2}.$$

$$(6)\qquad d(\boldsymbol{\xi},\boldsymbol{\eta})=|\boldsymbol{\xi}-\boldsymbol{\eta}|=\sqrt{(x_1-y_1)^2+\cdots+(x_n-y_n)^2}.$$

这些公式都是解析几何里熟知公式的推广. 由此可以看到，在欧氏空间里引入规范正交基的好处.

自然发生这样的问题：在一个 n 维欧氏空间里，是不是存在规范正交基？下面的定理不但给予肯定的回答，而且还给出一个方法，使得我们可以从一个任意基出发，来构造一个规范正交基.

让我们先在 V_2 内考虑. 设 $\{\boldsymbol{\alpha}_1, \boldsymbol{\alpha}_2\}$ 是 V_2 的一个基，但不一定是正交基. 我们希望从这个基出发，得出 V_2 的一个规范正交基. 自然，只要能够得出 V_2 的一个正交基 $\{\boldsymbol{\beta}_1, \boldsymbol{\beta}_2\}$，问题就解决了，因为将 $\boldsymbol{\beta}_1$ 和 $\boldsymbol{\beta}_2$ 再分别除以它们的长度，就得到一个规范正交基.

先取 $\boldsymbol{\beta}_1 = \boldsymbol{\alpha}_1$. 借助于几何直观，为了求出 $\boldsymbol{\beta}_2$，我们考虑线性组合 $\boldsymbol{\alpha}_2 + a\boldsymbol{\beta}_1$，从这里决定实数 a，使 $\boldsymbol{\alpha}_2 + a\boldsymbol{\beta}_1$ 与 $\boldsymbol{\beta}_1$ 正交. 由

$$0 = \langle \boldsymbol{\alpha}_2 + a\boldsymbol{\beta}_1, \boldsymbol{\beta}_1 \rangle = \langle \boldsymbol{\alpha}_2, \boldsymbol{\beta}_1 \rangle + a\langle \boldsymbol{\beta}_1, \boldsymbol{\beta}_1 \rangle$$

及 $\boldsymbol{\beta}_1 \neq \mathbf{0}$ 得

$$a = -\frac{\langle \boldsymbol{\alpha}_2, \boldsymbol{\beta}_1 \rangle}{\langle \boldsymbol{\beta}_1, \boldsymbol{\beta}_1 \rangle}.$$

我们取

$$\boldsymbol{\beta}_2 = \boldsymbol{\alpha}_2 - \frac{\langle \boldsymbol{\alpha}_2, \boldsymbol{\beta}_1 \rangle}{\langle \boldsymbol{\beta}_1, \boldsymbol{\beta}_1 \rangle}\boldsymbol{\beta}_1.$$

那么 $\langle \boldsymbol{\beta}_2, \boldsymbol{\beta}_1 \rangle = 0$. 又因为 $\boldsymbol{\alpha}_1$，$\boldsymbol{\alpha}_2$ 线性无关，所以对于任意实数 a，$\boldsymbol{\alpha}_2 + a\boldsymbol{\beta}_1 = \boldsymbol{\alpha}_2 + a\boldsymbol{\alpha}_1 \neq \mathbf{0}$，因而 $\boldsymbol{\beta}_2 \neq \mathbf{0}$. 这样就得到 V_2 的一个正交基 $\{\boldsymbol{\beta}_1, \boldsymbol{\beta}_2\}$.

上面的考虑给我们一个启发，使我们能够在一般的欧氏空间里，从一组线性无关的向量出发，得到一个正交组. 我们有

定理 8.2.2 设 $\{\boldsymbol{\alpha}_1, \boldsymbol{\alpha}_2, \cdots, \boldsymbol{\alpha}_m\}$ 是欧氏空间 V 的一组线性无关的向量. 那么可以求出 V 的一个正交组 $\{\boldsymbol{\beta}_1, \boldsymbol{\beta}_2, \cdots, \boldsymbol{\beta}_m\}$，使得 $\boldsymbol{\beta}_k$ 可以由 $\boldsymbol{\alpha}_1, \boldsymbol{\alpha}_2, \cdots, \boldsymbol{\alpha}_k$ 线性表示，$k = 1, 2, \cdots, m$.

证 先取 $\boldsymbol{\beta}_1 = \boldsymbol{\alpha}_1$. 那么 $\boldsymbol{\beta}_1$ 是 $\boldsymbol{\alpha}_1$ 的线性组合且 $\boldsymbol{\beta}_1 \neq \mathbf{0}$，其次，取

$$\boldsymbol{\beta}_2=\boldsymbol{\alpha}_2-\frac{\langle\boldsymbol{\alpha}_2,\boldsymbol{\beta}_1\rangle}{\langle\boldsymbol{\beta}_1,\boldsymbol{\beta}_1\rangle}\boldsymbol{\beta}_1.$$

那么$\boldsymbol{\beta}_2$是$\boldsymbol{\alpha}_1$，$\boldsymbol{\alpha}_2$的线性组合，并且因为$\boldsymbol{\alpha}_1$，$\boldsymbol{\alpha}_2$线性无关，所以$\boldsymbol{\beta}_2\neq\mathbf{0}$. 又由

$$\langle\boldsymbol{\beta}_2,\boldsymbol{\beta}_1\rangle=\langle\boldsymbol{\alpha}_2,\boldsymbol{\beta}_1\rangle-\frac{\langle\boldsymbol{\alpha}_2,\boldsymbol{\beta}_1\rangle}{\langle\boldsymbol{\beta}_1,\boldsymbol{\beta}_1\rangle}\langle\boldsymbol{\beta}_1,\boldsymbol{\beta}_1\rangle=0,$$

所以$\boldsymbol{\beta}_2$与$\boldsymbol{\beta}_1$正交.

假设$1<k\leqslant m$，而满足定理要求的$\boldsymbol{\beta}_1,\boldsymbol{\beta}_2,\cdots,\boldsymbol{\beta}_{k-1}$都已作出. 取

$$\boldsymbol{\beta}_k=\boldsymbol{\alpha}_k-\frac{\langle\boldsymbol{\alpha}_k,\boldsymbol{\beta}_1\rangle}{\langle\boldsymbol{\beta}_1,\boldsymbol{\beta}_1\rangle}\boldsymbol{\beta}_1-\cdots-\frac{\langle\boldsymbol{\alpha}_k,\boldsymbol{\beta}_{k-1}\rangle}{\langle\boldsymbol{\beta}_{k-1},\boldsymbol{\beta}_{k-1}\rangle}\boldsymbol{\beta}_{k-1}.$$

由于假定了$\boldsymbol{\beta}_i$是$\boldsymbol{\alpha}_1,\boldsymbol{\alpha}_2,\cdots,\boldsymbol{\alpha}_i$的线性组合，$i=1,2,\cdots,k-1$，所以把这些线性组合代入上式，就得到

$$\boldsymbol{\beta}_k=a_1\boldsymbol{\alpha}_1+a_2\boldsymbol{\alpha}_2+\cdots+a_{k-1}\boldsymbol{\alpha}_{k-1}+\boldsymbol{\alpha}_k.$$

所以$\boldsymbol{\beta}_k$是$\boldsymbol{\alpha}_1,\boldsymbol{\alpha}_2,\cdots,\boldsymbol{\alpha}_k$的线性组合. 由$\boldsymbol{\alpha}_1,\boldsymbol{\alpha}_2,\cdots,\boldsymbol{\alpha}_k$线性无关得出$\boldsymbol{\beta}_k\neq\mathbf{0}$，又因为假定了$\boldsymbol{\beta}_1,\boldsymbol{\beta}_2,\cdots,\boldsymbol{\beta}_{k-1}$两两正交，所以

$$\langle\boldsymbol{\beta}_k,\boldsymbol{\beta}_i\rangle=\langle\boldsymbol{\alpha}_k,\boldsymbol{\beta}_i\rangle-\frac{\langle\boldsymbol{\alpha}_k,\boldsymbol{\beta}_i\rangle}{\langle\boldsymbol{\beta}_i,\boldsymbol{\beta}_i\rangle}\langle\boldsymbol{\beta}_i,\boldsymbol{\beta}_i\rangle=0,i=1,\cdots,k-1.$$

这样，$\boldsymbol{\beta}_1,\boldsymbol{\beta}_2,\cdots,\boldsymbol{\beta}_k$也满足定理的要求. 定理被证明. □

这个定理实际上给出了一个方法，使得我们可以从欧氏空间的任意一组线性无关的向量出发，得出一个正交组来. 这个方法称为施密特(Schimidt)正交化方法，简称正交化方法.

现在设V是一个$n(n>0)$维欧氏空间，令$\{\boldsymbol{\alpha}_1,\boldsymbol{\alpha}_2,\cdots,\boldsymbol{\alpha}_n\}$是$V$的任意一个基. 利用正交化方法，可以得出$V$的一个正交基$\{\boldsymbol{\beta}_1,\boldsymbol{\beta}_2,\cdots,\boldsymbol{\beta}_n\}$再令

$$\boldsymbol{\gamma}_i=\boldsymbol{\beta}_i/|\boldsymbol{\beta}_i|,i=1,2,\cdots,n.$$

那么$\{\boldsymbol{\gamma}_1,\boldsymbol{\gamma}_2,\cdots,\boldsymbol{\gamma}_n\}$就是 V 的一个规范正交基. 于是得到

定理 8.2.3 任意 $n(n>0)$ 维欧氏空间一定有正交基，因而有规范正交基.

例 4 在欧氏空间 $\mathbf{R}^3$ 中，对于基

$$\boldsymbol{\alpha}_1=(1,1,1),\boldsymbol{\alpha}_2=(0,1,2),$$
$$\boldsymbol{\alpha}_3=(2,0,3)$$

施行正交化方法，得出 $\mathbf{R}^3$ 的一个规范正交基.

首先注意，为了得出规范正交基，我们可以在正交化过程的每一步，将所得的向量 $\boldsymbol{\beta}_i$ 除以它的长度 $|\boldsymbol{\beta}_i|$，使成为单位向量. 这样做显然并不影响定理 8.2.2 的证明.

第一步，取

$$\boldsymbol{\gamma}_1=\frac{\boldsymbol{\alpha}_1}{|\boldsymbol{\alpha}_1|}=\left(\frac{1}{\sqrt{3}},\frac{1}{\sqrt{3}},\frac{1}{\sqrt{3}}\right).$$

第二步，先取

$$\begin{aligned}\boldsymbol{\beta}_2&=\boldsymbol{\alpha}_2-\frac{\langle\boldsymbol{\alpha}_2,\boldsymbol{\gamma}_1\rangle}{\langle\boldsymbol{\gamma}_1,\boldsymbol{\gamma}_1\rangle}\boldsymbol{\gamma}_1=\boldsymbol{\alpha}_2-\langle\boldsymbol{\alpha}_2,\boldsymbol{\gamma}_1\rangle\boldsymbol{\gamma}_1\\&=(0,1,2)-\sqrt{3}\left(\frac{1}{\sqrt{3}},\frac{1}{\sqrt{3}},\frac{1}{\sqrt{3}}\right)=(-1,0,1).\end{aligned}$$

然后令

$$\boldsymbol{\gamma}_2=\frac{\boldsymbol{\beta}_2}{|\boldsymbol{\beta}_2|}=\left(-\frac{1}{\sqrt{2}},0,\frac{1}{\sqrt{2}}\right).$$

第三步，取

$$\begin{aligned}\boldsymbol{\beta}_3&=\boldsymbol{\alpha}_3-\frac{\langle\boldsymbol{\alpha}_3,\boldsymbol{\gamma}_1\rangle}{\langle\boldsymbol{\gamma}_1,\boldsymbol{\gamma}_1\rangle}\boldsymbol{\gamma}_1-\frac{\langle\boldsymbol{\alpha}_3,\boldsymbol{\gamma}_2\rangle}{\langle\boldsymbol{\gamma}_2,\boldsymbol{\gamma}_2\rangle}\boldsymbol{\gamma}_2\\&=\boldsymbol{\alpha}_3-\langle\boldsymbol{\alpha}_3,\boldsymbol{\gamma}_1\rangle\boldsymbol{\gamma}_1-\langle\boldsymbol{\alpha}_3,\boldsymbol{\gamma}_2\rangle\boldsymbol{\gamma}_2\end{aligned}$$

$$= (2,0,3) - \frac{5}{\sqrt{3}}\left(\frac{1}{\sqrt{3}},\frac{1}{\sqrt{3}},\frac{1}{\sqrt{3}}\right)$$

$$- \frac{1}{\sqrt{2}}\left(-\frac{1}{\sqrt{2}},0,\frac{1}{\sqrt{2}}\right)$$

$$= \left(\frac{5}{6}, -\frac{5}{3}, \frac{5}{6}\right).$$

再令

$$\boldsymbol{\gamma}_3 = \frac{\boldsymbol{\beta}_3}{|\boldsymbol{\beta}_3|} = \left(\frac{1}{\sqrt{6}}, -\frac{2}{\sqrt{6}}, \frac{1}{\sqrt{6}}\right).$$

于是$\{\boldsymbol{\gamma}_1,\boldsymbol{\gamma}_2,\boldsymbol{\gamma}_3\}$就是$\mathbf{R}^3$的一个规范正交基.

在空间V_3里，如果W是一条过原点的直线或一个过原点的平面，而$\boldsymbol{\xi}$是V_3的任意一个向量，那么$\boldsymbol{\xi}$可以分解为$\boldsymbol{\xi}$在W上的正射影与一个垂直于W的向量的和(图 8.1). 我们将看到，在一般的欧氏空间里，也有类似的事实.

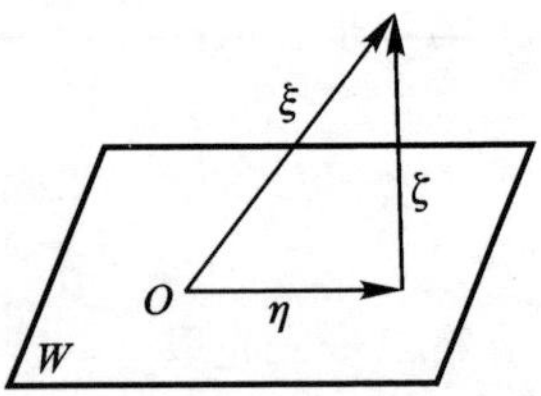

图 8.1

设W是欧氏空间V的一个非空子集. 如果V的一个向量$\boldsymbol{\xi}$与W的每一向量正交，那么就说$\boldsymbol{\xi}$与W正交，并且记作$\langle\boldsymbol{\xi},W\rangle=0$. 令

$$W^{\perp} = \{\boldsymbol{\xi}\in V \mid \langle\boldsymbol{\xi},W\rangle = 0\}.$$

那么$\mathbf{0}\in W^{\perp}$，因而$W^{\perp}\neq\varnothing$. 其次，设a, $b\in\mathbf{R}$, $\boldsymbol{\xi}$, $\boldsymbol{\eta}\in W^{\perp}$. 那么对于任意$\boldsymbol{\alpha}\in W$，我们有

$$\langle a\boldsymbol{\xi}+b\boldsymbol{\eta},\boldsymbol{\alpha}\rangle = a\langle\boldsymbol{\xi},\boldsymbol{\alpha}\rangle + b\langle\boldsymbol{\eta},\boldsymbol{\alpha}\rangle = 0,$$

因而$a\boldsymbol{\xi}+b\boldsymbol{\eta}\in W^{\perp}$. 这样，$W^{\perp}$是$V$的一个子空间.

定理 8.2.4 令W是欧氏空间V的一个有限维子空间. 那么

$$V = W \oplus W^{\perp},$$

因而 V 的每一向量 $\boldsymbol{\xi}$ 可以唯一地写成

$$\boldsymbol{\xi} = \boldsymbol{\eta} + \boldsymbol{\zeta}, \tag{7}$$

这里 $\boldsymbol{\eta} \in W$，$\langle \boldsymbol{\zeta}, W \rangle = 0$.

证 当 $W = \{\mathbf{0}\}$ 时，定理显然成立，这时 $W^{\perp} = V$. 设 $W \neq \{\mathbf{0}\}$. 由于 W 的维数有限，因而可以取到 W 的一个规范正交基 $\{\boldsymbol{\gamma}_1, \boldsymbol{\gamma}_2, \cdots, \boldsymbol{\gamma}_s\}$，$s = \dim W$. 设 $\boldsymbol{\xi} \in V$. 令

$$\boldsymbol{\eta} = \langle \boldsymbol{\xi}, \boldsymbol{\gamma}_1 \rangle \boldsymbol{\gamma}_1 + \langle \boldsymbol{\xi}, \boldsymbol{\gamma}_2 \rangle \boldsymbol{\gamma}_2 + \cdots + \langle \boldsymbol{\xi}, \boldsymbol{\gamma}_s \rangle \boldsymbol{\gamma}_s,$$
$$\boldsymbol{\zeta} = \boldsymbol{\xi} - \boldsymbol{\eta}.$$

那么 $\boldsymbol{\eta} \in W$，而

$$\begin{aligned}\langle \boldsymbol{\zeta}, \boldsymbol{\gamma}_i \rangle &= \langle \boldsymbol{\xi} - \boldsymbol{\eta}, \boldsymbol{\gamma}_i \rangle = \langle \boldsymbol{\xi}, \boldsymbol{\gamma}_i \rangle - \langle \boldsymbol{\eta}, \boldsymbol{\gamma}_i \rangle \\ &= \langle \boldsymbol{\xi}, \boldsymbol{\gamma}_i \rangle - \langle \boldsymbol{\xi}, \boldsymbol{\gamma}_i \rangle = 0, \qquad i = 1, 2, \cdots, s.\end{aligned}$$

由于 $\boldsymbol{\gamma}_1, \cdots, \boldsymbol{\gamma}_s$ 是 W 的基，所以 $\boldsymbol{\zeta}$ 与 W 正交，即 $\boldsymbol{\zeta} \in W^{\perp}$. 这就证明了

$$V = W + W^{\perp}.$$

剩下来只要证明这个和是直和. 这是显然的，因为如果 $\boldsymbol{\alpha} \in W \cap W^{\perp}$，那么 $\langle \boldsymbol{\alpha}, \boldsymbol{\alpha} \rangle = 0$，从而 $\boldsymbol{\alpha} = \mathbf{0}$. 定理被证明. □

设 W 是欧氏空间 V 的一个子空间. 我们把子空间 $W^{\perp}$ 叫作 W 的正交补.

分解式(7)右端第一个被加项 $\boldsymbol{\eta}$ 叫作向量 $\boldsymbol{\xi}$ 在子空间 W 上的正射影. 这样，欧氏空间 V 的每一向量 $\boldsymbol{\xi}$ 都可以分解为 $\boldsymbol{\xi}$ 在任意一个有限维子空间 W 上的正射影和一个与 W 正交的向量的和，并且这种分解是唯一的.

在通常的空间 V_3 里，设 W 是过原点 O 的一个平面或一条直线. 令 $\boldsymbol{\xi} = \overrightarrow{OP}$ 是 V_3 的任意一个向量. 那么 P 点到 W 的最短距离就是 P 到 W 的垂线的长度 $|\boldsymbol{\xi} - \boldsymbol{\eta}|$. 我们也可以从另一角度来

考虑问题. 设 $\boldsymbol{\xi}$ 是空间 V_3 的一个向量. 我们希望用 W 的一个向量 $\boldsymbol{\eta}$ 来逼近它. 那么除非 $\boldsymbol{\xi}\in W$,"误差向量"$\boldsymbol{\xi}-\boldsymbol{\eta}$ 不会等于零. 然而我们知道, 仅当 $\boldsymbol{\eta}$ 是 $\boldsymbol{\xi}$ 在 W 上的正射影时, 误差向量的长度 $|\boldsymbol{\xi}-\boldsymbol{\eta}|$ 最小. 一般说来, 我们有以下事实:

定理 8.2.5 设 W 是欧氏空间 V 的一个有限维子空间, $\boldsymbol{\xi}$ 是 V 的任意向量, $\boldsymbol{\eta}$ 是 $\boldsymbol{\xi}$ 在 W 上的正射影. 那么对于 W 中任意向量 $\boldsymbol{\eta}'\neq\boldsymbol{\eta}$, 都有

$$|\boldsymbol{\xi}-\boldsymbol{\eta}|<|\boldsymbol{\xi}-\boldsymbol{\eta}'|.$$

证 对于任意 $\boldsymbol{\eta}'\in W$, 我们有

$$\boldsymbol{\xi}-\boldsymbol{\eta}'=\boldsymbol{\xi}-\boldsymbol{\eta}+\boldsymbol{\eta}-\boldsymbol{\eta}'.$$

$\boldsymbol{\eta}-\boldsymbol{\eta}'\in W$ 而 $\boldsymbol{\xi}-\boldsymbol{\eta}\in W^{\perp}$, 所以 $\langle\boldsymbol{\xi}-\boldsymbol{\eta},\boldsymbol{\eta}-\boldsymbol{\eta}'\rangle=0$. 于是

$$\begin{aligned}|\boldsymbol{\xi}-\boldsymbol{\eta}'|^2&=\langle\boldsymbol{\xi}-\boldsymbol{\eta}',\boldsymbol{\xi}-\boldsymbol{\eta}'\rangle\\&=\langle\boldsymbol{\xi}-\boldsymbol{\eta}+\boldsymbol{\eta}-\boldsymbol{\eta}',\boldsymbol{\xi}-\boldsymbol{\eta}+\boldsymbol{\eta}-\boldsymbol{\eta}'\rangle\\&=\langle\boldsymbol{\xi}-\boldsymbol{\eta},\boldsymbol{\xi}-\boldsymbol{\eta}\rangle+\langle\boldsymbol{\eta}-\boldsymbol{\eta}',\boldsymbol{\eta}-\boldsymbol{\eta}'\rangle\\&=|\boldsymbol{\xi}-\boldsymbol{\eta}|^2+|\boldsymbol{\eta}-\boldsymbol{\eta}'|^2.\end{aligned}$$

如果 $\boldsymbol{\eta}'\neq\boldsymbol{\eta}$, 那么 $|\boldsymbol{\eta}-\boldsymbol{\eta}'|>0$. 所以

$$|\boldsymbol{\xi}-\boldsymbol{\eta}'|^2>|\boldsymbol{\xi}-\boldsymbol{\eta}|^2,$$

即

$$|\boldsymbol{\xi}-\boldsymbol{\eta}|<|\boldsymbol{\xi}-\boldsymbol{\eta}'|.\qquad\square$$

由于这个事实, 我们也把向量 $\boldsymbol{\xi}$ 在子空间 W 上的正射影 $\boldsymbol{\eta}$ 叫作 W 到 $\boldsymbol{\xi}$ 的最佳逼近.

例 5 考虑 $[0,2\pi]$ 上一切连续实函数所成的向量空间 $C[0,2\pi]$. 令 W 是由以下 $2n+1$ 个函数

$$1,\ \cos x,\ \sin x,\ \cdots,\ \cos nx,\ \sin nx$$

所生成的子空间. 由例 2 看到,

$$\boldsymbol{\alpha}_0=\frac{1}{\sqrt{2\pi}},\ \boldsymbol{\alpha}_1=\frac{1}{\sqrt{\pi}}\cos x,\ \boldsymbol{\beta}_1=\frac{1}{\sqrt{\pi}}\sin x,\ \cdots,$$

$$\boldsymbol{\alpha}_n=\frac{1}{\sqrt{\pi}}\cos nx,\ \boldsymbol{\beta}_n=\frac{1}{\sqrt{\pi}}\sin nx$$

是 W 的一个规范正交基. W 的每一元素都可以写成

$$(8)\quad p_n(x)=\frac{a_0}{2}+a_1\cos x+b_1\sin x+\cdots+a_n\cos nx+b_n\sin nx$$

的形式. $p_n(x)$ 叫作一个 n 次三角多项式. 设 $f(x)\in C[0,2\pi]$. 我们求一个 n 次三角多项式 $p_n(x)$，使得

$$\int_0^{2\pi}[f(x)-p_n(x)]^2\mathrm{d}x$$

的值最小. 用欧氏空间的语言来说就是，求 $p_n(x)\in W$，使得

$$|f(x)-p_n(x)|^2=\int_0^{2\pi}[f(x)-p_n(x)]^2\mathrm{d}x$$

最小. 这正是上面所说的 W 对于 $f(x)$ 的最佳逼近问题. 因此，所求的 $p_n(x)$ 应该是 $f(x)$ 在 W 上的正射影. 由定理 8.2.4，我们有

$$p_n(x)=\langle f,\boldsymbol{\alpha}_0\rangle\boldsymbol{\alpha}_0+\langle f,\boldsymbol{\alpha}_1\rangle\boldsymbol{\alpha}_1+\langle f,\boldsymbol{\beta}_1\rangle\boldsymbol{\beta}_1+\cdots$$
$$+\langle f,\ \boldsymbol{\alpha}_n\rangle\boldsymbol{\alpha}_n+\langle f,\ \boldsymbol{\beta}_n\rangle\boldsymbol{\beta}_n.$$

与等式(8)作比较，我们得到

$$\frac{a_0}{2}=\frac{1}{\sqrt{2\pi}}\langle f,\boldsymbol{\alpha}_0\rangle=\frac{1}{\sqrt{2\pi}}\int_0^{2\pi}\frac{1}{\sqrt{2\pi}}f(x)\,\mathrm{d}x=\frac{1}{2\pi}\int_0^{2\pi}f(x)\,\mathrm{d}x,$$

从而

$$a_0=\frac{1}{\pi}\int_0^{2\pi}f(x)\,\mathrm{d}x;$$

$$\begin{aligned} a_k &= \frac{1}{\sqrt{\pi}}\langle f,\boldsymbol{\alpha}_k\rangle = \frac{1}{\sqrt{\pi}}\int_0^{2\pi} f(x)\frac{1}{\sqrt{\pi}}\cos kx\mathrm{d}x \\ &= \frac{1}{\pi}\int_0^{2\pi} f(x)\cos kx\mathrm{d}x; \\ b_k &= \frac{1}{\sqrt{\pi}}\langle f,\boldsymbol{\beta}_k\rangle = \frac{1}{\sqrt{\pi}}\int_0^{2\pi} f(x)\frac{1}{\sqrt{\pi}}\sin kx\mathrm{d}x \\ &= \frac{1}{\pi}\int_0^{2\pi} f(x)\sin kx\mathrm{d}x, \end{aligned}$$

$k=1,2,\cdots,n$. 注意到 $\cos 0x=1$，我们有

$$a_k = \frac{1}{\pi}\int_0^{2\pi} f(x)\cos kx\mathrm{d}x, k=0,1,2,\cdots,n;$$

$$b_k = \frac{1}{\pi}\int_0^{2\pi} f(x)\sin kx\mathrm{d}x, k=1,2,\cdots,n.$$

系数 $a_0,a_1,b_1,\cdots,a_n,b_n$ 叫作 $f(x)$ 的傅里叶(Fourier)系数.

现在设 $\{\boldsymbol{\alpha}_1,\boldsymbol{\alpha}_2,\cdots,\boldsymbol{\alpha}_n\}$ 和 $\{\boldsymbol{\beta}_1,\boldsymbol{\beta}_2,\cdots,\boldsymbol{\beta}_n\}$ 是 n 维欧氏空间 V 的两个规范正交基. 我们看一下由 $\{\boldsymbol{\alpha}_1,\boldsymbol{\alpha}_2,\cdots,\boldsymbol{\alpha}_n\}$ 到 $\{\boldsymbol{\beta}_1,\boldsymbol{\beta}_2,\cdots,\boldsymbol{\beta}_n\}$ 的过渡矩阵有什么性质. 令 $\boldsymbol{U}=(u_{ij})$ 是这个过渡矩阵. 那么

$$\boldsymbol{\beta}_i = \sum_{k=1}^{n} u_{ki}\boldsymbol{\alpha}_k, \quad 1\leqslant i\leqslant n.$$

我们有

$$\langle\boldsymbol{\beta}_i,\boldsymbol{\beta}_j\rangle = \begin{cases}1, & \text{若 } i=j, \\ 0, & \text{若 } i\neq j.\end{cases}$$

另一方面，因为 $\{\boldsymbol{\alpha}_1,\boldsymbol{\alpha}_2,\cdots,\boldsymbol{\alpha}_n\}$ 也是规范正交基，所以

$$\begin{aligned} \langle\boldsymbol{\beta}_i,\boldsymbol{\beta}_j\rangle &= \left\langle \sum_{k=1}^{n} u_{ki}\boldsymbol{\alpha}_k, \sum_{l=1}^{n} u_{lj}\boldsymbol{\alpha}_l\right\rangle \\ &= \sum_{k=1}^{n}\sum_{l=1}^{n} u_{ki}u_{lj}\langle\boldsymbol{\alpha}_k,\boldsymbol{\alpha}_l\rangle = \sum_{k=1}^{n} u_{ki}u_{kj}. \end{aligned}$$

于是

(9) $$\sum_{k=1}^{n} u_{ki}u_{kj}=\begin{cases}1, & 若\ i=j,\\ 0, & 若\ i\neq j.\end{cases}$$

(9)式表明，矩阵 U 的第 i 列与第 j 列对应位置元素乘积的和当 $i=j$时等于1；当 $i\neq j$ 时等于0. 因此

$$\boldsymbol{U}^{\mathrm{T}}\boldsymbol{U}=\boldsymbol{I}.$$

因为 $\boldsymbol{U}$ 作为过渡矩阵是可逆的，于是我们有

$$\boldsymbol{U}^{-1}=\boldsymbol{U}^{\mathrm{T}},$$

从而

$$\boldsymbol{U}\boldsymbol{U}^{\mathrm{T}}=\boldsymbol{U}^{\mathrm{T}}\boldsymbol{U}=\boldsymbol{I}.$$

定义 2　一个 n 阶实矩阵 $\boldsymbol{U}$ 叫作一个正交矩阵，如果

$$\boldsymbol{U}\boldsymbol{U}^{\mathrm{T}}=\boldsymbol{U}^{\mathrm{T}}\boldsymbol{U}=\boldsymbol{I}.$$

由以上的讨论我们得到

定理 8.2.6　n 维欧氏空间一个规范正交基到另一规范正交基的过渡矩阵是一个正交矩阵.

最后，利用规范正交基，很容易解决两个有限维欧氏空间的同构问题.

定义 3　欧氏空间 V 与 V'说是同构的，如果

(i) 作为实数域上向量空间，存在 V 到 V' 的一个同构映射f: $V\to V'$;

(ii) 对于任意 $\boldsymbol{\xi}$, $\boldsymbol{\eta}\in V$，都有

$$\langle\boldsymbol{\xi},\boldsymbol{\eta}\rangle=\langle f(\boldsymbol{\xi}),f(\boldsymbol{\eta})\rangle.$$

定理 8.2.7　两个有限维欧氏空间同构的充要条件是它们的维数相等.

证　设 V 和 V'是两个有限维欧氏空间. 如果 V 与 V'同构，

那么由定理 6.6.3，$\dim V=\dim V'$.

反过来，设 $\dim V=\dim V'=n$. 如果 $n=0$，那么 V 与 V' 显然同构，因为零空间中任意两个向量的内积只能是 $\langle \mathbf{0}, \mathbf{0} \rangle = 0$.

设 $n>0$. 在 V 中取一个规范正交基 $\{\boldsymbol{\gamma}_1, \boldsymbol{\gamma}_2, \cdots, \boldsymbol{\gamma}_n\}$；在 V' 中取一个规范正交基 $\{\boldsymbol{\gamma}_1', \boldsymbol{\gamma}_2', \cdots, \boldsymbol{\gamma}_n'\}$. 对于 V 的每一向量

$$\boldsymbol{\xi} = x_1\boldsymbol{\gamma}_1 + x_2\boldsymbol{\gamma}_2 + \cdots + x_n\boldsymbol{\gamma}_n,$$

规定

$$f(\boldsymbol{\xi}) = x_1\boldsymbol{\gamma}'_1 + x_2\boldsymbol{\gamma}'_2 + \cdots + x_n\boldsymbol{\gamma}'_n.$$

由定理 6.6.3，映射 f 是实数域上向量空间 V 到 V' 的同构映射. 设

$$\boldsymbol{\xi} = \sum_{i=1}^{n} x_i\boldsymbol{\gamma}_i,\quad \boldsymbol{\eta} = \sum_{i=1}^{n} y_i\boldsymbol{\gamma}_i$$

是 V 中任意两个向量. 那么

$$f(\boldsymbol{\xi}) = \sum_{i=1}^{n} x_i\boldsymbol{\gamma}'_i, f(\boldsymbol{\eta}) = \sum_{i=1}^{n} y_i\boldsymbol{\gamma}'_i.$$

由(4)得

$$\langle \boldsymbol{\xi}, \boldsymbol{\eta} \rangle = x_1y_1 + \cdots + x_ny_n = \langle f(\boldsymbol{\xi}), f(\boldsymbol{\eta}) \rangle.$$

所以欧氏空间 V 与 V' 同构. □

推论 8.2.1 任意 n 维欧氏空间都与 $\mathbf{R}^n$ 同构.

习　题

1. 已知

$$\boldsymbol{\alpha}_1 = (0, 2, 1, 0),\quad \boldsymbol{\alpha}_2 = (1, -1, 0, 0),$$
$$\boldsymbol{\alpha}_3 = (1, 2, 0, -1),\quad \boldsymbol{\alpha}_4 = (1, 0, 0, 1)$$

是 $\mathbf{R}^4$ 的一个基. 对这个基施行正交化方法，求出 $\mathbf{R}^4$ 的一个规范正交基.

2. 在欧氏空间 $C[-1,1]$ 里，对于线性无关的向量组 $\{1,x,x^2,x^3\}$ 施行正交化方法，求出一个规范正交组.

3. 令 $\{\boldsymbol{\alpha}_1,\boldsymbol{\alpha}_2,\cdots,\boldsymbol{\alpha}_n\}$ 是欧氏空间 V 的一组线性无关的向量，$\{\boldsymbol{\beta}_1,\boldsymbol{\beta}_2,\cdots,\boldsymbol{\beta}_n\}$ 是由这组向量通过正交化方法所得的正交组. 证明，这两个向量组的格拉姆行列式[8.1 习题 7]相等，即

$$
\begin{aligned}
G(\boldsymbol{\alpha}_1,\boldsymbol{\alpha}_2,\cdots,\boldsymbol{\alpha}_n) &= G(\boldsymbol{\beta}_1,\boldsymbol{\beta}_2,\cdots,\boldsymbol{\beta}_n) \\
&= \langle\boldsymbol{\beta}_1,\boldsymbol{\beta}_1\rangle\langle\boldsymbol{\beta}_2,\boldsymbol{\beta}_2\rangle\cdots\langle\boldsymbol{\beta}_n,\boldsymbol{\beta}_n\rangle.
\end{aligned}
$$

4. 令 $\boldsymbol{\gamma}_1,\boldsymbol{\gamma}_2,\cdots,\boldsymbol{\gamma}_n$ 是 n 维欧氏空间 V 的一个规范正交基，又令

$$
K = \left\{\boldsymbol{\xi}\in V \;\middle|\; \boldsymbol{\xi} = \sum_{i=1}^{n} x_i\boldsymbol{\gamma}_i, 0\leqslant x_i\leqslant 1, i=1,\cdots,n\right\}.
$$

K 叫作一个 n – 方体. 如果每一 x_i 都等于 0 或 1，$\boldsymbol{\xi}$ 就叫作 K 的一个顶点. K 的顶点间一切可能的距离是多少？

5. 设 $\{\boldsymbol{\alpha}_1,\boldsymbol{\alpha}_2,\cdots,\boldsymbol{\alpha}_m\}$ 是欧氏空间 V 的一个规范正交组. 证明，对于任意 $\boldsymbol{\xi}\in V$，以下不等式成立：

$$
\sum_{i=1}^{m} \langle\boldsymbol{\xi},\boldsymbol{\alpha}_i\rangle^2 \leqslant |\boldsymbol{\xi}|^2.
$$

6. 设 V 是一个 n 维欧氏空间. 证明：

(i) 如果 W 是 V 的一个子空间，那么 $(W^{\perp})^{\perp} = W$；

(ii) 如果 W_1，W_2 都是 V 的子空间，且 $W_1\subseteq W_2$，那么 $W_2^{\perp}\subseteq W_1^{\perp}$；

(iii) 如果 W_1，W_2 都是 V 的子空间，那么 $(W_1+W_2)^{\perp} = W_1^{\perp}\cap W_2^{\perp}$.

7. 证明：$\mathbf{R}^3$ 中向量 (x_0, y_0, z_0) 到平面

$$
W = \{(x,y,z)\in\mathbf{R}^3 \mid ax+by+cz=0\}
$$

的最短距离等于

$$
\frac{|ax_0+by_0+cz_0|}{\sqrt{a^2+b^2+c^2}}.
$$

8. 证明实系数线性方程组

$$
\sum_{j=1}^{n} a_{ij}x_j = b_i, i=1,2,\cdots,n,
$$

有解的充要条件是向量 $\boldsymbol{\beta} = (b_1,b_2,\cdots,b_n)\in\mathbf{R}^n$ 与齐次线性方程组

$$\sum_{j=1}^{n} a_{ji}x_j = 0, i = 1, 2, \cdots, n,$$

的解空间正交.

9. 令 $\boldsymbol{\alpha}$ 是 n 维欧氏空间 V 的一个非零向量. 令

$$P_{\boldsymbol{\alpha}} = \{\boldsymbol{\xi} \in V \mid \langle \boldsymbol{\xi}, \boldsymbol{\alpha} \rangle = 0\}.$$

$P_{\boldsymbol{\alpha}}$ 称为垂直于 $\boldsymbol{\alpha}$ 的超平面, 它是 V 的一个 $n-1$ 维子空间. V 中两个向量 $\boldsymbol{\xi}$, $\boldsymbol{\eta}$ 说是位于 $P_{\boldsymbol{\alpha}}$ 的同侧, 如果 $\langle \boldsymbol{\xi}, \boldsymbol{\alpha} \rangle$ 与 $\langle \boldsymbol{\eta}, \boldsymbol{\alpha} \rangle$ 同时为正或同时为负. 证明: V 中一组位于超平面 $P_{\boldsymbol{\alpha}}$ 同侧, 且两两夹角都 $\geqslant \frac{\pi}{2}$ 的非零向量一定线性无关. [提示:设 $\{\boldsymbol{\beta}_1, \boldsymbol{\beta}_2, \cdots, \boldsymbol{\beta}_r\}$ 是满足题设条件的一组向量. 则 $\langle \boldsymbol{\beta}_i, \boldsymbol{\beta}_j \rangle \leqslant 0$ $(i \neq j)$, 并且不妨设 $\langle \boldsymbol{\beta}_i, \boldsymbol{\alpha} \rangle > 0 (1 \leqslant i \leqslant r)$. 如果 $\sum_{i=1}^{r} c_i \boldsymbol{\beta}_i = \mathbf{0}$, 那么适当编号, 可设 $c_1, \cdots, c_s \geqslant 0, c_{s+1}, \cdots, c_r \leqslant 0 (1 \leqslant s \leqslant r)$. 令 $\boldsymbol{\gamma} = \sum_{i=1}^{s} c_i \boldsymbol{\beta}_i = -\sum_{j=s+1}^{r} c_j \boldsymbol{\beta}_j$. 证明 $\boldsymbol{\gamma} = \mathbf{0}$. 由此推出 $c_i = 0 (1 \leqslant i \leqslant r)$.]

10. 设 $\boldsymbol{U}$ 是一个正交矩阵. 证明:

(i) $\boldsymbol{U}$ 的行列式等于 1 或 -1;

(ii) $\boldsymbol{U}$ 的特征根的模等于 1;

(iii) 如果 $\boldsymbol{\lambda}$ 是 $\boldsymbol{U}$ 的一个特征根, 那么 $\frac{1}{\boldsymbol{\lambda}}$ 也是 $\boldsymbol{U}$ 的一个特征根;

(iv) $\boldsymbol{U}$ 的伴随矩阵 $\boldsymbol{U}^*$ 也是正交矩阵.

11. 设 $\cos\frac{\theta}{2} \neq 0$, 且

$$\boldsymbol{U} = \begin{pmatrix} 1 & 0 & 0 \\ 0 & \cos\theta & -\sin\theta \\ 0 & \sin\theta & \cos\theta \end{pmatrix}.$$

证明 $\boldsymbol{I} + \boldsymbol{U}$ 可逆, 并且

$$(\boldsymbol{I} - \boldsymbol{U})(\boldsymbol{I} + \boldsymbol{U})^{-1} = \tan\frac{\theta}{2} \begin{pmatrix} 0 & 0 & 0 \\ 0 & 0 & 1 \\ 0 & -1 & 0 \end{pmatrix}$$

12. 证明: 如果一个上三角形矩阵

$$A=\begin{pmatrix}a_{11} & a_{12} & a_{13} & \cdots & a_{1n}\\ 0 & a_{22} & a_{23} & \cdots & a_{2n}\\ 0 & 0 & a_{33} & \cdots & a_{3n}\\ \vdots & \vdots & \vdots & & \vdots\\ 0 & 0 & 0 & \cdots & a_{nn}\end{pmatrix}$$

是正交矩阵，那么 A 一定是对角矩阵，且主对角线上元素 a_{ii} 是 1 或 -1.

8.3 正 交 变 换

在解析几何里，允许使用的变换都是保持向量长度不变的. 在欧氏空间里，保持长度不变的线性变换无疑是重要的. 在这一节里，我们将研究这样的线性变换.

定义 1 欧氏空间 V 的一个线性变换 σ 叫作一个正交变换，如果对于任意 $\boldsymbol{\xi}\in V$ 都有

$$|\sigma(\boldsymbol{\xi})|=|\boldsymbol{\xi}|.$$

例 1 在 V_2 里，把每一向量旋转一个角 φ 的线性变换是 V_2 的一个正交变换.

例 2 令 H 是空间 V_3 里过原点的一个平面. 对于每一向量 $\boldsymbol{\xi}\in V_3$，令 $\boldsymbol{\xi}$ 对于 H 的镜面反射 $\boldsymbol{\xi}'$ 与它对应（图 8.2）. σ：$\boldsymbol{\xi}\mapsto\boldsymbol{\xi}'$ 是 V_3 的一个正交变换.

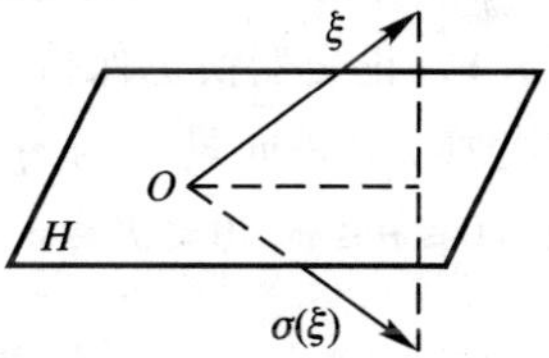

图 8.2

我们推导正交变换的一些基本性质.

定理 8.3.1 欧氏空间 V 的一个线性变换 σ 是正交变换的充要条件是：对于 V 中任意向量 $\boldsymbol{\xi}$，$\boldsymbol{\eta}$，

(1) $$\langle\sigma(\boldsymbol{\xi}),\sigma(\boldsymbol{\eta})\rangle=\langle\boldsymbol{\xi},\boldsymbol{\eta}\rangle.$$

证 条件的充分性是明显的. 因为在(1)中取 $\boldsymbol{\xi}=\boldsymbol{\eta}$, 就得到 $|\sigma(\boldsymbol{\xi})|^2=|\boldsymbol{\xi}|^2$, 从而 $|\sigma(\boldsymbol{\xi})|=|\boldsymbol{\xi}|$.

反过来, 设 σ 是一个正交变换. 那么对于 $\boldsymbol{\xi}, \boldsymbol{\eta}\in V$, 我们有

$$|\sigma(\boldsymbol{\xi}+\boldsymbol{\eta})|^2=|\boldsymbol{\xi}+\boldsymbol{\eta}|^2.$$

然而

$$\begin{aligned}|\sigma(\boldsymbol{\xi}+\boldsymbol{\eta})|^2 &=\langle\sigma(\boldsymbol{\xi}+\boldsymbol{\eta}),\sigma(\boldsymbol{\xi}+\boldsymbol{\eta})\rangle\\ &=\langle\sigma(\boldsymbol{\xi})+\sigma(\boldsymbol{\eta}),\sigma(\boldsymbol{\xi})+\sigma(\boldsymbol{\eta})\rangle\\ &=\langle\sigma(\boldsymbol{\xi}),\sigma(\boldsymbol{\xi})\rangle+\langle\sigma(\boldsymbol{\eta}),\sigma(\boldsymbol{\eta})\rangle\\ &\quad+2\langle\sigma(\boldsymbol{\xi}),\sigma(\boldsymbol{\eta})\rangle;\\ |\boldsymbol{\xi}+\boldsymbol{\eta}|^2 &=\langle\boldsymbol{\xi}+\boldsymbol{\eta},\boldsymbol{\xi}+\boldsymbol{\eta}\rangle\\ &=\langle\boldsymbol{\xi},\boldsymbol{\xi}\rangle+\langle\boldsymbol{\eta},\boldsymbol{\eta}\rangle+2\langle\boldsymbol{\xi},\boldsymbol{\eta}\rangle.\end{aligned}$$

由于 $\langle\sigma(\boldsymbol{\xi}),\sigma(\boldsymbol{\xi})\rangle=\langle\boldsymbol{\xi},\boldsymbol{\xi}\rangle$, $\langle\sigma(\boldsymbol{\eta}),\sigma(\boldsymbol{\eta})\rangle=\langle\boldsymbol{\eta},\boldsymbol{\eta}\rangle$, 比较上面两个等式就得到

$$\langle\sigma(\boldsymbol{\xi}),\sigma(\boldsymbol{\eta})\rangle=\langle\boldsymbol{\xi},\boldsymbol{\eta}\rangle. \qquad \square$$

因为两个非零向量的夹角由内积完全决定, 于是由定理 8.3.1, 正交变换也保持夹角不变. 确切地说, 如果 σ 是一个正交变换, θ 是向量 $\boldsymbol{\xi}$ 与 $\boldsymbol{\eta}$ 的夹角, θ' 是向量 $\sigma(\boldsymbol{\xi})$ 与 $\sigma(\boldsymbol{\eta})$ 的夹角, $0\leqslant\theta\leqslant\pi$, $0\leqslant\theta'\leqslant\pi$. 那么

$$\begin{aligned}\theta=\arccos\frac{\langle\boldsymbol{\xi},\boldsymbol{\eta}\rangle}{|\boldsymbol{\xi}|\,|\boldsymbol{\eta}|}&=\arccos\frac{\langle\sigma(\boldsymbol{\xi}),\sigma(\boldsymbol{\eta})\rangle}{|\sigma(\boldsymbol{\xi})|\,|\sigma(\boldsymbol{\eta})|}\\ &=\theta'.\end{aligned}$$

由定理 8.3.1, 很容易得到

定理 8.3.2 设 V 是一个 n 维欧氏空间, σ 是 V 的一个线性变换. 如果 σ 是正交变换, 那么 σ 把 V 的任意一个规范正交基仍旧变成 V 的一个规范正交基. 反过来, 如果 σ 把 V 的某一规

范正交基仍旧变成 V 的一个规范正交基，那么 σ 是 V 的一个正交变换.

证 设 σ 是 V 的一个正交变换，令 $\{\boldsymbol{\gamma}_1,\boldsymbol{\gamma}_2,\cdots,\boldsymbol{\gamma}_n\}$ 是 V 的任意一个规范正交基，由定理 8.3.1，

$$\langle\sigma(\boldsymbol{\gamma}_i),\sigma(\boldsymbol{\gamma}_j)\rangle=\langle\boldsymbol{\gamma}_i,\boldsymbol{\gamma}_j\rangle=\begin{cases}1,\text{若 } i=j,\\0,\text{若 } i\neq j.\end{cases}$$

因此，$\{\sigma(\boldsymbol{\gamma}_1),\sigma(\boldsymbol{\gamma}_2),\cdots,\sigma(\boldsymbol{\gamma}_n)\}$ 是 V 的一个规范正交基.

反过来，假设 V 的一个线性变换 σ 把某一规范正交基 $\{\boldsymbol{\gamma}_1,\boldsymbol{\gamma}_2,\cdots,\boldsymbol{\gamma}_n\}$ 变成规范正交基 $\{\sigma(\boldsymbol{\gamma}_1),\sigma(\boldsymbol{\gamma}_2),\cdots,\sigma(\boldsymbol{\gamma}_n)\}$. 令

$$\boldsymbol{\xi}=\sum_{i=1}^{n}x_i\boldsymbol{\gamma}_i\in V.$$

我们有

$$\begin{aligned}|\sigma(\boldsymbol{\xi})|^2&=\langle\sigma(\boldsymbol{\xi}),\sigma(\boldsymbol{\xi})\rangle=\left\langle\sum_{i=1}^{n}x_i\sigma(\boldsymbol{\gamma}_i),\sum_{j=1}^{n}x_j\sigma(\boldsymbol{\gamma}_j)\right\rangle\\&=\sum_{i=1}^{n}\sum_{j=1}^{n}x_ix_j\langle\sigma(\boldsymbol{\gamma}_i),\sigma(\boldsymbol{\gamma}_j)\rangle=\sum_{i=1}^{n}x_i^2=|\boldsymbol{\xi}|^2.\end{aligned}$$

所以 σ 是正交变换. □

现在看 n 维欧氏空间的一个正交变换关于 V 的一个规范正交基的矩阵有什么性质.

设 σ 是 n 维欧氏空间 V 的一个正交变换. 取定 V 的一个规范正交基 $\{\boldsymbol{\gamma}_1,\boldsymbol{\gamma}_2,\cdots,\boldsymbol{\gamma}_n\}$. 令 σ 关于这个基的矩阵是 $\boldsymbol{U}=(u_{ij})$. 那么

$$\sigma(\boldsymbol{\gamma}_j)=\sum_{i=1}^{n}u_{ij}\boldsymbol{\gamma}_i,j=1,2,\cdots,n.$$

由于 $\boldsymbol{\gamma}_1,\boldsymbol{\gamma}_2,\cdots,\boldsymbol{\gamma}_n$ 是规范正交基，所以 $\sigma(\boldsymbol{\gamma}_1)$，$\sigma(\boldsymbol{\gamma}_2)$，$\cdots$，$\sigma(\boldsymbol{\gamma}_n)$ 也是规范正交基. 由定理 8.2.6，$\boldsymbol{U}$ 是一个正交矩阵.

反过来，如果 n 维欧氏空间 V 的一个线性变换 σ 关于某一

规范正交基 $\boldsymbol{\gamma}_1, \boldsymbol{\gamma}_2, \cdots, \boldsymbol{\gamma}_n$ 的矩阵 $\boldsymbol{U}=(u_{ij})$ 是一个正交矩阵，那么

$$\sigma(\boldsymbol{\gamma}_j)=\sum_{i=1}^{n} u_{ij}\boldsymbol{\gamma}_i,\quad j=1,2,\cdots,n.$$

并且

$$\sum_{k=1}^{n} u_{ki}u_{kj}=\begin{cases}1, & 若\ i=j,\\ 0, & 若\ i\neq j.\end{cases}$$

于是

$$\begin{aligned}\langle\sigma(\boldsymbol{\gamma}_i),\sigma(\boldsymbol{\gamma}_j)\rangle &=\left\langle\sum_{k=1}^{n} u_{ki}\boldsymbol{\gamma}_k,\ \sum_{l=1}^{n} u_{lj}\boldsymbol{\gamma}_l\right\rangle\\ &=\sum_{k=1}^{n}\sum_{l=1}^{n} u_{ki}u_{lj}\langle\boldsymbol{\gamma}_k,\boldsymbol{\gamma}_l\rangle\\ &=\sum_{k=1}^{n} u_{ki}u_{kj}=\begin{cases}1, 若\ i=j,\\ 0, 若\ i\neq j.\end{cases}\end{aligned}$$

因此 $\{\sigma(\boldsymbol{\gamma}_1),\sigma(\boldsymbol{\gamma}_2),\cdots,\sigma(\boldsymbol{\gamma}_n)\}$ 是 V 的一个规范正交基. 由定理 8.3.2，σ 是 V 的一个正交变换. 这样，我们得到

定理 8.3.3 n 维欧氏空间 V 的一个正交变换 σ 关于 V 的任意规范正交基的矩阵是一个正交矩阵. 反过来，如果 V 的一个线性变换关于某一规范正交基的矩阵是正交矩阵，那么 σ 是一个正交变换.

例 3 将 V_2 的每一向量旋转一个角 φ 的正交变换(参看例 1)关于 V_2 的任意规范正交基的矩阵是

$$\begin{pmatrix}\cos\varphi & -\sin\varphi\\ \sin\varphi & \cos\varphi\end{pmatrix}.$$

又令 σ 是例 2 中的正交变换. 在平面 H 内取两个正交的单位向量 $\boldsymbol{\gamma}_1$，$\boldsymbol{\gamma}_2$，再取一个垂直于 H 的单位向量 $\boldsymbol{\gamma}_3$，那么 $\{\boldsymbol{\gamma}_1,\boldsymbol{\gamma}_2,$

$\boldsymbol{\gamma}_3\}$是 V_3 的一个规范正交基. σ 关于这个基的矩阵是

$$\begin{pmatrix} 1 & 0 & 0 \\ 0 & 1 & 0 \\ 0 & 0 & -1 \end{pmatrix}.$$

以上两个矩阵都是正交矩阵.

现在让我们看一看 V_2 和 V_3 的正交变换都有哪些类型.

设 σ 是 V_2 的一个正交变换. σ 关于 V_2 的一个规范正交基 $\{\boldsymbol{\gamma}_1, \boldsymbol{\gamma}_2\}$的矩阵是

$$\boldsymbol{U} = \begin{pmatrix} a & b \\ c & d \end{pmatrix}.$$

那么 $\boldsymbol{U}$ 是一个正交矩阵. 于是

(2) $$a^2 + c^2 = 1,\ b^2 + d^2 = 1,\ ab + cd = 0.$$

由第一个等式，存在一个角 α 使

$$a = \cos\alpha,\quad c = \pm\sin\alpha.$$

由于 $\cos\alpha = \cos(\pm\alpha)$, $\pm\sin\alpha = \sin(\pm\alpha)$，因此可以令

$$a = \cos\varphi,\ c = \sin\varphi,$$

这里 $\varphi = \alpha$ 或 $-\alpha$. 同理，由(2)的第二个等式，存在一个角 ψ 使

$$b = \cos\psi,\quad d = \sin\psi.$$

将 a, b, c, d 代入（2）的第三个等式得

$$\cos\varphi\cos\psi + \sin\varphi\sin\psi = 0,$$

或

$$\cos(\varphi - \psi) = 0.$$

最后等式表明，$\varphi - \psi$ 是$\frac{\pi}{2}$的一个奇数倍. 由此得

$$\cos\psi = \mp\sin\varphi,\ \sin\psi = \pm\cos\varphi.$$

所以

$$\boldsymbol{U} = \begin{pmatrix} \cos\varphi & -\sin\varphi \\ \sin\varphi & \cos\varphi \end{pmatrix}$$

或

$$\boldsymbol{U} = \begin{pmatrix} \cos\varphi & \sin\varphi \\ \sin\varphi & -\cos\varphi \end{pmatrix}.$$

在前一情形，σ 是将 V_2 的每一向量旋转角 φ 的旋转；在后一情形，σ 将 V_2 中以 (x, y) 为坐标的向量变成以 $(x\cos\varphi + y\sin\varphi, x\sin\varphi - y\cos\varphi)$ 为坐标的向量. 这时 σ 是关于直线 $y = \left(\tan\dfrac{\varphi}{2}\right)x$ 的反射.

这样，V_2 的正交变换或者是一个旋转，或者是关于一条过原点的直线的反射.

如果是后一情形，我们可以取这条直线上一个单位向量 $\boldsymbol{\gamma}'_1$ 和垂直于这条直线的一个单位向量 $\boldsymbol{\gamma}'_2$ 作为 V_2 的一个规范正交基，而 σ 关于基 $\{\boldsymbol{\gamma}'_1, \boldsymbol{\gamma}'_2\}$ 的矩阵有形状

$$\begin{pmatrix} 1 & 0 \\ 0 & -1 \end{pmatrix}.$$

现在设 σ 是 V_3 的一个正交变换. σ 的特征多项式是一个实系数三次多项式，因而至少有一个实根 r. 令 $\boldsymbol{\gamma}_1$ 是 σ 的属于本征值 r 的一个本征向量，并且取 $\boldsymbol{\gamma}_1$ 是一个单位向量. 再添加单位向量 $\boldsymbol{\gamma}_2$，$\boldsymbol{\gamma}_3$ 使 $\{\boldsymbol{\gamma}_1, \boldsymbol{\gamma}_2, \boldsymbol{\gamma}_3\}$ 是 V_3 的一个规范正交基. 那么 σ 关于这个基的矩阵有形状

$$\boldsymbol{U} = \begin{pmatrix} r & s & t \\ 0 & a & b \\ 0 & c & d \end{pmatrix}.$$

由于 $\boldsymbol{U}$ 是正交矩阵，我们有 $r^2=1$，$rs=rt=0$，从而 $r=\pm 1$，$s=t=0$. 于是

$$\boldsymbol{U}=\begin{pmatrix}\pm 1 & 0 & 0\\ 0 & a & b\\ 0 & c & d\end{pmatrix}.$$

由 $\boldsymbol{U}$ 的正交性推出，矩阵

$$\begin{pmatrix}a & b\\ c & d\end{pmatrix}$$

是一个二阶正交矩阵. 由上面的讨论，存在一个角 φ 使

$$\begin{pmatrix}a & b\\ c & d\end{pmatrix}=\begin{pmatrix}\cos\varphi & -\sin\varphi\\ \sin\varphi & \cos\varphi\end{pmatrix}\text{或}\begin{pmatrix}\cos\varphi & \sin\varphi\\ \sin\varphi & -\cos\varphi\end{pmatrix}.$$

在前一情形，

$$\boldsymbol{U}=\begin{pmatrix}\pm 1 & 0 & 0\\ 0 & \cos\varphi & -\sin\varphi\\ 0 & \sin\varphi & \cos\varphi\end{pmatrix}.$$

在后一情形，根据对 V_2 的正交变换的讨论，我们可以取 V_3 的一个规范正交基 $\{\boldsymbol{\gamma}_1,\boldsymbol{\gamma}_2',\boldsymbol{\gamma}_3'\}$ 使 σ 关于这个基的矩阵是

$$\boldsymbol{T}=\begin{pmatrix}\pm 1 & 0 & 0\\ 0 & 1 & 0\\ 0 & 0 & -1\end{pmatrix}.$$

如果在 $\boldsymbol{T}$ 中左上角的元素是 1，那么重新排列基向量，σ 关于基 $\{\boldsymbol{\gamma}_3',\boldsymbol{\gamma}_2',\boldsymbol{\gamma}_1\}$ 的矩阵是

$$\begin{pmatrix}-1 & 0 & 0\\ 0 & 1 & 0\\ 0 & 0 & 1\end{pmatrix}.$$

如果左上角的元素是 -1，那么 σ 关于基 $\{\boldsymbol{\gamma}'_2,\boldsymbol{\gamma}'_3,\boldsymbol{\gamma}_1\}$ 的矩阵是

$$\begin{pmatrix}1 & 0 & 0\\ 0 & -1 & 0\\ 0 & 0 & -1\end{pmatrix}=\begin{pmatrix}1 & 0 & 0\\ 0 & \cos\pi & -\sin\pi\\ 0 & \sin\pi & \cos\pi\end{pmatrix}.$$

这样，V_3 的任意正交变换 σ 关于某一规范正交基 $\{\boldsymbol{\alpha}_1,\boldsymbol{\alpha}_2,\boldsymbol{\alpha}_3\}$ 的矩阵是下列三种类型之一：

$$\begin{pmatrix}1 & 0 & 0\\ 0 & \cos\varphi & -\sin\varphi\\ 0 & \sin\varphi & \cos\varphi\end{pmatrix},\quad \begin{pmatrix}-1 & 0 & 0\\ 0 & 1 & 0\\ 0 & 0 & 1\end{pmatrix}$$

或

$$\begin{pmatrix}-1 & 0 & 0\\ 0 & \cos\varphi & -\sin\varphi\\ 0 & \sin\varphi & \cos\varphi\end{pmatrix}=\begin{pmatrix}1 & 0 & 0\\ 0 & \cos\varphi & -\sin\varphi\\ 0 & \sin\varphi & \cos\varphi\end{pmatrix}\begin{pmatrix}-1 & 0 & 0\\ 0 & 1 & 0\\ 0 & 0 & 1\end{pmatrix}.$$

在第一种情形，σ 是绕通过 $\boldsymbol{\alpha}_1$ 的直线 $\mathscr{L}(\boldsymbol{\alpha}_1)$ 的一个旋转；在第二种情形，σ 是对于平面 $\mathscr{L}(\boldsymbol{\alpha}_2,\ \boldsymbol{\alpha}_3)$ 的反射；第三种情形，σ 是前两种变换的合成.

习　　题

1. 证明：n 维欧氏空间的两个正交变换的乘积是一个正交变换；一个正交变换的逆变换还是一个正交变换.

2. 设 σ 是 n 维欧氏空间 V 的一个正交变换. 证明：如果 V 的一个子空间 W 在 σ 之下不变，那么 W 的正交补 $W^{\perp}$ 也在 σ 之下不变.

3. 设 V 是一个欧氏空间，$\boldsymbol{\alpha}\in V$ 是一个非零向量. 对于 $\boldsymbol{\xi}\in V$，规定

$$\tau(\boldsymbol{\xi})=\boldsymbol{\xi}-\frac{2\langle\boldsymbol{\xi},\boldsymbol{\alpha}\rangle}{\langle\boldsymbol{\alpha},\boldsymbol{\alpha}\rangle}\boldsymbol{\alpha}.$$

证明：τ 是 V 的一个正交变换，且 $\tau^2=\iota$，ι 是单位变换.

线性变换 τ 叫作由向量 $\boldsymbol{\alpha}$ 所决定的一个镜面反射. 当 V 是一个 n 维欧氏空间时，证明存在 V 的一个标准正交基，使得 τ 关于这个基的矩阵有形状：

$$\begin{pmatrix} -1 & 0 & 0 & \cdots & 0 \\ 0 & 1 & 0 & \cdots & 0 \\ 0 & 0 & 1 & \cdots & 0 \\ \vdots & \vdots & \vdots & & \vdots \\ 0 & 0 & 0 & \cdots & 1 \end{pmatrix};$$

在三维欧氏空间里说明线性变换 τ 的几何意义.

4. 设 σ 是欧氏空间 V 到自身的一个映射，对 $\boldsymbol{\xi}$，$\boldsymbol{\eta}$ 有 $\langle\sigma(\boldsymbol{\xi}),\sigma(\boldsymbol{\eta})\rangle=\langle\boldsymbol{\xi},\boldsymbol{\eta}\rangle$. 证明：$\sigma$ 是 V 的一个线性变换，因而是一个正交变换.

5. 设 $\boldsymbol{U}$ 是一个三阶正交矩阵，且 $\det\boldsymbol{U}=1$. 证明：

(i) $\boldsymbol{U}$ 有一个特征根等于 1；

(ii) $\boldsymbol{U}$ 的特征多项式有形状

$$f(x)=x^3-tx^2+tx-1,$$

这里 $-1\leqslant t\leqslant 3$.

6. 设 $\{\boldsymbol{\alpha}_1,\boldsymbol{\alpha}_2,\cdots,\boldsymbol{\alpha}_n\}$ 和 $\{\boldsymbol{\beta}_1,\boldsymbol{\beta}_2,\cdots,\boldsymbol{\beta}_n\}$ 是 n 维欧氏空间 V 的两个规范正交基.

(i) 证明：存在 V 的一个正交变换 σ，使 $\sigma(\boldsymbol{\alpha}_i)=\boldsymbol{\beta}_i$，$i=1,2,\cdots,n$；

(ii) 如果 V 的一个正交变换 τ 使得 $\tau(\boldsymbol{\alpha}_1)=\boldsymbol{\beta}_1$，那么 $\tau(\boldsymbol{\alpha}_2),\cdots,\tau(\boldsymbol{\alpha}_n)$ 所生成的子空间与由 $\boldsymbol{\beta}_2,\cdots,\boldsymbol{\beta}_n$ 所生成的子空间重合.

7. 令 V 是一个 n 维欧氏空间. 证明：

(i) 对 V 中任意两不同单位向量 $\boldsymbol{\alpha}$，$\boldsymbol{\beta}$，存在一个镜面反射 τ，使得 $\tau(\boldsymbol{\alpha})=\boldsymbol{\beta}$；

(ii) V 中每一正交变换 σ 都可以表成若干个镜面反射的乘积.

[提示:为了证明(ii),利用(i)和习题 6.]

8. 证明：每一个 n 阶非奇异实矩阵 $\boldsymbol{A}$ 都可以唯一地表示成

$$\boldsymbol{A}=\boldsymbol{U}\boldsymbol{T}$$

的形式，这里 $\boldsymbol{U}$ 是一个正交矩阵，$\boldsymbol{T}$ 是一个上三角形实矩阵，且主对角线上元素都是正数. [提示:非奇异矩阵 $\boldsymbol{A}$ 的列向量 $\boldsymbol{\alpha}_1,\boldsymbol{\alpha}_2,\cdots,\boldsymbol{\alpha}_n$ 作成 n 维列

向量空间 $\mathbf{R}^n$ 的一个基. 对这个基施行正交化,得出 $\mathbf{R}^n$ 的一个规范正交基 $\{\boldsymbol{\gamma}_1,\boldsymbol{\gamma}_2,\cdots,\boldsymbol{\gamma}_n\}$,以这个规范正交基为列的矩阵 $\boldsymbol{U}$ 是一个正交矩阵,写出 $\{\boldsymbol{\gamma}_1,\boldsymbol{\gamma}_2,\cdots,\boldsymbol{\gamma}_n\}$ 由 $\{\boldsymbol{\alpha}_1,\alpha_2,\cdots,\boldsymbol{\alpha}_n\}$ 的表示式,就可以得出矩阵 $\boldsymbol{T}$. 证明唯一性时,注意 8.2 习题 12.]

8.4 对称变换和对称矩阵

欧氏空间的另一类重要的线性变换就是对称变换. 对称变换的理论是泛函分析中的一个重要内容, 在这里, 我们只限于介绍有限维欧氏空间的对称变换的一些基本性质. 这些性质在下一章对于实二次型的讨论时将要用到.

设 V 是一个 n 维欧氏空间, σ 是 V 的一个线性变换. 我们提出这样的问题: 要使 V 有一个正交基, 而 σ 在这个基之下的矩阵是对角形式, 问 σ 应该满足什么条件? 这相当于说, σ 满足什么条件才能使得 V 有一个由 σ 的本征向量所组成的正交基?

如果 V 的一个线性变换 σ 具有以上的性质, 首先, σ 的特征多项式的根必须都是实数. 设 $c_1,c_2,\cdots,c_n\in\mathbf{R}$ 是 σ 的全部本征值(重根按重数计算), $\boldsymbol{\alpha}_i$ 是属于 c_i 的一个本征向量, 且 $\boldsymbol{\alpha}_1,\boldsymbol{\alpha}_2,\cdots,\boldsymbol{\alpha}_n$ 两两正交. 不失一般性, 可设 $|\boldsymbol{\alpha}_i|=1$, $i=1,2,\cdots,n$. 设

$$\boldsymbol{\xi}=\sum_{i=1}^{n}x_i\boldsymbol{\alpha}_i,\ \boldsymbol{\eta}=\sum_{i=1}^{n}y_i\boldsymbol{\alpha}_i$$

是 V 的任意向量. 因为 $\sigma(\boldsymbol{\alpha}_i)=c_i\boldsymbol{\alpha}_i$, $1\leqslant i\leqslant n$, 所以

$$\begin{aligned}\langle\sigma(\boldsymbol{\xi}),\boldsymbol{\eta}\rangle&=\left\langle\sum_{i=1}^{n}x_i\sigma(\boldsymbol{\alpha}_i),\sum_{j=1}^{n}y_j\boldsymbol{\alpha}_j\right\rangle\\&=\left\langle\sum_{i=1}^{n}c_ix_i\boldsymbol{\alpha}_i,\sum_{j=1}^{n}y_j\boldsymbol{\alpha}_j\right\rangle\end{aligned}$$

$$= \sum_{i=1}^{n} \sum_{j=1}^{n} c_i x_i y_j \langle \boldsymbol{\alpha}_i, \boldsymbol{\alpha}_j \rangle$$

$$= \sum_{i=1}^{n} c_i x_i y_i.$$

同样的计算，我们有

$$\langle \boldsymbol{\xi}, \sigma(\boldsymbol{\eta}) \rangle = \sum_{i=1}^{n} c_i x_i y_i.$$

因此，对于任意$\boldsymbol{\xi}$，$\boldsymbol{\eta} \in V$，等式

$$(1) \qquad \langle \sigma(\boldsymbol{\xi}), \boldsymbol{\eta} \rangle = \langle \boldsymbol{\xi}, \sigma(\boldsymbol{\eta}) \rangle$$

成立.

我们要证明，满足条件(1)的线性变换一定有一组本征向量，这一组本征向量构成V的一个正交基.

定义 1 设σ是欧氏空间V的一个线性变换. 如果对于V中任意向量$\boldsymbol{\xi}$，$\boldsymbol{\eta}$，等式

$$\langle \sigma(\boldsymbol{\xi}), \boldsymbol{\eta} \rangle = \langle \boldsymbol{\xi}, \sigma(\boldsymbol{\eta}) \rangle$$

成立，那么就称σ是一个对称变换.

先看一看对称变换在正交基之下的矩阵有什么形状.

定理 8.4.1 设σ是n维欧氏空间V的一个对称变换. $\boldsymbol{\alpha}_1, \boldsymbol{\alpha}_2, \cdots, \boldsymbol{\alpha}_n$是$V$的任意一个规范正交基. $\boldsymbol{A} = (a_{ij})$是$\sigma$关于这个基的矩阵. 那么$\boldsymbol{A}^{\mathrm{T}} = \boldsymbol{A}$.

证 我们有

$$\sigma(\boldsymbol{\alpha}_j) = \sum_{k=1}^{n} a_{kj} \boldsymbol{\alpha}_k, 1 \leqslant j \leqslant n.$$

因为σ是对称变换，而$\boldsymbol{\alpha}_1, \boldsymbol{\alpha}_2, \cdots, \boldsymbol{\alpha}_n$是一个规范正交基，所以

$$a_{ji} = \left\langle \sum_{k=1}^{n} a_{ki} \boldsymbol{\alpha}_k, \boldsymbol{\alpha}_j \right\rangle = \langle \sigma(\boldsymbol{\alpha}_i), \boldsymbol{\alpha}_j \rangle = \langle \boldsymbol{\alpha}_i, \sigma(\boldsymbol{\alpha}_j) \rangle$$

$$= \left\langle \boldsymbol{\alpha}_i, \sum_{k=1}^{n} a_{kj}\boldsymbol{\alpha}_k \right\rangle = a_{ij}.$$

即 $\boldsymbol{A}^{\mathrm{T}} = \boldsymbol{A}$. □

设 $\boldsymbol{A}$ 是某一数域 F 上的 n 阶矩阵. 如果 $\boldsymbol{A}$ 与它的转置 $\boldsymbol{A}^{\mathrm{T}}$ 相等, 那么就称 $\boldsymbol{A}$ 是一个对称矩阵. 定理 8.4.1 是说, n 维欧氏空间的对称变换关于任意规范正交基的矩阵是一个实对称矩阵. 反过来, 我们有

定理 8.4.2 设 σ 是 n 维欧氏空间 V 的一个线性变换. 如果 σ 关于一个规范正交基的矩阵是对称矩阵, 那么 σ 是一个对称变换.

证 设 σ 关于 V 的一个规范正交基 $\boldsymbol{\alpha}_1, \boldsymbol{\alpha}_2, \cdots, \boldsymbol{\alpha}_n$ 的矩阵 $\boldsymbol{A} = (a_{ij})$ 是对称的. 令 $\boldsymbol{\xi} = \sum_{i=1}^{n} x_i\boldsymbol{\alpha}_i$, $\boldsymbol{\eta} = \sum_{i=1}^{n} y_i\boldsymbol{\alpha}_i$ 是 V 的任意向量. 那么

$$\begin{aligned}
\langle \sigma(\boldsymbol{\xi}), \boldsymbol{\eta} \rangle &= \left\langle \sum_{i=1}^{n} x_i\sigma(\boldsymbol{\alpha}_i), \sum_{j=1}^{n} y_j\boldsymbol{\alpha}_j \right\rangle \\
&= \left\langle \sum_{i=1}^{n} x_i\left(\sum_{k=1}^{n} a_{ki}\boldsymbol{\alpha}_k\right), \sum_{j=1}^{n} y_j\boldsymbol{\alpha}_j \right\rangle \\
&= \left\langle \sum_{k=1}^{n} \left(\sum_{i=1}^{n} a_{ki}x_i\right)\boldsymbol{\alpha}_k, \sum_{j=1}^{n} y_j\boldsymbol{\alpha}_j \right\rangle \\
&= \sum_{j=i}^{n} \sum_{i=1}^{n} a_{ji}x_iy_j.
\end{aligned}$$

同样的计算可得

$$\langle \boldsymbol{\xi}, \sigma(\boldsymbol{\eta}) \rangle = \sum_{i=1}^{n} \sum_{j=1}^{n} a_{ij}x_iy_j.$$

因为 $a_{ji} = a_{ij}$, 所以 $\langle \sigma(\boldsymbol{\xi}), \boldsymbol{\eta} \rangle = \langle \boldsymbol{\xi}, \sigma(\boldsymbol{\eta}) \rangle$, 即 σ 是一个对称变换. □

我们将证明，对称变换有一组本征向量，它们构成 V 的一个规范正交基. 首先证明对称变换的几个基本性质.

定理 8.4.3 实对称矩阵的特征根都是实数.

证 设 $\boldsymbol{A}=(a_{ij})$ 是一个 n 阶实对称矩阵. 令 $\boldsymbol{\lambda}$ 是 $\boldsymbol{A}$ 在复数域内一个特征根. 于是存在不全为零的复数 $c_1,c_2,\cdots,c_n$ 使得

$$(2)\qquad \boldsymbol{A}\begin{pmatrix}c_1\\c_2\\\vdots\\c_n\end{pmatrix}=\boldsymbol{\lambda}\begin{pmatrix}c_1\\c_2\\\vdots\\c_n\end{pmatrix}.$$

令 $\bar{c}_i$ 表示 c_i 的共轭复数. 用矩阵 $(\bar{c}_1,\bar{c}_2,\cdots,\bar{c}_n)$ 左乘(2)式的两边，得

$$(\bar{c}_1,\bar{c}_2,\cdots,\bar{c}_n)\boldsymbol{A}\begin{pmatrix}c_1\\c_2\\\vdots\\c_n\end{pmatrix}=\boldsymbol{\lambda}(\bar{c}_1,\bar{c}_2,\cdots,\bar{c}_n)\begin{pmatrix}c_1\\c_2\\\vdots\\c_n\end{pmatrix},$$

即

$$(3)\qquad \sum_{i=1}^{n}\sum_{j=1}^{n}a_{ij}\bar{c}_ic_j=\boldsymbol{\lambda}\sum_{i=1}^{n}\bar{c}_ic_i.$$

等式(3)两端取共轭复数，注意到 a_{ij} 都是实数，我们得到

$$(4)\qquad \sum_{i=1}^{n}\sum_{j=1}^{n}a_{ij}c_i\bar{c}_j=\bar{\boldsymbol{\lambda}}\sum_{i=1}^{n}c_i\bar{c}_i.$$

又因为 $a_{ji}=a_{ij}$，等式(3)与(4)的左端相等，因此

$$\boldsymbol{\lambda}\sum_{i=1}^{n}c_i\bar{c}_i=\bar{\boldsymbol{\lambda}}\sum_{i=1}^{n}c_i\bar{c}_i.$$

然而 c_i 不全为零，所以 $\sum_{i=1}^{n} c_i \bar{c}_i$ 是一个正实数．所以 $\lambda = \bar{\lambda}$，λ 是实数．　□

定理 8.4.4　n 维欧氏空间的一个对称变换的属于不同本征值的本征向量彼此正交．

证　设 σ 是 n 维欧氏空间 V 的一个对称变换，λ，μ 是 σ 的本征值，且 $\lambda \neq \mu$．令 $\boldsymbol{\alpha}$ 和 $\boldsymbol{\beta}$ 分别是属于 λ 和 μ 的本征向量：

$$\sigma(\boldsymbol{\alpha}) = \lambda\boldsymbol{\alpha},\ \sigma(\boldsymbol{\beta}) = \mu\boldsymbol{\beta}.$$

我们有

$$\begin{aligned}\lambda\langle \boldsymbol{\alpha},\boldsymbol{\beta}\rangle &= \langle \lambda\boldsymbol{\alpha},\boldsymbol{\beta}\rangle = \langle \sigma(\boldsymbol{\alpha}),\boldsymbol{\beta}\rangle \\ &= \langle \boldsymbol{\alpha},\sigma(\boldsymbol{\beta})\rangle = \langle \boldsymbol{\alpha},\mu\boldsymbol{\beta}\rangle = \mu\langle \boldsymbol{\alpha},\boldsymbol{\beta}\rangle.\end{aligned}$$

因为 $\lambda \neq \mu$，所以必须 $\langle \boldsymbol{\alpha},\boldsymbol{\beta}\rangle = 0$．　□

现在我们证明

定理 8.4.5　设 σ 是 n 维欧氏空间 V 的一个对称变换．那么存在 V 的一个规范正交基，使得 σ 关于这个基的矩阵是实对角形式．

证　对 n 作数学归纳法．$n = 1$ 时是明显的，因为一阶矩阵自然是对角形式．

设 $n > 1$ 并且假设对于 $n - 1$ 维欧氏空间的对称变换来说定理成立．现在设 σ 是 n 维欧氏空间 V 的一个对称变换．由定理 8.4.3，σ 的本征值都是实数．令 λ 是 σ 的一个本征值，$\boldsymbol{\alpha}_1$ 是 V 中属于 λ 的一个本征向量，并且可设 $\boldsymbol{\alpha}_1$ 是单位向量：

$$\sigma(\boldsymbol{\alpha}_1) = \lambda\boldsymbol{\alpha}_1, \qquad |\boldsymbol{\alpha}_1| = 1.$$

令 $W = \mathscr{L}(\boldsymbol{\alpha}_1)$ 是 $\boldsymbol{\alpha}_1$ 所生成的一维子空间．W 在 σ 之下不变．由定理 8.2.4，

$$V = W \oplus W^{\perp}.$$

$W^{\perp}$也在σ之下不变. 事实上，设$\xi \in W^{\perp}$. 对于任意$\eta \in W$，我们有

$$\langle \sigma(\boldsymbol{\xi}), \boldsymbol{\eta} \rangle = \langle \boldsymbol{\xi}, \sigma(\boldsymbol{\eta}) \rangle = 0,$$

所以$\sigma(\boldsymbol{\xi}) \in W^{\perp}$. σ在$W^{\perp}$上的限制$\sigma|_{W^{\perp}}$是$W^{\perp}$的一个对称变换，并且$\sigma|_{W^{\perp}}$的本征值都是σ的本征值. 因为$\dim W^{\perp} = n-1$，所以由归纳法的假设，存在$W^{\perp}$的一个规范正交基$\boldsymbol{\alpha}_2, \cdots, \boldsymbol{\alpha}_n$，使$\sigma|_{W^{\perp}}$关于这个基的矩阵是实对角形式. 而$\boldsymbol{\alpha}_1, \boldsymbol{\alpha}_2, \cdots, \boldsymbol{\alpha}_n$就是$V$的一个规范正交基. σ关于这个基的矩阵是实对角形式. □

由定理8.4.5，我们可以得到关于实对称矩阵的

定理8.4.6 设A是一个n阶实对称矩阵. 那么存在一个n阶正交矩阵$\boldsymbol{U}$，使得$\boldsymbol{U}^{\mathrm{T}}\boldsymbol{A}\boldsymbol{U}$是实对角形.

为了求出$\boldsymbol{U}$，我们可以用以下的方法. 首先注意，由于$\boldsymbol{U}$是正交矩阵，所以$\boldsymbol{U}^{\mathrm{T}} = \boldsymbol{U}^{-1}$，因此$\boldsymbol{U}^{\mathrm{T}}\boldsymbol{A}\boldsymbol{U}$与$\boldsymbol{A}$相似. 于是可以利用7.6所给出的步骤求出一个可逆矩阵$\boldsymbol{T}$，使得$\boldsymbol{T}^{-1}\boldsymbol{A}\boldsymbol{T}$是对角形式. 这样求出的矩阵$\boldsymbol{T}$一般说来还不是正交矩阵. 然而注意到$\boldsymbol{T}$的列向量都是$\boldsymbol{A}$的特征向量，$\boldsymbol{A}$的属于不同特征根的特征向量彼此正交，因此只要再对$\boldsymbol{T}$中属于$\boldsymbol{A}$的同一特征根的列向量施行正交化手续，就得到$\mathbf{R}^n$的一个规范正交组. 以这样得到的规范正交组作列，就得到一个满足要求的n阶正交矩阵$\boldsymbol{U}$.

例1 设

$$\boldsymbol{A} = \begin{pmatrix} 4 & 2 & 2 \\ 2 & 4 & 2 \\ 2 & 2 & 4 \end{pmatrix}.$$

找出求一个正交矩阵$\boldsymbol{U}$使$\boldsymbol{U}^{\mathrm{T}}\boldsymbol{A}\boldsymbol{U}$是对角形矩阵.

第一步，先求$\boldsymbol{A}$的全部特征根. 我们有

$$\det(x\boldsymbol{I}-\boldsymbol{A}) = (x-2)^2(x-8).$$

所以 $\boldsymbol{A}$ 的特征根是 2，2，8.

第二步，先对于特征根 2，求出齐次线性方程组

$$\begin{pmatrix} -2 & -2 & -2 \\ -2 & -2 & -2 \\ -2 & -2 & -2 \end{pmatrix}\begin{pmatrix} x_1 \\ x_2 \\ x_3 \end{pmatrix} = \begin{pmatrix} 0 \\ 0 \\ 0 \end{pmatrix}$$

的一个基础解系

$$\boldsymbol{\eta}_1 = \begin{pmatrix} -1 \\ 1 \\ 0 \end{pmatrix}, \ \boldsymbol{\eta}_2 = \begin{pmatrix} -1 \\ 0 \\ 1 \end{pmatrix}.$$

再把 $\{\boldsymbol{\eta}_1, \boldsymbol{\eta}_2\}$ 正交化，得

$$\boldsymbol{\gamma}_1 = \begin{pmatrix} -\frac{1}{\sqrt{2}} \\ \frac{1}{\sqrt{2}} \\ 0 \end{pmatrix}, \ \boldsymbol{\gamma}_2 = \begin{pmatrix} -\frac{1}{\sqrt{6}} \\ -\frac{1}{\sqrt{6}} \\ \frac{2}{\sqrt{6}} \end{pmatrix}.$$

对于特征根 8，求出属于它的一个单位特征向量

$$\boldsymbol{\gamma}_3 = \begin{pmatrix} \frac{1}{\sqrt{3}} \\ \frac{1}{\sqrt{3}} \\ \frac{1}{\sqrt{3}} \end{pmatrix}$$

第三步，以 $\boldsymbol{\gamma}_1$，$\boldsymbol{\gamma}_2$，$\boldsymbol{\gamma}_3$ 为列，作一个矩阵

$$\boldsymbol{U}=\begin{pmatrix}-\frac{1}{\sqrt{2}} & -\frac{1}{\sqrt{6}} & \frac{1}{\sqrt{3}}\\ \frac{1}{\sqrt{2}} & -\frac{1}{\sqrt{6}} & \frac{1}{\sqrt{3}}\\ 0 & \frac{2}{\sqrt{6}} & \frac{1}{\sqrt{3}}\end{pmatrix}.$$

那么 $\boldsymbol{U}$ 是正交矩阵，并且

$$\boldsymbol{U}^{\mathrm{T}}\boldsymbol{A}\boldsymbol{U}=\begin{pmatrix}2 & 0 & 0\\ 0 & 2 & 0\\ 0 & 0 & 8\end{pmatrix}.$$

习　题

1. 设 σ 是 n 维欧氏空间 V 的一个线性变换. 证明如果 σ 满足下列三个条件中的任意两个，那么它必然满足第三个：(i) σ 是正交变换；(ii) σ 是对称变换；(iii) $\sigma^2=\iota$ 是单位变换.

2. 设 σ 是 n 维欧氏空间 V 的一个对称变换，且 $\sigma^2=\sigma$. 证明存在 V 的一个规范正交基，使得 σ 关于这个基的矩阵有形状

$$\begin{pmatrix}1 & & & & & 0\\ & \ddots & & & & \\ & & 1 & & & \\ & & & 0 & & \\ & & & & \ddots & \\ 0 & & & & & 0\end{pmatrix}.$$

3. 证明：两个对称变换的和还是一个对称变换. 两个对称变换的乘积是不是对称变换？找出两个对称变换的乘积是对称变换的一个充要条件.

4. n 维欧氏空间 V 的一个线性变换 σ 说是反对称的，如果对于任意向量 $\boldsymbol{\alpha}$，$\boldsymbol{\beta}\in V$，

$$\langle \sigma(\boldsymbol{\alpha}),\boldsymbol{\beta}\rangle = -\langle \boldsymbol{\alpha},\sigma(\boldsymbol{\beta})\rangle.$$

证明：(i) 反对称变换关于 V 的任意规范正交基的矩阵都是反对称的实矩阵（满足条件 $\boldsymbol{A}^{\mathrm{T}} = -\boldsymbol{A}$ 的矩阵叫作反对称矩阵）；

(ii) 反之，如果线性变换 σ 关于 V 的某一规范正交基的矩阵是反对称的，那么 σ 一定是反对称线性变换；

(iii) 反对称实矩阵的特征根或者是零，或者是纯虚数.

5. 令 A 是一个反对称实矩阵. 证明，$\boldsymbol{I}+\boldsymbol{A}$ 可逆，并且 $\boldsymbol{U}=(\boldsymbol{I}-\boldsymbol{A})(\boldsymbol{I}+\boldsymbol{A})^{-1}$ 是一个正交矩阵.

6. 对于下列对称矩阵 $\boldsymbol{A}$，各求出一个正交矩阵 $\boldsymbol{U}$，使得 $\boldsymbol{U}^{\mathrm{T}}\boldsymbol{A}\boldsymbol{U}$ 是对角形式：

$$\text{(i) } \boldsymbol{A}=\begin{pmatrix} 11 & 2 & -8 \\ 2 & 2 & 10 \\ -8 & 10 & 5 \end{pmatrix};\qquad \text{(ii) } \boldsymbol{A}=\begin{pmatrix} 17 & -8 & 4 \\ -8 & 17 & -4 \\ 4 & -4 & 11 \end{pmatrix}.$$

8.5 酉 空 间

在本章最后两节，我们介绍一下酉空间的概念. 酉空间或称 U 空间. 这个名称是由它的西文名称的第一个字母音译得来的（例如，英文名称是 unitary space）. 它是欧氏空间在复数域上的自然类比. 它的许多概念和命题与欧氏空间相应的概念和命题完全平行. 因此我们只把它们陈述出来. 证明则留给读者.

定义 1 设 V 是复数域 $\mathbf{C}$ 上一个向量空间. 如果对于 V 中任意一对向量 $\boldsymbol{\xi}$，$\boldsymbol{\eta}$，有一个确定的复数 $\langle\boldsymbol{\xi},\boldsymbol{\eta}\rangle$ 与它们对应，叫作 $\boldsymbol{\xi}$ 与 $\boldsymbol{\eta}$ 的内积，并且下列条件被满足：

(i) $\langle\boldsymbol{\xi},\boldsymbol{\eta}\rangle=\overline{\langle\boldsymbol{\eta},\boldsymbol{\xi}\rangle}$，$\overline{\langle\boldsymbol{\eta},\boldsymbol{\xi}\rangle}$ 是 $\langle\boldsymbol{\eta},\boldsymbol{\xi}\rangle$ 的共轭复数；

(ii) $\langle\boldsymbol{\xi}+\boldsymbol{\eta},\boldsymbol{\zeta}\rangle=\langle\boldsymbol{\xi},\boldsymbol{\zeta}\rangle+\langle\boldsymbol{\eta},\boldsymbol{\zeta}\rangle$；

(iii) $\langle a\boldsymbol{\xi},\boldsymbol{\eta}\rangle=a\langle\boldsymbol{\xi},\boldsymbol{\eta}\rangle$；

(iv) $\langle\boldsymbol{\xi},\boldsymbol{\xi}\rangle$ 是非负实数，并且当 $\boldsymbol{\xi}\neq\mathbf{0}$ 时 $\langle\boldsymbol{\xi},\boldsymbol{\xi}\rangle>0$；这里 $\boldsymbol{\xi}$，

$\boldsymbol{\eta},\boldsymbol{\zeta}$ 是 V 中任意向量，a 是任意复数，那么 V 叫作对于这个内积来说的一个酉空间.

例 1 在 $\mathbf{C}^n$ 里，对于任意两个向量

$$\boldsymbol{\xi}=(x_1,x_2,\cdots,x_n),\quad \boldsymbol{\eta}=(y_1,y_2,\cdots,y_n),$$

规定

$$\langle\boldsymbol{\xi},\boldsymbol{\eta}\rangle=x_1\overline{y}_1+x_2\overline{y}_2+\cdots+x_n\overline{y}_n,$$

则 $\mathbf{C}^n$ 对于这个内积来说作成一个酉空间.

设 V 是一个酉空间. 由定义可以直接推出，

(1) $$\langle\boldsymbol{\xi},\boldsymbol{\eta}+\boldsymbol{\zeta}\rangle=\langle\boldsymbol{\xi},\boldsymbol{\eta}\rangle+\langle\boldsymbol{\xi},\boldsymbol{\zeta}\rangle.$$

(2) $$\langle\boldsymbol{\xi},a\boldsymbol{\eta}\rangle=\overline{a}\langle\boldsymbol{\xi},\boldsymbol{\eta}\rangle,\ \overline{a}\text{ 是 }a\text{ 的共轭复数}.$$

(3) $$\langle\boldsymbol{\xi},\mathbf{0}\rangle=\langle\mathbf{0},\boldsymbol{\xi}\rangle=0.$$

由(1)和(2)，对于任意 $\boldsymbol{\xi}_i,\boldsymbol{\eta}_j\in V$，$a_i,b_j\in\mathbf{C}$，$i=1,2,\cdots,m$；$j=1,2,\cdots,n$ 来说，

(4) $$\left\langle\sum_{i=1}^{m}a_i\boldsymbol{\xi}_i,\ \sum_{j=1}^{n}b_j\boldsymbol{\eta}_j\right\rangle=\sum_{i=1}^{m}\sum_{j=1}^{n}a_i\overline{b}_j\langle\boldsymbol{\xi}_i,\boldsymbol{\eta}_j\rangle.$$

因为对于任意 $\boldsymbol{\xi}\in V$ 来说，$\langle\boldsymbol{\xi},\boldsymbol{\xi}\rangle$ 是一个非负实数，所以在酉空间 V 里，可以像欧氏空间一样，定义向量 $\boldsymbol{\xi}$ 的长度为

$$|\boldsymbol{\xi}|=\sqrt{\langle\boldsymbol{\xi},\ \boldsymbol{\xi}\rangle}.$$

这样，V 中任意非零向量的长度总是一个正实数. 长度是 1 的向量称为单位向量. 零向量的长度为零. 对于任意 $a\in\mathbf{C}$ 和任意 $\boldsymbol{\xi}\in V$ 来说，

(5) $$|a\boldsymbol{\xi}|=|a|\,|\boldsymbol{\xi}|.$$

在一个酉空间里，柯西－施瓦茨不等式仍然成立：对于任意向量 $\boldsymbol{\xi},\boldsymbol{\eta}$ 来说，

(6) $$|\langle\boldsymbol{\xi},\boldsymbol{\eta}\rangle|^2\leqslant\langle\boldsymbol{\xi},\boldsymbol{\xi}\rangle\langle\boldsymbol{\eta},\boldsymbol{\eta}\rangle,$$

当且仅当 $\boldsymbol{\xi}$ 与 $\boldsymbol{\eta}$ 线性相关时等号成立.

在一个酉空间里，内积一般是一个复数，因此不能像欧氏空间那样，合理地定义两个非零向量的夹角，但是仍然可以定义两个向量正交的概念.

酉空间中两个向量 $\boldsymbol{\xi}$ 与 $\boldsymbol{\eta}$ 说是正交的，如果 $\langle \boldsymbol{\xi}, \boldsymbol{\eta} \rangle = 0$.

在一个酉空间里，同样可以定义正交组和规范正交组的概念. 酉空间 V 的一组两两正交的向量叫作 V 的一个正交组. 如果一个正交组的每一个向量都是单位向量，就称这个正交组是一个规范正交组.

定理 8.2.1 在酉空间里仍然成立. 在一个有限维酉空间 V 里，同样可以定义正交基和规范正交基的概念. 施密特正交化方法对于酉空间的向量仍然适用，并且对于 V 的任意一个基，可以通过施密特正交化方法将它化为规范正交基.

令 W 是酉空间 V 的一个有限维子空间. 令

$$W^{\perp} = \{ \boldsymbol{\xi} \in V \mid \langle \boldsymbol{\xi}, \boldsymbol{\eta} \rangle = 0 \text{ 对一切 } \boldsymbol{\eta} \in V \}.$$

则 $W^{\perp}$ 也是 V 的子空间，叫作 W 的正交补. 与定理 8.2.4 相平行，我们有

$$V = W \oplus W^{\perp}. \tag{7}$$

与正交矩阵相平行的概念是酉矩阵. 令 $\boldsymbol{U} = (u_{ij})$ 是一个 n 阶复矩阵. 记 $\overline{\boldsymbol{U}} = (\overline{u}_{ij})$，$\overline{u}_{ij}$ 是 u_{ij} 的共轭复数.

定义 2 一个 n 阶复矩阵 $\boldsymbol{U}$ 叫作一个酉矩阵，如果

$$\boldsymbol{U}\overline{\boldsymbol{U}}^{\mathrm{T}} = \overline{\boldsymbol{U}}^{\mathrm{T}}\boldsymbol{U} = \boldsymbol{I}.$$

与定理 8.2.6 相平行，我们有

定理 8.5.1 n 维酉空间一个规范正交基到另一个规范正交基的过渡矩阵是一个酉矩阵.

习　题

1. 验证公式(1) ~ (7).

2. 令 V 是一个欧氏空间. 考虑一切"形式和"的集合

$$V^{\mathbf{C}}=\{\boldsymbol{\xi}+\mathrm{i}\boldsymbol{\eta}\mid\boldsymbol{\xi},\boldsymbol{\eta}\in V,\mathrm{i}\in\mathbf{C}\}.$$

在 $V^{\mathbf{C}}$ 中如下定义加法和标量乘法：

$$(\boldsymbol{\xi}_1+\mathrm{i}\boldsymbol{\eta}_1)+(\boldsymbol{\xi}_2+\mathrm{i}\boldsymbol{\eta}_2)=(\boldsymbol{\xi}_1+\boldsymbol{\xi}_2)+\mathrm{i}(\boldsymbol{\eta}_1+\boldsymbol{\eta}_2);$$
$$(a+\mathrm{i}b)(\boldsymbol{\xi}+\mathrm{i}\boldsymbol{\eta})=(a\boldsymbol{\xi}-b\boldsymbol{\eta})+\mathrm{i}(a\boldsymbol{\eta}+b\boldsymbol{\xi}).$$

证明 $V^{\mathbf{C}}$ 是一个复向量空间. 再利用 V 的内积 $\langle\ ,\ \rangle$ 在 $V^{\mathbf{C}}$ 中定义内积：

$$\langle\boldsymbol{\xi}_1+\mathrm{i}\boldsymbol{\eta}_1,\boldsymbol{\xi}_2+\mathrm{i}\boldsymbol{\eta}_2\rangle=\langle\boldsymbol{\xi}_1,\boldsymbol{\xi}_2\rangle+\langle\boldsymbol{\eta}_1,\boldsymbol{\eta}_2\rangle+\mathrm{i}(\langle\boldsymbol{\eta}_1,\boldsymbol{\xi}_2\rangle-\langle\boldsymbol{\xi}_1,\boldsymbol{\eta}_2\rangle).$$

证明 $V^{\mathbf{C}}$ 对于这个内积来说作成一个酉空间($V^{\mathbf{C}}$ 叫作 V 的复化).

3. 证明：

(i) 两个酉矩阵的乘积仍是酉矩阵；酉矩阵的逆和转置都是酉矩阵；

(ii) 酉矩阵的行列式的模等于 1.

4. 试举一个非实的酉矩阵的例子.

5. 证明定理 8.5.1.

8.6　酉变换和对称变换

在酉空间里，与欧氏空间的正交变换相平行的概念是酉变换.

定义 1　酉空间 V 的一个线性变换 σ 叫作一个酉变换，如果对于任意 $\boldsymbol{\xi}$，$\boldsymbol{\eta}\in V$，都有

$$\langle\sigma(\boldsymbol{\xi}),\sigma(\boldsymbol{\eta})\rangle=\langle\boldsymbol{\xi},\boldsymbol{\eta}\rangle.$$

与定理 8.3.2 和 8.3.3 相平行，我们有

定理 8.6.1　设 σ 是 n 维酉空间 V 的一个线性变换. 如果 σ 是酉变换，那么 σ 把 V 的任意规范正交基仍变为 V 的规范正交

基. 反过来, 如果 σ 把 V 的某一规范正交基仍变为 V 的规范正交基, 那么 σ 是一个酉变换.

定理 8.6.2 设 σ 是 n 维酉空间 V 的一个线性变换. 如果 σ 是酉变换, 那么 σ 关于 V 的任意规范正交基的矩阵都是酉矩阵. 反过来, 如果 σ 关于某一规范正交基的矩阵是一个酉矩阵, 那么 σ 是一个酉变换.

现在来看酉空间的对称变换.

定义 2 酉空间 V 的一个线性变换 σ 叫作一个对称变换, 如果对于任意 $\boldsymbol{\xi}$, $\boldsymbol{\eta}\in V$, 都有

$$\langle\sigma(\boldsymbol{\xi}),\boldsymbol{\eta}\rangle=\langle\boldsymbol{\xi},\sigma(\boldsymbol{\eta})\rangle.$$

我们看 n 维酉空间的对称变换在规范正交基之下的矩阵具有什么形状.

定义 3 n 阶复矩阵 $\boldsymbol{H}$ 叫作一个埃尔米特 (Hermite) 矩阵, 如果

$$\overline{\boldsymbol{H}^{\mathrm{T}}}=\boldsymbol{H}$$

($\overline{\boldsymbol{H}^{\mathrm{T}}}$ 表示将 $\boldsymbol{H}^{\mathrm{T}}$ 的元素换成它们共轭所得的矩阵).

显然, 实对称矩阵是埃尔米特矩阵的特殊情形. 与定理 8.4.1 和 8.4.2 相当, 我们有

定理 8.6.3 设 σ 是 n 维酉空间 V 的一个线性变换. 如果 σ 是对称变换, 那么 σ 关于 V 的任意规范正交基的矩阵是埃尔米特矩阵. 反过来, 如果 σ 关于 V 的某一规范正交基的矩阵是埃尔米特矩阵, 那么 σ 是 V 的一个对称变换.

对称变换和埃尔米特矩阵还有以下性质.

定理 8.6.4 设 σ 是 n 维酉空间的一个对称变换.

(i) σ 的本征值都是实数;

(ii) σ 的属于不同的本征值的本征向量彼此正交;

(iii) 存在 V 的一个规范正交基使得 σ 关于这个基的矩阵是实对角形式.

证 我们只证 (i)，其余的证明留给读者.

设 $\lambda \in \mathbf{C}$ 是 σ 的一个本征值，$\boldsymbol{\xi}$ 是属于 λ 的一个本征向量. 则

$$\begin{aligned}\lambda\langle\boldsymbol{\xi},\boldsymbol{\xi}\rangle &= \langle\lambda\boldsymbol{\xi},\boldsymbol{\xi}\rangle = \langle\sigma(\boldsymbol{\xi}),\boldsymbol{\xi}\rangle \\ &= \langle\boldsymbol{\xi},\sigma(\boldsymbol{\xi})\rangle = \langle\boldsymbol{\xi},\lambda\boldsymbol{\xi}\rangle = \overline{\lambda}\langle\boldsymbol{\xi},\boldsymbol{\xi}\rangle.\end{aligned}$$

因为$\langle\boldsymbol{\xi},\boldsymbol{\xi}\rangle \neq 0$，所以必须 $\lambda = \overline{\lambda}$，即 λ 是实数. □

定理 8.6.5 设 $\boldsymbol{H}$ 是一个 n 阶埃尔米特矩阵. 则存在一个 n 阶酉矩阵 $\boldsymbol{U}$，使得$\overline{\boldsymbol{U}^{\mathrm{T}}}\boldsymbol{H}\boldsymbol{U} = \boldsymbol{U}^{-1}\boldsymbol{H}\boldsymbol{U}$ 是一个实对角形式. 换句话说，任意埃尔米特矩阵都“酉相似”于一个实对角形式.

习　题

1. 证明，酉矩阵的特征根的模是 1.

2. 证明定理 8.6.1 ~ 8.6.5.

3. 设 $\boldsymbol{A}$ 是一个酉矩阵. 证明，存在一个酉矩阵 $\boldsymbol{U}$ 使得$\overline{\boldsymbol{U}^{\mathrm{T}}}\boldsymbol{A}\boldsymbol{U}$ 是对角形式.

第九章

二 次 型

在这一章里，我们将利用矩阵来讨论 n 元二次齐次多项式. 二次齐次多项式也叫作二次型. 二次型的理论在数学和物理的许多分支中都有着应用.

9.1 二次型和对称矩阵

定义1 设 F 是一个数域，F 上 n 元二次齐次多项式

(1) $$q(x_1,x_2,\cdots,x_n)=a_{11}x_1^2+a_{22}x_2^2+\cdots+a_{nn}x_n^2+2a_{12}x_1x_2+2a_{13}x_1x_3+\cdots+2a_{n-1,n}x_{n-1}x_n$$

叫作 F 上一个 n 元二次型.

F 上 n 元多项式总可以看成 F 上 n 个变量的函数. 二次型(1)定义了一个函数 q：$F^n\to F$. 所以 n 元二次型也称为 n 个变量的二次型.

在(1)中令 $a_{ij}=a_{ji}(1\leqslant i,j\leqslant n)$. 因为 $x_ix_j=x_jx_i$，所以(1)式可以写成以下形式：

(2) $$q(x_1,x_2,\cdots,x_n)=\sum_{i=1}^{n}\sum_{j=1}^{n}a_{ij}x_ix_j,\ a_{ij}=a_{ji}.$$

令 $\boldsymbol{A}=(a_{ij})$ 是(2)式右端的系数所构成的矩阵，称为二次型

$q(x_1,x_2,\cdots,x_n)$的矩阵. 因为$a_{ij}=a_{ji}$，所以$\boldsymbol{A}$是F上一个n阶对称矩阵. 利用矩阵的乘法，(2)式可以写成

$$(3)\qquad q(x_1,x_2,\cdots,x_n)=(x_1,x_2,\cdots,x_n)\boldsymbol{A}\begin{pmatrix}x_1\\x_2\\\vdots\\x_n\end{pmatrix}.$$

二次型(3)的秩指的就是矩阵$\boldsymbol{A}$的秩.

如果对二次型(3)的变量施行如下的一个变换:

$$(4)\qquad x_i=\sum_{j=1}^{n}p_{ij}y_j,\ i=1,2,\cdots,n,$$

$p_{ij}\in F(1\leqslant i,j\leqslant n)$，那么就得到一个关于$y_1,y_2,\cdots,y_n$的二次型$q'(y_1,y_2,\cdots,y_n)$.

(4)式称为变量的线性变换. 令$\boldsymbol{P}=(p_{ij})$是(4)的系数所构成的矩阵，则(4)式可以写成

$$(5)\qquad \begin{pmatrix}x_1\\x_2\\\vdots\\x_n\end{pmatrix}=\boldsymbol{P}\begin{pmatrix}y_1\\y_2\\\vdots\\y_n\end{pmatrix}.$$

将(5)代入(3)就得到

$$(6)\qquad q'(y_1,y_2,\cdots,y_n)=(y_1,y_2,\cdots,y_n)\boldsymbol{P}^{\mathrm{T}}\boldsymbol{A}\boldsymbol{P}\begin{pmatrix}y_1\\y_2\\\vdots\\y_n\end{pmatrix}.$$

矩阵$\boldsymbol{P}$称为线性变换(4)的矩阵. 如果$\boldsymbol{P}$是非奇异的，就称(4)是一个非奇异线性变换. 因为$\boldsymbol{A}$是对称矩阵，所以$(\boldsymbol{P}^{\mathrm{T}}\boldsymbol{A}\boldsymbol{P})^{\mathrm{T}}$

$=P^{T}A^{T}P=P^{T}AP$. $P^{T}AP$ 也是对称矩阵. 于是就得到

定理 9.1.1 设 $\sum_{i=1}^{n}\sum_{j=1}^{n}a_{ij}x_ix_j$ 是数域 F 上一个以 A 为矩阵的 n 元二次型. 对它的变量施行一次以 P 为矩阵的线性变换后所得到的二次型的矩阵是 $P^{T}AP$.

推论 9.1.1 一个二次型的秩在变量的非奇异线性变换之下保持不变.

注意 如果不取二次型的矩阵是对称矩阵, 则推论 9.1.1 不成立. 例如, 根据定义, 二次型 $q(x_1,x_2)=2x_1x_2$ 的矩阵应该是

$$A_1=\begin{pmatrix}0&1\\1&0\end{pmatrix}.$$

如果直接取

$$A_2=\begin{pmatrix}0&2\\0&0\end{pmatrix}$$

作为该二次型的矩阵, 那么经过变量的非奇异线性变换

$$x_1=y_1-y_2,\qquad x_2=y_1+y_2,$$

就得到二次型 $2y_1^2-2y_2^2$. 它的矩阵是 $\begin{pmatrix}2&0\\0&-2\end{pmatrix}$, 秩为 2, 而 A_2 的秩为 1.

定义 2 设 A, B 是数域 F 上两个 n 阶矩阵. 如果存在 F 上一个非奇异矩阵 P, 使得

$$P^{T}AP=B,$$

那么就称 B 与 A 合同.

矩阵的合同关系具有以下性质:

1）自反性：任意矩阵 $\boldsymbol{A}$ 都与自身合同，因为 $\boldsymbol{IAI}=\boldsymbol{A}$.

2）对称性：如果 $\boldsymbol{B}$ 与 $\boldsymbol{A}$ 合同，那么 $\boldsymbol{A}$ 也与 $\boldsymbol{B}$ 合同，因为由 $\boldsymbol{P}^{\mathrm{T}}\boldsymbol{AP}=\boldsymbol{B}$ 可以得出

$$(\boldsymbol{P}^{-1})^{\mathrm{T}}\boldsymbol{BP}^{-1}=(\boldsymbol{P}^{\mathrm{T}})^{-1}\boldsymbol{BP}^{-1}=\boldsymbol{A}.$$

3）传递性：如果 $\boldsymbol{B}$ 与 $\boldsymbol{A}$ 合同，$\boldsymbol{C}$ 又与 $\boldsymbol{B}$ 合同，那么 $\boldsymbol{C}$ 与 $\boldsymbol{A}$ 合同. 事实上，由 $\boldsymbol{P}^{\mathrm{T}}\boldsymbol{AP}=\boldsymbol{B}$ 和 $\boldsymbol{Q}^{\mathrm{T}}\boldsymbol{BQ}=\boldsymbol{C}$ 可得

$$(\boldsymbol{PQ})^{\mathrm{T}}\boldsymbol{A}(\boldsymbol{PQ})=\boldsymbol{Q}^{\mathrm{T}}\boldsymbol{P}^{\mathrm{T}}\boldsymbol{APQ}=\boldsymbol{Q}^{\mathrm{T}}\boldsymbol{BQ}=\boldsymbol{C}.$$

合同的矩阵显然有相同的秩，并且与一个对称矩阵合同的矩阵仍是对称的.

设 q 和 q' 是数域 F 上两个 n 元二次型，它们的矩阵分别为 $\boldsymbol{A}$ 和 $\boldsymbol{B}$. 如果可以通过变量的非奇异线性变换将 q 变为 q'，则 $\boldsymbol{B}$ 与 $\boldsymbol{A}$ 合同. 反之，设 $\boldsymbol{B}$ 与 $\boldsymbol{A}$ 合同. 于是存在 F 上非奇异矩阵 $\boldsymbol{P}$ 使得 $\boldsymbol{B}=\boldsymbol{P}^{\mathrm{T}}\boldsymbol{AP}$. 通过以 $\boldsymbol{P}$ 为矩阵的非奇异线性变换就将 q 变成 q'.

F 上两个二次型叫作等价的，如果可以通过变量的非奇异线性变换将其中一个变成另一个. 于是有

定理 9.1.2 数域 F 上两个二次型等价的充要条件是它们的矩阵合同.

等价的二次型具有相同的秩.

二次型的研究起源于解析几何中二次曲线和二次曲面的理论. 例如，平面上以原点为中心的二次曲线的方程为

$$ax^2+2bxy+cy^2=d.$$

方程左端就是实数域 $\mathbf{R}$ 上一个二元二次型. 通过坐标的变换

$$x=x'\cos\alpha-y'\sin\alpha,$$
$$y=x'\sin\alpha+y'\cos\alpha,$$

可以将这个方程化为

$$a'x'^2+b'y'^2=d.$$

最后的方程左端只含变量的平方项. 在数学、力学和物理的某些问题里，常常需要将某一数域 F 上的 n 元二次型 $q(x_1,x_2,\cdots,x_n)$ 通过变量的非奇异线性变换化为一个只含变量平方项的二次型

$$c_1y_1^2+c_2y_2^2+\cdots+c_ny_n^2.$$

由以上的讨论可知，这就相当于给定 F 上一个 n 阶对称矩阵 $\boldsymbol{A}$，要找出一个非奇异矩阵 $\boldsymbol{P}$，使得

$$\boldsymbol{P}^{\mathrm{T}}\boldsymbol{A}\boldsymbol{P}=\begin{pmatrix}c_1 & & & 0\\ & c_2 & & \\ & & \ddots & \\ 0 & & & c_n\end{pmatrix}.$$

这个问题由以下定理给出圆满的回答.

定理 9.1.3 设 $\boldsymbol{A}=(a_{ij})$ 是数域 F 上一个 n 阶对称矩阵. 总存在 F 上一个 n 阶非奇异矩阵 $\boldsymbol{P}$，使得

$$\boldsymbol{P}^{\mathrm{T}}\boldsymbol{A}\boldsymbol{P}=\begin{pmatrix}c_1 & & & 0\\ & c_2 & & \\ & & \ddots & \\ 0 & & & c_n\end{pmatrix}.$$

即 F 上每一个 n 阶对称矩阵都与一个对角矩阵合同.

证 我们将利用矩阵的初等变换来证明这个定理. 回忆一下 5.2 里所定义的三种初等矩阵 $\boldsymbol{P}_{ij}$，$\boldsymbol{D}_i(k)$ 和 $\boldsymbol{T}_{ij}(k)$. 容易看出，

$$\boldsymbol{P}_{ij}^{\mathrm{T}}=\boldsymbol{P}_{ij};\ \boldsymbol{D}_i(k)^{\mathrm{T}}=\boldsymbol{D}_i(k);\ \boldsymbol{T}_{ij}(k)^{\mathrm{T}}=\boldsymbol{T}_{ji}(k).$$

现在对矩阵 $\boldsymbol{A}$ 的阶 n 作数学归纳法，$n=1$ 时定理显然成立. 设 $n>1$，并且假设对于 $n-1$ 阶对称矩阵来说，定理成立. 设 $\boldsymbol{A}=(a_{ij})$ 是一个 n 阶对称矩阵. 如果 $\boldsymbol{A}=\boldsymbol{O}$，这时 $\boldsymbol{A}$ 本身就是对角矩阵. 设 $\boldsymbol{A}\neq\boldsymbol{O}$. 我们分两个情形来考虑.

(i) 设 $\boldsymbol{A}$ 的主对角线上元素不全为零，例如，$a_{ii}\neq 0$. 如果 $i\neq 1$，那么交换 $\boldsymbol{A}$ 的第 1 列与第 i 列，再交换第 1 行与第 i 行，就可以把 a_{ii} 换到左上角. 这样做相当于用初等矩阵 $\boldsymbol{P}_{1i}$ 右乘 $\boldsymbol{A}$，再用 $\boldsymbol{P}_{1i}^{\mathrm{T}}=\boldsymbol{P}_{1i}$ 左乘 $\boldsymbol{A}$. 于是 $\boldsymbol{P}_{1i}^{\mathrm{T}}\boldsymbol{A}\boldsymbol{P}_{1i}$ 的左上角的元素不等于零. 因此，我们不妨设 $a_{11}\neq 0$. 用 $-\dfrac{a_{1j}}{a_{11}}$ 乘 $\boldsymbol{A}$ 的第 1 列加到第 j 列，再用 $-\dfrac{a_{1j}}{a_{11}}$ 乘第 1 行加到第 j 行，就可以把第 1 行第 j 列和第 j 行第 1 列位置的元素变成零. 这样做相当于用 $\boldsymbol{T}_{1j}\left(-\dfrac{a_{1j}}{a_{11}}\right)$ 右乘 $\boldsymbol{A}$，用 $\boldsymbol{T}_{j1}\left(-\dfrac{a_{1j}}{a_{11}}\right)=\boldsymbol{T}_{1j}\left(-\dfrac{a_{1j}}{a_{11}}\right)^{\mathrm{T}}$ 左乘 $\boldsymbol{A}$. 这样，总可以选取初等矩阵 $\boldsymbol{E}_1$，$\boldsymbol{E}_2,\cdots,\boldsymbol{E}_s$，使得

$$\boldsymbol{E}_s^{\mathrm{T}}\cdots\boldsymbol{E}_2^{\mathrm{T}}\boldsymbol{E}_1^{\mathrm{T}}\boldsymbol{A}\boldsymbol{E}_1\boldsymbol{E}_2\cdots\boldsymbol{E}_s=\begin{pmatrix} a_{11} & 0 & \cdots & 0 \\ 0 & & & \\ \vdots & & \boldsymbol{A}_1 & \\ 0 & & & \end{pmatrix},$$

这里 $\boldsymbol{A}_1$ 是一个 $n-1$ 阶对称矩阵. 由归纳法假设，存在 $n-1$ 阶可逆矩阵 $\boldsymbol{Q}_1$ 使得

$$\boldsymbol{Q}_1^{\mathrm{T}}\boldsymbol{A}_1\boldsymbol{Q}_1=\begin{pmatrix} c_2 & & & 0 \\ & c_3 & & \\ & & \ddots & \\ 0 & & & c_n \end{pmatrix}.$$

取

$$\boldsymbol{Q}=\begin{pmatrix} 1 & 0 & \cdots & 0 \\ 0 & & & \\ \vdots & & \boldsymbol{Q}_1 & \\ 0 & & & \end{pmatrix},$$

$$P = E_1 E_2 \cdots E_s Q.$$

那么

$$\begin{aligned} P^{\mathrm{T}}AP &= Q^{\mathrm{T}}E_s^{\mathrm{T}}\cdots E_2^{\mathrm{T}}E_1^{\mathrm{T}}AE_1E_2\cdots E_sQ \\ &= Q^{\mathrm{T}}\begin{pmatrix} a_{11} & 0 & \cdots & 0 \\ 0 & & & \\ \vdots & & A_1 & \\ 0 & & & \end{pmatrix}Q = \begin{pmatrix} a_{11} & 0 & \cdots & 0 \\ 0 & & & \\ \vdots & & Q_1^{\mathrm{T}}A_1Q_1 & \\ 0 & & & \end{pmatrix} \\ &= \begin{pmatrix} c_1 & & & \mathbf{0} \\ & c_2 & & \\ & & \ddots & \\ \mathbf{0} & & & c_n \end{pmatrix}, \end{aligned}$$

这里 $c_1 = a_{11}$.

(ii) 如果 $a_{ii}=0$, $i=1,2,\cdots,n$. 由于 $A\neq O$, 所以一定有某一个元素 $a_{ij}\neq 0$, $i\neq j$. 把 A 的第 j 列加到第 i 列, 再把第 j 行加到第 i 行, 这相当于用初等矩阵 $T_{ji}(1)$ 右乘 A, 再用 $T_{ij}(1)=T_{ji}(1)^{\mathrm{T}}$ 左乘 A. 而经过这样的变换后所得的矩阵第 i 行第 i 列的元素是 $2a_{ij}\neq 0$. 于是情形(ii)就归结到情形(i). □

注意, 在定理 9.1.3 的主对角矩阵 $P^{\mathrm{T}}AP$ 中, 主对角线上的元素 $c_1,c_2,\cdots,c_n$ 的一部分甚至全部可以是零. 显然, 不为零的 c_i 的个数等于 A 的秩. 如果秩 A 等于 $r>0$, 那么由定理的证明过程可知, $c_1,c_2,\cdots,c_r\neq 0$, 而 $c_{r+1}=\cdots=c_n=0$.

给了数域 F 上一个 n 阶对称矩阵 A, 由定理 9.1.3 的证明过程还可以看出, 我们可以具体地求出一个可逆矩阵 P, 使得 $P^{\mathrm{T}}AP$ 为对角矩阵, 只要在对 A 施行一对列初等变换和行初等变换的同时, 仅对 n 阶单位矩阵 I 施行同样的列初等变换, 那么当 A 化为对角矩阵时, I 就化为 P.

例 1 设

$$A=\begin{pmatrix}0&0&0&3\\0&3&-6&0\\0&-6&12&-4\\3&0&-4&0\end{pmatrix}.$$

我们按定理 9.1.3 所给出的方法，对 $\boldsymbol{A}$ 施行列和行初等变换，将 $\boldsymbol{A}$ 变成 $\boldsymbol{P}^{\mathrm{T}}\boldsymbol{A}\boldsymbol{P}$，使得 $\boldsymbol{P}^{\mathrm{T}}\boldsymbol{A}\boldsymbol{P}$ 是一个对角矩阵，同时对单位矩阵 $\boldsymbol{I}_4$，施行同样的列初等变换而得出 $\boldsymbol{P}$.

交换 $\boldsymbol{A}$ 的第一列和第二列，第一行和第二行，同时交换 $\boldsymbol{I}_4$ 的第一列和第二列. 这时 $\boldsymbol{A}$ 和 $\boldsymbol{I}_4$ 分别化为

$$\boldsymbol{A}_1=\begin{pmatrix}3&0&-6&0\\0&0&0&3\\-6&0&12&-4\\0&3&-4&0\end{pmatrix},\ \boldsymbol{P}_1=\begin{pmatrix}0&1&0&0\\1&0&0&0\\0&0&1&0\\0&0&0&1\end{pmatrix}$$

把 $\boldsymbol{A}_1$ 的第一列乘以 2 加到第三列，第一行乘以 2 加到第三行，同时把 $\boldsymbol{P}_1$ 的第一列乘以 2 加到第三列，我们分别得到

$$\boldsymbol{A}_2=\begin{pmatrix}3&0&0&0\\0&0&0&3\\0&0&0&-4\\0&3&-4&0\end{pmatrix},\ \boldsymbol{P}_2=\begin{pmatrix}0&1&0&0\\1&0&2&0\\0&0&1&0\\0&0&0&1\end{pmatrix}.$$

把 $\boldsymbol{A}_2$ 的第四列加到第二列，第四行加到第二行，同时把 $\boldsymbol{P}_2$ 的第四列加到第二列，得

$$\boldsymbol{A}_3=\begin{pmatrix}3&0&0&0\\0&6&-4&3\\0&-4&0&-4\\0&3&-4&0\end{pmatrix},\ \boldsymbol{P}_3=\begin{pmatrix}0&1&0&0\\1&0&2&0\\0&0&1&0\\0&1&0&1\end{pmatrix},$$

以$\frac{2}{3}$和 $-\frac{1}{2}$乘 $\boldsymbol{A}_3$ 的第二列依次加到第三列和第四列上，再以$\frac{2}{3}$和 $-\frac{1}{2}$乘第二行依次加到第三行和第四行上，同时对 $\boldsymbol{P}_3$ 的

列施行同样的初等变换得

$$A_4=\begin{pmatrix}3&0&0&0\\0&6&0&0\\0&0&-\frac{8}{3}&-2\\0&0&-2&-\frac{3}{2}\end{pmatrix},\quad P_4=\begin{pmatrix}0&1&\frac{2}{3}&-\frac{1}{2}\\1&0&2&0\\0&0&1&0\\0&1&\frac{2}{3}&\frac{1}{2}\end{pmatrix}.$$

最后，以 $-\frac{3}{4}$ 乘 A_4 的第三列加到第四列上，再以 $-\frac{3}{4}$ 乘第三行加到第四行上，并且对 P_4 的列施行同样的初等变换，我们得到

$$A_5=\begin{pmatrix}3&0&0&0\\0&6&0&0\\0&0&-\frac{8}{3}&0\\0&0&0&0\end{pmatrix},\quad P_5=\begin{pmatrix}0&1&\frac{2}{3}&-1\\1&0&2&-\frac{3}{2}\\0&0&1&-\frac{3}{4}\\0&1&\frac{2}{3}&0\end{pmatrix}.$$

取 $P=P_5$. 于是

$$P^{\mathrm{T}}AP=\begin{pmatrix}3&0&0&0\\0&6&0&0\\0&0&-\frac{8}{3}&0\\0&0&0&0\end{pmatrix}.$$

定理 9.1.4 数域 F 上每一个 n 元二次型 $\sum\limits_{i=1}^{n}\sum\limits_{j=1}^{n}a_{ij}x_ix_j$ 可以通过变量的非奇异线性变换化为

$$c_1y_1^2+c_2y_2^2+\cdots+c_ny_n^2,$$

$c_1, c_2, \cdots, c_n \in F$.

例如，以例 1 中对称矩阵 $\boldsymbol{A}$ 为矩阵的二次型是

$$q(x_1,x_2,x_3,x_4) = 3x_2^2 + 12x_3^2 + 6x_1x_4 - 12x_2x_3 - 8x_3x_4.$$

通过变量的非奇异线性变换

$$\begin{pmatrix} x_1 \\ x_2 \\ x_3 \\ x_4 \end{pmatrix} = \begin{pmatrix} 0 & 1 & \frac{2}{3} & -1 \\ 1 & 0 & 2 & -\frac{3}{2} \\ 0 & 0 & 1 & -\frac{3}{4} \\ 0 & 1 & \frac{2}{3} & 0 \end{pmatrix} \begin{pmatrix} y_1 \\ y_2 \\ y_3 \\ y_4 \end{pmatrix}$$

化为 $3y_1^2 + 6y_2^2 - \frac{8}{3}y_3^2$.

习　题

1. 证明一个非奇异的对称矩阵必与它的逆矩阵合同.

2. 对下列每一矩阵 $\boldsymbol{A}$，分别求一可逆矩阵 $\boldsymbol{P}$，使 $\boldsymbol{P}^{\mathrm{T}}\boldsymbol{A}\boldsymbol{P}$ 为对角矩阵：

(i) $\boldsymbol{A} = \begin{pmatrix} 1 & 2 & 1 \\ 2 & 1 & 1 \\ 1 & 1 & 3 \end{pmatrix}$；　(ii) $\boldsymbol{A} = \begin{pmatrix} 0 & 1 & 1 & 1 \\ 1 & 0 & 1 & 1 \\ 1 & 1 & 0 & 1 \\ 1 & 1 & 1 & 0 \end{pmatrix}$；

(iii) $\boldsymbol{A} = \begin{pmatrix} 1 & 1 & -1 & 1 \\ 1 & 4 & 2 & 1 \\ -1 & 2 & 4 & -1 \\ 1 & 1 & -1 & -1 \end{pmatrix}$.

3. 写出二次型 $\sum_{i=1}^{3}\sum_{j=1}^{3}|i-j|x_ix_j$ 的矩阵，并将这个二次型化为一个与它等价的二次型，使后者只含变量的平方项.

4. 令 $\boldsymbol{A}$ 是数域 F 上一个 n 阶反对称矩阵，即满足条件 $\boldsymbol{A}^{\mathrm{T}}=-\boldsymbol{A}$.

(i) $\boldsymbol{A}$ 必与如下形式的一个矩阵合同：

$$\begin{pmatrix} 0 & 1 & & & & & & & \boldsymbol{0} \\ -1 & 0 & & & & & & & \\ & & \ddots & & & & & & \\ & & & 0 & 1 & & & & \\ & & & -1 & 0 & & & & \\ & & & & & 0 & & & \\ & & & & & & \ddots & & \\ \boldsymbol{0} & & & & & & & & 0 \end{pmatrix};$$

(ii) 反对称矩阵的秩一定是偶数；

(iii) F 上两个 n 阶反对称矩阵合同的充要条件是它们有相同的秩.

9.2 复数域和实数域上的二次型

我们只限于讨论复数域和实数域上的二次型，前者特别简单，而后者在应用上特别重要.

复数域和实数域上的二次型分别叫作复二次型和实二次型. 我们将给出两个复二次型和两个实二次型等价的充要条件. 这相当于给出复数域上两个对称矩阵和实数域上两个对称矩阵合同的充要条件.

首先对于复二次型回答这个问题. 我们有

定理 9.2.1 复数域上两个 n 阶对称矩阵合同的充要条件是它们有相同的秩. 两个复二次型等价的充要条件是它们有相同的秩.

证 显然只要证明第一个论断.

条件的必要性是明显的. 我们只证条件的充分性. 设 $\boldsymbol{A}$，$\boldsymbol{B}$

是复数域上两个 n 阶对称矩阵，且 $\boldsymbol{A}$ 与 $\boldsymbol{B}$ 有相同的秩 r，由定理 9.1.3，分别存在复可逆矩阵 $\boldsymbol{P}$ 和 $\boldsymbol{Q}$，使得

$$\boldsymbol{P}^{\mathrm{T}}\boldsymbol{A}\boldsymbol{P}=\begin{pmatrix} c_1 & & & & & & \boldsymbol{0} \\ & c_2 & & & & & \\ & & \ddots & & & & \\ & & & c_r & & & \\ & & & & 0 & & \\ & & & & & \ddots & \\ \boldsymbol{0} & & & & & & 0 \end{pmatrix},$$

$$\boldsymbol{Q}^{\mathrm{T}}\boldsymbol{B}\boldsymbol{Q}=\begin{pmatrix} d_1 & & & & & & \boldsymbol{0} \\ & d_2 & & & & & \\ & & \ddots & & & & \\ & & & d_r & & & \\ & & & & 0 & & \\ & & & & & \ddots & \\ \boldsymbol{0} & & & & & & 0 \end{pmatrix}.$$

当 $r>0$ 时，$c_i \neq 0$，$d_i \neq 0$，$i=1, 2, \cdots, r$. 取 n 阶复矩阵

$$\boldsymbol{S}=\begin{pmatrix} \frac{1}{\sqrt{c_1}} & & & & & \boldsymbol{0} \\ & \ddots & & & & \\ & & \frac{1}{\sqrt{c_r}} & & & \\ & & & 1 & & \\ & & & & \ddots & \\ \boldsymbol{0} & & & & & 1 \end{pmatrix},$$

$$T=\begin{pmatrix}\frac{1}{\sqrt{d_1}} & & & & & & \mathbf{0}\\ & \ddots & & & & & \\ & & \frac{1}{\sqrt{d_r}} & & & & \\ & & & 1 & & & \\ & & & & \ddots & & \\ \mathbf{0} & & & & & & 1\end{pmatrix}.$$

这里$\sqrt{c_i}$，$\sqrt{d_i}$分别表示复数 c_i 和 d_i 的一个平方根．那么 $S^{\mathrm{T}}=S$，$T^{\mathrm{T}}=T$，而

$$S^{\mathrm{T}}P^{\mathrm{T}}APS=T^{\mathrm{T}}Q^{\mathrm{T}}BQT=\begin{pmatrix}I_r & O\\ O & O\end{pmatrix}.$$

因此，矩阵 A，B 都与矩阵

$$\begin{pmatrix}I_r & O\\ O & O\end{pmatrix}.$$

合同，所以 A 与 B 合同． □

现在来看实数域上的情形．首先证明

定理 9.2.2 实数域上每一 n 阶对称矩阵 A 都合同于如下形式的一个矩阵：

$$\begin{pmatrix}I_p & O & O\\ O & -I_{r-p} & O\\ O & O & O\end{pmatrix},$$

这里 r 等于 A 的秩．

证 由定理 9.1.3，存在实可逆矩阵 P 使得

$$
\boldsymbol{P}^{\mathrm{T}}\boldsymbol{A}\boldsymbol{P}=\begin{pmatrix} c_1 & & & & & & \mathbf{0} \\ & c_2 & & & & & \\ & & \ddots & & & & \\ & & & c_r & & & \\ & & & & 0 & & \\ & & & & & \ddots & \\ \mathbf{0} & & & & & & 0 \end{pmatrix}.
$$

如果 $r>0$，必要时交换两列和两行(这相当于右乘以 $\boldsymbol{P}_{ij}$,左乘以 $\boldsymbol{P}_{ij}^{\mathrm{T}}$)，我们总可以假定 c_1，…，$c_p>0$，c_{p+1}，…，$c_r<0$，$0\leqslant p\leqslant r$. 取

$$
\boldsymbol{T}=\begin{pmatrix} \frac{1}{\sqrt{|c_1|}} & & & & & \\ & \ddots & & & & \\ & & \frac{1}{\sqrt{|c_r|}} & & & \\ & & & 1 & & \\ & & & & \ddots & \\ & & & & & 1 \end{pmatrix},
$$

那么

$$
\boldsymbol{T}^{\mathrm{T}}\boldsymbol{P}^{\mathrm{T}}\boldsymbol{A}\boldsymbol{P}\boldsymbol{T}=\begin{pmatrix} \boldsymbol{I}_p & \boldsymbol{O} & \boldsymbol{O} \\ \boldsymbol{O} & -\boldsymbol{I}_{r-p} & \boldsymbol{O} \\ \boldsymbol{O} & \boldsymbol{O} & \boldsymbol{O} \end{pmatrix}. \qquad \square
$$

与定理 9. 2. 2 平行，我们有

定理 9. 2. 3 实数域 **R** 上每一 n 元二次型都与如下形式的一个二次型等价：

(1) $$x_1^2+\cdots+x_p^2-x_{p+1}^2-\cdots-x_r^2,$$

这里 r 是所给二次型的秩.

二次型(1)叫作实二次型的典范形式，定理 9.2.3 是说，实数域上每一个二次型都与一个典范形式等价. 在典范形式里，平方项的个数 r 等于二次型的秩，因而是唯一确定的. 我们还要进一步证明，在典范形式(1)里，系数是 1 的项的个数 p 也是唯一确定的(因而系数是 -1 的项的个数 $r-p$ 也是唯一确定的). 这就是实二次型的惯性定律.

定理 9.2.4 (惯性定律) 设实数域 $\mathbf{R}$ 上 n 元二次型 $\sum_{i=1}^{n}\sum_{j=1}^{n} a_{ij}x_i x_j$ 等价于两个典范形式

$$y_1^2+\cdots+y_p^2-y_{p+1}^2-\cdots-y_r^2, \tag{2}$$

$$z_1^2+\cdots+z_{p'}^2-z_{p'+1}^2-\cdots-z_r^2. \tag{3}$$

那么 $p=p'$.

证 设(2)和(3)分别通过变量的非奇异线性变换

$$y_i=\sum_{j=1}^{n} s_{ij}x_j,\quad i=1,2,\cdots,n, \tag{4}$$

$$z_i=\sum_{j=1}^{n} t_{ij}x_j,\quad i=1,2,\cdots,n, \tag{5}$$

化为所给的二次型 $\sum_{i=1}^{n}\sum_{j=1}^{n} a_{ij}x_i x_j$. 如果 $p\neq p'$，不妨设 $p<p'$. 考虑 $p+n-p'$ 个方程的齐次线性方程组

$$\begin{cases}\sum_{j=1}^{n} s_{ij}x_j=0, & i=1,\cdots,p,\\ \sum_{j=1}^{n} t_{ij}x_j=0, & i=p'+1,\cdots,n.\end{cases} \tag{6}$$

因为 $p<p'$，所以 $p+n-p'<n$. 因此，方程组(6)在 $\mathbf{R}$ 内有非零解. 令 $(c_1,c_2,\cdots,c_n)$ 是(6)的一个非零解. 把这一组值代入 y_i 和 z_i 的表示式(4)和(5). 记

$$y_i(c) = \sum_{j=1}^{n} s_{ij}c_j,\ z_i(c) = \sum_{j=1}^{n} t_{ij}c_j,\ i=1,\ \cdots,\ n.$$

我们有

$$\begin{aligned} & y_1(c)^2 + \cdots + y_p(c)^2 - y_{p+1}(c)^2 - \cdots - y_r(c)^2 \\ = & z_1(c)^2 + \cdots + z_{p'}(c)^2 - z_{p'+1}(c)^2 - \cdots - z_r(c)^2 \\ = & \sum_{i=1}^{n} \sum_{j=1}^{n} a_{ij}c_ic_j. \end{aligned}$$

然而 $y_1(c) = \cdots = y_p(c) = 0$，$z_{p'+1}(c) = \cdots = z_r(c) = 0$. 所以

$$-y_{p+1}(c)^2 - \cdots - y_r(c)^2 = z_1(c)^2 + \cdots + z_{p'}(c)^2.$$

因为 $y_i(c)^2$ 和 $z_i(c)^2$ 都是非负实数，所以必须

$$\begin{aligned} y_{p+1}(c) = \cdots = y_r(c) = 0, \\ z_1(c) = \cdots = z_{p'}(c) = 0. \end{aligned}$$

又 $z_{p'+1}(c) = \cdots = z_n(c) = 0$. 所以 c_1，c_2，$\cdots$，c_n 是齐次线性方程组

$$\sum_{j=1}^{n} t_{ij}x_j = 0, \quad i=1,\ \cdots,\ n,$$

的一个非零解. 这与矩阵(t_{ij})的非奇异性矛盾. 这就证明了 $p \geqslant p'$. 同理可证 $p' \geqslant p$. 所以 $p = p'$. □

由这个定理，实数域上每一个二次型 $q(x_1, x_2, \cdots, x_n)$ 都与唯一的典范形式(1)等价. 在(1)中，正平方项的个数 p 叫作所给二次型的**正惯性指数**，负平方项的个数 $r-p$ 叫作所给二次型的**负惯性指数**. 正项的个数 p 与负项的个数 $r-p$ 的差 $s = p-(r-p) = 2p-r$ 叫作所给的二次型的**符号差**. 一个实二次型的秩，惯性指数和符号差都是唯一确定的.

由定理 9.2.3 和 9.2.4 容易得到

定理 9.2.5 实数域上两个 n 元二次型等价的充要的条件是

它们有相同的秩和符号差.

证 设 $q_1(x_1,x_2,\cdots,x_n)$ 和 $q_2(x_1,x_2,\cdots,x_n)$ 是实数域上两个 n 元二次型. 令 $\boldsymbol{A}_1$ 和 $\boldsymbol{A}_2$ 分别是它们的矩阵. 那么由定理 9.2.2, 存在实可逆矩阵 $\boldsymbol{P}$, 使得

$$\boldsymbol{P}^{\mathrm{T}}\boldsymbol{A}_1\boldsymbol{P}=\begin{pmatrix}\boldsymbol{I}_p & \boldsymbol{O} & \boldsymbol{O}\\ \boldsymbol{O} & -\boldsymbol{I}_{r-p} & \boldsymbol{O}\\ \boldsymbol{O} & \boldsymbol{O} & \boldsymbol{O}\end{pmatrix}.$$

如果 q_2 与 q_1 等价, 那么 $\boldsymbol{A}_2$ 与 $\boldsymbol{A}_1$ 合同. 于是存在实可逆矩阵 $\boldsymbol{Q}$ 使得 $\boldsymbol{A}_2=\boldsymbol{Q}^{\mathrm{T}}\boldsymbol{A}_1\boldsymbol{Q}$. 取 $\boldsymbol{T}=\boldsymbol{Q}^{-1}\boldsymbol{P}$. 那么

$$\begin{aligned}\boldsymbol{T}^{\mathrm{T}}\boldsymbol{A}_2\boldsymbol{T}&=\boldsymbol{P}^{\mathrm{T}}\boldsymbol{Q}^{\mathrm{T}\,-1}\boldsymbol{Q}^{\mathrm{T}}\boldsymbol{A}_1\boldsymbol{Q}\boldsymbol{Q}^{-1}\boldsymbol{P}\\ &=\boldsymbol{P}^{\mathrm{T}}\boldsymbol{A}_1\boldsymbol{P}=\begin{pmatrix}\boldsymbol{I}_p & \boldsymbol{O} & \boldsymbol{O}\\ \boldsymbol{O} & -\boldsymbol{I}_{r-p} & \boldsymbol{O}\\ \boldsymbol{O} & \boldsymbol{O} & \boldsymbol{O}\end{pmatrix}.\end{aligned}$$

因此 q_2 与 q_1 都与同一个典范形式等价, 所以它们有相同的秩和符号差.

反过来, 如果 q_1, q_2 有相同的秩 r 和符号差 s, 那么它们也有相同的正惯性指数 $p=\frac{1}{2}(r+s)$. 因此 $\boldsymbol{A}_1$, $\boldsymbol{A}_2$ 都与矩阵

$$\begin{pmatrix}\boldsymbol{I}_p & \boldsymbol{O} & \boldsymbol{O}\\ \boldsymbol{O} & -\boldsymbol{I}_{r-p} & \boldsymbol{O}\\ \boldsymbol{O} & \boldsymbol{O} & \boldsymbol{O}\end{pmatrix}$$

合同. 由此推出 $\boldsymbol{A}_2$ 与 $\boldsymbol{A}_1$ 合同, 从而 q_2 与 q_1 等价. □

推论 9.2.1 实数域 $\mathbf{R}$ 上一切 n 元二次型可以分成

$$\frac{1}{2}(n+1)(n+2)$$

类, 属于同一类的二次型彼此等价, 属于不同类的二次型互不等价.

证 给定 $0\leqslant r\leqslant n$ 和 $0\leqslant p\leqslant r$. 令

$$\boldsymbol{C}_{r,p}=\begin{pmatrix}\boldsymbol{I}_p & \boldsymbol{O} & \boldsymbol{O}\\ \boldsymbol{O} & -\boldsymbol{I}_{r-p} & \boldsymbol{O}\\ \boldsymbol{O} & \boldsymbol{O} & \boldsymbol{O}\end{pmatrix}.$$

由定理 9.2.3，$\mathbf{R}$ 上每一 n 元二次型恰与一个以 $\boldsymbol{C}_{r,p}$ 为矩阵的典范形式等价. 当 r 取定后，p 可以取 0，1，…，r；而 r 又可以取 0，1，…，n 中任何一个数. 因此这样的 $\boldsymbol{C}_{r,p}$ 共有

$$1+2+\cdots+(n+1)=\frac{1}{2}(n+1)(n+2)$$

个. 对于每一个 $\boldsymbol{C}_{r,p}$，就有一个典范形式

$$x_1^2+\cdots+x_p^2-x_{p+1}^2-\cdots-x_r^2$$

与它相当. 把与同一个典范形式等价的二次型放在一类，于是 $\mathbf{R}$ 上一切 n 元二次型恰可分成 $\frac{1}{2}(n+1)(n+2)$ 类，属于同一类的二次型彼此等价，属于不同类的二次型互不等价. □

习　题

1. 设 S 是复数域上一个 n 阶对称矩阵. 证明存在复数域上一个矩阵 $\boldsymbol{A}$，使得

$$\boldsymbol{S}=\boldsymbol{A}^{\mathrm{T}}\boldsymbol{A}.$$

2. 证明任何一个 n 阶可逆复对称矩阵必定合同于以下形式的矩阵之一：

$$\begin{pmatrix}\boldsymbol{O} & \boldsymbol{I}_\nu\\ \boldsymbol{I}_\nu & \boldsymbol{O}\end{pmatrix}，若 n=2\nu；\begin{pmatrix}\boldsymbol{O} & \boldsymbol{I}_\nu & \boldsymbol{O}\\ \boldsymbol{I}_\nu & \boldsymbol{O} & \boldsymbol{O}\\ \boldsymbol{O} & \boldsymbol{O} & 1\end{pmatrix}，若 n=2\nu+1.$$

3. 证明任何一个 n 阶可逆实对称矩阵必与以下形式的矩阵之一合同：

$$\begin{pmatrix}\boldsymbol{O} & \boldsymbol{I}_\nu & \boldsymbol{O}\\ \boldsymbol{I}_\nu & \boldsymbol{O} & \boldsymbol{O}\\ \boldsymbol{O} & \boldsymbol{O} & \boldsymbol{I}_{n-2\nu}\end{pmatrix}或\begin{pmatrix}\boldsymbol{O} & \boldsymbol{I}_\nu & \boldsymbol{O}\\ \boldsymbol{I}_\nu & \boldsymbol{O} & \boldsymbol{O}\\ \boldsymbol{O} & \boldsymbol{O} & -\boldsymbol{I}_{n-2\nu}\end{pmatrix}.$$

4. 证明一个实二次型 $q(x_1,x_2,\cdots,x_n)$ 可以分解成两个实系数 n 元一次齐次多项式的乘积的充要条件是：或者 q 的秩等于 1，或者 q 的秩等于 2 并且符号差等于 0.

5. 令

$$A=\begin{pmatrix}5&4&3\\4&5&3\\3&3&2\end{pmatrix},\ B=\begin{pmatrix}4&0&-6\\0&1&0\\-6&0&9\end{pmatrix}.$$

证明 $\boldsymbol{A}$ 与 $\boldsymbol{B}$ 在实数域上合同，并且求一可逆实矩阵 $\boldsymbol{P}$，使得 $\boldsymbol{P}^{\mathrm{T}}\boldsymbol{A}\boldsymbol{P}=\boldsymbol{B}$.

6. 确定实二次型

$$x_1x_2+x_3x_4+\cdots+x_{2n-1}x_{2n}$$

的秩和符号差.

7. 确定实二次型 $ayz+bzx+cxy$ 的秩和符号差.

8. 证明实二次型

$$\sum_{i=1}^{n}\sum_{j=1}^{n}(\lambda ij+i+j)x_ix_j\quad(n>1)$$

的秩和符号差与 λ 无关.

9.3 正定二次型

R 上一个 n 元二次型 $q(x_1,x_2,\cdots,x_n)$ 可以看成定义在实数域上 n 个变量的实函数. 如果对于变量 x_1，x_2，…，x_n 的每一组不全为零的值，函数值 $q(x_1,x_2,\cdots,x_n)$ 都是正数，那么就称 $q(x_1,x_2,\cdots,x_n)$ 是一个正定二次型.

类似地，如果对于变量 x_1，x_2，…，x_n 的每一组不全为零的值，$q(x_1,x_2,\cdots,x_n)$ 都是负数，就称 $q(x_1,x_2,\cdots,x_n)$ 是负定的.

定理 9.3.1 实数域上二次型 $q(x_1,x_2,\cdots,x_n)$ 是正定的充要条件是它的秩和符号差都等于 n. $q(x_1,x_2,\cdots,x_n)$ 是负定的充要条件是它的秩等于 n，符号差等于 $-n$.

证 我们只需对正定的情形证明，负定情形的证明完全类似. 设 $\boldsymbol{A}$ 是二次型 $q(x_1,x_2,\cdots,x_n)$ 的矩阵. 如果 $\boldsymbol{A}$ 的秩和符号差都等于 n，那么存在实可逆矩阵 $\boldsymbol{P}$，使得

$$\boldsymbol{P}^{\mathrm{T}}\boldsymbol{A}\boldsymbol{P}=\boldsymbol{I}.$$

令

$$(1)\qquad \begin{pmatrix}x_1\\x_2\\\vdots\\x_n\end{pmatrix}=\boldsymbol{P}\begin{pmatrix}y_1\\y_2\\\vdots\\y_n\end{pmatrix}.$$

那么

$$\begin{aligned}q(x_1,x_2,\cdots,x_n)&=(x_1,x_2,\cdots,x_n)\boldsymbol{A}\begin{pmatrix}x_1\\x_2\\\vdots\\x_n\end{pmatrix}\\&=(y_1,y_2,\cdots,y_n)\boldsymbol{P}^{\mathrm{T}}\boldsymbol{A}\boldsymbol{P}\begin{pmatrix}y_1\\y_2\\\vdots\\y_n\end{pmatrix}\\&=(y_1,y_2,\cdots,y_n)\boldsymbol{I}\begin{pmatrix}y_1\\y_2\\\vdots\\y_n\end{pmatrix}\\&=y_1^2+y_2^2+\cdots+y_n^2.\end{aligned}$$

由(1)可以看出 x_1，x_2，…，x_n 不全为零时，y_1，y_2，…，y_n 也不全为零. 因此，对于任意不全为零的实数 x_1，x_2，…，x_n，都有

$$q(x_1,x_2,\cdots,x_n)=y_1^2+y_2^2+\cdots+y_n^2>0.$$

反过来，如果 $r<n$ 或 $r=n$ 而 $p<n$，不论哪一种情形都有 $p<n$. 因此存在实可逆矩阵 $\boldsymbol{P}$，使得

$$\boldsymbol{P}^{\mathrm{T}}\boldsymbol{A}\boldsymbol{P}=\begin{pmatrix}\boldsymbol{I}_p & \boldsymbol{O} & \boldsymbol{O}\\ \boldsymbol{O} & -\boldsymbol{I}_{r-p} & \boldsymbol{O}\\ \boldsymbol{O} & \boldsymbol{O} & \boldsymbol{O}\end{pmatrix},\ 0\leqslant p<n.$$

取一组实数 y_1，y_2，$\cdots$，y_n，使得 $y_1=\cdots=y_p=0$，y_{p+1}，$\cdots$，y_n 不全为零，并且令

$$\begin{pmatrix}x_1\\ x_2\\ \vdots\\ x_n\end{pmatrix}=\boldsymbol{P}\begin{pmatrix}y_1\\ y_2\\ \vdots\\ y_n\end{pmatrix}.$$

那么 x_1，x_2，$\cdots$，x_n 也不全为零. 然而

$$q(x_1,x_2,\cdots,x_n)=(y_1,y_2,\cdots,y_n)\begin{pmatrix}\boldsymbol{I}_p & \boldsymbol{O} & \boldsymbol{O}\\ \boldsymbol{O} & -\boldsymbol{I}_{r-p} & \boldsymbol{O}\\ \boldsymbol{O} & \boldsymbol{O} & \boldsymbol{O}\end{pmatrix}\begin{pmatrix}y_1\\ y_2\\ \vdots\\ y_n\end{pmatrix}$$

$$=-(y_{p+1}^2+\cdots+y_r^2)\leqslant 0.$$

所以二次型 q 不是正定的. □

下面我们再给出一个直接从所给的二次型的矩阵来判断这个二次型是不是正定的判别法. 首先引入一个概念.

设 $\boldsymbol{A}=(a_{ij})$ 是一个 n 阶实对称矩阵. 位于 $\boldsymbol{A}$ 的前 k 行和前 k 列的子式

$$\begin{pmatrix}a_{11} & a_{12} & \cdots & a_{1k}\\ a_{21} & a_{22} & \cdots & a_{2k}\\ \vdots & \vdots & & \vdots\\ a_{k1} & a_{k2} & \cdots & a_{kk}\end{pmatrix}$$

叫作 $\boldsymbol{A}$ 的 k 阶主子式. 令 $k=1, 2, \cdots, n$, 就得到 $\boldsymbol{A}$ 的一切主子式.

以 $\boldsymbol{A}$ 为矩阵的二次型 $q(x_1,x_2,\cdots,x_n)$ 的 k 阶主子式指的是 $\boldsymbol{A}$ 的 k 阶主子式.

定理 9.3.2 实二次型

$$q(x_1,x_2,\cdots,x_n)=\sum_{i=1}^{n}\sum_{j=1}^{n}a_{ij}x_ix_j$$

是正定的当且仅当它的一切主子式都大于零.

证 如果二次型 $q(x_1,x_2,\cdots,x_n)$ 的某一 k 阶主子式不大于零, $1\leqslant k\leqslant n$, 令

$$\boldsymbol{A}_k=\begin{pmatrix} a_{11} & a_{12} & \cdots & a_{1k}\\ a_{21} & a_{22} & \cdots & a_{2k}\\ \vdots & \vdots & & \vdots\\ a_{k1} & a_{k2} & \cdots & a_{kk}\end{pmatrix}.$$

$\boldsymbol{A}_k$ 是一个 k 阶实对称矩阵, 所以存在 k 阶实可逆矩阵 $\boldsymbol{Q}$, 使得

$$\boldsymbol{Q}^{\mathrm{T}}\boldsymbol{A}_k\boldsymbol{Q}=\begin{pmatrix}\boldsymbol{I}_s & \boldsymbol{O} & \boldsymbol{O}\\ \boldsymbol{O} & -\boldsymbol{I}_t & \boldsymbol{O}\\ \boldsymbol{O} & \boldsymbol{O} & \boldsymbol{O}\end{pmatrix}.$$

由于 $\det\boldsymbol{A}_k\leqslant 0$, 所以 $\det(\boldsymbol{Q}^{\mathrm{T}}\boldsymbol{A}_k\boldsymbol{Q})=(\det\boldsymbol{Q})^2\det\boldsymbol{A}_k\leqslant 0$. 因此 $s<k$. 于是由定理 9.3.1, 以 $\boldsymbol{A}_k$ 为矩阵的 k 个变量的实二次型 $q_k(x_1,x_2,\cdots,x_k)$ 不是正定的, 即存在不全为零的实数 $c_1,c_2,\cdots,c_k$, 使得

$$q_k(c_1,c_2,\cdots,c_k)\leqslant 0.$$

于是对于不全为零的 n 个实数 c_1, c_2, $\cdots$, c_k, 0, $\cdots$, 0 来说, 我们有

$$q(c_1,c_2,\cdots,c_k,0,\cdots,0)=(c_1,c_2,\cdots,c_k,0,\cdots,0)\boldsymbol{A}\begin{pmatrix}c_1\\c_2\\\vdots\\c_k\\0\\\vdots\\0\end{pmatrix}$$

$$=(c_1,c_2,\cdots,c_k)\boldsymbol{A}_k\begin{pmatrix}c_1\\c_2\\\vdots\\c_k\end{pmatrix}$$

$$=q_k(c_1,c_2,\cdots,c_k)\leqslant 0.$$

所以二次型 $q(x_1,x_2,\cdots,x_n)$ 不是正定的.

反过来，设 n 个变量的二次型 $q(x_1,x_2,\cdots,x_n)$ 的所有主子式都大于零. 我们证明，这个二次型是正定的. 当 $n=1$ 时，论断是正确的，因为当 $a_{11}>0$ 时，对于任意实数 $x_1\neq 0$ 都有 $a_{11}x_1^2>0$. 设 $n>1$，并且假定对于 $n-1$ 个变量的实二次型来说，论断成立. 现在设

$$q(x_1,x_2,\cdots,x_n)=\sum_{i=1}^{n}\sum_{j=1}^{n}a_{ij}x_ix_j$$

是一个 n 个变量的二次型，它的矩阵是 $\boldsymbol{A}=(a_{ij})$，并且假设 $\boldsymbol{A}$ 的一切主子式都大于零. 对 $\boldsymbol{A}$ 作如下分块：

$$\boldsymbol{A}=\begin{pmatrix}\boldsymbol{A}_1 & \boldsymbol{\alpha}\\ \boldsymbol{\alpha}^{\mathrm{T}} & a_{nn}\end{pmatrix},$$

这里

$$\boldsymbol{A}_1=\begin{pmatrix}a_{11} & \cdots & a_{1,n-1}\\ \vdots & & \vdots\\ a_{n-1,1} & \cdots & a_{n-1,n-1}\end{pmatrix},\ \boldsymbol{\alpha}=\begin{pmatrix}a_{1n}\\ \vdots\\ a_{n-1,n}\end{pmatrix}.$$

$\boldsymbol{A}_1$ 的一切主子式都大于零. 由归纳假设和定理 9.3.1，存在$n-1$阶可逆矩阵 $\boldsymbol{P}_1$ 使得

$$\boldsymbol{P}_1^{\mathrm{T}}\boldsymbol{A}_1\boldsymbol{P}_1=\boldsymbol{I}_{n-1},$$

$\boldsymbol{I}_{n-1}$是 $n-1$ 阶单位矩阵. 取

$$\boldsymbol{Q}=\begin{pmatrix}\boldsymbol{P}_1 & \boldsymbol{O}\\ \boldsymbol{O} & 1\end{pmatrix}$$

则

$$\begin{aligned}\boldsymbol{Q}^{\mathrm{T}}\boldsymbol{A}\boldsymbol{Q}&=\begin{pmatrix}\boldsymbol{P}_1^{\mathrm{T}} & \boldsymbol{O}\\ \boldsymbol{O} & 1\end{pmatrix}\begin{pmatrix}\boldsymbol{A}_1 & \boldsymbol{\alpha}\\ \boldsymbol{\alpha}^{\mathrm{T}} & a_{nn}\end{pmatrix}\begin{pmatrix}\boldsymbol{P}_1 & \boldsymbol{O}\\ \boldsymbol{O} & 1\end{pmatrix}\\&=\begin{pmatrix}\boldsymbol{I}_{n-1} & \boldsymbol{\beta}\\ \boldsymbol{\beta}^{\mathrm{T}} & a_{nn}\end{pmatrix},\end{aligned}$$

这里 $\boldsymbol{\beta}=\boldsymbol{P}_1^{\mathrm{T}}\boldsymbol{\alpha}$. 再取

$$\boldsymbol{P}=\begin{pmatrix}\boldsymbol{I}_{n-1} & -\boldsymbol{\beta}\\ \boldsymbol{O} & 1\end{pmatrix}.$$

则

$$\boldsymbol{P}^{\mathrm{T}}\boldsymbol{Q}^{\mathrm{T}}\boldsymbol{A}\boldsymbol{Q}\boldsymbol{P}=\begin{pmatrix}\boldsymbol{I}_{n-1} & \boldsymbol{O}\\ \boldsymbol{O} & c\end{pmatrix},$$

这里 $c=-\boldsymbol{\beta}^{\mathrm{T}}\boldsymbol{\beta}+a_{nn}$. 然而

$$\begin{aligned}c&=\begin{vmatrix}\boldsymbol{I}_{n-1} & \boldsymbol{O}\\ \boldsymbol{O} & c\end{vmatrix}=(\det\boldsymbol{P}^{\mathrm{T}})(\det\boldsymbol{Q}^{\mathrm{T}})(\det\boldsymbol{A})(\det\boldsymbol{Q})(\det\boldsymbol{P})\\&=(\det\boldsymbol{Q})^2\det\boldsymbol{A}>0,\end{aligned}$$

所以以 $\boldsymbol{P}^{\mathrm{T}}\boldsymbol{Q}^{\mathrm{T}}\boldsymbol{A}\boldsymbol{Q}\boldsymbol{P}$ 为矩阵的二次型 $y_1^2+\cdots+y_{n-1}^2+cy_n^2$ 是正定的，因而与它等价的二次型 $q(x_1,x_2,\cdots,x_n)$是正定的. □

习　题

1. 判断下列实二次型是不是正定的：

(i) $10x_1^2-2x_2^2+3x_3^2+4x_1x_2+4x_1x_3$；

(ii) $5x_1^2+x_2^2+5x_3^2+4x_1x_2-8x_1x_3-4x_2x_3$.

2. λ 取什么值时，实二次型

$$\lambda(x_1^2+x_2^2+x_3^2)+2x_1x_2-2x_2x_3-2x_1x_3+x_4^2$$

是正定的？

3. 设 $\boldsymbol{A}$ 是一个实对称矩阵. 如果以 $\boldsymbol{A}$ 为矩阵的实二次型是正定的，那么就说 $\boldsymbol{A}$ 是正定的. 证明对于任意实对称矩阵 $\boldsymbol{A}$，总存在足够大的实数 t，使得 $t\boldsymbol{I}+\boldsymbol{A}$ 是正定的.

4. 证明 n 阶实对称矩阵 $\boldsymbol{A}=(a_{ij})$ 是正定的，当且仅当对于任意 $1\leqslant i_1<i_2<\cdots<i_k\leqslant n$，$k$ 阶子式

$$\begin{vmatrix} a_{i_1i_1} & a_{i_1i_2} & \cdots & a_{i_1i_k} \\ a_{i_2i_1} & a_{i_2i_2} & \cdots & a_{i_2i_k} \\ \vdots & \vdots & & \vdots \\ a_{i_ki_1} & a_{i_ki_2} & \cdots & a_{i_ki_k} \end{vmatrix}>0,\ k=1,2,\cdots,n.$$

5. 设 $\boldsymbol{A}=(a_{ij})$ 是一个 n 阶正定实对称矩阵. 证明

$$\det\boldsymbol{A}\leqslant a_{11}a_{22}\cdots a_{nn}.$$

当且仅当 $\boldsymbol{A}$ 是对角矩阵时，等号成立. [提示：对 n 作数学归纳法，利用定理 9.3.2 的证明及习题 4.]

6. 设 $\boldsymbol{A}=(a_{ij})$ 是任意 n 阶实矩阵. 证明

$$(\det\boldsymbol{A})^2\leqslant\prod_{j=1}^{n}(a_{1j}^2+a_{2j}^2+\cdots+a_{nj}^2)$$

(阿达马(Hada mard)不等式). [提示：当 $\det\boldsymbol{A}\neq0$ 时，先证明 $\boldsymbol{A}^{\mathrm{T}}\boldsymbol{A}$ 是正定对称矩阵，再利用习题 5.]

9.4 主轴问题

我们已经看到，实数域上一个二次型 $q(x_1, x_2, \cdots, x_n)$ 可以经过变量的非奇异线性变换

$$\begin{pmatrix} x_1 \\ x_2 \\ \vdots \\ x_n \end{pmatrix} = \boldsymbol{P} \begin{pmatrix} y_1 \\ y_2 \\ \vdots \\ y_n \end{pmatrix}$$

化为二次型

$$y_1^2 + \cdots + y_p^2 - y_{p+1}^2 - \cdots - y_r^2.$$

在解析几何里，允许使用的坐标变换必须是将直角坐标系仍变为直角坐标系，因而坐标变换的系数矩阵是一个正交矩阵. 现在我们一般地讨论将一个 n 元实二次型通过变量的正交变换化为一个只含变量平方项的二次型的问题，这里所说的变量的正交变换指的是这个变换的矩阵是一个正交矩阵. 这个问题称为二次型的主轴问题. 它正是解析几何中将有心二次曲线或二次曲面的方程化为标准形式的自然推广.

由于正交矩阵是非奇异的，所以变量的正交变换是非奇异的. 用矩阵的语言来说就是，给了一个实对称矩阵 $\boldsymbol{A}$，要寻求一个正交矩阵 $\boldsymbol{U}$，使得 $\boldsymbol{U}^{\mathrm{T}}\boldsymbol{A}\boldsymbol{U}$ 是对角矩阵，这个问题在 8.4 里实际上已经得到解决. 我们有

定理 9.4.1 设

$$q(x_1, x_2, \cdots, x_n) = \sum_{i=1}^{n} \sum_{j=1}^{n} a_{ij} x_i x_j$$

是实数域上一个二次型. 那么总可以通过变量的正交变换

$$\begin{pmatrix} x_1 \\ x_2 \\ \vdots \\ x_n \end{pmatrix} = \boldsymbol{U} \begin{pmatrix} y_1 \\ y_2 \\ \vdots \\ y_n \end{pmatrix}$$

化为 $\lambda_1 y_1^2 + \lambda_2 y_2^2 + \cdots + \lambda_n y_n^2$，这里 $\boldsymbol{U}$ 是一个正交矩阵，而 λ_1，λ_2，…，$\lambda_n \in \mathbf{R}$ 是二次型的矩阵 $\boldsymbol{A} = (a_{ij})$ 的全部特征根.

证 $\boldsymbol{A} = (a_{ij})$ 是一个 n 阶实对称矩阵. 由定理 8.4.3 和 8.4.6，存在一个正交矩阵 $\boldsymbol{U}$，使得

$$\boldsymbol{U}^{\mathrm{T}}\boldsymbol{A}\boldsymbol{U} = \begin{pmatrix} \lambda_1 & & & 0 \\ & \lambda_2 & & \\ & & \ddots & \\ 0 & & & \lambda_n \end{pmatrix},$$

这里 λ_1，λ_2，…，$\lambda_n \in \mathbf{R}$ 是 $\boldsymbol{A}$ 的全部特征根. 这也就相当于说以 $\boldsymbol{A}$ 为矩阵的二次型可以通过变量的正交变换化为标准形式 $\lambda_1 y_1^2 + \lambda_2 y_2^2 + \cdots + \lambda_n y_n^2$. □

由定理 9.4.1 可以看出，矩阵 $\boldsymbol{A}$ 的不等于零的特征根的个数就是 $\boldsymbol{A}$ 的秩. 而正特征根的个数与负特征根的个数的差就是以 $\boldsymbol{A}$ 为矩阵的二次型的符号差. 于是我们就得到

推论 9.4.1 设

$$q(x_1, x_2, \cdots, x_n) = \sum_{i=1}^{n} \sum_{j=1}^{n} a_{ij} x_i x_j$$

是实数域上一个 n 元二次型，$\boldsymbol{A} = (a_{ij})$ 是它的矩阵.

(i) 二次型 $q(x_1, x_2, \cdots, x_n)$ 的秩等于 $\boldsymbol{A}$ 的不等于零的特征根的个数，而符号差等于 $\boldsymbol{A}$ 的正特征根个数与负特征根个数的差；

(ii) 二次型 $q(x_1, x_2, \cdots, x_n)$ 是正定的当且仅当 $\boldsymbol{A}$ 的所有特征根都是正数.

由 8.4 最后所说的方法，给了一个实二次型，不仅从理论上可以将它通过变量的正交变换化为标准形式，而且还可以具体地

写出这个标准形式和一个坐标变换的矩阵.

习　　题

1. 对于下列每一矩阵 $\boldsymbol{A}$，求一个正交矩阵 $\boldsymbol{U}$，使得 $\boldsymbol{U}^{\mathrm{T}}\boldsymbol{A}\boldsymbol{U}$ 为对角矩阵：

(i) $\boldsymbol{A}=\begin{pmatrix} a & b \\ b & a \end{pmatrix}$；　(ii) $\boldsymbol{A}=\begin{pmatrix} 2 & -1 & -1 \\ -1 & 2 & -1 \\ -1 & -1 & 2 \end{pmatrix}$；

(iii) $\boldsymbol{A}=\begin{pmatrix} 5 & -2 & 0 & 0 \\ -2 & 2 & 0 & 0 \\ 0 & 0 & 5 & -2 \\ 0 & 0 & -2 & 2 \end{pmatrix}$.

2. 设 $\boldsymbol{A}$ 是一个正定对称矩阵. 证明存在一个正定对称矩阵 $\boldsymbol{S}$ 使得$\boldsymbol{A}=\boldsymbol{S}^2$.

3. 设 $\boldsymbol{A}$ 是一个 n 阶可逆实矩阵. 证明存在一个正定对称矩阵 $\boldsymbol{S}$ 和一个正交矩阵 $\boldsymbol{U}$，使得 $\boldsymbol{A}=\boldsymbol{U}\boldsymbol{S}$. [提示:$\boldsymbol{A}^{\mathrm{T}}\boldsymbol{A}$ 是正定对称矩阵. 于是由习题 2 存在正定矩阵 $\boldsymbol{S}$,使得 $\boldsymbol{A}^{\mathrm{T}}\boldsymbol{A}=\boldsymbol{S}^2$. 再看一看 $\boldsymbol{U}$ 应该怎样取.]

4. 设$\{\boldsymbol{A}_i\}$是一组两两可交换的 n 阶实对称矩阵. 证明存在一个 n 阶正交矩阵 $\boldsymbol{U}$,使得 $\boldsymbol{U}^{\mathrm{T}}\boldsymbol{A}_i\boldsymbol{U}$ 都是对角矩阵. [提示:对 n 作数学归纳法,并且参考 7. 6,习题 9.]

9.5　双线性函数

二次型与双线性函数有着密切的关系，后者也是线性代数里一个非常重要的概念. 在这一章的最后，我们介绍一下双线性函数.

回忆 7. 1 例 6，数域 F 上向量空间 V 到 F 的线性映射也叫作 V 上线性函数. 现在定义双线性函数的概念.

定义 1　设 V 是数域 F 上一个向量空间. V 上一个双线性函数指的是一个映射f: $V\times V\to F$，对于 V 中任意一对向量$(\boldsymbol{\xi},\boldsymbol{\eta})$，

有 F 中唯一确定的数 $f(\boldsymbol{\xi},\boldsymbol{\eta})$ 与它对应，并且满足下列条件：

(i) $f(\boldsymbol{\xi}_1+\boldsymbol{\xi}_2,\boldsymbol{\eta})=f(\boldsymbol{\xi}_1,\boldsymbol{\eta})+f(\boldsymbol{\xi}_2,\boldsymbol{\eta})$；

(ii) $f(\boldsymbol{\xi},\boldsymbol{\eta}_1+\boldsymbol{\eta}_2)=f(\boldsymbol{\xi},\boldsymbol{\eta}_1)+f(\boldsymbol{\xi},\boldsymbol{\eta}_2)$；

(iii) $f(a\boldsymbol{\xi},\boldsymbol{\eta})=f(\boldsymbol{\xi},a\boldsymbol{\eta})=af(\boldsymbol{\xi},\boldsymbol{\eta})$，

这里 $\boldsymbol{\xi}$，$\boldsymbol{\xi}_1$，$\boldsymbol{\xi}_2$，$\boldsymbol{\eta}$，$\boldsymbol{\eta}_1$，$\boldsymbol{\eta}_2\in V$，$a\in F$.

由(i)和(iii)，固定第二个向量 $\boldsymbol{\eta}$，f 是 V 上一个线性函数；由(ii)和(iii)，固定第一个向量 $\boldsymbol{\xi}$，f 也是 V 上一个线性函数，所以称 f 为 V 上双线性函数.

例如，欧氏空间的内积就是这个空间上一个双线性函数.

设 f 是数域 F 上向量空间 V 上一个双线性函数. 由定义 1 中条件(i)，(ii)，(iii)，容易推出.

$$(1)\qquad f\left(\sum_{i=1}^{m}a_i\boldsymbol{\xi}_i,\sum_{j=1}^{n}b_j\boldsymbol{\eta}_j\right)=\sum_{i=1}^{m}\sum_{j=1}^{n}a_ib_jf(\boldsymbol{\xi}_i,\boldsymbol{\eta}_j),$$

这里 a_i，$b_j\in F$，$\boldsymbol{\xi}_i$，$\boldsymbol{\eta}_j\in V$，$i=1,2,\cdots,m$；$j=1,2,\cdots,n$.

现在设 V 是数域 F 上一个 $n(>0)$ 维向量空间. f 是 V 上一个双线性函数. 取定 V 的一个基 $\{\boldsymbol{\alpha}_1,\boldsymbol{\alpha}_2,\cdots,\boldsymbol{\alpha}_n\}$. 记

$$a_{ij}=f(\boldsymbol{\alpha}_i,\boldsymbol{\alpha}_j),\ i,j=1,2,\cdots,n.$$

这 n^2 个数组成 F 上一个 $n\times n$ 矩阵

$$\boldsymbol{A}=\begin{pmatrix}a_{11}&\cdots&a_{1n}\\ \vdots&&\vdots\\ a_{n1}&\cdots&a_{nn}\end{pmatrix}.$$

矩阵 $\boldsymbol{A}$ 叫作双线性函数 f 关于基 $\{\boldsymbol{\alpha}_1,\boldsymbol{\alpha}_2,\cdots,\boldsymbol{\alpha}_n\}$ 的格拉姆(Gram)矩阵. 设 $\boldsymbol{\xi}=\sum\limits_{i=1}^{n}x_i\alpha_i$，$\boldsymbol{\eta}=\sum\limits_{i=1}^{n}y_i\alpha_i$ 是 V 的任意两个向量. 由(1)，我们有

$$(2)\qquad f(\boldsymbol{\xi},\boldsymbol{\eta})=\sum_{i=1}^{n}\sum_{j=1}^{n}a_{ij}x_iy_j,$$

反过来，给了 F 上一个 $n\times n$ 矩阵 $\boldsymbol{A}=(a_{ij})$，那么公式(2)唯一地定义 V 上一个双线性函数 f，它关于基 $\{\boldsymbol{\alpha}_1,\boldsymbol{\alpha}_2,\cdots,\boldsymbol{\alpha}_n\}$ 的

格拉姆矩阵就是 $\boldsymbol{A}$.

利用矩阵的乘法，(2)可以写成

$$f(\boldsymbol{\xi},\boldsymbol{\eta}) = (x_1,x_2,\cdots,x_n)\boldsymbol{A}\begin{pmatrix} y_1 \\ y_2 \\ \vdots \\ y_n \end{pmatrix}.$$

设 $\{\boldsymbol{\beta}_1,\boldsymbol{\beta}_2,\cdots,\boldsymbol{\beta}_n\}$ 是 V 的另一个基. $\boldsymbol{B}=(b_{ij})$ 是 f 关于这个基的格拉姆矩阵. 令 $\boldsymbol{P}=(p_{ij})$ 是由基 $\{\boldsymbol{\alpha}_1,\boldsymbol{\alpha}_2,\cdots,\boldsymbol{\alpha}_n\}$ 到基 $\{\boldsymbol{\beta}_1,\boldsymbol{\beta}_2,\cdots,\boldsymbol{\beta}_n\}$ 的过渡矩阵

$$\beta_k = \sum_{i=1}^{n} p_{ik}\boldsymbol{\alpha}_i\ ,\ k=1,2,\cdots,n$$

于是

$$\begin{aligned} b_{kl} = f(\boldsymbol{\beta}_k,\boldsymbol{\beta}_l) &= f\Big(\sum_{i=1}^{n} p_{ik}\boldsymbol{\alpha}_i,\sum_{j=1}^{n} p_{jl}\boldsymbol{\alpha}_j\Big) \\ &= \sum_{i=1}^{n}\sum_{j=1}^{n} p_{ik}p_{jl}f(\boldsymbol{\alpha}_i,\boldsymbol{\alpha}_j) \\ &= \sum_{i=1}^{n}\sum_{j=1}^{n} p_{ik}a_{ij}p_{jl}, \end{aligned}$$

$k,l=1,2,\cdots,n.$

等式右端恰是矩阵 $\boldsymbol{P}^{\mathrm{T}}\boldsymbol{AP}$ 的第 k 行第 l 列的元素，所以

$$\boldsymbol{B}=\boldsymbol{P}^{\mathrm{T}}\boldsymbol{AP}. \tag{3}$$

这就是说，V 上一个双线性函数 f 关于 V 的两个基的格拉姆矩阵是合同的.

在双线性函数的理论里，对称双线性函数占有重要的地位. 数域 F 上向量空间 V 上一个双线性函数 f 说是对称的，如果对于 V 中任意两个向量 $\boldsymbol{\xi}$，$\boldsymbol{\eta}$ 来说，都有 $f(\boldsymbol{\xi},\boldsymbol{\eta})=f(\boldsymbol{\eta},\boldsymbol{\xi})$. 例如，欧氏空间的内积就是一个对称双线性函数.

以下总设 V 是数域 F 上一个有限维向量空间. $\dim V=n>0$. 如果 f 是 V 上一个对称双线性函数，那么 f 关于 V 的任意基的格

拉姆矩阵都是对称矩阵. 反过来，如果 V 上一个双线性函数 f 关于 V 的某一个基的格拉姆矩阵是对称的，那么 f 一定是对称的. 由于矩阵的合同保持矩阵的对称性，所以 f 关于 V 的任意基的格拉姆矩阵都是对称矩阵.

给了 V 上一个对称双线性函数. 对于 $\boldsymbol{\xi}\in V$，定义

$$q(\boldsymbol{\xi})=f(\boldsymbol{\xi},\boldsymbol{\xi}).$$

于是就得到一个映射 $q: V\to F$，$\boldsymbol{\xi}\mapsto q(\boldsymbol{\xi})$. q 叫作与 f 关联的二次函数. 设 f 关于 V 的基 $\{\boldsymbol{\alpha}_1,\boldsymbol{\alpha}_2,\cdots,\boldsymbol{\alpha}_n\}$ 的格拉姆矩阵是 $\boldsymbol{A}=(a_{ij})=(f(\boldsymbol{\alpha}_i,\boldsymbol{\alpha}_j))$. $\boldsymbol{\xi}=\sum\limits_{i=1}^{n}x_i\boldsymbol{\alpha}_i\in V$. 由(2)得

$$q(\boldsymbol{\xi})=f(\boldsymbol{\xi},\boldsymbol{\xi})=\sum_{i=1}^{n}\sum_{j=1}^{n}a_{ij}x_ix_j.$$

这是 F 上一个 n 个变量的二次型. 它是二次函数 q 关于基 $\{\boldsymbol{\alpha}_1,\boldsymbol{\alpha}_2,\cdots,\boldsymbol{\alpha}_n\}$ 的表示式. 同一个二次函数 q 关于不同的基所确定的二次型是等价的.

给了 V 上一个对称双线性函数 f，就唯一地确定与它关联的二次函数 q. 反过来，对称双线性函数 f 由与它关联的二次函数 q 唯一确定. 事实上，设 $\boldsymbol{\xi}$，$\boldsymbol{\eta}\in V$，我们有

$$f(\boldsymbol{\xi},\boldsymbol{\eta})=\frac{1}{4}q(\boldsymbol{\xi}+\boldsymbol{\eta})-\frac{1}{4}q(\boldsymbol{\xi}-\boldsymbol{\eta}). \tag{4}$$

因此，给了 F 上一个 n 个变量的二次型，它的矩阵是对称矩阵 $\boldsymbol{A}=(a_{ij})$. 取定 V 的一个基 $\{\boldsymbol{\alpha}_1,\boldsymbol{\alpha}_2,\cdots,\boldsymbol{\alpha}_n\}$，就存在 V 上唯一的双线性函数 f，使得 $f(\boldsymbol{\alpha}_i,\boldsymbol{\alpha}_j)=a_{ij},i,j=1,2,\cdots,n$. 等价的二次型是 V 上同一个双线性函数 f 所确定的二次函数 q 在不同的基之下的表示式. 我们把等价的二次型看作同一个，那么数域 F 上 n 个变量的二次型与 F 上 n 维向量空间 V 上对称双线性函数 1-1 对应。与一个对称双线性函数 f 相对应的二次函数 q 也叫作与 f 关联的二次型.

需要注意的是，双线性函数 f 的对称性对于(4)式来说是必

要的. 一般来说，双线性函数不能由与它关联的二次型 q 唯一确定. 我们看下面的例子：考虑数域 F 上二元列向量空间 F^2. 设

$$\xi = \begin{pmatrix} x_1 \\ x_2 \end{pmatrix}, \quad \eta = \begin{pmatrix} y_1 \\ y_2 \end{pmatrix}$$

是 F^2 的任意两个向量. 我们定义

$$f_1(\xi, \eta) = x_1 y_1 + x_1 y_2 + x_2 y_1 + x_2 y_2,$$
$$f_2(\xi, \eta) = x_1 y_1 + 2 x_1 y_2 + x_2 y_2.$$

f_1, f_2 都是 F^2 上双线性函数. 与它们关联的二次型都是

$$q(\xi) = x_1^2 + 2 x_1 x_2 + x_2^2.$$

然而 $f_1 \neq f_2$. 例如，取

$$\xi = \begin{pmatrix} 1 \\ 0 \end{pmatrix}, \quad \eta = \begin{pmatrix} 1 \\ 1 \end{pmatrix},$$

则 $f_1(\xi, \eta) = 2$，$f_2(\xi, \eta) = 3$.

由于对称双线性函数与二次型之间的这种对应关系，利用以前对于二次型的讨论，很容易得到对称双线性函数的一些事实.

设 V 是数域 F 上一个向量空间. V 上对称双线性函数 f 是欧氏空间内积的一般化，所以我们可以认为 f 是 V 上一个广义内积. 如果在向量空间 V 上定义了一个对称双线性函数，我们就说在 V 上配备了一个内积 f，并且称 V 是一个内积空间.

以下我们仅对实数域 $\mathbf{R}$ 上的内积空间作略进一步的讨论. 利用以前关于实二次型的结果，我们很容易证明.

定理 9.5.1 设 V 是实数域 $\mathbf{R}$ 上一个 n 维内积空间（$n > 0$），配备了一个内积 f. 那么存在 V 的一个基 $\{\varepsilon_1, \varepsilon_2, \cdots, \varepsilon_n\}$ 和非负整数 p 和 r，使得

(i) $\quad f(\varepsilon_i, \varepsilon_j) = 0$，若 $i \neq j$；

(ii) $\quad f(\varepsilon_i, \varepsilon_j) = \begin{cases} 1, & \text{若 } 1 \leq i \leq p, \\ -1, & \text{若 } p+1 \leq i \leq r, \\ 0, & \text{若 } r+1 \leq i \leq n, \end{cases}$

整数 p，r 是由 f 唯一确定的.

证 我们总可以假定 f 不是零函数. 取定 V 的一个基 $\{\boldsymbol{\alpha}_1, \boldsymbol{\alpha}_2, \cdots, \boldsymbol{\alpha}_n\}$，$f$ 关于这个基的格拉姆矩阵是 $\boldsymbol{A}=(a_{ij})$. $a_{ij}=f(\boldsymbol{\alpha}_i, \boldsymbol{\alpha}_j)$, $i,j=1,2,\cdots,n$. 与它关联的二次型 q 关于这个基的表示式是 $\sum\limits_{i=1}^{n}\sum\limits_{j=1}^{n} a_{ij}x_ix_j$. 由定理 9.2.3，这个二次型必与如下形式的二次型等价：

$$x_1^2+\cdots+x_p^2-x_{p+1}^2-\cdots-x_r^2.$$

这相当于说，存在 V 的一个基 $\{\boldsymbol{\varepsilon}_1, \boldsymbol{\varepsilon}_2, \cdots, \boldsymbol{\varepsilon}_n\}$，使得条件(i)，(ii)被满足. r 是格拉姆矩阵的秩，自然是由 f 唯一确定的. 由定理 9.2.4，p 也是由 f 唯一确定的. □

设 f 是实数域 $\mathbf{R}$ 上 n 维向量空间 V 的一个内积. 如果与之关联的二次型 q 是正定(或负定)的，就说 f 是一个正定(或负定)内积. 设 W 是 V 的一个子空间. V 的内积 f 在 W 上的限制 $f|_W$ 自然是 W 上一个对称双线性函数，也就是 W 的一个内积. 保留定理 9.5.1 的前提和所用的符号，令

$$V_1=\mathscr{L}(\boldsymbol{\varepsilon}_1, \boldsymbol{\varepsilon}_2, \cdots, \boldsymbol{\varepsilon}_p),\quad V_{-1}=\mathscr{L}(\boldsymbol{\varepsilon}_{p+1}, \boldsymbol{\varepsilon}_{p+2}, \cdots, \boldsymbol{\varepsilon}_r),$$
$$V_0=\mathscr{L}(\boldsymbol{\varepsilon}_{r+1}, \boldsymbol{\varepsilon}_{r+1}, \cdots, \boldsymbol{\varepsilon}_n).$$

则 f 在 V_1 上的限制是正定的，在 V_{-1} 上的限制是负定的，在 V_0 上的限制是0(零函数)，并且

$$V=V_1\oplus V_{-1}\oplus V_0.$$

回忆一下欧氏空间的定义，我们有

定理 9.5.2 设 V 是实数域 $\mathbf{R}$ 上一个 n 维向量空间，配备了一个内积 f. 则 V 是欧氏空间当且仅当 f 是正定的.

习　题

1. 设 V 是数域 F 上一切 $m\times n$ 矩阵所构成的向量空间. $\boldsymbol{C}$ 是一个取定的 $m\times m$ 矩阵. 定义 f: $V\times V\to F$,

$$f(\boldsymbol{A},\boldsymbol{B})=\mathrm{tr}(\boldsymbol{A}^{\mathrm{T}}\boldsymbol{C}\boldsymbol{B}).$$

证明：f 是 V 上一个双线性函数. f 是不是对称的？

2. 写出 $\mathbf{R}^3$ 上一切对称双线性函数.

3. 设 V 是数域 F 上一个有限维内积空间. 配备了一个内积 f. 证明以下两条件等价：

(i) $\{\boldsymbol{\alpha}\in V \mid f(\boldsymbol{\alpha},\boldsymbol{\beta})=0$ 对一切 $\boldsymbol{\beta}\in V\}=\{\boldsymbol{0}\}$；

(ii) f 关于 V 的任意基的格拉姆矩阵非奇异.

满足上述条件的内积叫作非退化的.

4. 设 f 是数域 F 上有限维向量空间 V 的一个非退化内积. φ：$V\to F$ 是 V 上一个线性函数. 证明存在唯一的向量 $\boldsymbol{\alpha}\in V$，使得对于任意 $\boldsymbol{\beta}\in V$ 来说，都有 $\varphi(\boldsymbol{\beta})=f(\boldsymbol{\alpha},\boldsymbol{\beta})$.

5. 设 f 是数域 F 上有限维向量空间 V 上一个非退化内积. g：$V\times V\to F$ 是 F 上另一个内积. 证明存在 V 的唯一的线性变换 σ，使得对于一切 $\boldsymbol{\alpha}$，$\boldsymbol{\beta}\in V$，都有 $g(\boldsymbol{\alpha},\boldsymbol{\beta})=f(\sigma(\boldsymbol{\alpha}),\boldsymbol{\beta})$. 证明：$g$ 是非退化的当且仅当 σ 是非奇异线性变换.

第十章

群，环和域简介

代数学的研究对象主要是带有代数运算的集合，我们称它们为代数系统. 我们已经见到一些代数系统，例如数环，数域，多项式环，向量空间等等. 在这一章里，我们将对三种最基本的代数系统——群，环和域作一简单介绍.

10.1 群

群是一种较简单而且最重要的代数系统. 它只带有一个代数运算. 我们知道，所谓一个集合 G 的代数运算就是一个映射 $G\times G\to G$.

定义 1 令 G 是一个非空集合，它带有一个代数运算，叫作乘法：对于任意 $(a,b)\in G\times G$，有 G 中唯一确定的元素，记作 ab，与它对应，叫作 a 与 b 的积. 如果下列条件被满足，那么就说 G 关于这个乘法作成一个群：

(i) 对于任意 a，b，$c\in G$ 都有

$$(ab)c=a(bc)\quad(\text{乘法的结合律});$$

(ii) 在 G 中存在一个元素 e，叫作 G 的单位元，它具有性质：对于任意 $a\in G$，

$$ea=ae=a;$$

(iii) 对于 G 的每一元素 a，存在 G 的一个元素 a^{-1}，使得

$$a^{-1}a=aa^{-1}=e,$$

a^{-1}叫作 a 的逆元.

如果一个群 G 的乘法还满足交换律：对于 G 的任意元素 a, b 都有

$$ab = ba,$$

那么就称 G 是一个交换群或阿贝尔(Abel)群.

例 1 令 $\mathbf{Q}^*$ 是全体不等于零的有理数所成的集合. $\mathbf{Q}^*$ 对于数的乘法作成一个群. 同样地，全体不等于零的实数集合 $\mathbf{R}^*$ 和全体不等于零的复数集合 $\mathbf{C}^*$ 对于数的乘法作成一个群. 更一般地，一个数域 F 的全体不等于零的数所成的集合 F^* 对于数的乘法作成一个群.

例 2 令 $\mathbf{Q}^+$ 是全体正有理数所成的集合. $\mathbf{Q}^+$ 对于数的乘法作成一个群. 同样，全体正实数所成的集合 $\mathbf{R}^+$ 对于数的乘法作成一个群.

例 3 设 n 是一个正整数. 令

$$U_n = \{x \in \mathbf{C} \mid x^n = 1\},$$

即全体 n 次单位根所成的集合. 容易验证，U_n 对于数的乘法作成一个群，称为 n 次单位根群.

一个群 G 所含元素的个数叫作群 G 的阶，记作 $|G|$. 如果 $|G|$ 是有限的，就说 G 是一个有限群，否则就说 G 是一个无限群. 在上面的例子里，n 次单位根群是一个有限群，它的阶是 n；而其余的群都是无限群.

由群的定义可以推出

定理 10.1.1 一个群的单位元是唯一的. 群中每一元素 a 的逆元是由 a 唯一确定的.

证 设 e 和 e' 都是一个群 G 的单位元，那么就有

$$e = ee' = e'.$$

这就证明了第一个断言.

令 e 是群 G 的单位元. 设 $a \in G$，而 a' 和 a'' 都是 a 的逆元. 那么 $aa' = e$，$a''a = e$. 于是

$$a' = ea' = (a''a)a' = a''(aa') = a''e = a''.$$

所以 a 的逆元 a^{-1} 是由 a 唯一确定的. □

现在来看结合律的作用. 一个群 G 的乘法是 G 的一个代数运算. 给了 G 的任意一对元素 (a,b), 通过乘法, 有 G 的唯一确定的元素 ab 与它对应. 给了 G 的任意三个元素 a, b, c. 按照 a 在第一, b 在第二, c 在第三位置的次序作乘法, 就有两种计算方式. 我们通常用加括号的办法来指明运算的次序, 即 $(ab)c$ 和 $a(bc)$. 结合律是说, G 中三个有次序的元素按以上两种加括号的方式所求得的乘积是 G 中同一个元素. 我们就把这唯一的元素记作 abc. 如果给了 G 中四个元素 a, b, c, d, 按一定的次序作乘法, 就有五种加括号的方式, 即:

$$((ab)c)d;(a(bc))d;a((bc)d);a(b(cd));(ab)(cd).$$

按这五种加括号的方式作乘法所得的结果是不是彼此相等? 更一般地, 任意给出群 G 的 n 个元素 $(n \geqslant 3)$ $a_1,a_2,\cdots,a_n$, 按照给定的次序, 用一切可能加括号的方式作乘法, 所得的结果是不是彼此相等? 我们以前(例如, 对于矩阵的乘法)实际上已经承认了这个问题的答案是肯定的. 现在我们将给出一个严格的证明.

设 $a_1,a_2,\cdots,a_n$ 是一个群 G 的任意 n 个元素. 我们用记号 $a_1a_2\cdots a_n$ 表示先求出乘积 a_1a_2, 再依次乘以 a_3, 再乘以 a_4, $\cdots$, 最后乘以 a_n 所得的结果, 即

$$a_1a_2\cdots a_n = (((a_1a_2)a_3)\cdots a_{n-1})a_n.$$

定理 10.1.2 设 a_1, a_2, $\cdots$, a_n 是一个群 G 中任意 $n(n \geqslant 2)$ 个元素. 只要不调换这 n 个元素的先后次序, 用任何一种加括号的方式作乘法所得的结果都相等.

证 我们对元素的个数 n 作数学归纳法. 当 $n=2$ 时, 乘积 a_1a_2 是唯一的. 当 $n=3$ 时, 由于群的乘法满足结合律, 所以论断正确. 设 $n>3$, 并且对于 G 中任意少于 n 个元素来说, 定理成立. 现在看 G 中任意 n 个元素 $a_1,a_2,\cdots,a_n$. 我们证明, 用任何一种加括号的方式作乘法所得的结果都等于 $a_1a_2\cdots a_n$.

对于 $a_1, a_2, \cdots, a_n$ 用任何一种加括号的方式作乘法，最后一步总是求两个元素的乘积. 因此这样得到的结果总可以写成 AB 的形式，其中 A 是前 k 个元素 $a_1, a_2, \cdots, a_k$ 按某一种加括号的方式所求得的乘积，B 是后 $n-k$ 个元素 $a_{k+1}, \cdots, a_n$ 按某一种加括号的方式所求得的乘积，这里 $1 \leqslant k \leqslant n-1$. 因为 A，B 都是少于 n 个元素作乘法所得的结果，由归纳法假设，我们总可以写

$$A = a_1 a_2 \cdots a_k, \qquad B = a_{k+1} a_{k+2} \cdots a_n.$$

于是再利用结合律和归纳法假设，我们有

$$\begin{aligned} AB &= (a_1 a_2 \cdots a_k)(a_{k+1} a_{k+2} \cdots a_n) \\ &= (a_1 a_2 \cdots a_k)((a_{k+1} a_{k+2} \cdots a_{n-1}) a_n) \\ &= ((a_1 a_2 \cdots a_k)(a_{k+1} a_{k+2} \cdots a_{n-1})) a_n \\ &= (a_1 a_2 \cdots a_{n-1}) a_n \\ &= a_1 a_2 \cdots a_n. \end{aligned} \qquad \square$$

如果 G 是一个阿贝尔群，我们还讲一步有

定理 10.1.3 设 G 是一个阿贝尔群. G 的任意 $n(n>1)$ 个元素 $a_1, a_2, \cdots, a_n$ 的乘积 $a_1 a_2 \cdots a_n$ 里，因子的次序可以任意调换.

证 设 $i_1, i_2, \cdots, i_n$ 是 $1, 2, \cdots, n$ 的任意一个排列. 我们要证

$$a_{i_1} a_{i_2} \cdots a_{i_n} = a_1 a_2 \cdots a_n.$$

对元素的个数 n 作数学归纳法.

$n=2$ 时就是交换律. 设 $n>2$，并且假设对于 $n-1$ 个元素的乘积来说定理成立.

在 $1, 2, \cdots, n$ 的排列 $i_1, i_2, \cdots, i_n$ 里，设 $i_k = n$. 于是根据结合律和交换律，我们有

$$\begin{aligned} a_{i_1} a_{i_2} \cdots a_{i_n} &= a_{i_1} \cdots a_{i_{k-1}} a_n a_{i_{k+1}} \cdots a_{i_n} \\ &= (a_{i_1} \cdots a_{i_{k-1}})(a_n (a_{i_{k+1}} \cdots a_{i_n})) \\ &= (a_{i_1} \cdots a_{i_{k-1}})((a_{i_{k+1}} \cdots a_{i_n}) a_n) \\ &= (a_{i_1} \cdots a_{i_{k-1}} a_{i_{k+1}} \cdots a_{i_n}) a_n. \end{aligned}$$

然而 $i_1, \cdots, i_{k-1}, i_{k+1}, \cdots, i_n$ 就是 $1, 2, \cdots, n-1$ 的一个排列，于是

由归纳法的假设，我们有

$$a_{i_1}\cdots a_{i_{k-1}}a_{i_{k+1}}\cdots a_{i_n}=a_1a_2\cdots a_{n-1}.$$

从而

$$a_{i_1}a_{i_2}\cdots a_{i_n}=a_1a_2\cdots a_n. \qquad \square$$

设 a 是群 G 的任意一个元素，n 是一个正整数. 我们引入以下记号：

$$a^n=\overbrace{aa\cdots a}^{n个},$$

叫作 a 的 n 次幂. 如果 n 是一个负整数，令 $n'=-n>0$. 定义

$$a^n=(a^{-1})^{n'}.$$

此外，再约定

$$a^0=e.$$

于是在一个群 G 里，元素 a 的任意整数次幂都有定义. 容易证明，等式

(1) $$a^ma^n=a^{m+n},$$

(2) $$(a^m)^n=a^{mn}$$

对于任意整数 m，n 都成立.

如果 G 还是一个阿贝尔群，那么对于任意 a，$b\in G$ 和任意整数 n 都有

(3) $$(ab)^n=a^nb^n.$$

这些等式都是直接从定义得出的，我们把它们的证明留作习题.

采取什么符号来表示一个群的代数运算是无关紧要的. 在有些情形，把一个阿贝尔群 G 的代数运算叫作加法，并且用加号“+”来表示更方便一些. 这时称 G 为一个*加法群*. 按照通常的习惯，我们把一个加法群的单位元叫作*零元*，并且用 0 来表示；把元素 a 的逆元叫作 a 的*负元*，并且用 $-a$ 来表示. 于是群的定义里的条件(i)，(ii)，(iii)就应该改写为：

(i)′ 对于任意 a，b，$c\in G$，$(a+b)+c=a+(b+c)$.

(ii)′ 在 G 中存在一个零元素 0，它具有性质：对于任意$a\in G$，

$$0+a=a+0=a.$$

(iii)′ 对于 G 中每一元素 a，存在 G 的一个元素 $-a$，叫作 a 的负元素，使得

$$(-a)+a=a+(-a)=0.$$

因为加法群是阿贝尔群，因此这时我们还需要再加上条件

(iv)′ 对任意 a，$b\in G$，$a+b=b+a$.

在一个加法群里，元素 a 的 n 次幂也相应地改写作 na，叫作 a 的 n 倍. 这时我们有

$$na=\begin{cases}\overbrace{a+a+\cdots+a}^{n\text{个}}, & \text{如果 } n \text{ 是正整数;}\\ 0\qquad\qquad\quad, & \text{如果 } n=0;\\ (-n)(-a), & \text{如果 } n \text{ 是负整数.}\end{cases}$$

而指数规则就变成以下的“倍数规则”：

$$ma+na=(m+n)a;$$
$$m(na)=(mn)a;$$
$$n(a+b)=na+nb,$$

这里 a，$b\in G$，m，$n\in \mathbf{Z}$.

加法群也是比较常见的，我们看几个例子.

例 4 全体整数 $\mathbf{Z}$ 对于数的加法作成一个加法群，称为整数加群. 全体有理数 $\mathbf{Q}$ 和全体实数 $\mathbf{R}$ 对于数的加法也作成一个加法群.

例 5 一个数环 R 对于数的加法来说作成一个加法群. R 上 n 元多项式环 $R[x_1,x_2,\cdots,x_n]$对于多项式的加法来说作成一个加

法群.

例 6 一个数域 F 上的向量空间 V 对于向量的加法来说作成一个加法群.

以上所举的都是阿贝尔群的例子. 下面我们给出两类重要的非阿贝尔群.

例 7 设 $I=\{1,2,\cdots,n\}$ 是前 n 个正整数所成的集合. 我们知道, I 到自身的一个双射叫作一个置换; 或者更确切地, 叫作一个 n 次置换. 设 σ 是一个 n 次置换. 对于每一个正整数 k, $1\leqslant k\leqslant n$, $\sigma(k)$ 仍是 $1,2,\cdots,n$ 这 n 个正整数之中的一个. 设 $\sigma(k)=i_k$. 于是 $i_1,i_2,\cdots,i_n$ 就是 1, 2, …, n 这 n 个正整数的一个排列. 反过来, 给了 $1,2,\cdots,n$ 的任意一个排列 $i_1,i_2,\cdots,i_n$, 恰有一个 n 次置换 σ, 它把正整数 k 映成 i_k, $k=1,2,\cdots,n$. 因此, 全体 n 次置换的个数等于 $n!$.

设 σ 是一个 n 次置换. $\sigma(k)=i_k$, $k=1,2,\cdots,n$. 我们用记号

$$\begin{pmatrix} 1 & 2 & \cdots & n \\ i_1 & i_2 & \cdots & i_n \end{pmatrix}$$

来表示这个置换. 例如,

$$\begin{pmatrix} 1 & 2 & 3 \\ 2 & 3 & 1 \end{pmatrix}$$

就是一个三次置换, 它把 1 映成 2, 2 映成 3, 3 映成 1.

在置换的写法里, 上面一行自然不一定非按自然顺序排列不可. 我们也可以把上一行写成 $1,2,\cdots,n$ 的任意一个排列, 这时下面一行的排列自然也应作相应改变. 例如, 上面那个三次置换也可以写成

$$\begin{pmatrix} 2 & 3 & 1 \\ 3 & 1 & 2 \end{pmatrix}, \begin{pmatrix} 3 & 2 & 1 \\ 1 & 3 & 2 \end{pmatrix}, \begin{pmatrix} 1 & 3 & 2 \\ 2 & 1 & 3 \end{pmatrix}$$

等等.

设 σ, τ 是两个 n 次置换. 我们定义 σ 与 τ 的乘积 $\sigma\tau$ 是合成映射 $\sigma\circ\tau$. 如果 $\tau(k)=i_k$, 而 $\sigma(i_k)=j_k$, $1\leqslant k\leqslant n$, 那么 $\sigma\tau(k)=\sigma(i_k)=j_k$. 我们有

$$\tau=\begin{pmatrix}1 & 2 & \cdots & n\\ i_1 & i_2 & \cdots & i_n\end{pmatrix},\ \sigma=\begin{pmatrix}i_1 & i_2 & \cdots & i_n\\ j_1 & j_2 & \cdots & j_n\end{pmatrix},$$

$$\sigma\tau=\begin{pmatrix}1 & 2 & \cdots & n\\ j_1 & j_2 & \cdots & j_n\end{pmatrix}.$$

例如, 设

$$\sigma=\begin{pmatrix}1 & 2 & 3\\ 2 & 3 & 1\end{pmatrix},\ \tau=\begin{pmatrix}1 & 2 & 3\\ 1 & 3 & 2\end{pmatrix}$$

是两个三次置换. 那么

$$\sigma\tau=\begin{pmatrix}1 & 2 & 3\\ 2 & 3 & 1\end{pmatrix}\begin{pmatrix}1 & 2 & 3\\ 1 & 3 & 2\end{pmatrix}$$

$$=\begin{pmatrix}1 & 3 & 2\\ 2 & 1 & 3\end{pmatrix}\begin{pmatrix}1 & 2 & 3\\ 1 & 3 & 2\end{pmatrix}$$

$$=\begin{pmatrix}1 & 2 & 3\\ 2 & 1 & 3\end{pmatrix}.$$

令 S_n 表示全体 n 次置换所成的集合. S_n 对于所定义的置换的乘法作成一个群, 事实上, 由 1. 2, 置换的乘法满足结合律. 恒等置换

$$\begin{pmatrix}1 & 2 & \cdots & n\\ 1 & 2 & \cdots & n\end{pmatrix}$$

显然起着单位元的作用. 又由定理 1. 2. 1, 每一个 n 次置换 σ 有一个逆置换 σ^{-1}, 它也是一个 n 次置换. 我们把全体 n 次置换

所做成的群 S_n 叫作 n 次对称群，由上面的讨论，S_n 含有 $n!$ 个元素. 例如，三次对称群 S_3 由下列六个置换组成：

$$\begin{pmatrix}1&2&3\\1&2&3\end{pmatrix},\quad\begin{pmatrix}1&2&3\\1&3&2\end{pmatrix},\quad\begin{pmatrix}1&2&3\\2&3&1\end{pmatrix},$$
$$\begin{pmatrix}1&2&3\\2&1&3\end{pmatrix},\quad\begin{pmatrix}1&2&3\\3&1&2\end{pmatrix},\quad\begin{pmatrix}1&2&3\\3&2&1\end{pmatrix}.$$

例 8 设 V 是某一个数域 F 上的 $n(n\geqslant 1)$ 维向量空间. 令 $GL(V)$ 是 V 的可逆线性变换的全体. 由 7.2 容易看出，$GL(V)$ 对于线性变换的乘法作成一个群，称为 V 上一般线性群.

完全类似地，数域 F 上全体 n 阶可逆矩阵对于矩阵的乘法来说作成一个群，这个群通常用记号 $GL(n,F)$ 来表示.

$S_n(n>2)$ 和 $GL(V)$ 或 $GL(n,F)\,(n>1)$ 都不是阿贝尔群. 例如，在 S_3 里，

$$\begin{pmatrix}1&2&3\\2&3&1\end{pmatrix}\begin{pmatrix}1&2&3\\1&3&2\end{pmatrix}=\begin{pmatrix}1&2&3\\2&1&3\end{pmatrix},$$
$$\begin{pmatrix}1&2&3\\1&3&2\end{pmatrix}\begin{pmatrix}1&2&3\\2&3&1\end{pmatrix}=\begin{pmatrix}1&2&3\\3&2&1\end{pmatrix}.$$

至于一般线性群 $GL(V)$ 或 $GL(n,F)\,(n>1)$ 的非交换性是显然的.

如同向量空间的子空间一样，一个群的子群在群的研究中占有重要的地位.

定义 2 群 G 的满足下列条件的非空子集 H 叫作 G 的一个子群：

(i) 如果 $a\in H$，$b\in H$，那么 $ab\in H$；

(ii) 如果 $a\in H$，那么 $a^{-1}\in H$.

设 H 是群 G 的一个子群. 条件(i)是说，H 关于 G 的乘法是封闭的. 因为 $H\neq\varnothing$，所以 H 至少含有一个元素 a. 由(i)和(ii)，

$$e=aa^{-1}\in H.$$

所以 H 含有 G 的单位元 e，它自然也是 H 的单位元．条件(ii)保证了 H 的每一元素在 H 中有逆元．至于结合律，既然在 G 中成立，在 H 中自然也成立．因此，一个群 G 的子群对于 G 的乘法来说本身也作成一个群.

如果 G 是一个阿贝尔群，那么 G 的每一个子群自然也是阿贝尔群.

例 9 任意群 G 本身和只含单位元 e 的子集 $\{e\}$ 显然是 G 的子群．称为 G 的平凡子群.

一个群 G 除平凡子群外，还可能有非平凡子群．这样的子群称为 G 的真子群.

例 10 取定一个整数 n．令

$$n\mathbf{Z}=\{nz \mid z\in\mathbf{Z}\}.$$

$n\mathbf{Z}$ 是整数加群 $\mathbf{Z}$ 的一个子群．当 $n\neq 0$ 或 ± 1 时，$n\mathbf{Z}$ 是 $\mathbf{Z}$ 的真子群．例如，取 $n=2$，$2\mathbf{Z}$ 就是全体偶数对于加法所成的群.

例 11 n 次单位根群 U_n 是全体非零复数所作成的乘法群 $\mathbf{C}^*$ 的子群.

例 12 一个数域 F 上全体行列式是 1 的 n 阶矩阵是 $GL(n, F)$ 的一个子群(例 8)．事实上，行列式等于 1 的矩阵自然可逆．如果 A，B 是两个行列式等于 1 的矩阵，那么 AB 和 A^{-1} 的行列式也等于 1．此外，单位矩阵 I 的行列式自然等于 1．所以定义 2 的条件(i)，(ii)都被满足．$GL(n,F)$ 的这个子群叫作特殊线性群，记作 $SL(n,F)$.

在这一节的最后，我们介绍一下群的同态和同构的概念.

定义 3 设 G 和 H 是群．$f:G\to H$ 是一个映射．如果对于 G 的任意元素 a，b，都有

$$f(ab)=f(a)f(b),$$

那么就称 f 是一个同态映射，或者说，$f:G\to H$ 是一个群同态.

如果群同态 $f:G\to H$ 是一个 1－1 映射，那么就称 $f:G\to H$ 是一个群同构．如果存在一个群同构 $G\to H$，那么就说 G 与 H 同

构，记作 $G\cong H$.

例 13 设 n 是一个整数. 对于每一整数 z，规定 $f(z)=nz$. 那么 $f:\mathbf{Z}\to n\mathbf{Z}$ 是整数加群 $\mathbf{Z}$ 到加群 $n\mathbf{Z}$(例 10)的一个同态映射. 事实上，设 $z_1, z_2\in\mathbf{Z}$. 那么

$$f(z_1+z_2)=n(z_1+z_2)=nz_1+nz_2$$
$$=f(z_1)+f(z_2).$$

如果 $n\neq0$，那么 $f:\mathbf{Z}\to n\mathbf{Z}$ 是一个 1－1 映射，这时 $\mathbf{Z}\cong n\mathbf{Z}$.

例 14 令 V 是数域 F 上一个 $n(n\geqslant1)$ 维向量空间. 取定 V 的一个基，那么 V 的每一线性变换 σ 关于这个基有一个矩阵 $\boldsymbol{A}$. 规定 $f(\sigma)=\boldsymbol{A}$. 由定理 7.3.2 和推论 7.3.1，$f: GL(V)\to GL(n,F)$ 是一个群同构. 因此，我们也把 $GL(n,F)$ 叫作 F 上 n 阶一般线性群.

设 $f:G\to H$ 是一个群同态. 令

$$\mathrm{Im}f=f(G)=\{f(x)\mid x\in G\};$$
$$\mathrm{Ker}f=\{x\in G\mid f(x)=e_H，\text{即 } H \text{ 的单位元}\}.$$

分别叫作 f 的像和核. 我们有

定理 10.1.4 设 $f:G\to H$ 是一个群同态.

(i) $\mathrm{Im}f$ 是 H 的一个子群，$\mathrm{Ker}f$ 是 G 的一个子群；

(ii) f 是群同构当且仅当 $\mathrm{Im}f=H$ 而 $\mathrm{Ker}f=\{e_G\}$，这里 e_G 是 G 的单位元；

(iii) 如果 f 是群同构，那么 $f^{-1}:H\to G$ 也是群同构.

证 (i) 因为 f 是同态映射，所以对于任意 $a, b\in G$，$f(a)f(b)=f(ab)\in\mathrm{Im}f$，设 $e'=f(e_G)$，而 e_H 是 H 的单位元. 那么 $e_He'=e'$. 另一方面，$e'=f(e_G)=f(e_Ge_G)=f(e_G)f(e_G)=e'e'$. 所以 $e_He'=e'e'$. 两边右乘以 e' 的逆元，得 $e_H=e'=f(e_G)\in\mathrm{Im}f$. 最后，对于任意 $a\in G$，$f(a^{-1})f(a)=f(a^{-1}a)=f(e_G)=e_H$，所以 $f(a^{-1})=f(a)^{-1}$. 因此 $\mathrm{Im}f$ 中每一元素 $f(a)$ 的逆元也在 $\mathrm{Im}f$ 内. 所以 $\mathrm{Im}f$ 是 H 的子群. 同样可以证明 $\mathrm{Ker}f$ 是 G 的子群.

(ii) 是显然的.

（iii）如果 $f: G \to H$ 是群同构，那么 f 是 1－1 映射．由定理 1.2.1，f 有一个逆映射 $f^{-1}: H \to G$，且 f^{-1} 也是 1－1 映射．因此只需证明 f^{-1} 是同态映射．设 a'，$b' \in H$．因为 f 是群同态，我们有

$$f(f^{-1}(a')f^{-1}(b')) = ff^{-1}(a')ff^{-1}(b') = a'b'.$$

两边再作用 f^{-1}，就得到

$$f^{-1}(a')f^{-1}(b') = f^{-1}(a'b').$$

所以 $f^{-1}: H \to G$ 是群同态，因而也是群同构． □

习　题

1．判断下列集合对于所给的运算来说哪些作成群，哪些不作成群：

（i）某一数域 F 上全体 $n \times n$ 矩阵对于矩阵的加法；

（ii）全体正整数对于数的乘法；

（iii）$\{2^x \mid x \in \mathbf{Z}\}$ 对于数的乘法；

（iv）$\{x \in \mathbf{R} \mid 0 < x \leqslant 1\}$ 对于数的乘法；

（v）$\{1, -1\}$ 对于数的乘法．

2．证明群中的指数规则(1)，(2)．

3．设 $G = \{a, b, c\}$．G 的乘法由下面的表给出

	a	b	c
a	a	b	c
b	b	c	a
c	c	a	b

（例如 $bc = a$）．证明 G 对于所给的乘法作成一个群．

4．证明一个群 G 是阿贝尔群的充要条件是：对于任意 a，$b \in G$ 和任意整数 n，都有

$$(ab)^n = a^n b^n.$$

5．证明群 G 两个子群的交还是 G 的一个子群．

6．证明 n 维欧氏空间 V 的全体正交变换作成 V 上一般线性群 $GL(V)$ 的

一个子群．这个群称为 V 上正交群，用记号 $O(V)$ 表示．

7．令 a 是群 G 的一个元素．令

$$\langle a\rangle=\{a^n \mid n\in\mathbf{Z}\}.$$

证明 $\langle a\rangle$ 是 G 的一个子群．称为由 a 所生成的循环子群．特别，如果 $G=\langle a\rangle$，就称 G 是由 a 生成的循环群．试各举出一个无限循环群和有限循环群的例子．

8．令 σ 是一个 n 次置换．

$$\boldsymbol{\sigma}=\begin{pmatrix}1 & 2 & \cdots & n\\ i_1 & i_2 & \cdots & i_n\end{pmatrix}.$$

设 $\boldsymbol{A}=(a_{ij})$ 是数域 F 上一个 $n\times n$ 矩阵．定义

$$\boldsymbol{\sigma}(\boldsymbol{A})=\begin{pmatrix}a_{i_11} & a_{i_12} & \cdots & a_{i_1n}\\ a_{i_21} & a_{i_22} & \cdots & a_{i_2n}\\ \vdots & \vdots & & \vdots\\ a_{i_n1} & a_{i_n2} & \cdots & a_{i_nn}\end{pmatrix}.$$

就是对 $\boldsymbol{A}$ 的行作置换 σ 所得的矩阵．令

$$\sum\nolimits_n=\{\boldsymbol{\sigma}(\boldsymbol{I}) \mid \boldsymbol{\sigma}\in S_n\},$$

其中 $\boldsymbol{I}$ 是 $n\times n$ 单位矩阵．证明 $\sum_n$ 作成 $GL(n,F)$ 的一个与 S_n 同构的子群．

9．设 G 是一个群．$a\in G$．映射

$$\boldsymbol{\lambda}_a:\ x\longmapsto ax,\ x\in G,$$

叫作 G 的一个左平移．证明：

(i) 左平移是 G 到自身的一个双射；

(ii) 设 $a,\ b\in G$，定义 $\boldsymbol{\lambda}_a\boldsymbol{\lambda}_b=\boldsymbol{\lambda}_a\circ\boldsymbol{\lambda}_b$（映射的合成）．则 G 的全体左平移 $\{\boldsymbol{\lambda}_a \mid a\in G\}$ 对于这样定义的乘法作成一个群 G'；

(iii) $G\cong G'$.

10．找出三次对称群 S_3 的一切子群．[注意，要求证明你所找出的子群已经穷尽了 S_3 的一切子群.]

10.2 剩余类加群

我们不准备对于群做更深入的讨论．在这一节里，只是再介

绍一种重要的有限群，称为剩余类加群. 这种群在下面一节讨论环和域时也将给我们提供一类重要的例子.

令 $\mathbf{Z}$ 是整数加群. 取定一个正整数 n. 设 $x, y\in\mathbf{Z}$. 如果 $x-y$ 能被 n 整除，那么就说 x 与 y 模 n 同余，并且写作

$$x\equiv y(\bmod n).$$

显然，$x\equiv y(\bmod n)$ 当且仅当 x 与 y 被 n 除有相同的余数.

下面是关于同余的一些基本性质. 这些性质都很容易从定义直接推出来：

1) $x\equiv x(\bmod n)$.

2) $x\equiv y(\bmod n)\Rightarrow y\equiv x(\bmod n)$.

3) $x\equiv y(\bmod n)$，$y\equiv z(\bmod n)\Rightarrow x\equiv z(\bmod n)$.

4) $x\equiv y(\bmod n)$，$x'\equiv y'(\bmod n)\Rightarrow x+x'\equiv y+y'(\bmod n)$，$xx'\equiv yy'(\bmod n)$.

这里 x，x'，y，$y'\in\mathbf{Z}$.

性质1)，2)，3)是比较明显的，我们只来证明性质4).

设 $x\equiv y(\bmod n)$，$x'\equiv y'(\bmod n)$. 那么 $n\mid(x-y)$，$n\mid(x'-y')$. 因此 $n\mid(x-y)+(x'-y')$，即

$$n\mid((x+x')-(y+y'))$$

所以 $x+x'\equiv y+y'(\bmod n)$.

又因为 $xx'-yy'=(x-y)x'+y(x'-y')$. 等式右端可以被 n 整除. 由此得出 $n\mid(xx'-yy')$，即

$$xx'\equiv yy'(\bmod n).$$

令 C_r 表示所有被 n 除余数是 r 的整数所成的 $\mathbf{Z}$ 的子集：

$$C_r=\{x\in\mathbf{Z}\mid x=nq+r\},\ 0\leqslant r\leqslant n.$$

这样得到的子集叫作一个以 n 为模的剩余类.

定理 10.2.1 设 n 是一个正整数.

(i) 以 n 为模的剩余类 $C_0,C_1,\cdots,C_{n-1}$ 都是 $\mathbf{Z}$ 的非空子集；

(ii) 每一个整数一定属于且只属于一个上述剩余类，因而这 n 个剩余类两两不相交，并且

$$\mathbf{Z} = C_0 \cup C_1 \cup \cdots \cup C_{n-1};$$

(iii) 两个整数 x 与 y 属于同一个剩余类当且仅当

$$x \equiv y \pmod{n}.$$

证 (i) 显然 $r \in C_r$, $r = 0, 1, \cdots, n-1$.

(ii) 由整数的带余除法，每一个整数 x 被 n 除得到唯一的余数 r, $0 \leqslant r < n$. 所以(ii)成立.

(iii) 设 x, $y \in \mathbf{Z}$. 由带余除法，我们有

$$x = nq + r, \quad y = nq' + r'.$$

q, q', r, $r' \in \mathbf{Z}$ 且 $0 \leqslant r < n$, $0 \leqslant r' < n$. 如果 x 与 y 属于同一剩余类，那么 $r = r'$, 从而 $x - y = n(q - q')$. 所以 $n \mid (x - y)$, 即 $x \equiv y \pmod{n}$. 反之，设 $x \equiv y \pmod{n}$. 那么 $n \mid (x - y)$, 从而 $n \mid (r - r')$. 然而 $0 \leqslant r$, $r' < n$, 所以 $|r - r'| < n$. 因此必须 $r - r' = 0$ 或 $r = r'$. 因此 x 与 y 属于同一剩余类. □

例 1 取 $n = 5$. 以 5 为模的剩余类是

$$C_0 = \{\cdots, -15, -10, -5, 0, 5, 10, 15, \cdots\};$$
$$C_1 = \{\cdots, -14, -9, -4, 1, 6, 11, 16, \cdots\};$$
$$C_2 = \{\cdots, -13, -8, -3, 2, 7, 12, 17, \cdots\};$$
$$C_3 = \{\cdots, -12, -7, -2, 3, 8, 13, 18, \cdots\};$$
$$C_4 = \{\cdots, -11, -6, -1, 4, 9, 14, 19, \cdots\}.$$

在一个以 n 为模的剩余类 C_r 里，任意取定一个整数 x. 由定理 10.2.1(iii), C_r 恰由 x 加上 n 的一切倍数所组成：

$$C_r = \{kn + x \mid k \in \mathbf{Z}\}.$$

这个整数 x 叫作 C_r 的一个代表. 取定一个代表，这个剩余类也就完全确定. 我们用 $\bar{x}$ 表示 x 所代表的那个剩余类. 自然，在一个以 n 为模的剩余类里，每一个元素都可以取作代表. 由定理 10.2.1(iii), 对于 x, $y \in \mathbf{Z}$,

$$\bar{x} = \bar{y} \Leftrightarrow x \equiv y \pmod{n}.$$

以下我们取 $0, 1, 2, \cdots, n-1$ 这 n 个整数作为以 n 为模的剩余类 $C_0, C_1, \cdots, C_{n-1}$ 的代表. 根据上面的约定，我们把这 n 个剩余

类记作$\overline{0},\overline{1},\cdots,\overline{n-1}$. 即$\overline{r}=C_r,r=0,1,\cdots,n-1$.

令 $\mathbf{Z}_n$ 表示以 n 为模的剩余类所组成的集合：

$$\mathbf{Z}_n=\{\overline{0},\overline{1},\cdots,\overline{n-1}\}.$$

注意，$\mathbf{Z}_n$ 的元素都是 $\mathbf{Z}$ 的子集.

我们要在 $\mathbf{Z}_n$ 中定义一个加法，使 $\mathbf{Z}_n$ 对于这个加法作成一个群. 设 $\overline{x}$，$\overline{y}\in\mathbf{Z}_n$. 我们定义

$$\overline{x}+\overline{y}=\overline{x+y}.$$

也就是说，以 x 为代表的剩余类 $\overline{x}$ 与以 y 为代表的剩余类 $\overline{y}$ 的和是以 $x+y$ 为代表的剩余类$\overline{x+y}$.

需要证明这样定义的合理性，因为我们知道，一个剩余类的代表并不是唯一的. 所以需要证明，如果 $\overline{x}=\overline{x'}$，$\overline{y}=\overline{y'}$，那么 $\overline{x+y}=\overline{x'+y'}$. 即剩余类的和不依赖于代表的选取. 然而这一点是明显的，因为若是 $\overline{x}=\overline{x'}$，$\overline{y}=\overline{y'}$，那么

$$x\equiv x'(\mathrm{mod}\ n),\quad y\equiv y'(\mathrm{mod}\ n).$$

根据同余的基本性质 4)，我们有

$$x+y\equiv x'+y'(\mathrm{mod}\ n),$$

即$\overline{x+y}=\overline{x'+y'}$.

定理 10.2.2 $\mathbf{Z}_n$ 对于如上所定义的加法来说作成一个阿贝尔群.

证 设 $\overline{x}$，$\overline{y}$，$\overline{z}\in\mathbf{Z}_n$. 我们有

$$\begin{aligned}\overline{x}+(\overline{y}+\overline{z})&=\overline{x}+\overline{y+z}=\overline{x+y+z}\\&=\overline{x+y}+\overline{z}=(\overline{x}+\overline{y})+\overline{z}.\end{aligned}$$

所以结合律成立. 同样可证交换律成立. $\overline{0}$ 显然是 $\mathbf{Z}_n$ 的零元，设$\overline{x}\in\mathbf{Z}_n$. 那么

$$\overline{n-x}+\overline{x}=\overline{n}=\overline{0}.$$

所以$\overline{n-x}$是 $\overline{x}$ 的负元素. 这样，$\mathbf{Z}_n$ 对于所定义的加法作成一个阿贝尔群. □

$\mathbf{Z}_n$ 对于如上定义的加法所作成的群叫作*以 n 为模的剩余类加群*. 它是一个阶为 n 的阿贝尔群.

例 2 以 5 为模的剩余类加群 $\mathbf{Z}_5$ 的加法由下面的表给出：

	$\bar{0}$	$\bar{1}$	$\bar{2}$	$\bar{3}$	4
$\bar{0}$	$\bar{0}$	$\bar{1}$	$\bar{2}$	$\bar{3}$	$\bar{4}$
$\bar{1}$	$\bar{1}$	$\bar{2}$	$\bar{3}$	$\bar{4}$	$\bar{0}$
$\bar{2}$	$\bar{2}$	$\bar{3}$	$\bar{4}$	$\bar{0}$	$\bar{1}$
$\bar{3}$	$\bar{3}$	$\bar{4}$	$\bar{0}$	$\bar{1}$	$\bar{2}$
$\bar{4}$	$\bar{4}$	$\bar{0}$	$\bar{1}$	$\bar{2}$	$\bar{3}$

习 题

1. 写出 $\mathbf{Z}_6$ 的加法表.

2. 证明 $\mathbf{Z}_n$ 是循环群（参看 10.1，习题 7），并且与 n 次单位根群 U_n 同构.

3. 找出 $\mathbf{Z}_6$ 的所有子群.

4. 证明每一个有限群都含有一个子群与某一 $\mathbf{Z}_n$ 同构.

5. 设 G，H 是群. 在 $G\times H=\{(g,h)\mid g\in G,h\in H\}$ 中定义乘法：

$$(g,h)(g',h')=(gg',hh').$$

证明 $G\times H$ 对于这样定义的乘法来说作成一个群.

6. 写出 $\mathbf{Z}_2\times\mathbf{Z}_2$ 和 $\mathbf{Z}_2\times\mathbf{Z}_3$. 证明 $\mathbf{Z}_2\times\mathbf{Z}_3\cong\mathbf{Z}_6$.

7. 证明任意一个四阶群或者与 $\mathbf{Z}_4$ 同构，或者与 $\mathbf{Z}_2\times\mathbf{Z}_2$ 同构. $\mathbf{Z}_4$ 与 $\mathbf{Z}_2\times\mathbf{Z}_2$ 是否同构？

10.3 环 和 域

我们都已熟悉数环和数域的概念. 环和域的概念正是数环和数域概念的一般化.

定义 1 设 R 是一个非空集合. R 带有两个运算，分别叫作加法和乘法. 如果下列条件被满足，就称 R 是一个环：

(i) R 对于加法来说作成一个阿贝尔群；

(ii) R 的乘法满足结合律：对于 R 中任意元素，a，b 和 c，等式

$$(ab)c = a(bc)$$

成立；

(iii) 加法与乘法由分配律联系着：对于 R 中任意元素 a，b 和 c，等式

$$a(b+c) = ab+ac,$$
$$(b+c)a = ba+ca$$

成立.

注意 在环的定义里，并没有要求乘法满足交换律，所以分配律要有两条.

如果一个环的乘法还满足交换律，那么这个环叫作一个交换环.

例 1 凡是数环都是环，而且是交换环.

例 2 一个数环 R 上全体 n 元多项式 $R[x_1, x_2, \cdots, x_n]$ 对于多项式的加法和乘法作成一个交换环，这就是我们以前把它叫作多项式环的理由.

例 3 数域 F 上一个向量空间 V 的全体线性变换对于线性变换的加法和乘法来说作成一个环. 数域 F 上全体 $n \times n$ 矩阵对于矩阵的加法和乘法来说作成一个环. 这个环称为 F 上 n 阶全阵环.

例 4 设 $R = \{a\}$ 是只含一个元素 a 的集. 在 R 中定义 $a + a = a$，$aa = a$. 那么 R 作成一个环.

我们推导环的一些基本性质.

因为一个环 R 对于加法作成一个阿贝尔群，所以关于加法群的一切记号和运算性质对于一个环的加法来说都被保持. 特别，我们用 0 表示这个加法群的零元，称为环 R 的零元；用 $-a$

表示 a 的负元. 并将 $a+(-b)$ 简写为 $a-b$.

由于分配律成立，我们可以得出

定理 10.3.1 设 R 是一个环.

(i) 对于任意 $a_1, a_2, \cdots, a_n, b \in R$,

$$b(a_1+a_2+\cdots+a_n)=ba_1+ba_2+\cdots+ba_n,$$

$$(a_1+a_2+\cdots+a_n)b=a_1b+a_2b+\cdots+a_nb;$$

(ii) 对于任意 a, b, $c \in R$,

$$a(b-c)=ab-ac,$$

$$(b-c)a=ba-ca;$$

(iii) 对于任意 $a \in R$,

$$0a=a0=0;$$

(iv) 对于任意 a, $b \in R$,

$$(-a)b=a(-b)=-(ab),$$

$$(-a)(-b)=ab.$$

证 (i) 可用数学归纳法证明.

(ii) 我们有

$$a(b-c)+ac=a(b-c+c)=ab,$$

所以 $$a(b-c)=ab-ac.$$

第二个等式可以类似地证明.

(iii) $0a=(0+0)a=0a+0a$. 两边都加上 $-0a$ 得 $0a=0$. 同理可证 $a0=0$.

(iv) 我们有

$$ab+(-a)b=(a+(-a))b=0b=0.$$

这就是说，$(-a)b$ 是 ab 的负元，即 $(-a)b=-(ab)$. 同理可证 $a(-b)=-(ab)$. 这就证明了(iv)中第一个等式.

由这个等式，我们有

$$(-a)(-b)=-(a(-b))=-(-(ab)).$$

然而在一个加法群里，任意元素 a 是它的负元 $-a$ 的负元，即 $-(-a)=a$. 因此 $-(-(ab))=ab$. 这就证明了(iv)中第二个

等式. □

在我们以前所遇到的环的例子里，有很多环都含有一个对于乘法来说的单位元素，即是这样的一个元素 e，它与这个环的每一个元素 a 的乘积都等于 a. 例如，整数环里的 1，一个数域上的多项式环里的 1，全阵环里的单位矩阵 $\boldsymbol{I}$ 等等. 环 R 的一个元素 e 叫作 R 的一个单位元，如果对于 R 的任意元素 a 都有

$$ea = ae = a.$$

一个环不一定有单位元，例如偶数环就没有单位元. 然而如果一个环 R 有单位元的话，这个单位元是唯一的. 事实上，设 e 和 e' 都是一个环 R 的单位元. 那么 $e' = ee' = e$. 我们把一个有单位元的环 R 的唯一的单位元记作 1_R. 在不致发生混淆的情况下，就把这个单位元写作 1.

在数环和一个数环上的多项式环里，两个不等于零的元素的乘积也不等于零. 以前关于一个数环上两个不等于零的多项式乘积的次数的定理 2.1.1，正是根据数环的这个性质. 然而有些环却不一定有这样的性质. 我们知道，数域 F 上两个不等于零的 n 阶矩阵的乘积可能是一个零矩阵.

定义 2 若是在一个环 R 里，

$$a \neq 0,\ b \neq 0 \text{ 但 } ab = 0,$$

我们就说，a 是 R 的一个左零因子，b 是 R 的一个右零因子.

一个环的左零因子和右零因子都叫作这个环的零因子.

定理 10.3.2 以下两个条件对于一个环 R 来说是等价的：

(i) R 没有零因子；

(ii) 在 R 中消去律成立：

$$ab = ac \text{ 且 } a \neq 0 \Rightarrow b = c,$$

$$ba = ca \text{ 且 } a \neq 0 \Rightarrow b = c.$$

证 (i)⇒(ii). 设 $ab = ac$，且 $a \neq 0$. 那么由定理 10.3.1，(ii)

$$a(b-c) = ab - ac = 0.$$

因为 $a \neq 0$ 而环 R 没有零因子，所以必须 $b - c = 0$ 即 $b = c$. 同理

可证

$$ba=ca \text{ 且 } a\neq 0\Rightarrow b=c.$$

(ii)⇒(i) 设 $ab=0$ 而 $a\neq 0$. 那么 $ab=a0$. 由(ii), 等式两边可以消去 a, 从而 $b=0$. 所以 R 没有零因子. □

设 R 是一个有单位元 1 的环. $u\in R$ 叫作一个可逆元, 如果存在 $u^{-1}\in R$ 使得

$$uu^{-1}=u^{-1}u=1.$$

u^{-1} 显然由 u 唯一确定.

每一个有单位元的环都有可逆元, 因为 1 和 -1 显然是可逆元. 除了 ± 1 外, 也可能有其他的可逆元, 例如, 在一个数域 F 上的多项式环里, F 中不等于零的数都是这个环的可逆元; 在一个数域上的全阵环里, 可逆元就是可逆矩阵.

定理 10.3.3 在一个有单位元的环里, 全体可逆元对于环的乘法来说作成一个群.

证 令 R 是一个有单位元的环. 令 R^* 表示 R 的全体可逆元的集. $R^*\neq\varnothing$, 因为 $1\in R^*$. 设 $u, v\in R^*$, 那么 $(uv)(v^{-1}u^{-1})=1$, 所以 uv 也是可逆元. 1 显然是 R^* 的单位元. 如果 u 可逆, 那么 u^{-1} 也可逆. 至于结合律成立, 是显然的. □

在一个有单位元的环里, 不一定每一个非零元素都是可逆的. 然而有的环却有这样的性质, 例如, 一个数域的每一非零元素都是可逆的. 这样的环非常重要, 我们给出以下

定义 3 设 F 是一个有单位元 $1\neq 0$ 的交换环. 如果 F 的每一个非零元素都是可逆元, 那么就称 F 是一个域.

域的概念显然是数域概念的自然推广.

在这以前, 我们所见到的域的例子还只限于数域. 数域都含有无限多个元素. 下面我们给出一类有限域的例子.

在 §10.2 介绍了剩余类加群. 令 $\mathbf{Z}_n$ 是以 n 为模的剩余类加群. 我们在 $\mathbf{Z}_n$ 中用自然的方式定义一个乘法: 设 $\bar{x}, \bar{y}\in\mathbf{Z}.$ 定义

$$\bar{x}\bar{y}=\overline{xy}$$

如果 $\bar{x}=\overline{x'}$，$\bar{y}=\overline{y'}$，那么 $x\equiv x'(\mathrm{mod}\ n)$，$y\equiv y'(\mathrm{mod}\ n)$. 由 §10.2 关于同余的性质 4，$xy\equiv x'y'(\mathrm{mod}\ n)$，即 $\overline{xy}=\overline{x'y'}$. 所以这样定义的乘法是合理的.

设 $\bar{x}$，$\bar{y}$，$\bar{z}\in\mathbf{Z}_n$. 那么

$$\begin{aligned}(\bar{x}\bar{y})\bar{z}&=(\overline{xy})\bar{z}=\overline{xyz}\\&=\bar{x}(\overline{yz})=\bar{x}(\bar{y}\,\bar{z});\end{aligned}$$

$$\bar{x}\bar{y}=\overline{xy}=\overline{yx}=\bar{y}\bar{x}.$$

所以乘法满足结合律和交换律. 同样

$$\begin{aligned}\bar{x}(\bar{y}+\bar{z})&=\bar{x}(\overline{y+z})=\overline{x(y+z)}\\&=\overline{xy+xz}=\overline{xy}+\overline{xz}=\bar{x}\bar{y}+\bar{x}\bar{z},\end{aligned}$$

所以分配律也成立. 这样，$\mathbf{Z}_n$ 对于如上定义的加法和乘法来说作成一个交换环，称为*以 n 为模的剩余类环*. $\mathbf{Z}_n$ 有单位元，因为 $\bar{1}$ 显然就是 $\mathbf{Z}_n$ 的单位元.

我们有

定理 10.3.4 设 n 是一个正整数. $\mathbf{Z}_n$ 是以 n 为模的剩余类环.

(i) 如果 n 是一个合数，那么 $\mathbf{Z}_n$ 有零因子；

(ii) 如果 n 是一个素数，那么 $\mathbf{Z}_n$ 是一个域.

证 (i) 设 n 是一个合数，$n=n_1n_2$，$1<n_i<n$，$i=1,2$. 那么 $\overline{n_1}\neq\bar{0}$，$\overline{n_2}\neq\bar{0}$，而 $\overline{n_1}\,\overline{n_2}=\bar{n}=\bar{0}$，所以 $\overline{n_1}$，$\overline{n_2}$ 都是零因子.

(ii) 设 n 是一个素数，我们证明，$\mathbf{Z}_n$ 的每一个非零元素都是可逆元素. 设 $m\in\mathbf{Z}$，$\bar{m}\neq\bar{0}$，即 $n\nmid m$. 因为 n 是素数，所以 $(m,n)=1$. 于是存在 s，$t\in\mathbf{Z}$，使得

$$ms+nt=1.$$

即 $\bar{m}\bar{s}+\bar{n}\bar{t}=\bar{1}$. 但 $\bar{n}=\bar{0}$，所以 $\bar{m}\bar{s}=\bar{1}$. 这样，$\mathbf{Z}_n$ 的每一非零元素 $\bar{m}$ 都有逆元 $\bar{s}$. 所以 $\mathbf{Z}_n$ 是一个域. □

例 5 $\mathbf{Z}_3$ 是一个域. 它的加法和乘法由下面的表给出：

$+$	$\bar{0}$	$\bar{1}$	$\bar{2}$
$\bar{0}$	$\bar{0}$	$\bar{1}$	$\bar{2}$
$\bar{1}$	$\bar{1}$	$\bar{2}$	$\bar{0}$
$\bar{2}$	$\bar{2}$	$\bar{0}$	$\bar{1}$

$\cdot$	$\bar{0}$	$\bar{1}$	$\bar{2}$
$\bar{0}$	$\bar{0}$	$\bar{0}$	$\bar{0}$
$\bar{1}$	$\bar{0}$	$\bar{1}$	$\bar{2}$
$\bar{2}$	$\bar{0}$	$\bar{2}$	$\bar{1}$

设 p 是一个素数，以 p 为模的剩余类环 $\mathbf{Z}_p$ 给我们提供了一个只含 p 个元素的域的例子. $\mathbf{Z}_p$ 有一个重要的不同于通常数域的性质. 在一个数域里，1 的任何倍数都不可能等于零. 然而在 $\mathbf{Z}_p$ 里，我们有

$$p\cdot\bar{1}=\overbrace{\bar{1}+\bar{1}+\cdots+\bar{1}}^{p\text{个}}=\bar{p}=\bar{0}.$$

而且对于 p 的任意倍数 n，都有 $n\bar{1}=\bar{0}$.

定义 4 设 F 是一个域. 使得 $p1=0$ 的最小正整数 p 叫作域 F 的特征.

如果不存在正整数 p，使得 $p1=0$，那么就说域 F 的特征是零.

域 F 的特征用符号 $\mathrm{char}F$ 来表示.

数域的特征是零. 在 p 是一个素数时，$\mathbf{Z}_p$ 的特征就是 p. 事实上，我们已经看到，在 $\mathbf{Z}_p$ 里，$p\bar{1}=\bar{0}$. 如果 $0<q<p$，那么 $\bar{q}\neq\bar{0}$. 从而 $q\bar{1}=\bar{q}\neq\bar{0}$.

如果一个域的特征是 $p>0$，那么 p 一定是素数. 因为不然的话，将有 $p=rs$，$1<r<p$，$1<s<p$. 于是

$$\begin{aligned}(r1)(s1)&=(\overbrace{1+\cdots+1}^{r\text{个}})(\overbrace{1+\cdots+1}^{s\text{个}})=\overbrace{1+\cdots+1}^{rs\text{个}}\\&=(rs)1=p1=0.\end{aligned}$$

因为一个域的每一非零元素都是可逆元，所以在一个域里没有零因子. 于是 $r1=0$ 或 $s1=0$. 这都与 p 的最小性矛盾.

定理 10.3.5 设 F 是一个域.

(i) 如果 $\mathrm{char}F=0$. 那么对于 F 中任意非零元素 a 和 $n\in\mathbf{Z}$,

$$na=0\Leftrightarrow n=0;$$

(ii) 如果 $\mathrm{char}F=p>0$, 那么对于 F 的任意非零元素 a, 和 $n\in\mathbf{Z}$,

$$na=0\Leftrightarrow p\mid n.$$

证 (i) 是显然的. 我们证明(ii). 设 $a\in F$, $a\neq 0$. 如果 $na=0$. 那么

$$\begin{aligned}(n1)a&=(\overbrace{1+\cdots+1}^{n\text{个}})a=\overbrace{a+\cdots+a}^{n\text{个}}\\&=na=0.\end{aligned}$$

但 $a\neq 0$, 所以 $n1=0$. 设 $n=qp+r$, $0\leqslant r<p$. 那么 $r1=(n-qp)1=n1-qp1=0$. 因为 $\mathrm{char}\ F=p$, 所以必须 $r=0$, 从而 $p\mid n$. 反过来, 如果 $p\mid n$. $n=qp$. 那么 $n1=0$, 从而 $na=(n1)a=0$. □

在一个特征为素数 p 的域里有以下有趣事实:

定理 10.3.6 设 F 是一个特征为素数 p 的域. 在 F 里以下等式成立:

$$(x+y)^p=x^p+y^p,\ x,\ y\in F.$$

证 因为域是一个交换环. 所以对于 F 中任意元素 x 和 y, 我们有

$$(x+y)^p=x^p+\binom{p}{1}x^{p-1}y+\binom{p}{2}x^{p-2}y^2+\cdots+y^p,$$

这里 $x^{p-i}y^i$ 的系数是

$$\binom{p}{i}=\frac{p(p-1)\cdots(p-i+1)}{i!},$$

$i=1,2,\cdots,p-1$. 因为 p 是一个素数, 所以 $p\left|\binom{p}{i}\right.$, $i=1,2,\cdots,p-1$. 于是由定理 10.3.5(ii),

$$\binom{p}{i}x^{p-i}y^i=0,\ 1\leqslant i\leqslant p-1,$$

所以

$$(x+y)^p=x^p+y^p. \qquad \square$$

这个事实在研究特征是一个素数 p 的域时占有重要的地位.

最后，我们给出一个环的子环和域的子域的定义以及环和域的同构的概念.

定义 5 环 R 的一个满足以下条件的子集 S 叫作 R 的一个子环：

(i) S 对于 R 的加法来说作成加法群 R 的一个子群；

(ii) 如果 a，$b\in S$，那么 $ab\in S$.

域 F 的一个满足以下条件的子集 K 叫作 F 的一个子域：

(i) K 不只含有一个元素；

(ii) K 是 F 的一个子环；

(iii) 如果 $a\in K$ 且 $a\neq 0$，那么 $a^{-1}\in K$.

定义 6 设 R 和 R'是环(或域). $f:R\to R'$是一个映射. 如果对于 R 中任意元素 a，b，都有

$$f(a+b)=f(a)+f(b),$$
$$f(ab)=f(a)f(b),$$

那么就说，f 是一个同态映射. 如果 f 还是一个双射，那么就说 f 是一个同构映射，这时就说环(或域)R 与 R'同构.

域的概念是数域概念的自然推广. 在以前各章里，用一般的域来代替数域，大多数事实仍然成立. 例如，我们可以定义一个域上的一元或多元多项式. 并且可以建立任意域上一元多项式的整除理论. 这时 2.2，2.3 和 2.4 里有关的概念和命题连同证明都可以转移到任意域上来. 也可以在任意域上讨论线性方程组，向量空间及其线性变换等等. 我们不在这里一一列举.

习　题

1. 证明在一个交换环 R 里，二项式定理

$$(a+b)^n=a^n+\binom{n}{1}a^{n-1}b+\binom{n}{2}a^{n-2}b^2+\cdots+b^n$$

对于任意 a，$b\in R$ 和正整数 n 成立.

2. 设 R 是一个环，并且 R 对于加法来说作成一个循环群(参看 10.1 习题 7). 证明 R 是一个交换环.

3. 证明对于有单位元的环来说，加法适合交换律是环定义里其他条件的结果. [提示：用两种方式展开 $(a+b)(1+1)$.]

4. 写出域 $\mathbf{Z}_2$ 和 $\mathbf{Z}_7$ 的加法表和乘法表. 找出 $\mathbf{Z}_7$ 中每一非零元素的逆元.

5. 设 R 是一个只有有限多个元素的交换环，且 R 没有零因子. 证明 R 是一个域.

6. 设 R 是一个环. $a\in R$. 如果存在一个正整数 n，使得 $a^n=0$，就说 a 是一个幂零元素. 证明在一个交换环里，两个幂零元素的和还是一个幂零元素.

7. 证明在一个环 R 里，以下两个条件等价：

(i) R 没有非零的幂零元素；

(ii) 如果 $a\in R$，且 $a^2=0$，则 $a=0$.

8. 设 R 与 R' 是环，$f:R\to R'$ 是一个同态映射. 证明：

(i) $\mathrm{Im}f=f(R)=\{f(a)\mid a\in R\}$ 是 R' 的一个子环；

(ii) $I=\mathrm{Ker}f=\{a\in R\mid f(a)=0\}$ 是 R 的一个子环，并且对于任意 $r\in R$，$a\in I$，都有 $ra\in I$.

如果 R 与 R' 都有单位元. 能不能断定 $f(1_R)$ 是 R' 的单位元 $1_{R'}$？当 f 是满射时，$f(1_R)$ 是不是 R' 的单位元？

9. 设 F 和 F' 是域，$f:F\to F'$ 是一个同态映射. 证明或者 $f(F)=\{0\}$，或者 f 是一个单射. [提示：利用第 8 题(ii)，证明 $\mathrm{Ker}f$ 或者等于 $\{0\}$，或者等于 F.]

10. 证明 2 阶实矩阵环 $M_2(\mathbf{R})$ 的子集

$$F=\left\{\begin{pmatrix} a & b \\ -b & a \end{pmatrix}\middle| a,b\in \mathbf{R}\right\}$$

作成一个与复数域 **C** 同构的域.

11. 令 **Q** 是有理数域，R 是一个环，而 f，g 都是 **Q** 到 **R** 的环同态. 证明如果对于任意整数 n，都有 $f(n)=g(n)$，则 $f=g$.

12. 证明一切形式为

$$\begin{pmatrix} a+bi & c+di \\ -c+di & a-bi \end{pmatrix},\ a,\ b\in \mathbf{R}$$

的二阶复矩阵所成的集合 K 作成一个环. 这个环的每一非零元素都有逆元. K 是不是域?

13. 在 $\mathbf{Z}_{15}$ 时，找出适合方程 $x^2=1$ 的一切元素.

14. 证明一个特征为 0 的域一定含有一个与有理数域同构的子域；一个特征为 $p>0$ 的域一定含有一个与 $\mathbf{Z}_p$ 同构的子域.

15. 令 $F=\mathbf{Z}_2$ 是仅含两个元素的域. $F[x]$ 是 F 上一元多项式环.

(i) 证明 x^2+x+1 是 $F[x]$ 中唯一的二次不可约多项式；

(ii) 找出 $F[x]$ 中一切三次不可约多项式.

附录

向量空间的分解和矩阵的若尔当标准形式

在这个附录里，我们讨论复数域上 n 阶矩阵的标准形式问题. 我们只限于在复数域上来考虑问题. 凡是提到向量空间，矩阵和多项式都指的是复数域上的向量空间、矩阵和多项式，不再特别说明.

§1 向量空间的准素分解 凯莱－哈密顿定理

在第七章里已经看到，求相似矩阵的标准形式问题与向量空间关于一个线性变换的不变子空间分解有着密切的关系，因此，我们先从向量空间的分解开始.

设 V 是一个 n 维向量空间. V 的一切线性变换作成一个 n^2 维向量空间. 因此，对于 V 的每一线性变换 σ，以下的 n^2+1 个线性变换

$$\sigma^k, k=0,1,\cdots,n^2,$$

一定线性相关. 于是存在一个非零多项式 $f(x)$，使得 $f(\sigma)=\theta$，这里 θ 表示 V 的零变换. 这时我们也说，σ 满足多项式 $f(x)$. 在 σ 所满足的一切非零多项式中，有一个次数最低的. 设 $p(x)$ 和 $q(x)$ 都是 σ 所满足的次数最低的多项式. 以 $p(x)$ 除 $q(x)$ 得

$$q(x)=p(x)h(x)+r(x).$$

如果 $r(x)\neq 0$，那么 $r(x)$ 就是一个次数低于 $p(x)$ 的次数的多项式. 于是有

$$r(\sigma)=q(\sigma)-p(\sigma)h(\sigma)=\theta.$$

这与 $p(x)$ 是 σ 所满足的次数最低的多项式这一事实矛盾. 因此 $r(x)=0$，从而 $p(x)\mid q(x)$. 同理，$q(x)\mid p(x)$. 这样，$p(x)$ 与 $q(x)$ 只能相差一个常数因子.

我们把线性变换 σ 所满足的次数最低的、最高次项系数是 1 的非零多项式叫作 σ **的最小多项式**. 由以上的说明，n 维向量空间的每一线性变换都恰有一个最小多项式.

类似地可以定义一个 n 阶矩阵 $\boldsymbol{A}$ 的最小多项式. 一个最高次项系数是 1 的非零多项式 $p(x)$ 叫作矩阵 $\boldsymbol{A}$ 的最小多项式，如果 $p(\boldsymbol{A})=0$，而对于任意一个次数低于 $p(x)$ 的非零多项式 $q(x)$ 来说，$q(\boldsymbol{A})\neq 0$.

容易看出，相似矩阵有相同的最小多项式，并且向量空间 V 的一个线性变换 σ 的最小多项式就是 σ 关于 V 的任意基的矩阵的最小多项式.

例 1 矩阵

$$\boldsymbol{A}=\begin{pmatrix}2&0&0\\1&2&0\\0&0&2\end{pmatrix}$$

的最小多项式是 $(x-2)^2$. 因为

$$\boldsymbol{A}-2\boldsymbol{I}=\begin{pmatrix}0&0&0\\1&0&0\\0&0&0\end{pmatrix}.$$

所以 $(\boldsymbol{A}-2\boldsymbol{I})^2=\boldsymbol{O}$，并且 $\boldsymbol{A}$ 不满足任何一次多项式.

例 2 标量矩阵(即单位矩阵的一个标量倍)，并且只有标量矩阵的最小多项式是一次的.

事实上，如果 $\boldsymbol{A}=\lambda\boldsymbol{I}$ 是一个标量矩阵，那么 $\boldsymbol{A}-\lambda\boldsymbol{I}=\boldsymbol{O}$，从而 $x-\lambda$ 是 $\boldsymbol{A}$ 的最小多项式. 反过来，如果 $\boldsymbol{A}$ 的最小多项式是一

次的，那么一定是 $x-\lambda$ 的形式．于是 $\boldsymbol{A}-\lambda\boldsymbol{I}=\boldsymbol{O}$，即 $\boldsymbol{A}=\lambda\boldsymbol{I}$.

例 3 设

$$\boldsymbol{A}=\begin{pmatrix}\boldsymbol{A}_1 & \boldsymbol{O}\\ \boldsymbol{O} & \boldsymbol{A}_2\end{pmatrix}$$

是一个对角线分块矩阵，$p_1(x)$ 和 $p_2(x)$ 分别是矩阵 $\boldsymbol{A}_1$ 和 $\boldsymbol{A}_2$ 的最小多项式．如果 $p_1(x)$ 与 $p_2(x)$ 互素，那么 $p_1(x)p_2(x)$ 就是 $\boldsymbol{A}$ 的最小多项式.

事实上，设 $p(x)$ 是 $\boldsymbol{A}$ 的最小多项式．由 $p(\boldsymbol{A})=\boldsymbol{O}$ 得出 $p(\boldsymbol{A}_1)=\boldsymbol{O}$，$p(\boldsymbol{A}_2)=\boldsymbol{O}$．因此 $p(x)$ 可以同时被 $\boldsymbol{A}_1$ 的最小多项式 $p_1(x)$ 和 $\boldsymbol{A}_2$ 的最小多项式 $p_2(x)$ 整除．然而 $p_1(x)$ 与 $p_2(x)$ 互素，所以由 2.3 关于互素多项式的性质 2)，$p_1(x)p_2(x)$ 整除 $p(x)$．另一方面，我们有

$$p_1(\boldsymbol{A})p_2(\boldsymbol{A})=\begin{pmatrix}p_1(\boldsymbol{A}_1) & \boldsymbol{O}\\ \boldsymbol{O} & p_1(\boldsymbol{A}_2)\end{pmatrix}\begin{pmatrix}p_2(\boldsymbol{A}_1) & \boldsymbol{O}\\ \boldsymbol{O} & p_2(\boldsymbol{A}_2)\end{pmatrix}=\boldsymbol{O},$$

所以 $p_1(x)p_2(x)$ 可以被 $\boldsymbol{A}$ 的最小多项式 $p(x)$ 整除．因此 $p(x)=p_1(x)p_2(x)$.

更一般地，设

$$\boldsymbol{A}=\begin{pmatrix}\boldsymbol{A}_1 & & & \boldsymbol{0}\\ & \boldsymbol{A}_2 & & \\ & & \ddots & \\ \boldsymbol{0} & & & \boldsymbol{A}_k\end{pmatrix}$$

是一个对角线分块矩阵，而 $p_i(x)$ 是 $\boldsymbol{A}_i$ 的最小多项式，$i=1,2,\cdots,k$．如果 $p_1(x),p_2(x),\cdots,p_k(x)$ 两两互素，那么 $\boldsymbol{A}$ 的最小多项式是

$$p_1(x)p_2(x)\cdots p_k(x).$$

下面我们来证明

定理 1 设 σ 是 n 维向量空间 V 的一个线性变换，$p(x)$ 是 σ 的最小多项式．令

$$p(x)=(x-\lambda_1)^{r_1}\cdots(x-\lambda_k)^{r_k}$$

是 $p(x)$ 在复数域上的不可约因式分解，这里 $\lambda_1,\cdots,\lambda_k$ 是互不相同的复数，$r_1,\cdots,r_k$ 是正整数，又设

$$V_i=\operatorname{Ker}(\sigma-\lambda_i)^{r_i}=\{\boldsymbol{\xi}\in V\mid(\sigma-\lambda_i)^{r_i}\boldsymbol{\xi}=\boldsymbol{0}\}^{①},$$

$i=1,2,\cdots,k$. 那么

(i) 每一子空间 V_i 都在 σ 之下不变；

(ii) $V=V_1\oplus V_2\oplus\cdots\oplus V_k$；

(iii) 令 $\sigma_i=\sigma\mid_{V_i}$ 是 σ 在 V_i 上的限制. 那么 σ_i 的最小多项式是 $(x-\lambda_i)^{r_i}$, $i=1,2,\cdots,k$.

证 令

$$f_i(x)=\frac{p(x)}{(x-\lambda_i)^{r_i}}=\prod_{j\neq i}(x-\lambda_j)^{r_j},\ i=1,2,\cdots,k.$$

因为 $\lambda_1,\cdots,\lambda_k$ 互不相同，所以 $f_1(x),\cdots,f_k(x)$ 是互素的多项式. 于是由 2.3，存在多项式 $u_1(x),\cdots,u_k(x)$，使得

$$f_1(x)u_1(x)+f_2(x)u_2(x)+\cdots+f_k(x)u_k(x)=1.$$

令 $g_i(x)=f_i(x)u_i(x)$, $i=1,2,\cdots,k$. 那么

$$g_1(x)+g_2(x)+\cdots+g_k(x)=1.$$

将线性变换 σ 代入这个等式得

(1) $$g_1(\sigma)+g_2(\sigma)+\cdots+g_k(\sigma)=\iota,$$

这里 ι 是 V 的单位变换. 于是 V 的每一向量 $\boldsymbol{\xi}$ 可以写成

(2) $$\boldsymbol{\xi}=g_1(\sigma)\boldsymbol{\xi}+g_2(\sigma)\boldsymbol{\xi}+\cdots+g_k(\sigma)\boldsymbol{\xi}.$$

令 $W_i=g_i(\sigma)V=\operatorname{Im}(g_i(\sigma))$, $i=1,2,\cdots,k$. 那么每一 $g_i(\sigma)$ 作为 σ 的多项式，都与 σ 可交换，因而每一 W_i 在 σ 之下不变. 等式(2)表明，

$$V=W_1+W_2+\cdots+W_k.$$

我们证明 $W_i=V_i=\operatorname{Ker}(\sigma-\lambda_i)^{r_i}$, $i=1,2,\cdots,k$，并且上面的和是直和.

---

① 我们把向量空间的以 λ 为系数的位似 $\lambda\iota$ 简写作 λ.

首先

$$(x-\lambda_i)^{r_i}g_i(x)=(x-\lambda_i)^{r_i}f_i(x)u_i(x)=p(x)u_i(x).$$

所以对于 V 中任意向量 $\boldsymbol{\xi}$.

$$(x-\lambda_i)^{r_i}g_i(\sigma)\boldsymbol{\xi}=\mathbf{0}.$$

因此 $W_i\subseteq V_i$，反过来，设 $\boldsymbol{\xi}_i\in V_i$. 如果 $j\neq i$，那么 $g_j(x)=f_j(x)u_j(x)$ 可以被 $(x-\lambda_i)^{r_i}$ 整除，从而 $g_j(\sigma)\boldsymbol{\xi}_i=\mathbf{0}$. 于是由(2)得

$$\boldsymbol{\xi}_i=g_i(\sigma)\boldsymbol{\xi}_i\in W_i.$$

这样，$V_i=W_i$，$i=1,2,\cdots,k$，而且

(3) $$V=V_1+V_2+\cdots+V_k.$$

现在设 $\boldsymbol{\xi}$ 是 V 中任意向量. 那么由(2)，

$$\boldsymbol{\xi}=g_1(\sigma)\boldsymbol{\xi}+g_2(\sigma)\boldsymbol{\xi}+\cdots+g_k(\sigma)\boldsymbol{\xi}.$$

如果 $\boldsymbol{\xi}$ 还可以表成

$$\boldsymbol{\xi}=\boldsymbol{\xi}_1+\boldsymbol{\xi}_2+\cdots+\boldsymbol{\xi}_k,\ \boldsymbol{\xi}_i\in V_i,\ i=1,2,\cdots,k,$$

那么由上面的证明，我们有

(4) $$g_i(\sigma)\boldsymbol{\xi}_i=\boldsymbol{\xi}_i,$$

而

(5) $$g_i(\sigma)\boldsymbol{\xi}_j=\mathbf{0}\text{，若 } j\neq i.$$

因此

$$g_i(\sigma)\boldsymbol{\xi}=g_i(\sigma)\boldsymbol{\xi}_i=\boldsymbol{\xi}_i,\ i=1,2,\cdots,k.$$

所以 V 中每一向量 $\boldsymbol{\xi}$ 被表成(2)的表示法是唯一的，从而(3)是直和. 这就证明了(i)和(ii)成立.

最后，令 $\sigma_i=\sigma|_{V_i}$. 因为 $(\sigma-\lambda_i)^{r_i}V_i=\{\mathbf{0}\}$，所以 $(x-\lambda_i)^{r_i}$ 一定能被 σ_i 的最小多项式整除，从而 σ_i 的最小多项式一定有 $(x-\lambda_i)^{s_i}$ 的形式，这里 $0<s_i\leqslant r_i$，$i=1,2,\cdots,k$. 然而 $(x-\lambda_1)^{s_1},\cdots,(x-\lambda_k)^{s_k}$ 两两互素，所以由例 3，σ 的最小多项式

$$p(x)=(x-\lambda_1)^{s_1}\cdots(x-\lambda_k)^{s_k}.$$

由多项式不可约因式分解的唯一性得出 $s_i=r_i$，即 $(x-\lambda_i)^{r_i}$ 是 σ_i

的最小多项式，$i=1,2,\cdots,k$. □

定理1所给出的空间 V 的分解叫作 V 关于线性变换 σ 的准素分解.

由定理1得出两个有用的推论：

推论1 n 维向量空间 V 的一个线性变换可以对角化的充分且必要条件是它的最小多项式没有重根.

证 设 σ 是 V 的一个线性变换. $p(x)$ 是 σ 的最小多项式. 在 $\mathbf{C}[x]$ 里，$p(x)$ 可以分解成一次因式的幂的乘积：

$$p(x)=(x-\lambda_1)^{r_1}\cdots(x-\lambda_k)^{r_k},$$

$\lambda_1,\cdots,\lambda_k$ 是互不相同的复数. 由定理1，

$$V=V_1\oplus V_2\oplus\cdots\oplus V_k,$$

这里 $V_i=\mathrm{Ker}(\sigma-\lambda_i)^{r_i}$，$i=1,\cdots,k$.

如果 $p(x)$ 没有重根，那么 $r_1=\cdots=r_k=1$，从而 $V_i=\mathrm{Ker}(\sigma-\lambda_i)$ 是 σ 的属于本征值 λ_i 的本征子空间，因而 V 是 σ 的本征子空间的直和. 所以 σ 可以对角化.

反过来，如果 σ 可以对角化，那么 V 可以分解成为 σ 的本征子空间的直和：

$$V=V_1\oplus V_2\oplus\cdots\oplus V_k,$$

其中 $V_i=\mathrm{Ker}(\sigma-\lambda_i)$，$i=1,\cdots,k,\lambda_1,\cdots,\lambda_k$ 是 σ 的一切互不相同的本征值. 因此对于任意 $\boldsymbol{\xi}_i\in V_i$，我们有

$$\sigma(\boldsymbol{\xi}_i)=\lambda_i\boldsymbol{\xi}_i.$$

即 $(\sigma-\lambda_i)\boldsymbol{\xi}_i=\mathbf{0}$. 所以 σ 在 V_i 上的限制 $\sigma|_{V_i}$ 满足一次多项式 $x-\lambda_i$，它显然就是 $\sigma|_{V_i}$ 的最小多项式. 再由例3，σ 的最小多项式是

$$p(x)=(x-\lambda_1)\cdots(x-\lambda_k).$$

它没有重根. □

推论2 设 σ 是 n 维向量空间 V 的一个线性变换，而

$$V=V_1\oplus V_2\oplus\cdots\oplus V_k$$

是 V 关于 σ 的准素分解，这里 $V_i=\mathrm{Ker}(\sigma-\lambda_i)^{r_i}$，而 $\dim V_i=n_i$，

$i=1,2,\cdots,k$. 那么 σ 的特征多项式是

$$f(x)=(x-\lambda_1)^{n_1}\cdots(x-\lambda_k)^{n_k}.$$

证 我们只需证明，$\sigma_i=\sigma\mid_{V_i}$的特征多项式是$(x-\lambda_i)^{n_i}$，$i=1,2,\cdots,k$. 为了这个目的，只需证明，$\sigma_i$ 在 V_i 内只有唯一的本征值 λ_i 就够了.

因为σ_i 的最小多项式是$(x-\lambda_i)^{r_i}$，所以一定有$\xi\in V_i$，使得$(\sigma_i-\lambda_i)^{r_i}\xi=\mathbf{0}$ 而$(\sigma_i-\lambda_i)^{r_i-1}\xi\neq\mathbf{0}$. 令 $\eta=(\sigma_i-\lambda_i)^{r_i-1}\xi$. 那么 $\eta\in V_i$，$\eta\neq\mathbf{0}$. 而$(\sigma_i-\lambda_i)\eta=\mathbf{0}$. 所以 η 是 σ_i 的属于本征值 λ_i 的一个本征向量.

如果μ 也是σ_i 的一个本征值，那么有$\xi\in V_i$，$\xi\neq\mathbf{0}$ 而$(\sigma_i-\mu)\xi=\mathbf{0}$. 然而$(x-\lambda_i)^{r_i}$是$\sigma_i$ 的最小多项式，所以$(\sigma_i-\lambda_i)^{r_i}\xi=\mathbf{0}$. 以 $x-\mu$ 除$(x-\lambda_i)^{r_i}$得

$$(x-\lambda_i)^{r_i}=q(x)(x-\mu)+r,\ r\in\mathbf{C}.$$

于是

$$r\xi=(\sigma_i-\lambda_i)^{r_i}\xi-q(\sigma_i)(\sigma_i-\mu)\xi=\mathbf{0},$$

从而 $r=0$. 因此 $x-\mu$ 整除$(x-\lambda_i)^{r_i}$，所以 $\mu=\lambda_i$.

这样，σ_i 在 V_i 中只有唯一的本征值 λ_i. 这就证明了 σ_i 的特征多项式是$(x-\lambda_i)^{n_i}$，这里 $n_i=\dim V_i$.

因为 V 是不变子空间 $V_1,V_2,\cdots,V_k$ 的直和. 所以 σ 的特征多项式$f(x)$等于 $\sigma_1,\cdots,\sigma_k$ 的特征多项式的乘积. 即

$$f(x)=(x-\lambda_1)^{n_1}(x-\lambda_2)^{n_2}\cdots(x-\lambda_k)^{n_k}. \qquad \square$$

由这个推论立即看出，线性变换 σ 的最小多项式的一切互不相同的根恰是 σ 的一切互不相同的本征值. 我们进一步证明，σ 的最小多项式整除 σ 的特征多项式，从而 σ 满足它的特征多项式，这就是所谓凯莱－哈密顿(Cayley－Hamilton)定理. 为了证明这个定理，先证明一个简单的事实，这个事实在以后的讨论中还要用到.

引理 设 τ 是向量空间 V 的一个线性变换，$\xi\in V$. 如果存

在一个正整数 s 使得 $\tau^s(\boldsymbol{\xi})=\mathbf{0}$ 而 $\tau^{s-1}(\boldsymbol{\xi})\neq\mathbf{0}$，那么向量

$$\boldsymbol{\xi},\tau(\boldsymbol{\xi}),\cdots,\tau^{s-1}(\boldsymbol{\xi})$$

线性无关.

证 设存在不全为零的数 $a_0,a_1,\cdots,a_{s-1}$，使

$$a_0\boldsymbol{\xi}+a_1\tau(\boldsymbol{\xi})+\cdots+a_{s-1}\tau^{s-1}(\boldsymbol{\xi})=\mathbf{0}.$$

令 a_i 是第一个不等于零的系数 $0\leqslant i\leqslant s-1$. 那么上面的等式就是

$$a_i\tau^i(\boldsymbol{\xi})+\cdots+a_{s-1}\tau^{s-1}(\boldsymbol{\xi})=\mathbf{0}.$$

对这个等式两端施行线性变换 τ^{s-i-1} 得

$$a_i\tau^{s-1}(\boldsymbol{\xi})=\mathbf{0}.$$

因此必须 $\tau^{s-1}(\boldsymbol{\xi})=\mathbf{0}$，这与题设矛盾. □

现在容易证明

定理 2 （凯莱－哈密顿定理）设 σ 是 n 维向量空间 V 的一个线性变换，$f(x)$ 是 σ 的特征多项式. 那么 $f(\sigma)=\theta$.

证 显然只需证明 σ 的最小多项式整除 σ 的特征多项式. 设 σ 的最小多项式是

$$p(x)=(x-\lambda_1)^{r_1}(x-\lambda_2)^{r_2}\cdots(x-\lambda_k)^{r_k},$$

$\lambda_1,\cdots,\lambda_k$ 是互不相同的复数. 由定理 1，V 可以分解为在 σ 之下不变的子空间的直和

$$V=V_1\oplus V_2\oplus\cdots\oplus V_k,$$

并且 σ 在 V_i 上的限制 σ_i 的最小多项式是 $(x-\lambda_i)^{r_i}$. 由定理 1 的推论 2，σ_i 的特征多项式是 $(x-\lambda_i)^{n_i}$，这里 $n_i=\dim V_i$，$i=1,2,\cdots,k$，而 σ 的特征多项式是

$$f(x)=(x-\lambda_1)^{n_1}\cdots(x-\lambda_k)^{n_k}.$$

因为 $(x-\lambda_i)^{r_i}$ 是 σ_i 的最小多项式，所以总存在 V_i 的一个向量 $\boldsymbol{\xi}_i$ 使得 $(\sigma_i-\lambda_i)^{r_i}\boldsymbol{\xi}_i=\mathbf{0}$ 而 $(\sigma_i-\lambda_i)^{r_i-1}\boldsymbol{\xi}_i\neq\mathbf{0}$. 于是由引理，向量

$$\xi_i,(\sigma_i-\lambda_i)\xi_i,\cdots,(\sigma_i-\lambda_i)^{r_i-1}\xi_i$$

线性无关，从而 $r_i\leqslant n_i$. 这就是说 $(x-\lambda_i)^{r_i}$ 整除 $(x-\lambda_i)^{n_i}$，$i=1$,

$2,\cdots,k$，因而 σ 的最小多项式 $p(x)$ 整除 σ 的特征多项式 $f(x)$. □

与定理 2 平行，我们有

定理 3 设 $\boldsymbol{A}$ 是一个 n 阶矩阵，而 $f(x)$ 是 $\boldsymbol{A}$ 的特征多项式. 那么 $f(\boldsymbol{A})=0$.

习 题

1. 令 V 是实数域 $\mathbf{R}$ 上一个三维向量空间，σ 是 V 的一个线性变换，它关于 V 的某一个基的矩阵是

$$\begin{pmatrix} 6 & -3 & -2 \\ 4 & -1 & -2 \\ 10 & -5 & -3 \end{pmatrix}.$$

（i）求出 σ 的最小多项式 $p(x)$，并把 $p(x)$ 在 $\mathbf{R}[x]$ 内分解为两个最高次项系数是 1 的不可约多项式 $p_1(x)$ 与 $p_2(x)$ 的乘积；

（ii）令 $W_i=\{\boldsymbol{\xi}\in V \mid p_i(\sigma)\boldsymbol{\xi}=\mathbf{0}\}$，$i=1,2$. 证明，$W_i$ 是 σ 的不变子空间，并且 $V=W_1\oplus W_2$；

（iii）在每一子空间 W_i 中选取一个基，凑成 V 的一个基，使得 σ 关于这个基的矩阵里只出现三个非零元素.

2. 令 $F_n[x]$ 是某一数域 F 上全体次数 $\leqslant n$ 的多项式连同零多项式所组成的向量空间. 令 σ: $f(x)\longmapsto f'(x)$（参看 7.3，习题 1）. 求出 σ 的最小多项式.

3. 设 V 是复数域上一个 n 维向量空间. σ 是 V 的一个线性变换. 令

$$V=V_1\oplus V_2\oplus\cdots\oplus V_k$$

是定理 1 的那个准素分解. 令 W 是 V 的一个在 σ 之下不变的子空间. 证明：

$$W=W_1\oplus W_2\oplus\cdots\oplus W_k,$$

这里 $W_i=W\cap V_i$，$i=1,2,\cdots,k$.

4. 设 $\boldsymbol{A}$ 是复数域上一个 n 阶可逆矩阵. 证明 $\boldsymbol{A}^{-1}$ 可以表示成 $\boldsymbol{A}$ 的一个复系数多项式.

§2 线性变换的若尔当分解

让我们进一步观察§1，定理1的那个准素分解，令V是复数域$\mathbf{C}$上一个n维向量空间，σ是V的一个线性变换，又设

$$p(x)=(x-\lambda_1)^{r_1}(x-\lambda_2)^{r_2}\cdots(x-\lambda_k)^{r_k}$$

是σ的最小多项式. 由§1定理1的推论2，$\lambda_1,\lambda_2,\cdots,\lambda_k$就是$\sigma$的一切互不相同的本征值. §1，定理1告诉我们，空间V可以分解成为子空间的直和

$$V=V_1\oplus V_2\oplus\cdots\oplus V_k,$$

这里$V_i=\mathrm{Ker}(\sigma-\lambda_i)^{r_i}$，$i=1,2,\cdots,k$，它们都在$\sigma$之下不变.

保留§1定理1的证明中所使用的记号. 令$\pi_i=g_i(\sigma)$. 因为π_i是σ的多项式，所以每一个子空间V_j在每一线性变换π_i之下不变，$1\leqslant i$，$j\leqslant k$. 由§1的公式(1)，(4)和(5)，这k个线性变换$\pi_1,\pi_2,\cdots,\pi_k$具有以下性质：

1）$\pi_1+\pi_2+\cdots+\pi_k=\iota$，这里$\iota$表示空间$V$的单位变换.

2）π_i在V_i上的限制是V_i的单位变换.

3）如果$i\neq j$，那么π_i在V_j上的限制是V_j的零变换.

这样，π_i把空间V的每一个向量$\boldsymbol{\xi}$映成它在V_i中的分量$\boldsymbol{\xi}_i$. 我们把π_i叫作V在子空间V_i上的射影. 现在令

$$\delta=\lambda_1\pi_1+\lambda_2\pi_2+\cdots+\lambda_k\pi_k.$$

那么由2)和3)，每一子空间V_i在δ之下不变，并且δ在子空间V_i上的限制是V_i的一个位似，位似系数是λ_i. 因此，δ是一个可以对角化的线性变换. 由于

$$\begin{aligned}\delta&=\sum_{i=1}^{k}\lambda_i\pi_i\\&=\sum_{i=1}^{k}\lambda_i g_i(\sigma).\end{aligned}$$

所以δ是σ的一个多项式. 令

$$\nu=\sigma-\delta.$$

那么 ν 也是 σ 的一个多项式. 所以每一子空间 V_i 也在 ν 之下不变. 对于任意 $\boldsymbol{\xi}_i\in V_i$，我们有

$$\nu^{r_i}(\boldsymbol{\xi}_i)=(\sigma-\delta)^{r_i}(\boldsymbol{\xi}_i)=(\sigma-\lambda_i\pi_i)^{r_i}(\boldsymbol{\xi}_i)=\mathbf{0}.$$

令 $r=\max(r_1,r_2,\cdots,r_k)$. 那么对于任意 $\boldsymbol{\xi}\in V$，$\nu^r(\boldsymbol{\xi})=\mathbf{0}$. 因此 $\nu^r=\theta$.

设 ν 是向量空间 V 的一个线性变换. 如果存在一个正整数 r，使得 $\nu^r=\theta$，那么就称 ν 是一个*幂零线性变换*. 简称幂零变换.

这样，V 的每一线性变换 σ 都可以写成

$$\sigma=\delta+\nu,$$

其中 δ 是一个可对角化的线性变换，ν 是一个幂零线性变换. 由于 δ 和 ν 都是 σ 的多项式，所以 $\delta\nu=\nu\delta$. 我们将要进一步证明，满足上述条件的 δ 和 ν 是由 σ 唯一确定的. 为此，先证明下面的

引理 *令 δ_1 和 δ_2 是复数域上 n 维向量空间 V 的两个可对角化的线性变换，且 $\delta_1\delta_2=\delta_2\delta_1$. 那么存在 V 的一个基，使得 δ_1 和 δ_2 关于这同一个基的矩阵是对角形式.*

证 因为 δ_2 可以对角化，所以 V 可以分解为 δ_2 的本征子空间的直和

$$V=V_{\lambda_1}\oplus V_{\lambda_2}\oplus\cdots\oplus V_{\lambda_s}$$

这里 $\lambda_1,\cdots,\lambda_s\in\mathbf{C}$ 是 δ_2 的互不相同的本征值，$V_{\lambda_i}=\{v\in V\mid\delta_2(v)=\lambda_i v\}$，$1\leqslant i\leqslant s$. 每一 V_{λ_i} 自然在 δ_2 之下不变. 又因为 $\delta_1\delta_2=\delta_2\delta_1$，所以 V_{λ_i} 也在 δ_1 之下不变. 事实上，设 $v\in V_{\lambda_i}$，那么

$$\delta_2(\delta_1 v)=\delta_1(\delta_2 v)=\delta_1(\lambda_i v)=\lambda_i(\delta_1 v).$$

所以 $\delta_1 v\in V_{\lambda_i}$.

这样，δ_1 在 V_{λ_i} 上的限制 $\delta_1|_{V_{\lambda_i}}$ 是 V_{λ_i} 的一个线性变换. 因为 δ_1 可以对角化，所以由 §1 定理 1 的推论 1，δ_1 的最小多项式没有重根. 由 §1 的例 3，立即得出，$\delta_1|_{V_{\lambda_i}}$ 在 V_{λ_i} 上的最小多项式整除 δ_1 的最小多项式，所以前者也没有重根. 再由 §1 定理 1 的

推论 1，$\delta_1 |_{V_{\lambda_i}}$是 V_{λ_i}的一个可以对角化的线性变换. 因此可以选取 V_{λ_i}的一个基，使得 $\delta_1 |_{V_{\lambda_i}}$关于这个基的矩阵是对角形式，而 $\delta_2 |_{V_{\lambda_i}}$关于 V_{λ_i}的任意基的矩阵都是单位矩阵的一个标量倍. 从每一个 V_{λ_i}，$(1\leqslant i\leqslant s)$ 中这样地选取一个基，拼起来成为 V 的基. 那么 δ_1 和 δ_2 关于这个基的矩阵都是对角形式. □

现在我们有

定理 1 设 σ 是复数域上 n 维向量空间 V 的一个线性变换. 那么存在 V 的一个可对角化的线性变换 δ 和一个幂零线性变换 ν，使得，

(i) $\sigma=\delta+\nu$;

(ii) $\delta\nu=\nu\delta$.

可对角化的线性变换 δ 和幂零线性变换 ν 由条件(i)和(ii)唯一确定，并且它们都是 σ 的多项式.

证 由本节开始所作的讨论，我们有 $\sigma=\delta+\nu$，其中 δ 是一个可对角化的线性变换，ν 是一个幂零线性变换. δ 与 ν 可交换，而且两者都是 σ 的多项式. 因此只剩下证明唯一性.

如果还有可对角化的线性变换 δ'和幂零线性变换 ν'，使得 $\sigma=\delta'+\nu'$且 $\delta'\nu'=\nu'\delta'$. 因此 δ'和 ν'都与 σ 可交换，所以也和 σ 的多项式 δ 和 ν 可交换. 我们有

$$\delta+\nu=\delta'+\nu'$$

或

(1) $$\delta-\delta'=\nu'-\nu.$$

因为 δ 与 δ'都是可对角化的线性变换，且 $\delta\delta'=\delta'\delta$，所以由本节引理，$\delta$ 与 δ'可以同时对角化. 从而 $\delta-\delta'$可以对角化. 另一方面，ν 和 ν'都是幂零线性变换. 设 $\nu^k=\theta$，$\nu'^l=\theta$，因为 $\nu\nu'=\nu'\nu$. 取 $m=k+l-1$. 那么

$$(\nu'-\nu)^m=\sum_{i=0}^{m}(-1)^i\binom{m}{i}(\nu')^{m-i}\nu^i=\theta.$$

所以 $\nu'-\nu$ 是一个幂零线性变换．这样，等式(1)左端 $\delta-\delta'$ 是一个可对角化的幂零线性变换，所以必须 $\delta-\delta'=\theta$，即 $\delta=\delta'$．因而 $\nu=\nu'$．　□

定理 1 所给出的关于线性变换 σ 的分解 $\sigma=\delta+\nu$ 叫作 σ 的若尔当(Jordan)分解．δ 叫作 σ 的可对角化部分，ν 叫作 σ 的幂零部分．

与定理 1 平行，我们有关于矩阵的若尔当分解我们把满足条件 $\boldsymbol{N}^r=0$(对某一正整数 r)的矩阵 $\boldsymbol{N}$ 叫作幂零矩阵．

定理 2　设 $\boldsymbol{A}$ 是复数域上一个 n 阶矩阵．那么存在一个可对角化的矩阵 $\boldsymbol{D}$ 和一个幂零矩阵 $\boldsymbol{N}$，使得

(i) $\boldsymbol{A}=\boldsymbol{D}+\boldsymbol{N}$；

(ii) $\boldsymbol{DN}=\boldsymbol{ND}$．

可对角化的矩阵 $\boldsymbol{D}$ 和幂零矩阵 $\boldsymbol{N}$ 由条件(i)和(ii)唯一确定，并且它们都是 $\boldsymbol{A}$ 的多项式．

类似地，我们把定理 2 给出的关于矩阵 $\boldsymbol{A}$ 的分解 $\boldsymbol{A}=\boldsymbol{D}+\boldsymbol{N}$ 叫作 $\boldsymbol{A}$ 的若尔当分解．$\boldsymbol{D}$ 叫作 $\boldsymbol{A}$ 的可对角化部分，$\boldsymbol{N}$ 叫作 $\boldsymbol{A}$ 的幂零部分．

习　题

1. 设 σ 是复数域上三维向量空间 V 的一个线性变换，它关于 V 的一个基的矩阵是

$$\begin{pmatrix}3 & 1 & -1\\ 2 & 2 & -1\\ 2 & 2 & 0\end{pmatrix}.$$

求出 σ 的若尔当分解．

2. 证明一个秩是 1 的 n 阶矩阵或者是可对角化的，或者是幂零的，但这两种情形不能同时出现．

3. 令 $V=M_n(\mathbf{C})$ 是复数域上全体 n 阶矩阵所组成的 n^2 维向量空间．令 $\boldsymbol{A}$ 是任意一个 n 阶复矩阵．如下地定义 V 的一个线性变换 α_A：$V\to V$：对于

任意 $X \in V = M_n(\mathbf{C})$，$\alpha_A(X) = AX - XA$(参看 7.1,习题 3).

(i) 证明 $\alpha_A^r(X) = \sum_{i=0}^{r}(-1)^{r-i}\binom{r}{i}A^iXA^{r-i}$，$r$ 是非负整数. 由此推出，如果 A 是幂零矩阵，那么 α_A 是 V 的幂零变换；

(ii) 如果 $A = D + N$ 是 A 的若尔当分解，其中 D 是 A 的可对角化部分，N 是幂零部分，那么 α_D 和 α_N 分别是线性变换 α_A 的若尔当分解.

4. 我们知道，复数域 $\mathbf{C}$ 上每一 n 阶矩阵 A 都相似于一个上三角形矩阵

$$B = \begin{pmatrix} \lambda_1 & & & * \\ & \lambda_2 & & \\ & & \ddots & \\ \mathbf{0} & & & \lambda_n \end{pmatrix}$$

(7.5,习题 5). 令

$$D = \begin{pmatrix} \lambda_1 & & & \mathbf{0} \\ & \lambda_2 & & \\ & & \ddots & \\ \mathbf{0} & & & \lambda_n \end{pmatrix},$$

$$N = B - D.$$

(i) 证明 N 是幂零矩阵. 于是 $B = D + N$. 这样能不能作为定理 2 的证明?

(ii) 设

$$B = \begin{pmatrix} 1 & 1 \\ 0 & 2 \end{pmatrix},\ D = \begin{pmatrix} 1 & 0 \\ 0 & 2 \end{pmatrix},\ N = \begin{pmatrix} 0 & 1 \\ 0 & 0 \end{pmatrix}.$$

$B = D + N$ 是不是 B 的若尔当分解? B 的若尔当分解应该是什么样子?

(iii) 仔细地读一下定理 2，再看一看用(i)作为定理 2 的证明错在哪里?

§3 幂零矩阵的标准形式

若尔当分解告诉我们，复数域上每一个 n 阶矩阵都可以表示成一个可对角化的矩阵与一个幂零矩阵的和. 可对角化部分的形

式是简单的，我们先来讨论幂零矩阵的标准形式.

设 σ 是向量空间 V 的一个幂零变换. 那么存在一个正整数 r，使得 $\sigma^r=\theta$. 我们可以进一步假定 r 是使 $\sigma^r=\theta$ 的最小正整数. 那么 σ 的最小多项式是 x^r. 于是存在一个向量 $\boldsymbol{\xi}_0$，使得 $\sigma^r(\boldsymbol{\xi}_0)=\mathbf{0}$ 而 $\sigma^{r-1}(\boldsymbol{\xi}_0)\neq\mathbf{0}$. 由 §1 的引理，向量

(1) $$\boldsymbol{\xi}_0,\sigma(\boldsymbol{\xi}_0),\cdots,\sigma^{r-1}(\boldsymbol{\xi}_0)$$

线性无关. 令 W 是由这一组向量所生成的子空间. 那么 $\dim W=r$，而向量组(1)作成 W 的一个基. 为了以下说话方便，我们给这样的子空间起一个名字.

设 σ 是向量空间 V 的一个线性变换. 子空间 W 叫作关于 σ 的一个循环子空间，简称 σ－循环子空间，如果存在一个向量 $\boldsymbol{\xi}_0$ 和一个正整数 r，使得

(i) $\boldsymbol{\xi}_0,\sigma(\boldsymbol{\xi}_0),\cdots,\sigma^{r-1}(\boldsymbol{\xi}_0)$ 构成 W 的一个基；

(ii) $\sigma^r(\boldsymbol{\xi}_0)=\mathbf{0}$.

这时 $\boldsymbol{\xi}_0$ 叫作循环子空间 W 的一个生成向量，而 $\boldsymbol{\xi}_0,\sigma(\boldsymbol{\xi}_0),\cdots,\sigma^{r-1}(\boldsymbol{\xi}_0)$ 叫作 W 的一个循环基.

显然，一个 σ－循环了空间 W 在 σ 之下不变，并且对于任意 $\boldsymbol{\xi}\in W$，都有 $\sigma^r(\boldsymbol{\xi})=\mathbf{0}$，这里 $r=\dim W$.

令 W 是一个 σ－循环子空间，而

$$\boldsymbol{\xi}_0,\sigma(\boldsymbol{\xi}_0),\cdots,\sigma^{r-1}(\boldsymbol{\xi}_0)$$

是 W 的一个循环基. 那么 σ 在 W 上的限制 $\sigma|_W$ 是 W 的一个幂零变换，并且关于这个基的矩阵是如下形状的一个 r 阶矩阵：

$$\boldsymbol{N}_r=\begin{pmatrix}0&0&0&\cdots&0&0\\1&0&0&\cdots&0&0\\0&1&0&\cdots&0&0\\\vdots&\vdots&\vdots&&\vdots&\vdots\\0&0&0&\cdots&1&0\end{pmatrix}.$$

矩阵 $\boldsymbol{N}_r$ 叫作一个 r 阶幂零若尔当矩阵或幂零若尔当块.

我们要证明，对于 n 维向量空间 V 的每一幂零线性变换 σ，

V可以分解为一些 σ - 循环子空间 $W_1, W_2, \cdots, W_s$ 的直和. 于是在每一子空间 W_i 内选取一个循环基，凑起来成为 V 的一个基，σ 关于这个基的矩阵有形状

$$\begin{pmatrix} \boldsymbol{N}_{r_1} & & & \boldsymbol{0} \\ & \boldsymbol{N}_{r_2} & & \\ & & \ddots & \\ \boldsymbol{0} & & & \boldsymbol{N}_{r_s} \end{pmatrix},$$

这里每一 $\boldsymbol{N}_{r_i}$ 是一个 r_i 阶幂零若尔当块，$r_1 + r_2 + \cdots + r_s = n$. 为此，我们先作一些准备工作.

引理 1 设 σ 是向量空间 V 的一个幂零线性变换，而

$$h(x) = a_0 + a_1 x + \cdots + a_m x^m$$

是一个多项式. 那么当且仅当 $a_0 \neq 0$ 时，线性变换 $h(\sigma)$ 有逆变换. 当 $h(\sigma)$ 可逆时，$h(\sigma)$ 的逆变换也是 σ 的一个多项式.

证 首先注意，如果 σ 是一个幂零变换，$\sigma^r = \theta$，那么

$$\tau = a_1 \sigma + a_2 \sigma^2 + \cdots + a_m \sigma^m$$

也是一个幂零变换. 这只要计算一下等式右端的 r 次方，就可以看出 $\tau^r = \theta$. 这样，当 $a_0 = 0$ 时，$h(\sigma)$ 没有逆变换.

现在设 $a_0 \neq 0$. 我们有

$$h(\sigma) = a_0 + \tau,$$

这里 $\tau = a_1 \sigma + \cdots + a_m \sigma^m$. 由上面的说明，$\tau$ 是幂零变换. 设 $\tau^r = \theta$. 直接计算可知

$$(a_0 + \tau)\left(\frac{1}{a_0} - \frac{1}{a_0^2}\tau + \cdots + (-1)^{r-1}\frac{1}{a_0^r}\tau^{r-1}\right) = \iota.$$

这里 ι 是 V 的单位变换，所以 $h(\sigma)$ 可逆.

因为 τ 是 σ 的多项式，所以

$$h(\sigma)^{-1} = \frac{1}{a_0} - \frac{1}{a_0^2}\tau + \cdots + (-1)^{r-1}\frac{1}{a_0^r}\tau^{r-1}$$

也是 σ 的一个多项式. □

引理 2 设 σ 是向量空间 V 的一个幂零线性变换. W 是一个 r 维 σ - 循环子空间, $\boldsymbol{\xi}\in W$. 如果存在一个整数 k, $0\leqslant k\leqslant r$, 使得 $\sigma^{r-k}(\boldsymbol{\xi})=\mathbf{0}$, 那么存在 $\boldsymbol{\eta}\in W$, 使得

$$\boldsymbol{\xi}=\sigma^{k}(\boldsymbol{\eta}).$$

证 令

$$\boldsymbol{\xi}_0,\sigma(\boldsymbol{\xi}_0),\cdots,\sigma^{r-1}(\boldsymbol{\xi}_0)$$

是 W 的一个循环基 于是

$$\boldsymbol{\xi}=a_0\boldsymbol{\xi}_0+a_1\sigma(\boldsymbol{\xi}_0)+\cdots+a_{r-1}\sigma^{r-1}(\boldsymbol{\xi}_0).$$

因为 $\sigma^{r-k}(\boldsymbol{\xi})=\mathbf{0}$, 所以

$$a_0\sigma^{r-k}(\boldsymbol{\xi}_0)+\cdots+a_{k-1}\sigma^{r-1}(\boldsymbol{\xi}_0)=\mathbf{0}.$$

然而 $\sigma^{r-k}(\boldsymbol{\xi}_0),\cdots,\sigma^{r-1}(\boldsymbol{\xi}_0)$线性无关, 所以

$$a_0=\cdots=a_{k-1}=0,$$

从而

$$\begin{aligned}\boldsymbol{\xi}&=a_k\sigma^{k}(\boldsymbol{\xi}_0)+\cdots+a_{r-1}\sigma^{r-1}(\boldsymbol{\xi}_0)\\&=\sigma^{k}(a_k\boldsymbol{\xi}_0+\cdots+a_{r-1}\sigma^{r-k-1}(\boldsymbol{\xi}_0)).\end{aligned}$$

取 $\boldsymbol{\eta}=a_k\boldsymbol{\xi}_0+\cdots+a_{r-1}\sigma^{r-k-1}(\boldsymbol{\xi}_0)$, 那么就有 $\boldsymbol{\xi}=\sigma^{k}(\boldsymbol{\eta})$. □

引理 3 设 σ 是 n 维向量空间 V 的一个幂零线性变换, x^r 是 σ 的最小多项式, 令 W_1 是一个 r 维 σ - 循环子空间. 那么存在 W_1 的一个余子空间 W_2:

$$V=W_1\oplus W_2,$$

并且 W_2 也在 σ 之下不变.

证 取 W_2 是 V 中具有下列两个性质的一个极大子空间:

(i) $W_1\cap W_2=\{\mathbf{0}\}$;

(ii) W_2 在 σ 之下不变.

具有性质(i), (ii)的子空间显然是存在的, 因为零空间就是一个. 因此, 这样的极大子空间是存在的. 我们证明

$$V=W_1+W_2,$$

从而由(i), 这个和是直和.

如果 $V\neq W_1+W_2$，那么存在 $\boldsymbol{\xi}\in V$ 而 $\boldsymbol{\xi}\notin W_1+W_2$. 因为 $\sigma^r(\boldsymbol{\xi})=\mathbf{0}$，所以存在一个整数 k，$0<k\leqslant r$，使得 $\sigma^k(\boldsymbol{\xi})\in W_1+W_2$，而对于任何小于 k 的正整数 i 来说，$\sigma^i(\boldsymbol{\xi})\notin W_1+W_2$. 我们有

$$(2)\qquad \sigma^k(\boldsymbol{\xi})=\boldsymbol{\xi}_1+\boldsymbol{\xi}_2,\boldsymbol{\xi}_1\in W_1,\boldsymbol{\xi}_2\in W_2.$$

于是

$$\sigma^{r-k}(\boldsymbol{\xi}_1)+\sigma^{r-k}(\boldsymbol{\xi}_2)=\sigma^r(\boldsymbol{\xi})=\mathbf{0}.$$

因为 W_1 和 W_2 都在 σ 之下不变，所以

$$\sigma^{r-k}(\boldsymbol{\xi}_1)\in W_1,\sigma^{r-k}(\boldsymbol{\xi}_2)\in W_2,$$

从而

$$\sigma^{r-k}(\boldsymbol{\xi}_1)=-\sigma^{r-k}(\boldsymbol{\xi}_2)\in W_1\cap W_2.$$

由此得出 $\sigma^{r-k}(\boldsymbol{\xi}_1)=\mathbf{0}$. 于是由引理2，存在向量 $\boldsymbol{\eta}_1\in W_1$，使得 $\boldsymbol{\xi}_1=\sigma^k(\boldsymbol{\eta}_1)$. 因此(2)式可以写成

$$\sigma^k(\boldsymbol{\xi})=\sigma^k(\boldsymbol{\eta}_1)+\boldsymbol{\xi}_2.$$

令 $\boldsymbol{\eta}=\boldsymbol{\xi}-\boldsymbol{\eta}_1$. 那么

$$\sigma^k(\boldsymbol{\eta})=\sigma^k(\boldsymbol{\xi})-\sigma^k(\boldsymbol{\eta}_1)=\boldsymbol{\xi}_2\in W_2.$$

因为 W_2 在 σ 之下不变，所以对于任意整数 $m\geqslant k$ 来说，都有

$$\sigma^m(\boldsymbol{\eta})\in W_2.$$

另一方面，如果 $i<k$，那么 $\sigma^i(\boldsymbol{\xi})\notin W_1+W_2$. 然而 $\sigma^i(\boldsymbol{\eta}_1)\in W_1$，所以

$$(3)\qquad \sigma^i(\boldsymbol{\eta})=\sigma^i(\boldsymbol{\xi})-\sigma^i(\boldsymbol{\eta}_1)\notin W_1+W_2,\text{ 若 } i<k.$$

特别由此得出 $\boldsymbol{\eta}\notin W_2$.

令 U 是由 $\boldsymbol{\eta},\sigma(\boldsymbol{\eta}),\cdots,\sigma^{k-1}(\boldsymbol{\eta})$ 所生成的子空间. 令 $W'=U+W_2$. 因为 $\sigma^k(\boldsymbol{\eta})\in W_2$，所以 W' 在 σ 之下不变. 又因为 $\boldsymbol{\eta}\notin W_2$，所以 $\dim W'>\dim W_2$. 由 W_2 的极大性得出 $W_1\cap W'\neq\{\mathbf{0}\}$. 所以存在 $\boldsymbol{\zeta}\in W_1\cap W'$，$\boldsymbol{\zeta}\neq 0$. 于是 $\boldsymbol{\zeta}$ 可以写成

$$\boldsymbol{\zeta}=b_0\boldsymbol{\eta}+b_1\sigma(\boldsymbol{\eta})+\cdots+b_{k-1}\sigma^{k-1}(\boldsymbol{\eta})+\boldsymbol{\zeta}_2,$$

$\boldsymbol{\zeta}_2\in W_2,b_0,b_1,\cdots,b_{k-1}$ 不能全为零，否则将有 $\boldsymbol{\zeta}=\boldsymbol{\zeta}_2$，从而 $\boldsymbol{\zeta}\in$

$W_1 \cap W_2 = \{\mathbf{0}\}$. 这与 $\boldsymbol{\zeta}$ 的取法矛盾. 令 b_i 是第一个不等于零的系数. 那么

(4)
$$\begin{aligned}\boldsymbol{\zeta} &= b_i\sigma^i(\boldsymbol{\eta}) + \cdots + b_{k-1}\sigma^{k-1}(\boldsymbol{\eta}) + \boldsymbol{\zeta}_2 \\ &= (b_i + b_{i+1}\sigma + \cdots + b_{k-1}\sigma^{k-i-1})\sigma^i(\boldsymbol{\eta}) + \boldsymbol{\zeta}_2\end{aligned}$$

由引理 1, 线性变换 $b_i + b_{i+1}\sigma + \cdots + b_{k-1}\sigma^{k-i-1}$ 可逆, 并且它的逆变换 τ 也是 σ 的多项式. 因此 W_1 和 W_2 都在 τ 之下不变. 对等式(4)两端施行线性变换 τ, 注意到 $\boldsymbol{\zeta} \in W_1$, 我们有

$$\sigma^i(\boldsymbol{\eta}) + \tau(\boldsymbol{\zeta}_2) = \tau(\boldsymbol{\zeta}) \in W_1.$$

又 $\tau(\boldsymbol{\zeta}_2) \in W_2$, 所以

$$\sigma^i(\boldsymbol{\eta}) = \tau(\boldsymbol{\zeta}) - \tau(\boldsymbol{\zeta}_2) \in W_1 + W_2.$$

这与(3)矛盾. 这就证明了 $V = W_1 + W_2$. □

现在可以证明

定理 1 设 σ 是 n 维向量空间 V 的一个幂零线性变换. 那么 V 可以分解为 σ - 循环子空间的直和:

$$V = W_1 \oplus \cdots \oplus W_s.$$

令 $r_i = \dim W$, $i = 1, 2, \cdots, s$. 我们有 $r_1 \geqslant r_2 \geqslant \cdots \geqslant r_s$.

证 对 V 的维数 n 作数学归纳法. 当 $n = 0$ 时, 定理显然成立. 假设 $n > 0$, 并且对于维数小于 n 的向量空间来说, 定理成立. 设 $\dim V = n$. 令 x^{r_1} 是 σ 的最小多项式. 那么存在 $\boldsymbol{\xi}_1 \in V$, 使得 $\sigma^{r_1}(\boldsymbol{\xi}_1) = 0$ 而 $\sigma^{r_1 - 1}(\boldsymbol{\xi}_1) \neq 0$. 令 W_1 是由 $\boldsymbol{\xi}_1$ 所生成的 σ - 循环子空间. 由引理 3, 存在一个在 σ 之下不变的子空间 W, 使得

$$V = W_1 \oplus W.$$

σ 在 W 上的限制 $\sigma|_W$ 是 W 的一个幂零变换, 而 $\dim W < n$. 由归纳法的假设, W 可以分解为 $\sigma|_W$- 循环子空间的直和:

$$W = W_2 \oplus \cdots \oplus W_s,$$

并且它们的维数满足关系

$$r_2 \geqslant \cdots \geqslant r_s, r_i = \dim W_i, i = 2, \cdots, s.$$

每一子空间 W_i 自然也是 σ - 循环子空间. 于是

$$V = W_1 \oplus W_2 \oplus \cdots \oplus W_s.$$

因为 r_1 是 σ 的最小多项式的次数. 而 r_2 是 $\sigma|_W$ 的最小多项式的次数. 所以 $r_1 \geqslant r_2$. 定理被证明. □

在定理 1 里, 对于每一 σ - 循环子空间 W_i, 取一个循环基

$$\boldsymbol{\xi}_i, \sigma(\boldsymbol{\xi}_i), \cdots, \sigma^{r_i - 1}(\boldsymbol{\xi}_i), \quad i = 1, 2, \cdots, s,$$

凑起来成为 V 的基, 那么 σ 关于这个基的矩阵有形状

$$\begin{pmatrix} \boldsymbol{N}_{r_1} & & & \boldsymbol{0} \\ & \boldsymbol{N}_{r_2} & & \\ & & \ddots & \\ \boldsymbol{0} & & & \boldsymbol{N}_{r_s} \end{pmatrix},$$

这里 $\boldsymbol{N}_{r_i}$ 是一个 r_i 阶的幂零若尔当块, $r_1 \geqslant \cdots \geqslant r_s$. 于是我们得到

定理 2 每一 n 阶幂零矩阵都与一个形如

$$\boldsymbol{N} = \begin{pmatrix} \boldsymbol{N}_{r_1} & & & \boldsymbol{0} \\ & \boldsymbol{N}_{r_2} & & \\ & & \ddots & \\ \boldsymbol{0} & & & \boldsymbol{N}_{r_s} \end{pmatrix}$$

的矩阵相似, 这里每一 $\boldsymbol{N}_{r_i}$ 是一个 r_i 阶幂零若尔当块, $r_1 \geqslant \cdots \geqslant r_s$.

还需要回答一个问题, 就是出现在定理 1 的空间分解中循环子空间维数序列 $r_1 \geqslant \cdots \geqslant r_s$ 是不是唯一确定的. 我们将给出肯定的回答.

首先注意一个事实. 设 W 是一个 σ - 循环子空间, $\dim W = r$. 令 s 是一个整数, $0 < s \leqslant r$. 那么子空间 $\sigma^s(W)$ 的维数是 $r - s$.

事实上, 令

$$\boldsymbol{\xi}, \sigma(\boldsymbol{\xi}), \cdots, \sigma^{r-1}(\boldsymbol{\xi})$$

是 W 的一个循环基, 那么

$$\sigma^s(\boldsymbol{\xi}), \sigma^{s+1}(\boldsymbol{\xi}), \cdots, \sigma^{r-1}(\boldsymbol{\xi})$$

就是 $\sigma^s(W)$ 的一个基.

现在证明

定理 3 设 σ 是 n 维向量空间 V 的一个幂零线性变换. 如果有两种方式将 V 分解为 σ - 循环子空间的直和:

$$V = W_1 \oplus W_2 \oplus \cdots \oplus W_s = U_1 \oplus U_2 \oplus \cdots \oplus U_t,$$

并且 $\dim W_i = r_i$, $i = 1, 2, \cdots, s$; $\dim U_j = p_j$, $j = 1, 2, \cdots, t$, 满足条件

$$r_1 \geqslant r_2 \geqslant \cdots \geqslant r_s;\ p_1 \geqslant p_2 \geqslant \cdots \geqslant p_t.$$

那么 $s = t$, $r_i = p_i$, $i = 1, 2, \cdots, s$.

证 如果定理的断言不成立, 令 i 是第一个整数使 $r_i \neq p_i$. 不妨设 $r_i > p_i$. 考虑 $\sigma^{p_i}(V)$. 因为每一子空间 W_i 都在 σ 之下不变, 所以

$$\sigma^{p_i}(V) = \sigma^{p_i}(W_1) \oplus \sigma^{p_i}(W_2) \oplus \cdots \oplus \sigma^{p_i}(W_s).$$

由以上的注意, 如果 $r_j \geqslant p_i$, 那么

$$\dim \sigma^{p_i}(W_j) = r_j - p_i.$$

因此有

$$(5)\qquad \dim \sigma^{p_i}(V) \geqslant (r_1 - p_i) + \cdots + (r_{i-1} - p_i) + (r_i - p_i).$$

另一方面, 每一子空间 U_j 也在 σ 之下不变, 并且当 $j \geqslant i$ 时, $\sigma^{p_i}(U_j) = 0$. 所以

$$\sigma^{p_i}(V) = \sigma^{p_i}(U_1) \oplus \sigma^{p_i}(U_2) \oplus \cdots \oplus \sigma^{p_i}(U_{i-1}).$$

从而

$$\dim \sigma^{p_i}(V) = (p_1 - p_i) + \cdots + (p_{i-1} - p_i).$$

但 $r_1 = p_1, \cdots, r_{i-1} = p_{i-1}$, 所以有

$$(6)\qquad \dim \sigma^{p_i}(V) = (r_1 - p_i) + \cdots + (r_{i-1} - p_i).$$

比较(5)和(6), 注意 $r_i - p_i > 0$, 这就导致矛盾. □

设 σ 是 n 维向量空间 V 的一个幂零线性变换. 我们把出现在 V 关于 σ 的循环子空间的分解中的唯一确定的一组正整数 $r_1 \geqslant \cdots \geqslant r_s$ 叫作 σ 的不变指数. 同样地, 如果 $\boldsymbol{A}$ 是一个 n 阶幂零矩阵. 由定理 2, $\boldsymbol{A}$ 与一个形如

$$\boldsymbol{N}=\begin{pmatrix}\boldsymbol{N}_{r_1} & & & \boldsymbol{0}\\ & \boldsymbol{N}_{r_2} & & \\ & & \ddots & \\ \boldsymbol{0} & & & \boldsymbol{N}_{r_s}\end{pmatrix}$$

的矩阵相似. 出现在矩阵 $\boldsymbol{N}$ 里的幂零若当块的阶 $r_1 \geqslant \cdots \geqslant r_s$，是由 $\boldsymbol{A}$ 唯一确定的. 正整数序列 $r_1 \geqslant \cdots \geqslant r_s$ 也叫作矩阵 $\boldsymbol{A}$ 的不变指数.

§4 若尔当标准形式

现在来讨论复数域上任意一个 n 阶矩阵的标准形式问题.

定义 1 设 λ 是一个复数，矩阵

$$(1)\qquad \begin{pmatrix}\lambda & 0 & 0 & \cdots & 0 & 0\\ 1 & \lambda & 0 & \cdots & 0 & 0\\ 0 & 1 & \lambda & \cdots & 0 & 0\\ \vdots & \vdots & \vdots & & \vdots & \vdots\\ 0 & 0 & 0 & \cdots & 1 & \lambda\end{pmatrix},$$

其中主对角线上的元素都是 λ，紧邻主对角线下方的元素都是 1，其余位置都是零，叫作属于 λ 的一个若尔当矩阵(或若尔当块).

显然，§3 所定义的幂零若尔当矩阵是这里所定义的若尔当矩阵的特例，即 $\lambda=0$ 的情形.

定理 1 设 σ 是 n 维向量空间 V 的一个线性变换，$\lambda_1, \lambda_2, \cdots, \lambda_k$ 是 σ 的一切互不相同的本征值. 那么存在 V 的一个基，使得 σ 关于这个基的矩阵有形状

$$(2)\qquad \begin{pmatrix}\boldsymbol{B}_1 & & & \boldsymbol{0}\\ & \boldsymbol{B}_2 & & \\ & & \ddots & \\ \boldsymbol{0} & & & \boldsymbol{B}_k\end{pmatrix},$$

这里

$$\boldsymbol{B}_i=\begin{pmatrix}\boldsymbol{J}_{i1} & & & \boldsymbol{0}\\ & \boldsymbol{J}_{i2} & & \\ & & \ddots & \\ \boldsymbol{0} & & & \boldsymbol{J}_{is_i}\end{pmatrix},$$

而 $\boldsymbol{J}_{i1},\cdots,\boldsymbol{J}_{is_i}$ 都是属于 λ_i 的若尔当块，$i=1,2,\cdots,k$.

证 设 σ 的最小多项式是

$$p(x)=(x-\lambda_1)^{r_1}\cdots(x-\lambda_k)^{r_k}.$$

由§1，定理1，空间 V 有直和分解

$$V=V_1\oplus V_2\oplus\cdots\oplus V_k,$$

这里 $V_i=\operatorname{Ker}(\sigma-\lambda_i)^{r_i}$，$i=1,2,\cdots,k$.

对于每一 i，令 τ_i 是 $\sigma-\lambda_i$ 在 V_i 上的限制. 那么 τ_i 是子空间 V_i 的一个幂零线性变换. 于是由§3，定理1，子空间 V_i 可以分解为 τ_i－循环子空间的直和：

$$V_i=W_{i1}\oplus W_{i2}\oplus\cdots\oplus W_{is_i}.$$

在每一循环子空间 $W_{ij}(j=1,2,\cdots,s_i)$ 里，取一个循环基，凑成 V_i 的一个基，那么 τ_i 关于这个基的矩阵有形状

$$\boldsymbol{N}_i=\begin{pmatrix}\boldsymbol{N}_{i1} & & & \boldsymbol{0}\\ & \boldsymbol{N}_{i2} & & \\ & & \ddots & \\ \boldsymbol{0} & & & \boldsymbol{N}_{is_i}\end{pmatrix},$$

这里 $\boldsymbol{N}_{ij}(j=1,2,\cdots,s_i)$ 是幂零若尔当块. 令 $\sigma_i=\sigma|_{V_i}$. 那么

$$\sigma_i=\lambda_i+\tau_i.$$

于是对于 V_i 如上选取的基来说，σ_i 的矩阵是

$$\boldsymbol{B}_i=\begin{pmatrix}\lambda_i & & & \boldsymbol{0}\\ & \lambda_i & & \\ & & \ddots & \\ \boldsymbol{0} & & & \lambda_i\end{pmatrix}+\begin{pmatrix}\boldsymbol{N}_{i1} & & & \boldsymbol{0}\\ & \ddots & & \\ & & \ddots & \\ \boldsymbol{0} & & & \boldsymbol{N}_{is_i}\end{pmatrix}$$

$$
=\begin{pmatrix} \boldsymbol{J}_{i1} & & & \boldsymbol{0} \\ & \boldsymbol{J}_{i2} & & \\ & & \ddots & \\ \boldsymbol{0} & & & \boldsymbol{J}_{is_i} \end{pmatrix},
$$

这里 $\boldsymbol{J}_{i1},\boldsymbol{J}_{i2},\cdots,\boldsymbol{J}_{is_i}$ 都是属于 λ_i 的若尔当块.

对于每一子空间 V_i，按以上方式选取一个基，凑起来成为 V 的基，那么 σ 关于这个基的矩阵就有定理所要求的形式(2). □

注意 在矩阵(2)里，主对角线上第 i 块 $\boldsymbol{B}_i$ 是 $\boldsymbol{\sigma}_i=\boldsymbol{\sigma}\mid_{V_i}$ 的矩阵. 而子空间 $V_1,V_2,\cdots,V_k$ 显然由 σ 唯一确定. 又根据 §3，定理 3，出现在每一 $\boldsymbol{B}_i$ 里的若尔当块 $\boldsymbol{J}_{i1},\boldsymbol{J}_{i2},\cdots,\boldsymbol{J}_{is_i}$ 是由 $\boldsymbol{\sigma}_i$ 唯一确定的，因而是由 σ 唯一确定的.

定义 2 形式如

$$
\begin{pmatrix} \boldsymbol{J}_1 & & & \boldsymbol{0} \\ & \boldsymbol{J}_2 & & \\ & & \ddots & \\ \boldsymbol{0} & & & \boldsymbol{J}_m \end{pmatrix}
$$

的 n 阶矩阵，其中每一 $\boldsymbol{J}_i$ 都是一个若尔当块，叫作一个若尔当标准形式.

例如

$$
\begin{pmatrix} 2&0&0&0&0\\1&2&0&0&0\\0&0&1&0&0\\0&0&1&1&0\\0&0&0&1&1 \end{pmatrix},\quad
\begin{pmatrix} 2&0&0&0&0\\0&1&0&0&0\\0&0&1&0&0\\0&0&1&1&0\\0&0&0&0&2 \end{pmatrix},\quad
\begin{pmatrix} 2&0&0&0&0\\0&1&0&0&0\\0&0&1&0&0\\0&0&0&1&0\\0&0&0&0&2 \end{pmatrix}
$$

都是若尔当标准形式.

定理 2 复数域上每一 n 阶矩阵 $\boldsymbol{A}$ 都与一个若尔当标准形式相似. 除了各若尔当块排列的次序外，与 $\boldsymbol{A}$ 相似的若尔当标准形式是由 $\boldsymbol{A}$ 唯一确定的.

证 前一个论断是定理 1 的直接推论. 由于在一个对角线分块矩阵里，重新排列各个小块矩阵的次序显然得到一个与原来的矩阵相似的矩阵，再由上面的注意，就得到第二个论断. □

由此可见，在上面的例里，三个若尔当标准形式互不相似，尽管它们的特征多项式都是$(x-1)^3(x-2)^2$.

注意，在对角线分块矩阵(2)里，每一小块

$$\boldsymbol{B}_i=\begin{pmatrix}\boldsymbol{\lambda}_i & & & \mathbf{0}\\ & \boldsymbol{\lambda}_i & & \\ & & \ddots & \\ \mathbf{0} & & & \boldsymbol{\lambda}_i\end{pmatrix}+\begin{pmatrix}\boldsymbol{N}_{i1} & & & \mathbf{0}\\ & \boldsymbol{N}_{i2} & & \\ & & \ddots & \\ \mathbf{0} & & & \boldsymbol{N}_{is_i}\end{pmatrix}$$

右端第一个被加项是一个标量矩阵，自然与第二个被加项可交换. 根据 §2，定理 2，第一个被加项正是 $\boldsymbol{B}_i$ 的可对角化部分，第二个被加项正是 $\boldsymbol{B}_i$ 的幂零部分. 因此，在一个矩阵若尔当标准形式里，主对角线上的元素所构成的对角形矩阵就是这个标准形式的可对角化部分，把主对角线上元素都换成零所得的幂零矩阵就是这个标准形式的幂零部分.

最后，应该指出，在这个附录里，我们着重从理论方面来讨论矩阵的标准形式问题，并没有给出求任意一个 n 阶复矩阵的若尔当标准形式的一般方法. 这样一个一般方法在很多同类的书籍里都可以找到. 例如，可以参看北京大学数学系几何与代数教研室代数小组编的《高等代数》，或谢邦杰编的《线性代数》(均由高等教育出版社出版)等. 然而如果知道了一个矩阵的特征多项式和最小多项式的某些信息，有时也可以求出它的若尔当标准形式. 我们看一个例子.

例 设一个 5 阶矩阵的特征多项式是$(x+7)^2(x-2)^3$，最小多项式是$(x+7)(x-2)^2$. 求这个矩阵的若尔当标准形式.

我们知道，一个矩阵的若尔当标准形式是一个对角线分块形矩阵，每一小块的主对角线上的元素是同一个数. 因为所给的矩

阵的特征多项式是$(x+7)^2(x-2)^3$，所以所求的若尔当标准形式应该具有以下形式：

$$\left(\begin{array}{cc|ccc} -7 & 0 & & \mathbf{0} & \\ a & -7 & & & \\ \hline & & 2 & 0 & 0 \\ & \mathbf{0} & b & 2 & 0 \\ & & 0 & c & 2 \end{array}\right),$$

其中 a, b, c 或者是 0，或者是 1. 因为最小多项式是$(x+7)(x-2)^2$，所以第一个小块的最小多项式应该是 $x+7$，从而 $a=0$；第二个小块的最小多项式应该是$(x-2)^2$，从而 $b=0$，$c=1$. 这样，所求的若尔当标准形式是

$$\left(\begin{array}{cc|ccc} -7 & 0 & & \mathbf{0} & \\ 0 & -7 & & & \\ \hline & & 2 & 0 & 0 \\ & \mathbf{0} & 0 & 2 & 0 \\ & & 0 & 1 & 2 \end{array}\right).$$

习　题

以下所给的矩阵都是复矩阵.

1. 设

$$A=\begin{pmatrix} 2 & 0 & 0 \\ a & 2 & 0 \\ b & c & -1 \end{pmatrix}.$$

(i) 求出 A 的一切可能的若尔当标准形式；

(ii) 给出 A 可对角化的一个充要条件.

2. 求出

$$
\boldsymbol{A}=\begin{pmatrix} 2 & 0 & 0 & 0 \\ 1 & 2 & 0 & 0 \\ 0 & 0 & 2 & 0 \\ 0 & 0 & a & 2 \end{pmatrix}
$$

的一切可能的若尔当标准形式.

3. 设 $\boldsymbol{N}_1$ 和 $\boldsymbol{N}_2$ 都是 3 阶幂零矩阵. 证明 $\boldsymbol{N}_1$ 与 $\boldsymbol{N}_2$ 相似当且仅当它们有相同的最小多项式. 如果 $\boldsymbol{N}_1$，$\boldsymbol{N}_2$ 都是 4 阶幂零矩阵，上述论断是否成立?

4. 设 $\boldsymbol{A}$，$\boldsymbol{B}$ 都是 n 阶矩阵，并且有相同的特征多项式

$$
f(x)=(x-c_1)^{d_1}\cdots(x-c_k)^{d_k}
$$

和相同的最小多项式. 证明如果 $d_i\leqslant 3$，$i=1,2,\cdots,k$，那么 $\boldsymbol{A}$ 与 $\boldsymbol{B}$ 相似.

5. 设 $\boldsymbol{A}$ 是一个 6 阶矩阵，具有特征多项式

$$
f(x)=(x+2)^2(x-1)^4
$$

和最小多项式

$$
p(x)=(x+2)(x-1)^3.
$$

求出 $\boldsymbol{A}$ 的若尔当标准形式. 如果 $p(x)=(x+2)(x-1)^2$，$\boldsymbol{A}$ 的若尔当标准形式有几种可能的形式?

索　引

一画

二画

三画

四画

五画

六画

七画

八画

九画

十画

十一画

十二画

十三画

十四画

十六画

郑重声明

读者意见反馈

为收集对教材的意见建议，进一步完善教材编写并做好服务工作，读者可将对本教材的意见建议通过如下渠道反馈至我社。

咨询电话　400-810-0598

反馈邮箱　hepsci@pub.hep.cn

通信地址　北京市朝阳区惠新东街4号富盛大厦1座

高等教育出版社理科事业部

邮政编码　100029